石油和化工行业“十四五”规划教材

普通高等教育智能制造系列教材

智能制造系统与应用案例解析

郭飞燕　辛　博　刘天元　等编著

化学工业出版社

·北京·

内容简介

《智能制造系统与应用案例解析》围绕智能制造系统展开全面剖析。上篇介绍智能制造系统概论，阐述其定义、本质与内涵、发展历程、架构、模型及信息物理系统等基础知识，让读者对智能制造系统有宏观认知。中篇深入探讨关键使能技术与软硬件装备，涵盖智能传感、工业互联网、大数据等核心技术，以及智能数控机床、工业机器人等设备，剖析技术原理、应用场景及发展趋势。下篇通过纺织行业、复杂薄壁结构虚拟装配、直升机装配生产线等应用案例，展示智能制造系统在实际生产中的应用和成效。

本书的电子课件和习题及参考答案可扫下方二维码获取。

本书可作为高等院校智能制造、工业工程等专业师生的参考书籍，助力其系统学习专业知识；也适合制造业从业者、相关领域技术人员阅读，帮助他们深入理解智能制造技术，为工作实践提供指导；同时，对关注制造业发展、智能制造趋势的人士来说，也是了解该领域的优质读物。

配套资源

图书在版编目（CIP）数据

智能制造系统与应用案例解析 / 郭飞燕等编著. 北京 ： 化学工业出版社，2025. 9. -- （石油和化工行业“十四五”规划教材）. -- ISBN 978-7-122-48996-8

Ⅰ. TH166

中国国家版本馆 CIP 数据核字第 20254LA191 号

责任编辑：周　红　张海丽　　文字编辑：张　琳
责任校对：边　涛　　装帧设计：刘丽华

出版发行：化学工业出版社
（北京市东城区青年湖南街 13 号　邮政编码 100011）
印　　装：高教社（天津）印务有限公司
787mm×1092mm　1/16　印张 18¾　字数 487 千字
2025 年 11 月北京第 1 版第 1 次印刷

购书咨询：010-64518888　　售后服务：010-64518899
网　　址：http://www.cip.com.cn
凡购买本书，如有缺损质量问题，本社销售中心负责调换。

定　　价：69.90 元

前言

PREFACE

在全球制造业加速向智能化转型的时代背景下，新一轮科技革命与产业变革正深刻重塑全球产业链格局。人工智能、工业互联网、数字孪生等技术的突破，推动制造业从“自动化”向“自主化、服务化、绿色化”演进。我国“十四五”规划明确提出加快数字化发展、建设数字中国，智能制造作为制造业数字化转型的核心方向，已成为提升国家核心竞争力的关键领域。然而，当前国内智能制造领域教材多侧重理论框架，缺乏对技术落地与行业实践的系统性梳理，亟需一本融合理论深度与实践案例的专业教材，以满足产业升级对复合型人才培养的需求。

本书旨在构建一套既符合学术逻辑又贴近产业实际的知识体系，为读者提供从理论到实践的完整认知链条。一方面，帮助高校学生与科研人员系统掌握智能制造核心技术架构，理解技术间的协同逻辑；另一方面，为制造业从业者提供可复用的应用范式，助力企业解决智能化转型中的技术选型、系统集成与场景落地难题。通过理论阐释与案例解析的双向渗透，推动“技术认知—场景应用—创新实践”的能力闭环培养，填补当前市场对“理论+案例”复合型教材的空白。

本书在上篇“智能制造系统概论”中，从基础概念切入，逐层解析智能制造系统的定义、本质特征与发展趋势。第 1 章追溯工业 1.0 到工业 4.0 的技术演进，对比国内外战略布局，揭示智能制造的核心驱动要素；第 2 章聚焦系统架构，详细阐述参考模型、构成要素与标准化体系，结合离散与连续智能制造系统模型，解析信息物理系统（CPS）的技术架构与应用逻辑，为后续技术章节奠定理论基础。在中篇“智能制造系统关键使能技术与软硬件装备”中，深度拆解几大核心技术模块：智能传感的多模态融合与边缘计算集成、工业互联网与物联网的架构差异、大数据驱动的智能决策机制、云计算与边缘计算的协同范式、VR（虚拟现实）/AR（增强现实）/MR（混合现实）的虚实交互技术、数字孪生的全生命周期管理。每章均以“技术原理—技术关键点—应用场景”为主线，结合西门子、特斯拉等企业的实践案例，展现技术落地路径。同时，对智能数控机床、工业机器人、智能物流设备等硬件装备的控制原理、系统组成及行业应用展开详解，覆盖从单机智能化到产线协同的全链条技术要点。在下篇“应用案例解析”中，精选三大典型案例：纺织行业西服生产系统的智能调度、复杂薄壁结构虚拟装配技术、直升机装配生产线的多源数据融合应用。通过“背景技术—技术内涵—实现路径—应用成效”的解析模式，揭示智能制造技术在离散制造、精密装配、复杂系统集成中的具体实施策略，展现技术如何破解传统生产中的效率瓶颈与质量管控难题，为读者提供可借鉴的场景化解决方案。

本书具有如下特色：

（1）理论与实践深度融合：突破传统教材重理论轻应用的局限，阐述技术的各章节均配备工业界典型案例（如宝马数字孪生工厂、海尔互联工厂），通过“技术原理+企业实践”的双轨叙述，强化读者对技术落地的直观理解。

（2）前沿技术全覆盖：追踪行业技术前沿，全面涵盖 5G+边缘计算、生成式 AI 赋能数字孪生、工业互联网安全体系等新兴领域，确保知识体系的时效性与前瞻性。

（3）系统化架构设计：以“概论—技术—案例”为逻辑主线，从宏观架构到微观技术再到场景应用逐层递进，兼顾学术系统性与产业实用性。

（4）行业痛点导向：针对制造业转型中的共性难题（如数据孤岛、设备互联、柔性生产），提供从技术选型到系统集成的全流程解决方案，助力读者建立问题导向的思维模式。

全书上篇由梁帅帅、张美杰、郭飞燕编写；中篇由辛博、刘天元、张美杰、梁帅帅、王津、郭飞燕编写；下篇由郭飞燕、刘天元编写。郭飞燕、辛博负责全书内容的策划与综合。

本书在编写过程中得到了北京科技大学、东北大学、东华大学等单位有关领导和同事的关心和帮助，在此致以谢意。

智能制造是一场永不停歇的技术革命，本书虽力求全面，仍难免存在疏漏。期望本书能成为读者探索智能制造领域的基石，也恳请学界与业界同仁不吝指正，共同推动我国智能制造理论与实践的创新发展。

编著者

目录

CONTENTS

上篇：智能制造系统概论

中篇：智能制造系统关键使能技术与软硬件装备

第 3 章　智能制造系统支撑/核心技术　/ 066

第 4 章　智能制造系统单元　/ 124

下篇：应用案例解析

上篇：智能制造系统概论

第 1 章

智能制造系统概述

【本章内容思维导图】

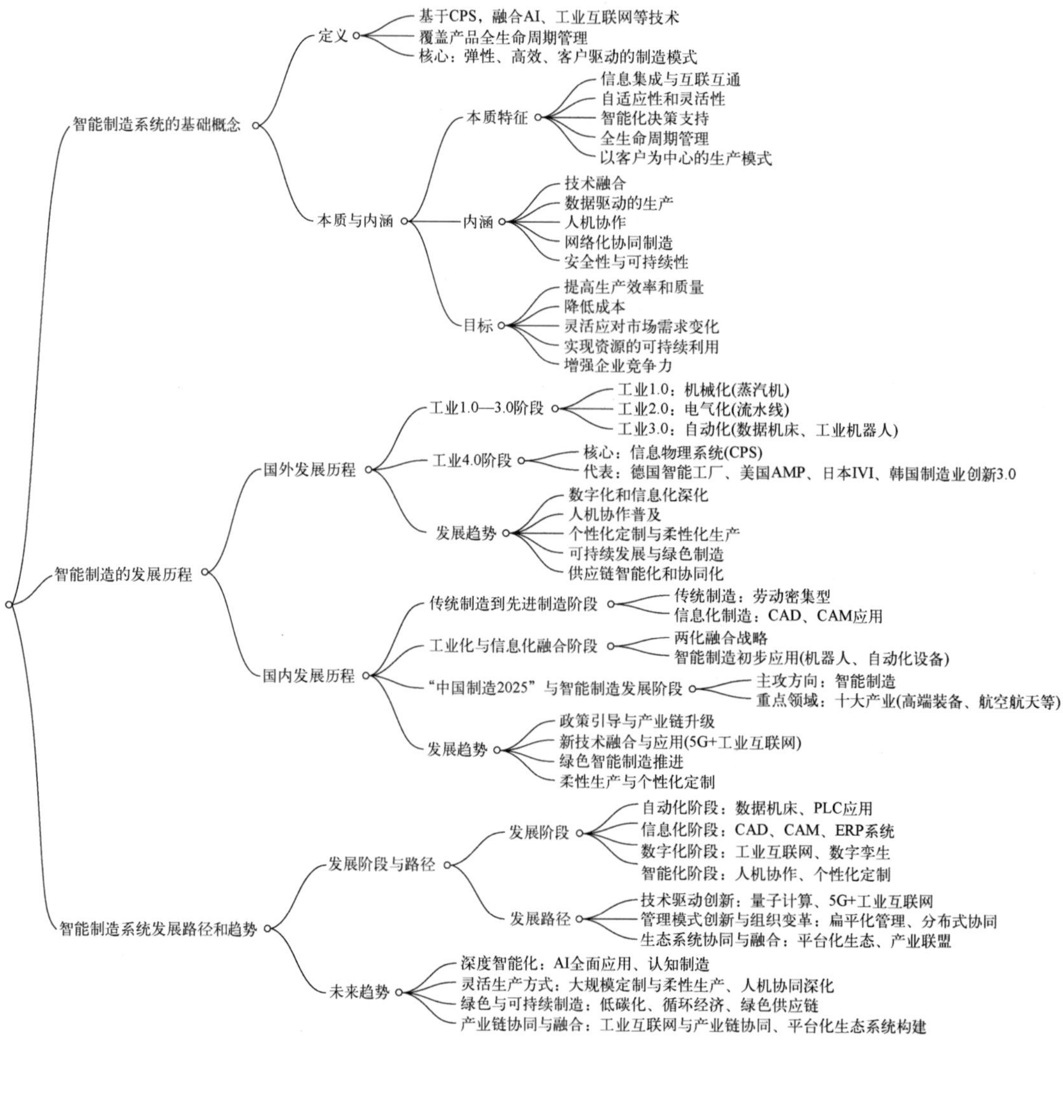

【学习目标】

1．理解智能制造系统的基本概念，包括其技术组成和目标。

2．掌握智能制造系统的五大本质特征。

3．理解数字孪生、工业互联网、云计算等技术在系统中的作用。

4．了解技术驱动创新、管理模式创新与组织变革、生态系统协同与融合在智能制造发展中的作用。

5．熟悉人工智能全面应用、柔性生产、绿色制造等未来发展方向。

1.1 智能制造系统的基础概念

1.1.1　智能制造系统定义

智能制造系统是基于信息物理系统（CPS），融合人工智能、工业互联网、大数据、边缘计算等关键技术，通过感知、分析、决策与控制，实现产品全生命周期智能化治理与协同制造的系统。智能制造系统架构见图 1-1。

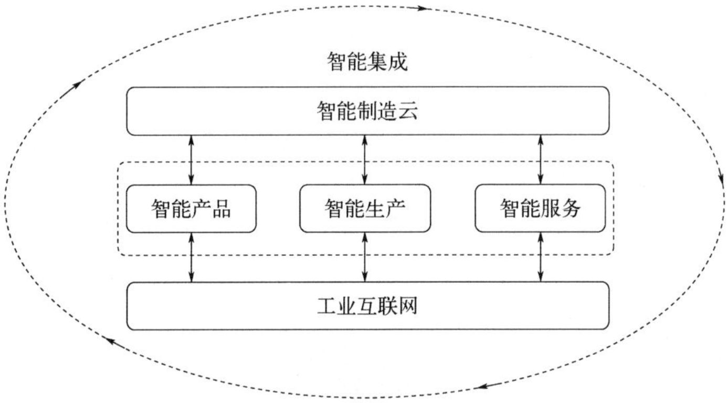

图 1-1　智能制造系统架构

智能制造系统覆盖产品设计、制造、服务到回收的全生命周期管理，以数据驱动为核心，实现跨环节、跨系统的一体化智能管控。其核心是构建弹性、高效、客户驱动的制造模式，提升价值创造能力与市场适应力。智能制造具备柔性化、自调度特征，借助工业机器人与柔性产线系统，根据不同生产任务灵活响应，有效支持定制化与小批量生产，如图 1-2 所示。

图 1-2　智能制造工业机器人作业生产线

另外，智能制造系统强调整个产品生命周期的数字化管理。传统制造业中，产品生命周期的各个阶段往往相对独立，缺乏有效的沟通和协同。而在智能制造系统中，从产品的设计、开发、生产，到销售、维护、回收的每一个阶段，都通过信息技术手段紧密相连，形成一个完整的数字化闭环。例如，在产品设计阶段，工程师可以利用虚拟仿真技术对设计方案进行模拟和优化，从而减少物理样机的制作次数，节省时间和成本。在产品进入市场后，通过物联网技术，制造商还可以实时获取产品的使用数据，进行远程监控和故障诊断，为用户提供更加智能化的售后服务。

智能制造系统的实现需要多个方面的协同努力。首先是信息技术的支持，包括物联网、大数据、云计算等技术的深入应用，这些技术可以帮助制造企业实时获取生产数据并进行深入分析。其次是自动化设备的升级换代，例如工业机器人、自动化物流系统等的应用，使得制造过程中的人工干预大大减少，生产效率显著提高。此外，企业的组织结构和管理模式也需要相应调整，以适应智能制造的需求。智能制造强调跨部门的协同和信息共享，这要求企业具备更高的管理效率和更加灵活的应对机制。

智能制造的目标是构建"感知—分析—执行"闭环控制架构，实现从数据驱动决策到全过程优化管理，进而推动制造业模式和生态系统的深度变革。

1.1.2 智能制造系统的本质与内涵

智能制造系统的本质在于集成多种先进技术，实现制造过程的智能化、柔性化和自动化，以最大化地提升生产效率、产品质量及资源利用率。它是将信息物理系统（CPS）、大数据分析、人工智能、云计算、物联网（IoT）等技术与制造工艺深度融合的结果，其核心目标是使生产更智能、更高效、更具应变能力。

（1）智能制造系统的本质特征

智能制造系统的本质特征可以总结为以下几个方面：

① 信息集成与互联互通（图 1-3）：智能制造依托物联网和工业互联网技术，实现了设备、系统和人之间的信息互联和高效沟通。通过传感器、RFID（射频识别）、智能仪表等手段，工厂中的物理设备能够实时收集生产数据，这些数据通过工业网络传输到信息系统中进行分析和

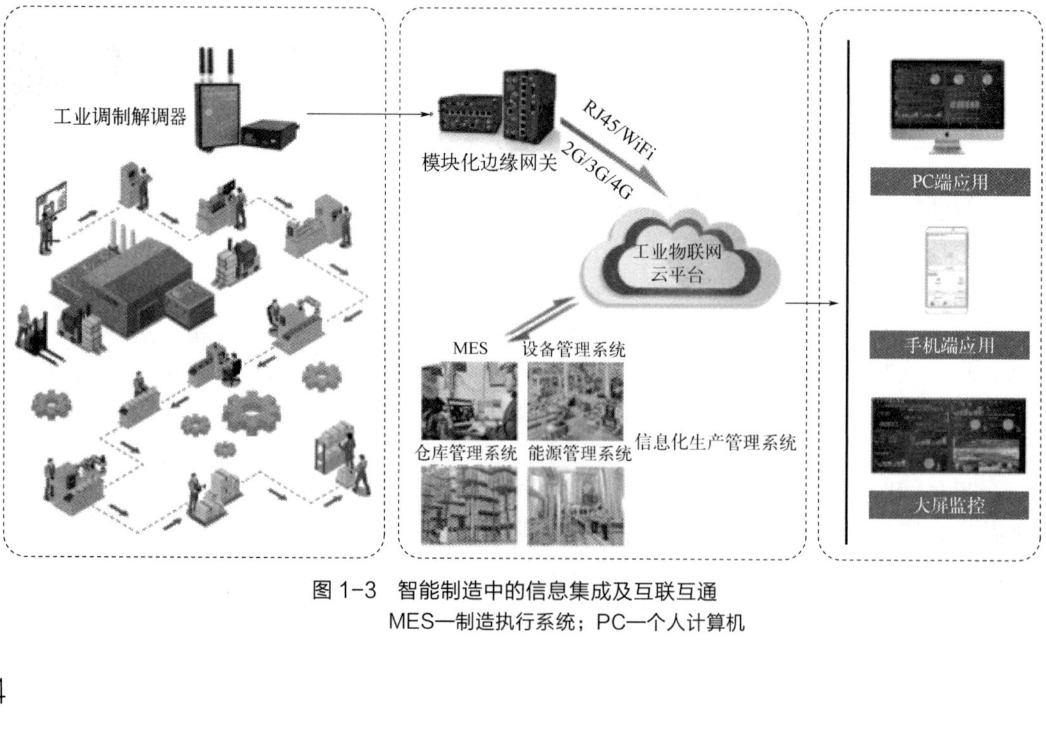

图 1-3 智能制造中的信息集成及互联互通

MES—制造执行系统；PC—个人计算机

处理，从而支持生产的动态决策与调度。信息的集成与互联互通，不仅可以提高生产效率，还能实现对生产过程的全面监控与管理，帮助企业发现并解决潜在的问题，优化生产流程，降低运营成本。

② 自适应性和灵活性：智能制造系统具有很强的自适应性和灵活性，能够根据市场需求变化和生产环境的变化，快速调整生产流程和制造参数。通过人工智能技术，系统可以进行自我学习和优化，自动适应新的生产条件，提高整体的生产效能。例如，当市场需求发生变化时，智能制造系统可以迅速调整生产计划，以在最短的时间内满足客户的需求，保持竞争力。此外，自适应性和灵活性还表现在对生产异常的响应能力上，系统能够通过机器学习和数据分析，及时识别和处理生产中的异常情况，减少生产停机时间。

③ 智能化决策支持：在智能制造中，大数据和人工智能技术的应用使得生产过程的数据可以被全面采集和分析，从而实现生产管理的智能化决策，如图 1-4 所示。例如，通过大数据分析，可以识别生产中的潜在问题并预测设备故障，从而提前采取措施进行预防，减少停机时间。智能化决策不仅提高了生产的稳定性和效率，还使企业能够在复杂的生产环境中做出更加精准的决策。比如，基于大数据分析的预测性维护可以大幅降低设备的意外停机风险，减少维护成本，提高设备的利用率。

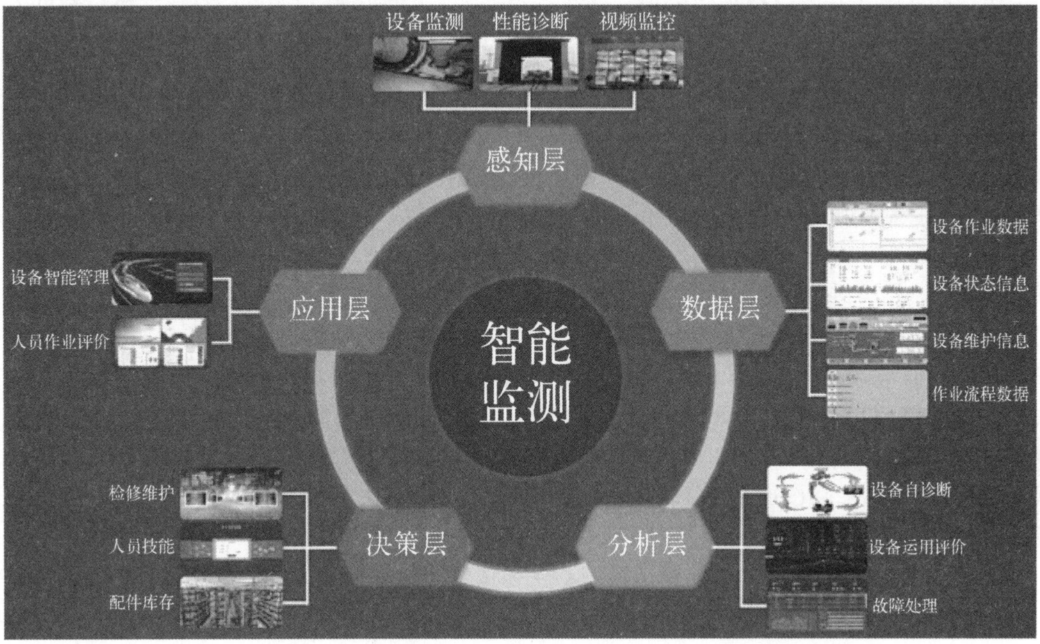

图 1-4 智能制造中的实时数据监控与智能决策

④ 全生命周期管理：智能制造系统涵盖了产品的全生命周期管理，从产品设计、制造到维护、回收再利用，每个阶段都通过信息技术实现了数字化和智能化管理。通过数字孪生技术，可以在虚拟空间中对产品的整个生命周期进行模拟和优化，以降低成本和提高效率。全生命周期管理的核心在于对产品的各个阶段进行无缝连接和优化，从而实现资源的高效利用。例如，智能制造系统可以在产品设计阶段通过虚拟仿真技术优化产品结构；在制造阶段通过实时监控提高生产质量；在回收再利用阶段实现资源的循环利用，降低环境负荷。

⑤ 以客户为中心的生产模式：智能制造系统的另一个本质特征是以客户为中心的生产模

式。传统制造业通常以大批量、标准化生产为主，而智能制造强调个性化定制生产。借助智能制造系统，企业能够在保证生产效率的同时，实现对客户需求的快速响应和个性化产品的定制。这种以客户为中心的生产模式，不仅提高了客户满意度，还增强了企业在市场中的竞争力。例如，通过灵活的生产线和模块化设计，智能制造系统可以根据客户的个性化需求快速调整生产工艺，提供定制化的产品和服务。

（2）智能制造系统的内涵

智能制造系统的内涵主要体现在以下几个方面：

① 技术融合：智能制造的实现需要多种技术的深度融合，包括信息技术、自动化技术、人工智能技术等。它不仅涉及传统制造设备的智能化升级，还涉及信息物理系统（CPS）的构建，通过虚拟与现实的结合，提升生产系统的整体效能。技术融合使得制造系统能够实现从信息采集到决策执行的全流程自动化和智能化。例如，通过融合传感器技术和大数据分析，智能制造系统可以实时监控生产过程中的各项参数，并根据分析结果对生产进行调整。

② 数据驱动的生产：智能制造强调以数据为核心驱动力，通过对生产过程中的数据进行采集、分析和应用，持续优化生产过程。数据驱动的生产使企业能够以更加科学的方式进行决策和管理，从而提高生产的透明度和可控性。例如，通过对设备运行数据的分析，可以预测设备可能出现的故障，从而提前进行维护，避免生产中断。同时，数据驱动的生产还可以帮助企业进行产品质量追溯，确保每一个产品都符合质量标准。

③ 人机协作：在智能制造中，人机协作是实现生产智能化的重要组成部分。通过利用机器人和自动化设备替代重复性劳动，人类可以将精力集中在更具创造性和决策性的任务上。同时，增强现实（AR）和虚拟现实（VR）技术的应用也使得操作人员可以更直观地进行生产管理和维护。人机协作不仅提高了生产效率，还改善了工作环境。例如，机器人可以承担高风险的工作任务，而操作人员通过远程监控系统，确保生产的顺利进行，从而降低了工人的工作强度和安全风险。

④ 网络化协同制造：智能制造强调通过网络化技术实现制造资源的协同和共享。在全球化的背景下，智能制造系统通过工业互联网，将不同地域、不同企业的制造资源整合起来，实现跨地域的协同生产和供应链优化。网络化协同制造能够显著提高生产效率和资源利用率。例如，不同工厂之间可以通过共享生产任务和资源，实现生产能力的最优配置，降低整体运营成本。此外，网络化协同制造还可以通过供应链的数字化和透明化，提高供应链的响应速度和灵活性。

⑤ 安全性与可持续性：智能制造系统不仅强调生产效率的提升，还重视生产过程的安全性和可持续性。通过对生产过程的实时监控和智能分析，系统能够及时发现安全隐患并采取相应的措施，确保生产的安全。此外，智能制造还通过优化资源利用、减少浪费等方式，促进可持续发展。例如，智能制造系统可以通过精确的能耗管理，降低生产过程中的能源消耗，减少对环境的影响。

（3）智能制造系统的目标

智能制造系统的最终目标是通过对先进技术的综合应用，打造一个高效、柔性、低耗、环保的生产系统，以满足不断变化的市场需求和应对个性化定制的趋势。通过智能制造，企业能够提升其市场响应速度，缩短产品的上市时间，并降低生产和运营成本。此外，智能制造还有助于实现资源的可持续利用，减少对环境的负面影响。

① 提高生产效率和质量：通过智能制造系统，企业可以显著提高生产效率和产品质量。自

动化设备和智能算法的应用使得生产过程中的人工干预减少，降低了人为错误的可能性。同时，通过实时数据分析和反馈，企业能够快速识别并解决生产中的问题，确保产品质量的稳定性和一致性。

② 降低成本：智能制造通过提高生产效率、减少浪费和优化资源利用，帮助企业降低生产和运营成本。例如，通过预测性维护可以减少设备的意外停机时间，从而降低维护成本和生产损失。此外，智能制造还可以通过优化生产计划，减少原材料的库存和浪费，降低供应链成本。

③ 灵活应对市场需求变化：在市场需求快速变化的环境下，智能制造系统具有高度的柔性，可以根据需求的变化快速调整生产计划和制造工艺。通过模块化设计和柔性生产线，企业能够快速切换生产任务，满足不同客户的个性化需求。例如，当某一产品的市场需求增加时，智能制造系统可以通过优化生产资源配置，迅速提高该产品的产量，以满足市场需求。

④ 实现资源的可持续利用：智能制造注重资源的高效和可持续利用。通过对生产过程的优化管理，企业可以减少能源和原材料的消耗，降低对环境的影响。例如，通过循环经济模式，智能制造系统可以对废旧产品进行回收和再制造，实现资源的循环利用，减少环境污染。同时，智能制造系统还可以通过精确的能耗监控和管理，降低生产过程中的碳排放，促进绿色制造的发展。

⑤ 增强企业竞争力：智能制造系统的应用可以显著提升企业的市场竞争力。通过提高生产效率、降低成本、灵活响应市场需求以及提供个性化定制服务，企业能够在激烈的市场竞争中脱颖而出。此外，智能制造还可以通过提高产品质量和客户满意度，增强品牌的市场影响力和客户忠诚度。

综上所述，智能制造系统的本质在于通过技术手段实现制造的全面数字化、智能化和自动化，其内涵涵盖了多种技术的融合、生产过程的数据驱动、人机协作、网络化协同、安全性与可持续性等多个方面。它是制造业向高效、智能、灵活方向转型的必由之路，将深刻改变制造业的未来发展模式。智能制造不仅仅是对生产过程的优化和升级，更是对整个制造生态系统的重构，通过先进技术的应用，实现生产的可持续性和智能化，推动制造业迈向新的高度。

1.2 智能制造的发展历程

1.2.1 国外智能制造发展历程

智能制造的概念和技术在国外的发展历程中经历了多个重要阶段，每一个阶段都伴随着不同技术的兴起和应用，推动制造业不断向数字化、智能化方向迈进，如图 1-5 所示。以下是国外智能制造发展历程的详细论述。

（1）工业 1.0 到工业 3.0 阶段

① 工业 1.0：机械化阶段。智能制造的基础可以追溯到 18 世纪末的第一次工业革命（工业 1.0）。在这一时期，以蒸汽机（图 1-6）为代表的机械化技术大幅提高了生产效率，推动了制造业的第一次飞跃。蒸汽机的应用使得生产过程逐渐摆脱了手工业的束缚，制造业开始具备规模化生产的能力。

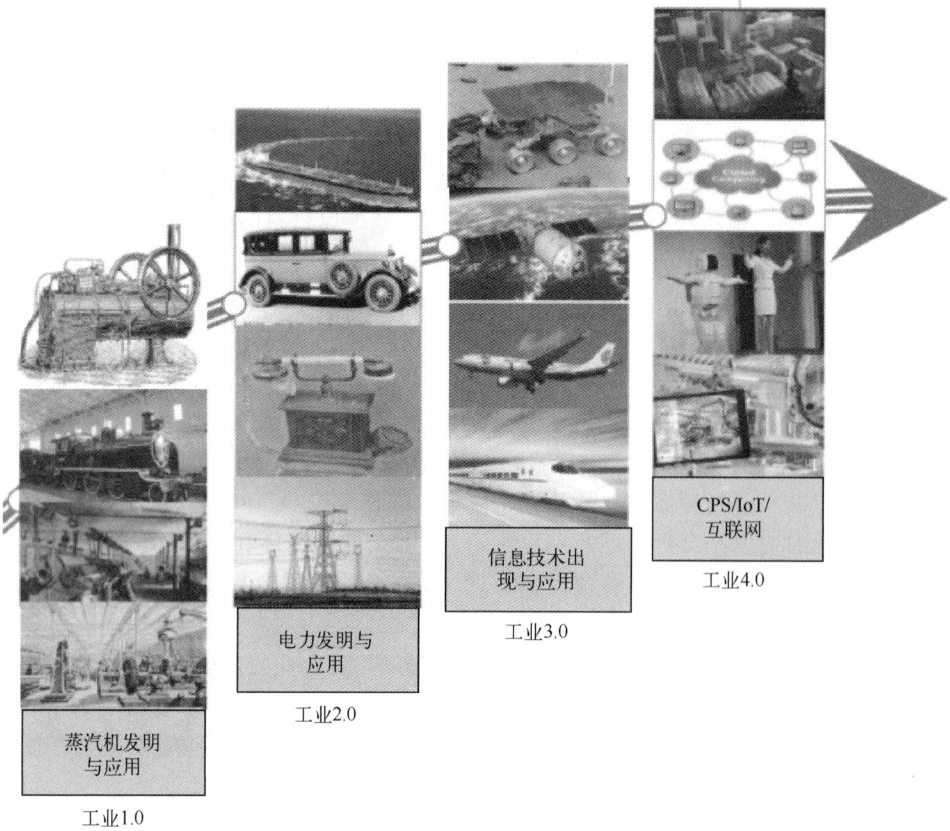

图 1-5　工业 1.0 到工业 4.0 的发展与代表性技术

除了蒸汽机的普及，工业 1.0 还涉及工厂体系的形成，这使得生产活动逐渐集中化，并出现了规模化的生产能力。工厂体系的建立极大地提高了生产效率和产品的标准化水平，为后续的技术创新奠定了基础。

② 工业 2.0：电气化阶段。19 世纪末至 20 世纪初，电力的广泛应用开启了第二次工业革命（工业 2.0），这使得生产变得更加高效和灵活。电气化工厂如图 1-7 所示，电动机的出现使得工厂不再局限于靠近水源或风能的地方建设，而可以自由选择生产地点，从而显著提高了工厂的布局灵活性和生产效率。大规模生产线的引入（例如福特的流水线）使得制造过程标准化，

图 1-6　工业 1.0：蒸汽机

图 1-7　工业 2.0：电气化工厂

制造业逐步迈向高效的大规模生产模式。这一时期的特点是对劳动分工的进一步细化，使得生产效率和产品一致性显著提升。

电气化还极大地推动了生产工具和设备的升级，使得制造过程中的能耗和资源利用率得到了改善。此外，工厂的管理模式也在这一阶段发生了重大的变革，通过科学管理的方法，制造效率得到了进一步的提升。流水线的发明和应用标志着大规模生产的开始，这使得产品的价格大幅下降，更多的消费者能够购买工业产品。

③ 工业 3.0：自动化阶段。20 世纪 60 年代，以计算机和电子技术为基础的第三次工业革命（工业 3.0）到来。随着数控机床（CNC）、工业机器人等自动化设备的应用，制造业进入了自动化阶段。信息技术开始被广泛应用于生产过程，制造企业逐步实现了部分生产环节的自动化和数字化，这为智能制造的兴起奠定了基础，生产效率和生产质量得到了大幅提升，同时也为信息物理系统（CPS）的发展铺平了道路。

这一时期，工业机器人开始进入工厂，代替人类执行危险或重复的工作任务，从而减轻了工人的劳动强度并提高了安全性，如图 1-8 所示。自动化控制系统的发展使得生产过程的精确度和效率大幅提升，制造业的数字化程度逐渐提高。同时，计算机辅助设计（CAD）和计算机辅助制造（CAM）技术的应用也使得产品的设计和生产流程发生了革命性的改变。

图 1-8　工业 3.0：工业机器人自动化作业流水线

（2）工业 4.0 的提出与发展

① 工业 4.0 的概念。工业 4.0 以信息物理系统（CPS）为核心，通过工业互联网、大数据、人工智能等技术，构建虚实融合、自主优化的智能制造系统，实现全流程、全要素的数字化与智能化升级。

在工业 4.0 的框架下，智能工厂成为一个重要的概念。智能工厂通过高度集成的网络系统，使生产设备之间能够互相通信，实时交换数据，从而实现高效、灵活的生产过程。此外，工业 4.0 还强调个性化定制生产模式，即在保持大规模生产效率的同时，能够快速响应消费者的个性化需求。

② 德国工业 4.0 的实施。德国作为工业 4.0 的发起者，其发展历程具有代表性。通过政府、企业和研究机构的紧密合作，德国推动了智能工厂（Smart Factory）的建设和实施。工业 4.0 旨在增强德国制造业的竞争力，提高生产灵活性和资源利用率，实现从大规模生产向个性化定制生产的转变。在德国，工业 4.0 的推进不仅仅是技术层面的革新，还涉及企业管理模式的变革和生产体系的重组。德国政府通过政策支持、资金补贴和技术标准的制定，推动企业积极参与工业 4.0 的实施。同时，德国的高等教育和职业培训体系也为工业 4.0 的发展提供了充足的人才保障。

德国在工业 4.0 实施过程中，注重跨行业的合作与标准化工作。通过建立统一的标准和平台，德国实现了各类制造设备和系统之间的兼容和互联，提高了整个生产体系的协同性。此外，德国还通过一系列试点项目，推动中小企业参与工业 4.0 的转型，降低了技术应用的门槛。

③ 其他国家的发展战略。

a. 美国的先进制造伙伴计划（AMP）。美国在智能制造领域的代表性战略是“先进制造伙伴计划”（AMP）。该计划旨在通过推动新一代制造技术（如增材制造、先进材料和智能制造系统）的研发和应用，保持美国制造业的全球竞争力。美国的智能制造发展强调先进自动化技术的应用，以及大数据和云计算在生产过程中的使用，以提高生产效率和响应能力。美国在智能制造方面的特点是重视创新技术的研发和应用，尤其是在人工智能、增材制造（3D 打印）和工业物联网（IIoT）方面的突破。通过与私营企业和学术机构的合作，美国政府希望打造一个涵盖从研发到生产各环节的完整生态体系，以维持其在全球制造业中的领先地位。

美国的智能制造还特别强调生产与信息的融合，通过云计算和大数据分析，企业可以实时掌握生产状况并迅速做出决策。此外，美国的国家制造创新网络（NNMI）也是推进智能制造的重要措施，通过设立创新研究机构，集中资源攻克智能制造中的共性技术难题。

b. 日本的“工业价值链倡议”（IVI）。日本的智能制造战略被称为“工业价值链倡议”（IVI），其目标是通过数字化技术和物联网的应用，构建灵活且高效的制造网络。日本强调通过协同和网络化实现供应链的高效整合和优化，以提高制造业的灵活性和响应速度。日本的制造企业，如丰田和松下，已经通过智能制造系统实现了高度的生产优化。日本在智能制造方面的另一特点是“精益生产”和“柔性制造”的结合。通过智能制造系统，日本企业能够在保持高效生产的同时实现对市场需求的快速响应。此外，日本还注重通过人工智能和机器人技术的应用，进一步提高生产线的自动化程度，以应对劳动力短缺的问题。

日本的智能制造还注重人与机器之间的协作，力求在实现高度自动化的同时保持灵活的人工干预能力。通过采用可穿戴设备和增强现实（AR）技术，工人可以更有效地参与生产过程，特别是在需要人工判断和灵活操作的环节中发挥作用。日本还积极推动中小企业参与智能制造，通过降低设备成本和提供技术支持，提升整体产业链的竞争力。

c. 韩国的“制造业创新 3.0”。韩国在智能制造方面也取得了显著的进展，其智能制造战略被称为“制造业创新 3.0”。韩国的智能制造战略注重融合 IT（信息技术）和制造业优势，打造高度自动化和智能化的生产环境。通过大规模建设智能工厂，适应市场变化和需求，确保生产效率与质量的平衡。韩国还通过建立政府与企业之间的紧密合作机制，推动智能制造技术的普及与落地，使得各类制造企业能够更加快速地适应全球智能制造潮流。此外，韩国政府还注重通过政策引导和专项资金支持，鼓励企业在自动化生产中采用节能和环保技术，以实现智能制造与可持续发展的双重目标。

韩国的大型企业，例如三星电子和现代汽车，在智能制造领域中占据了重要地位。它们不仅推动了自身生产系统的智能化，还通过示范效应影响了整个制造行业的智能化转型。韩国的智能制造战略强调以人为本，既重视生产过程中的自动化，也重视工人在智能生产体系中的作用，力求实现人机协同的最佳效果。

（3）国外智能制造的发展趋势

智能制造在国外的发展趋势主要集中在以下几个方面：

① 数字化和信息化的进一步深化。数字化和信息化是智能制造的基础支撑。基于工业互联网与数字孪生，企业实现对设计、工艺、制造、服务等的全过程建模仿真与智能优化，有效支撑业务实时决策与系统性改进。

② 人机协作的普及。随着人工智能和机器人技术的不断进步，人机协作成为智能制造的重要组成部分。通过让机器人承担重复性劳动，而人类专注于创造性和复杂的任务，企业可以实现更高效的生产和管理。未来，机器人将更加智能化和多功能化，与人类的协作将更加紧密。例如，协作机器人（Cobot）（图 1-9）的应用将进一步扩大，工人可以在不需要编程的情况下通过简单的引导操作，让机器人完成复杂的工作任务。

在未来，人机协作不仅限于生产环节，还将扩展到产品研发、物流配送等领域。通过采用人工智能和机器学习技术，协作机器人将逐渐具备自学习和自适应能力，能够更好地与人类合作完成任务。这种协作关系的深化，将有助于提升生产线的灵活性和应变能力。

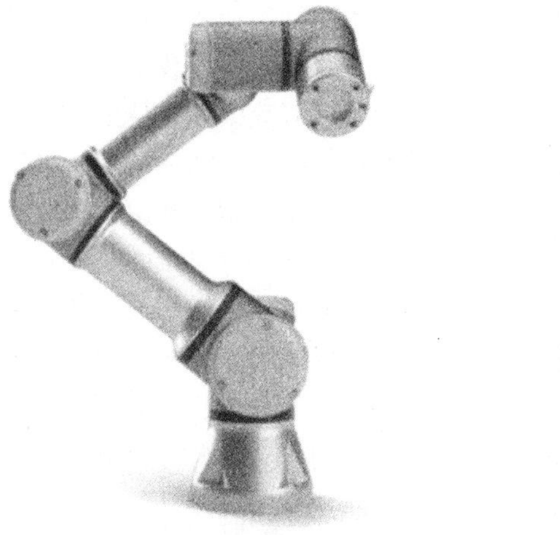
图 1-9　协作机器人

③ 个性化定制和柔性化生产。消费者对个性化产品的需求不断增加，推动了制造业向柔性化和定制化方向发展。智能制造系统通过模块化设计和柔性生产线，可以快速响应市场需求，提供个性化定制产品。未来，个性化定制的生产模式将更加普遍，通过大规模的定制化生产，企业可以在保持生产效率的同时，满足消费者的个性化需求。工业 4.0 技术，如增材制造（3D 打印）和智能供应链管理，将在个性化生产中扮演关键角色。

柔性化生产意味着生产系统可以快速调整以应对不同的生产任务，这对于满足日益多样化的市场需求至关重要。未来，随着传感器技术、人工智能和工业物联网的不断发展，制造企业将能够更精确地预测消费者需求，优化生产计划，实现更高效的柔性制造。

④ 可持续发展和绿色制造。国外的智能制造也非常注重可持续发展，通过优化资源利用、减少能源消耗和废弃物排放，实现绿色制造。数字化技术的应用使得生产过程更加透明和可控，有助于减少对环境的影响。未来，制造企业将更加关注环境友好型的生产方式，通过使用可再生能源、减少碳排放和提高资源的循环利用率，实现绿色制造的目标。例如，智能工厂将集成能源管理系统，对生产过程中各环节的能源使用进行实时监控和优化，从而减少能源浪费。

⑤ 供应链的智能化和协同化。智能制造由单点智能向系统智能演进，涵盖从设计研发到产、供、销、服全链路。供应链智能化实现多节点协同与预测式调度，强化企业对不确定环境的快速响应和抗风险能力。

此外，区块链技术的应用也将为供应链管理带来新的变革，通过提供透明、安全和不可篡改的数据记录，区块链可以显著提高供应链的信任度和可靠性。供应链中的各个节点可以通过共享信息实现更高效的协作，减少延误和库存积压，从而提升整体供应链的响应速度和弹性。

1.2.2　国内智能制造发展历程

国内智能制造的发展经历了由传统制造向智能制造逐步演进的过程，伴随着国家战略规划和技术创新的不断推进，我国在智能制造领域取得了显著进展。以下是我国智能制造发展历程的详细论述。

（1）传统制造到先进制造（信息化制造）阶段

① 传统制造阶段。我国的传统制造阶段可以追溯到建国初期至 20 世纪 70 年代。在这一阶段，制造业的主要特点是以劳动密集型为主，生产手段落后，技术水平低。大量手工操作和机械化设备并存，生产效率和产品质量较低。尽管如此，传统制造阶段为我国制造业的起步和基础积累奠定了重要基础。

② 信息化制造的初步推进。从 20 世纪 80 年代开始，我国进入了制造业信息化的初步推进阶段。随着计算机技术的普及，计算机辅助设计（CAD）、计算机辅助制造（CAM）等技术逐

步应用于制造业，使得制造企业在产品设计、加工工艺和生产管理等方面实现了一定程度的信息化。这一阶段，我国制造业初步建立了自动化生产线，部分企业开始实现半自动化生产。

在国家政策的支持下，我国逐步加大了对制造业的信息化投入。例如，1995 年发布的《振兴装备制造业行动纲要》，明确提出通过信息化手段提升制造业的生产效率和竞争力。这一时期，我国制造业开始逐渐由劳动密集型向技术密集型转变，为智能制造的发展打下了基础。

此外，这一阶段的制造业发展不仅限于生产技术的改进，还涉及企业管理和生产组织方式的变革。许多企业开始引入现代管理理念，如精益生产和全面质量管理（TQM），通过信息化手段优化生产流程和提高产品质量。这些努力为智能制造奠定了必要的管理基础和文化氛围。

（2）工业化与信息化融合阶段

① 两化融合的提出与实践。我国于 21 世纪初提出“工业化与信息化深度融合”的发展战略，标志着制造业发展范式由“资源驱动型”向“信息引领型”转变，通过两化融合实现制造企业智能化水平与运营管理能力的同步提升。

“两化融合”使得企业在生产管理、资源配置和市场响应能力上得到显著提升。企业通过信息化系统进行生产数据的采集与分析，实现了生产过程的可视化与可控化。ERP（企业资源计划）、MES（制造执行系统）等信息系统的应用，使得生产计划与执行更加精细化和高效化。

在这一阶段，政府还大力推进信息化基础设施的建设，光纤网络和移动通信技术的发展，为制造业的信息化打下了良好的基础。此外，随着电子商务的兴起，企业开始探索线上与线下相结合的商业模式，通过信息化系统连接供应链上下游，实现生产和市场的无缝衔接。

② 智能制造的初步应用。在“两化融合”的推动下，我国部分领先企业率先尝试应用智能制造技术。例如，汽车行业开始引入机器人参与焊接、喷涂等危险性高的工序，提高了生产效率和产品质量；电子行业也在生产线上引入了自动化装配和检测设备，使得生产过程更加高效和标准化。

国家层面的政策支持在此阶段起到了至关重要的作用。2010 年，我国发布了《装备制造业调整和振兴规划》，强调通过推进信息化与工业化融合，推动制造业向智能化方向发展。这一阶段的探索和尝试，为我国智能制造的进一步推广和发展积累了宝贵经验。

在这一时期，一些龙头企业开始建立自己的智能生产示范车间，探索自动化设备、物联网技术与信息化管理系统的结合。通过这些示范项目，企业积累了丰富的智能制造经验，并逐步向全国推广。许多企业还通过与高校和科研机构合作，攻克智能制造中的关键技术难题，推动了技术的国产化和应用。

（3）“中国制造 2025”与智能制造发展阶段

① “中国制造 2025”的提出。2015 年，我国正式发布了“中国制造 2025”战略，这是我国实施制造强国战略的第一个十年规划。该战略的提出标志着我国进入了智能制造全面推广和发展的阶段。“中国制造 2025”提出，要通过新一代信息技术与制造技术的深度融合，推动制造业的智能化转型升级，提升我国制造业的核心竞争力。

“中国制造 2025”战略将智能制造作为主攻方向，聚焦十大重点产业领域（图 1-10），通过示范试点、平台建设与生态构建，推动关键技术攻关和产业链协同，率先在高端装备、航空航天等领域实现智能转型突破。

此外，在“中国制造 2025”框架下，政府还加大了对中小企业的支持力度，鼓励中小企业参与智能制造的转型升级。通过建立智能制造公共服务平台，为中小企业提供技术支持和资源共享，从而降低中小企业应用智能制造的门槛，促进产业链整体的协同发展。

图 1-10　“中国制造 2025”的 10 个重点发展领域

② 智能工厂与数字化转型。在“中国制造 2025”的推动下，我国制造企业加快了向智能工厂和数字化转型的步伐。通过引入物联网、大数据、人工智能等先进技术，企业实现了生产全流程的数字化管理。例如，海尔集团建设了互联工厂，通过用户需求的实时反馈，实现了从订单到生产的全流程智能化响应，形成了大规模定制生产模式。

此外，智能工厂的建设使得生产过程的灵活性和效率得到了显著提升。传统的固定生产线逐渐被柔性化、模块化的生产系统所取代，企业能够快速响应市场需求的变化，生产周期大幅缩短，产品质量也得到了保障。数字孪生技术的应用，使得企业能够在虚拟环境中模拟和优化生产过程，从而减少试错成本，提升生产效率。

智能工厂的建设不仅局限于生产环节，还包括供应链和物流的智能化管理。通过引入智能物流系统，企业能够实现原材料、半成品和成品在生产线和仓储之间的高效流动，减少了库存积压，提高了物流效率。同时，借助工业互联网平台，不同企业之间实现了供应链信息的共享和协同，增强了整个产业链的应变能力和竞争力。

（4）当前发展趋势与未来展望

① 政策引导与产业链升级。我国智能制造的发展得益于政府的大力支持和政策引导。从《中国制造 2025》到《智能制造发展规划（2016—2020 年）》等一系列政策的发布，国家明确了智能制造的发展方向和目标，形成了较为完善的政策支持体系。这些政策在推动企业技术升级、促进产学研合作、加速智能制造技术的普及等方面发挥了重要作用。

未来，我国将在继续深化智能制造技术应用的同时，推动制造业产业链的整体升级。通过加大对关键技术的自主研发投入，解决“卡脖子”问题，提升核心技术自主可控能力。特别是在芯片、工业软件等关键领域的突破，将为我国智能制造的高质量发展提供坚实保障。

在产业链升级方面，政府还将加强对基础制造工艺和材料的支持力度，推动产业链从低端向高端迈进。例如，通过鼓励企业自主研发高性能材料和关键零部件，摆脱对进口产品的依赖，提高产业链的稳定性和抗风险能力。

② 新技术的融合与应用。5G+工业互联网构成智能制造的新一代基础设施，具备低时延、高带宽、广连接能力，为边缘感知、现场决策、动态协同等智能制造关键场景提供通信保障。

与此同时，人工智能技术在智能制造中的应用将进一步扩展，尤其是在生产过程中的质量检测、预测性维护等领域。通过机器学习算法，自适应调整工作参数，提高生产的稳定性和效率。例如，通过对历史生产数据的分析，人工智能可以预测设备可能出现的故障，从而进行预测性维护，减少停机时间，降低维护成本。未来，智能制造的进一步发展将使得整个生产系统具备自学习能力，从而实现生产过程的自优化。

③ 绿色智能制造的推进。绿色发展是我国智能制造的重要方向之一。在智能制造的推进过程中，如何实现节能减排、提高资源利用率，是当前制造业面临的重要课题。通过物联网和大数据分析技术，企业能够实时监控能源的使用情况，识别高能耗环节并进行优化。例如，一些智能工厂引入了能源管理系统，对生产设备的能耗进行监控，以减少不必要的能源消耗，达到节能的目的。

此外，循环经济的理念在智能制造中得到了广泛应用。例如，通过智能化的废料回收系统，生产过程中产生的废料能够被实时回收再利用，从而减少对自然资源的消耗。政府也通过政策激励和资金支持，鼓励企业发展绿色制造技术，减少制造过程中的碳排放，推动整个行业向低碳、环保的方向发展。

④ 柔性生产与个性化定制。柔性生产与个性化定制是未来智能制造的两个重要趋势。随着消费者对个性化产品的需求不断增加，传统的批量生产模式已无法满足市场的多样化需求。通过智能制造，企业能够实现生产线的柔性化改造，使得生产系统可以根据订单需求快速调整，生产出符合个性化要求的产品。

例如，在家电行业，一些企业通过智能制造系统实现了从用户下单到产品设计、生产的全流程智能化。用户可以根据个人偏好定制产品的外观、功能等特性，而企业则通过智能生产系统对生产线进行实时调整，以满足不同客户的个性化需求。这种模式不仅提高了客户的满意度，也大幅提升了企业的市场响应速度和竞争力。

柔性制造的实现还得益于模块化设计和数字化生产技术的应用。通过将产品设计模块化，企业可以在生产过程中灵活组合不同的模块，以满足多样化的市场需求。同时，增材制造（3D打印）技术（图 1-11）的广泛应用，使得个性化定制的生产成本显著降低，为柔性制造提供了重要支撑。

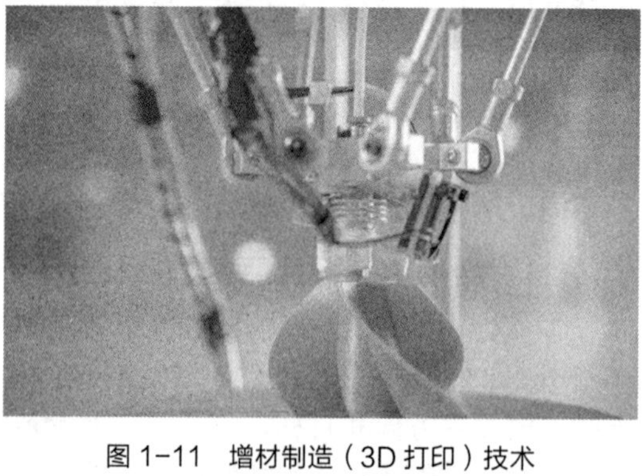

图 1-11　增材制造（3D 打印）技术

综上所述，我国智能制造的发展经历了由传统制造到信息化制造、工业化与信息化融合，再到智能制造全面发展的阶段。在国家政策的引导和企业的积极探索下，我国在智能制造领域取得了长足进步，并将在未来继续推动制造业的高质量发展，实现产业转型升级和可持续发展。通过新一代信息技术的融合应用，智能制造将在更多领域得到深入推进，使得我国制造业在国际竞争中占据更加有利的地位。

1.3 智能制造系统发展路径和趋势

1.3.1　智能制造系统发展阶段与路径

智能制造系统的发展呈现阶段性、融合性与系统性的演进特征，其路径涵盖自动化起步、信息化拓展、数字化转型与智能化重塑，体现出“技术驱动—模式创新—生态协同”三位一体的系统发展逻辑。

（1）智能制造系统的发展阶段

智能制造系统发展阶段及关键技术如图 1-12 所示。

① 智能制造系统的起步与发展。

a．自动化阶段。智能制造系统的起步可以追溯到 20 世纪后期，当时我国的制造业正处于自动化阶段。这一阶段的核心特征是通过机械和电气设备的引入，实现生产过程中的部分自动化，以减轻劳动强度、提高生产效率。在这一阶段，数控机床（CNC）（图 1-13）、可编程逻辑控制器（PLC）等技术逐步得到了推广和应用。

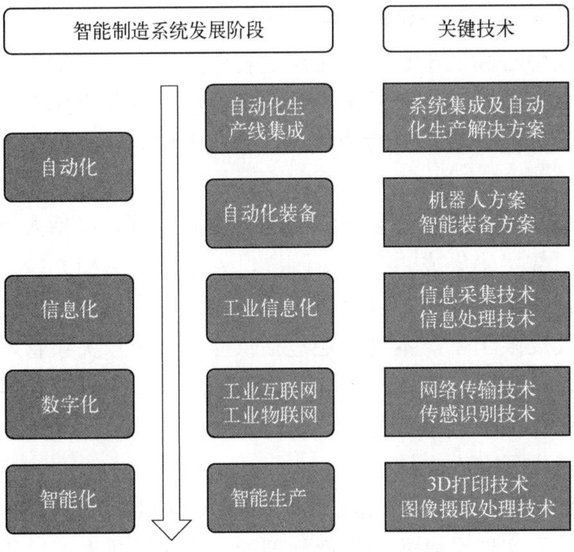

图 1-12　智能制造系统发展阶段及关键技术

图 1-13　数控机床（CNC）

自动化阶段的目标是通过自动化设备替代手工操作，从而提高制造的精度和效率。虽然这一阶段尚未具备高度的智能化，但为后续信息化和智能化奠定了重要的技术基础。通过自动化生产线的建设，企业逐步积累了生产管理和技术改造的经验，这些经验对于信息化和智能化阶段的进一步发展具有重要的意义。

在这一阶段，企业还通过引进国外先进的自动化设备，逐步提高了生产线的自动化程度。通过技术引进与消化吸收，制造企业实现了初步的现代化转型，劳动生产率显著提升，生产成本逐渐降低。这一阶段的重点是如何将机械设备与生产工艺相结合，以最大限度地提高生产效率，并确保产品的一致性和质量。

b．信息化阶段。在自动化阶段的基础上，我国逐步进入了信息化阶段。这一阶段的主要目标是通过计算机技术和网络通信技术，将生产设备、管理系统和企业的各个环节连接起来，实现信息的实时采集、分析和利用。这一阶段的标志性技术包括计算机辅助设计（CAD）、计算机辅助制造（CAM）以及企业资源计划（ERP）系统等。

信息化阶段强调了数据的作用，通过对生产和经营数据的管理与分析，企业可以实现更加科学的生产决策。这一阶段还标志着制造业开始从以生产效率为中心，向更加注重产品质量和客户需求的方向转变。在国家政策的支持下，企业信息化得到了大力推广，为智能制造的发展创造了良好的环境。

信息化阶段的另一个重要特征是企业内外部的连通性得到了加强。通过互联网技术的应用，企业可以实现内部各部门的协同运作，同时与供应商和客户保持紧密联系。例如，供应链管理（SCM）系统的引入，使得企业可以根据市场需求的变化，快速调整生产计划，优化库存管理，从而提高整个供应链的反应速度和效率。

② 智能制造系统的深化发展。

a．数字化阶段。随着物联网、大数据、云计算等技术的快速发展，制造系统进入了数字化阶段。在这一阶段，企业通过引入智能传感器、工业互联网平台等技术，实现了对生产全过程的数据采集与实时监控。数字孪生技术使企业能够在虚拟环境中模拟生产过程，从而优化工艺、提高效率。

数字化阶段的一个重要标志是智能工厂的建设，通过高度集成的数字化系统，实现了生产设备之间的互联互通以及生产过程的自优化。与此同时，数据驱动的生产管理使得企业能够对市场需求的变化快速做出反应，从而实现柔性化生产和个性化定制。

在数字化阶段，制造企业还通过建立数据中心和云平台，将生产过程中产生的海量数据进行集中存储和分析。这使得企业可以利用大数据技术对生产质量、设备运行状况以及市场需求进行全面分析，从而做出更加精准的管理决策。通过数据驱动的优化，企业不仅能够降低生产成本，还可以提高产品的市场竞争力。

b．智能化阶段。在数字化基础上，我国制造企业开始探索新一代智能制造模式，包括人机协作、个性化大规模定制，以及产业链的全面数字化集成。在这一阶段，人工智能（AI）技术逐渐融入制造业中，用于优化生产调度、提升质量控制能力以及进行设备预测性维护。

这一阶段，智能制造系统的发展不再仅仅局限于生产本身，还包括供应链、客户关系管理以及产品全生命周期的智能化管理。例如，通过工业互联网平台，制造企业可以与供应商、客户实时共享数据，实现供应链的高效协同。这样的全方位智能化，使得企业的运营效率显著提升，也为我国制造业向全球价值链高端攀升提供了有力支撑。

在新一代智能制造模式中，人机协作得到了进一步发展。通过协作机器人（Cobot）的应用，工人在生产过程中可以与机器人紧密合作，从而实现更高效的生产。例如，协作机器人可以承担重复性高、危险性大的任务，而工人则可以专注于更具创造性和复杂性的工作，这种人机协作模式大大提高了生产线的灵活性和安全性。

（2）智能制造系统的发展路径与展望

① 技术驱动的创新。在未来的发展中，量子计算技术有望在大规模数据处理和优化方面发挥重要作用，为智能制造提供前所未有的计算能力支持。而 5G 通信技术的普及，将显著提高工业互联网的实时性和可靠性，使得生产现场的设备能够实现更加高效和精准的互联互通，进一步推动生产的智能化和柔性化。

② 管理模式的创新与组织变革。除了技术进步，管理模式的创新也是智能制造系统发展的重要路径。通过智能化手段，制造企业的管理模式正从传统的层级式管理，向更加扁平化、实

时化的管理模式转变。例如，利用工业互联网平台，企业的管理者能够实时掌握生产一线的状况，从而做出更加精准的管理决策。

在管理模式的创新方面，企业还逐渐引入了敏捷管理和精益生产的理念，通过不断优化生产流程、减少浪费和提高响应速度，来增强企业的竞争力。通过工业互联网和大数据分析，企业的各个生产环节可以实现实时反馈和持续优化，从而形成一个快速响应、不断自我改进的管理体系。

智能制造系统的发展还涉及组织结构的变革。例如，智能工厂中各类生产单元的高度自主性，使得传统的集中指挥模式逐渐让位于分布式协同的管理方式。这种变化不仅提高了生产效率，还增强了企业应对市场变化的能力，尤其是在需要快速调整生产方案以应对个性化订单的情况下。

③ 生态系统的协同与融合。构建平台化生态体系有助于打破企业边界，推动"数据共享、技术互补、服务协同"，构建以价值共创为核心的智能制造产业联盟，提升我国制造系统在全球生态中的话语权与主导力。

同时，政府和科研机构在这一过程中也扮演着重要的角色。通过政策支持、技术攻关和标准制定，政府为产业链的协同发展创造了有利条件。而科研机构通过技术创新和人才培养，持续为智能制造系统的发展提供智力支持。未来，政府、企业和科研机构的紧密合作，将进一步推动智能制造生态系统的健康发展。

综上所述，智能制造系统的发展路径是一个不断深化和拓展的过程。通过技术驱动、模式创新和生态协同的共同作用，我国智能制造系统将持续发展，推动制造业实现高质量、智能化的转型升级。

1.3.2　智能制造系统未来趋势

智能制造系统的未来发展将受到技术进步、产业需求变化以及全球制造业格局演变等多重因素推动。未来的智能制造系统，将向着更高程度的智能化、柔性化以及绿色可持续方向发展。以下是对智能制造系统未来趋势的详细分析。

（1）更深度的智能化

① 人工智能的全面应用。人工智能（AI）将深度嵌入智能制造核心环节，从预测性维护、缺陷检测到供应链优化，以算法驱动实现制造场景的自学习、自适应、自闭环优化，重塑生产效率与质量边界。

在智能工厂中，AI 还将被广泛用于实时决策支持。例如，通过对生产线数据的实时分析，AI 系统可以在生产过程中自动调整设备的运行状态，以应对生产过程中的突发问题。此外，AI 在视觉检测、语音识别等领域的应用，也将极大提升制造过程中的自动化水平，降低人工干预的必要性。

② 认知制造的出现。未来的智能制造系统不仅仅是自动化和数据驱动，还将逐渐具备认知能力。这意味着制造系统可以理解、学习和推理复杂的生产任务，并做出智能决策。例如，通过集成自然语言处理（NLP）技术，制造系统能够与人类操作员进行自然交互，理解生产过程中的指令或建议，从而实现更高层次的人机协作。

认知制造的出现，将使生产过程更加智能化和灵活化。系统可以根据市场需求的变化，自主规划生产任务，动态调整生产资源的分配，从而实现真正意义上的柔性制造。这种认知能力的引入，将极大地提高制造企业应对复杂和不确定环境的能力。

（2）更加灵活的生产方式

① 大规模定制与柔性生产。未来的智能制造系统将进一步推动大规模定制与柔性生产的发展。随着消费者对个性化产品需求的不断增加，制造企业需要具备快速响应市场变化的能力。

智能制造系统将通过柔性生产线、模块化设计和增材制造（3D 打印）等技术，实现个性化定制与大规模生产的兼顾。

柔性生产线的核心在于生产系统的快速切换能力。未来，通过集成传感器、工业机器人和智能控制系统，生产线可以根据不同订单的需求，自动调整设备的运行状态和生产参数，从而实现多品种、小批量的高效生产。增材制造的广泛应用，也将使得复杂零部件的生产更加灵活，缩短新产品从设计到量产的周期。

② 人机协同的深入发展。人机协同将在未来智能制造系统中扮演越来越重要的角色。未来，协作机器人（Cobot）将变得更加智能和安全，能够与人类在同一工作空间内高效协作，共同完成复杂的生产任务。这不仅可以提高生产效率，还能提高生产过程的安全性和灵活性。

通过 AI 技术的支持，协作机器人将具备更高的环境感知能力和自学习能力，能够理解和适应人类的行为模式。例如，机器人可以通过视觉和触觉传感器，感知周围环境的变化，并相应调整自身的操作方式，以配合人类工人的需求。这种深度的人机协同将使制造过程更加灵活和高效。

（3）绿色与可持续制造

① 低碳与循环经济。未来的智能制造系统将越来越注重绿色和可持续发展。在碳中和目标的推动下，制造企业需要大幅减少生产过程中的碳排放和能源消耗。智能制造系统将通过能源管理系统、绿色设计和制造工艺的优化，实现低碳制造和资源的高效利用。

例如，能源管理系统将通过实时监控生产设备的能耗情况，识别高能耗环节并进行优化调整，以减少不必要的能源浪费。此外，企业将逐步采用绿色材料和可再生能源，以降低生产过程对环境的影响。通过构建循环经济体系，生产过程中产生的废料和副产品将得到回收利用，形成闭环的绿色生产模式。

② 绿色供应链管理。绿色制造的理念将从生产环节扩展到整个供应链。在未来，智能制造系统将更加注重供应链的绿色化管理，通过大数据和区块链技术，对供应链各环节进行全程跟踪和监控，确保各环节的碳排放和环境影响最小化。

通过对供应链上下游企业的环保表现进行数据监控，制造企业可以选择更加环保的供应商，并对供应链进行整体优化，减少物流运输中的碳足迹。这种绿色供应链管理模式，不仅有助于企业实现可持续发展目标，也将提高企业在国际市场中的竞争力。

（4）产业链的协同与融合

① 工业互联网与产业链协同。工业互联网将由“连接工厂”走向“连接价值链”，通过数据标准统一、系统接口开放，实现跨企业、跨环节的全链路协同感知与决策，加快智能制造网络型组织体系构建。

这种产业链的协同不仅限于企业之间，还包括与科研机构、政府部门的合作。通过开放的数据平台和标准化的技术接口，不同企业和机构之间可以无缝对接，共同进行技术创新和产业升级。例如，在新产品开发阶段，制造企业可以与供应商、研究机构实时共享设计数据和工艺信息，从而缩短开发周期，提高产品的市场竞争力。

② 平台化生态系统的构建。未来，智能制造系统的发展将朝着平台化生态系统的方向演进。通过建立开放的工业互联网平台，制造企业、供应商、服务提供商等各类参与者将形成一个互联互通、合作共赢的产业生态系统。在这个生态系统中，各方可以共享技术、市场信息和资源，实现优势互补，共同提升整体竞争力。

平台化的生态系统还将有助于中小企业参与智能制造的转型升级。通过共享平台资源，中小企业可以获得先进的技术支持和市场机会，降低智能制造的门槛。这将有助于形成更加健康和可持续的产业格局，推动整个制造业的升级转型。

智能制造系统的未来趋势将围绕更深度的智能化、更加灵活的生产方式、绿色与可持续制造以及产业链的协同与融合展开。在技术进步的推动下，制造业将逐步实现生产过程的高度智能化和柔性化，以满足不断变化的市场需求。同时，绿色制造和产业链协同也将成为未来制造业发展的重要方向。在政府政策的支持和产业界的共同努力下，智能制造系统将继续推动我国制造业实现高质量发展，迈向全球价值链的高端。

1.4 本章小结

本章围绕智能制造系统的基础概念与发展脉络展开，核心内容如下：

（1）智能制造系统的核心定义与本质

智能制造系统是基于信息物理系统（CPS），融合人工智能、工业互联网、大数据等技术，覆盖产品全生命周期的智能化协同制造系统。其本质特征体现为信息集成与互联互通、自适应性和灵活性、智能化决策支持、全生命周期管理以及以客户为中心的生产模式，核心目标是提升生产效率和质量、降低成本、灵活应对市场需求变化等。

（2）发展历程与全球实践

从工业 1.0（机械化）到工业 4.0（信息物理系统驱动），智能制造经历了机械化、电气化、自动化到智能化的演进。国外以德国工业 4.0、美国 AMP、日本 IVI 等为代表，侧重技术融合与生态构建；国内则通过“两化融合”“中国制造 2025”，逐步从传统制造向数字化、智能化转型，强调政策引导与产业链升级。

（3）未来趋势

智能制造将向深度智能化（人工智能全面应用）、灵活生产方式（大规模定制）、绿色与可持续制造（低碳与循环经济）及产业链协同与融合（工业互联网平台支撑）方向发展，技术融合（如 5G + 数字孪生）和生态协同是关键驱动力。

思考题

1-1　智能制造系统的核心目标是什么？

1-2　智能制造系统的五大本质特征中，你认为哪一个对传统制造业转型最为关键？为什么？

1-3　比较工业 1.0 到工业 4.0 的代表性技术差异，并分析工业 4.0 如何突破前几代的局限性。

1-4　中国智能制造的发展路径与德国工业 4.0 有何异同？请从政策、技术重点、企业参与等角度分析。

1-5　绿色智能制造面临哪些主要挑战？结合本章提到的技术（如能源管理系统、循环经济）提出可能的解决方案。

1-6　人工智能在智能制造中的应用场景有哪些？试从生产、供应链、维护三个环节分别举例说明。

1-7　为什么产业链协同是未来智能制造的重要趋势？请结合工业互联网平台的作用进行解释。

第2章

智能制造系统模型

【本章内容思维导图】

【学习目标】

1．掌握智能制造系统模型的核心内容，包括参考模型的基本构成要素和标准化体系，重点理解智能制造系统架构的三个维度（生命周期、系统层级和智能功能）以及离散与连续制造系统模型的特点和差异。

2. 熟悉智能制造系统相关的关键技术和发展趋势，如工业互联网、数字孪生、智能装备等技术的应用场景，以及国内外主要标准化组织的相关工作。同时要了解智能制造在不同行业的应用案例和实施路径。

3. 了解智能制造的前沿动态和新兴概念，包括人工智能、大数据、物联网等技术在制造领域的创新应用，以及国际智能制造的最新研究进展。

2.1 智能制造系统架构

智能制造系统架构面向产品全生命周期、生产制造全过程和供应链全环节核心问题。本节通过智能制造系统参考模型，介绍模型基本构成要素和标准化，讨论在新一代信息技术与先进制造技术深度融合的发展趋势下，如何更有效地参考系统架构部署智能制造装备、工业软件和系统，实现具备协同和自治特征、具有特定功能和实际价值的应用。

2.1.1 智能制造系统参考模型

智能制造系统参考模型是构建智能制造系统的基础蓝图，通过对不同行业、不同规模企业的智能制造实践进行归纳和总结，形成了一个涵盖从产品设计、生产规划、生产执行到售后服务的全生命周期流程的具有普遍适用性的参考框架，为实际的系统建设提供指导。智能制造系统参考模型建设的目标如下：

① 对智能制造概念及范围进行统一定义和描述；

② 对现有标准在智能制造中进行定位和分析，并梳理未来智能制造的标准化需求；

③ 建立针对智能制造涉及的不同技术的验证平台（测试床），推进新技术的试验验证和标准制定；

④ 建立不同领域、不同生命周期阶段、不同技术的应用案例，指导智能制造在企业中的应用和实现。

不同国家、不同组织已制定了不同领域/生命周期/规模/颗粒度的参考模型，需要通过消除重复交叉和阐明核心内容，将这些模型合并为统一的智能制造系统参考模型。

智能制造系统参考模型的制定应考虑以下问题：

① 基于分层控制模型的经典制造系统体系结构正在向基于分布式自组织制造服务发展的新体系结构进化和演变；

② 被制造的产品将成为真正的“生命体”，具有制造过程中各阶段所必需的全部信息（标识、位置、状态、路线），以及自组织、自诊断、自恢复等能力；

③ 标准和安全是参考模型不可或缺的内容，是实现系统间和企业间集成和互联互通的基础和保障；

④ 根据参考模型提炼企业用例是推进智能制造落地实施的加速器。

鉴于智能制造跨技术领域的特点，IEC（国际电工委员会）专门成立了 IEC/SMB/ SG8（智能制造/工业 4.0）战略工作组，并在 2016 年转化为 SEG7（智能制造）系统评估组，开展智能制造相关的体系架构、标准路线图、案例等方面的研究。SEG7 国内技术对口单位为机械工业仪器仪表综合技术经济研究所。该工作组于 2017 年初完成了与智能制造相关的现有 11 种参考模型的对比分析报告，如表 2-1 所示。

表 2-1 与智能制造相关的现有参考模型

序号	模型名称	制定组织
1	工业 4.0（RAMI4.0）参考架构模型	德国工业 4.0 平台
2	智能制造生态系统（SMS）	美国国家标准与技术研究院（NIST）
3	工业互联网参考架构（IIRA）	工业互联网联盟（IIC）
4	智能制造系统架构（IMSA）	中国国家智能制造标准化总体组
5	物联网概念模型	ISO/IEC JTC1/WG10 物联网工作组
6	IEEE 物联网参考模型	IEEE P2413 物联网工作组
7	ITU 物联网参考模型	ITU-T SG20 物联网及其应用工作组
8	物联网架构参考模型	oneM2M 物联网协议联盟
9	全局三维图	ISO/TC184 自动化系统与集成工作组
10	智能制造标准路线图框架	法国未来工业联盟（ATF）
11	工业价值链参考架构（IVRA）	日本工业价值链计划组织

注：ISO—国际标准化组织；IEEE—电气与电子工程师协会；ITU—国际电信联盟。

（1）工业 4.0（RAMI4.0）参考架构模型（图 2-1）

发布组织：德国工业 4.0 平台。

发布日期：2015 年 4 月。

应用领域：制造。

特征：

① 基于 CEN（欧洲标准化委员会）和 CENELEC（欧洲电工标准化委员会）制定的智能电网架构模型（SGAM）；

② 三个维度：层级结构、全生命周期和价值链、类别；

③ 强调三个集成：企业内网络化制造体系纵向集成、企业间横向集成、全生命周期端到端工程数字化集成；

④ 智能工厂是实现 RAMI4.0 的最小单元；

⑤ 嵌入式智能：所有制造单元都是带有本地软件的嵌入式设备或系统，所有制造单元都具有自组织的计算和通信功能，大量部署各类传感元件实现信息的大量采集，自动化技术实现智能制造单元间的集成；

⑥ “智能”产品：被制造的产品具有制造过程中各阶段所必需的全部信息（标识、位置、状态、路线）；

⑦ “自治”制造系统：互联制造单元的自组织（自组织生产）、制造步骤根据订单情况灵活定制（自组织工艺）。

（2）智能制造生态系统（SMS）（图 2-2）

发布组织：美国国家标准与技术研究院（NIST）。

发布日期：2016 年 2 月。

应用领域：制造。

特征：

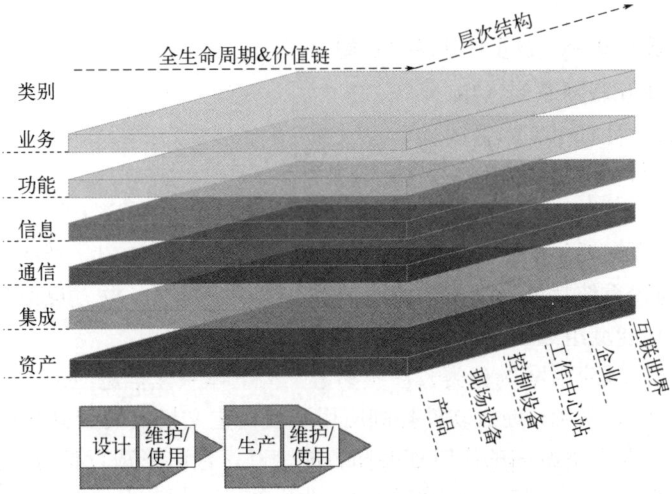

图 2-1　工业 4.0（RAMI4.0）参考架构模型

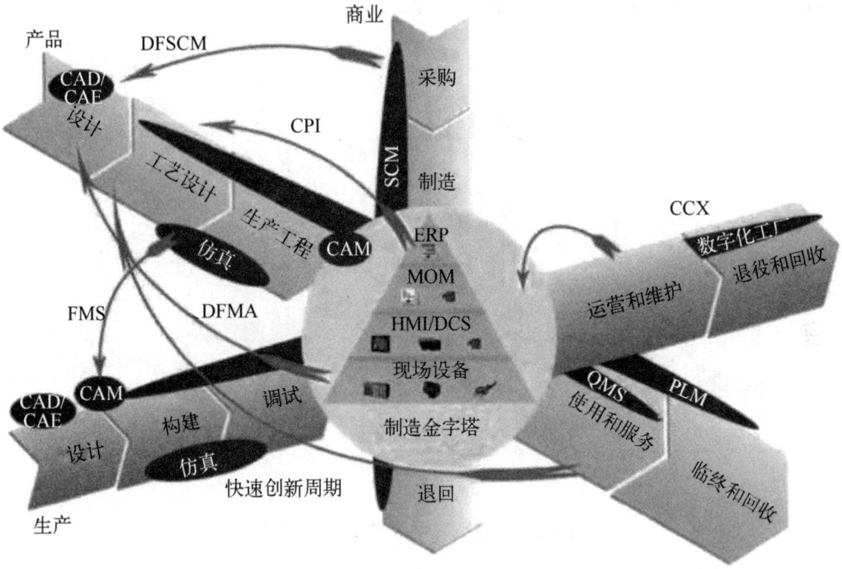

图 2-2　智能制造生态系统（SMS）

DFSCM—数字化工厂供应链管理；CAD—计算机辅助设计；CAE—计算机辅助工程；CPI—持续流程改进；CAM—计算机辅助制造；SCM—供应链管理；FMS—柔性制造系统；DFMA—面向制造与装配的设计；ERP—企业资源计划；MOM—制造运营管理；HMI—人机界面；DCS—分布式控制系统；CCX—以客户为中心的体验；QMS—质量管理系统；PLM—产品生命周期管理

① 三个维度：产品、生产、商业，每个维度表示独立的生命周期；

② 制造金字塔是其核心，三个生命周期在这里汇聚和交互；

③ 强调在每个维度上制造软件的集成，这将有助于车间层的先进控制，以及工厂和企业层的优化决策；

④ 三项优先考虑的变革制造技术：高级传感、控制和制造平台，虚拟化、信息化和数字化制造技术，先进材料制造；

⑤ 八种制造范式：精益制造、柔性制造、绿色制造、数字化制造、云制造、分布式制造、

智能制造、敏捷制造。

(3)工业互联网参考架构(IIRA)(图 2-3)

发布组织：工业互联网联盟（IIC）。

发布日期：2017 年 1 月（V1.8）。

应用领域：能源、健康、制造、运输、公共部门。

特征：

① 按照工业互联网系统的关注点可分为四个视角：商业、使用、功能、实现；

② 功能视角描述系统功能元件间的相互关系、结构、接口、交互以及与外部的相互作用，该视角确定了五个功能域组成：商业、运营、信息、控制、应用；

③ 正建立垂直领域应用案例分类表，在参考架构下体系化推进应用；

④ 以工业互联网为基础，通过软件控制应用和软件定义机器的紧密联动，促进机器间、机器与控制平台间、企业上下游间的实时连接和智能交互，最终形成以信息数据链为驱动，以模型和高级分析为核心，以开放和智能为特征的工业系统；

⑤ 九大系统特性，包括：系统安全、信息安全、弹性（容错、自修复、自组织等）、互操作性、连接性、数据管理、高级数据分析、智能控制、动态组合。

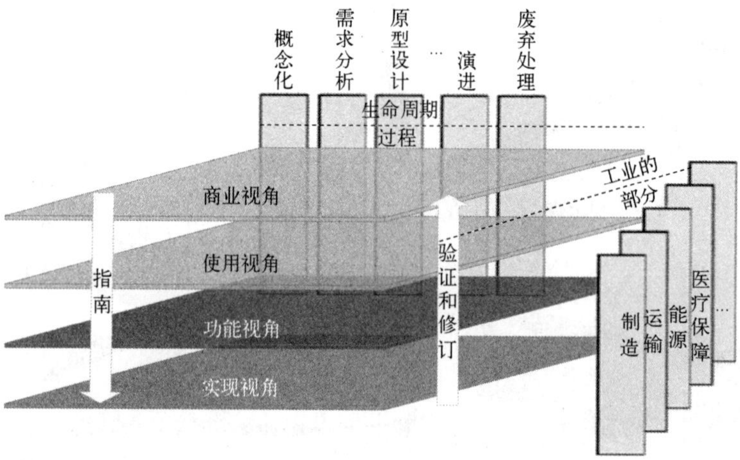

图 2-3　工业互联网参考架构（IIRA）

(4)智能制造系统架构(IMSA)(图 2-4)

发布组织：中国国家智能制造标准化总体组。

发布日期：2015 年 12 月。

应用领域：智能制造（十大重点领域）。

特征：

① 由三个维度组成：生命周期、系统层级和智能功能；

② 生命周期是指一系列相互连接的价值创造活动的集成，不同行业有不同的生命周期；

③ 相对于 RAMI4.0 系统，层级维度做了简化，将产品和设备合并为设备层级；

④ 生命周期维度细化为设计、生产、物流、销售和服务，但忽略了样品研制和产品生产的区别；

⑤ 智能功能维度突出了各个层级的系统集成、数据集成、信息集成；

⑥ 唯一地提出了标准体系架构；

⑦ 重点解决当前推进智能制造工作中遇到的数据集成、互联互通等基础瓶颈问题；

⑧ 强调五种核心技术装备：高档数控机床与工业机器人、增材制造装备、智能传感与控制装备、智能检测与装配装备、智能物流与仓储装备；

⑨ 强调五种新模式：离散制造、流程制造、网络协同制造、大规模个性化定制、远程运维服务。

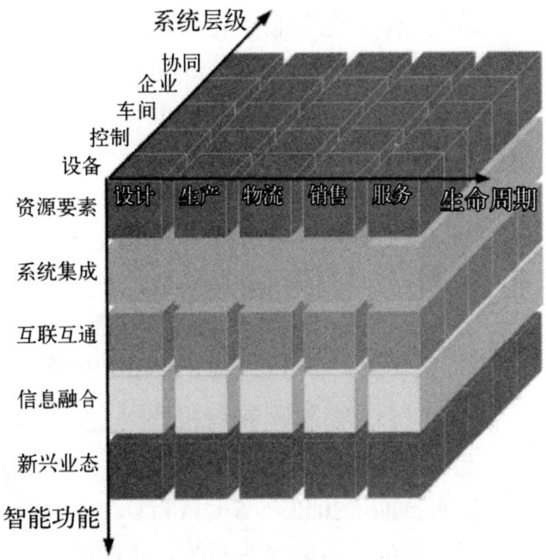

图 2-4　智能制造系统架构（IMSA）

（5）物联网概念模型（图 2-5）

发布组织：ISO/IEC JTC1/ WG10 物联网工作组。

发布日期：2015 年 10 月（ISO/IEC 30141《物联网参考体系结构》工作组草案）。

应用领域：城市、能源、移动（Mobility）、家居、建筑、工厂、健康、物流等。

特征：

① 旨在提供公共结构和定义，用于描述物联网系统中实体之间的概念和关系；

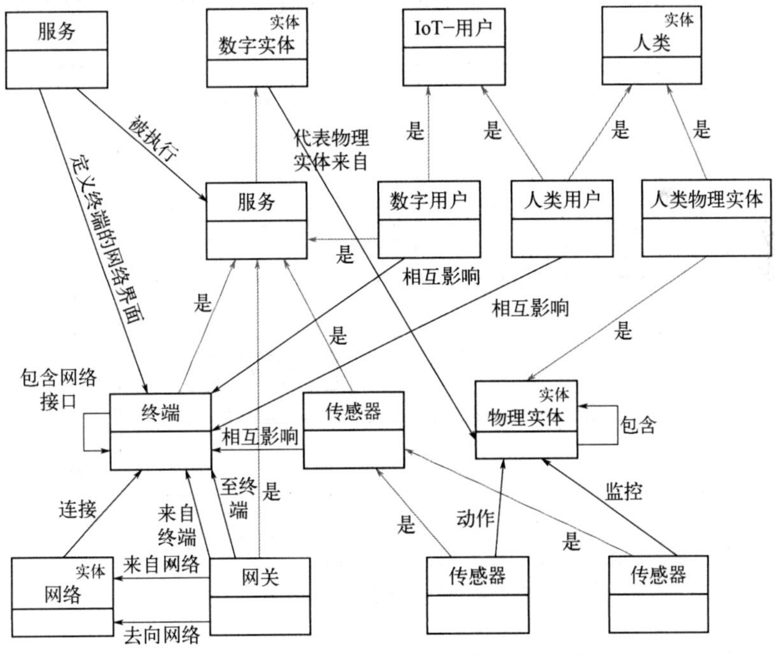

图 2-5　物联网概念模型

② 表示方式是基于修正的 UML（统一建模语言）类图表示法；

③ 图中描述了概念模型中定义的所有物联网关键实体及其关系和互操作。

（6）IEEE 物联网参考模型（图 2-6）

发布组织：IEEE P2413 物联网工作组。

发布日期：2015 年 10 月（草案/D0.0.4）。

应用领域：智能自动化（工厂自动化和过程自动化）、智能电网、智能建筑、智能交通系统、智慧城市、健康医疗（eHealth）等。

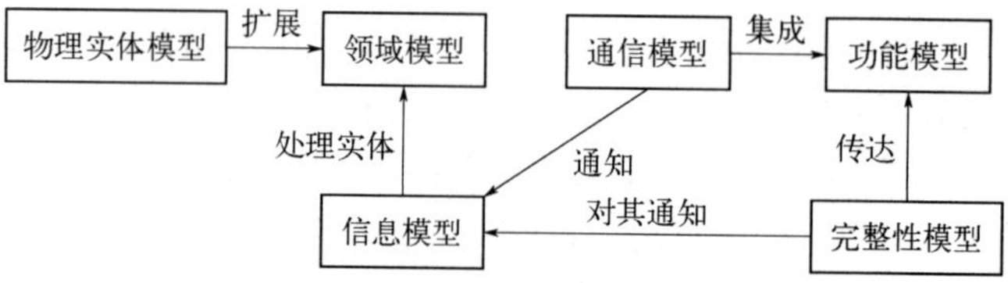

图 2-6　IEEE 物联网参考模型

特征：

① 定义了多种参考模型及其关系，如物理实体模型、领域模型、通信模型、功能模型、信息模型、完整性模型；

② 旨在协同不同参考模型以达到相同的系统质量；

③ 它使用 ISO/IEC/IEEE 42010 中规定的符号进行描述。

（7）ITU 物联网参考模型（图 2-7）

发布组织：ITU-T SG20 物联网及其应用工作组。

发布日期：2012 年 6 月（ITU-TY.2060）。

应用领域：智能交通系统、智能电网、健康医疗（eHealth）、智能家居等。

特征：

① 具有四个层次：设备层、网络层、服务支持和应用支持层、应用层；

② 具有两个跨层能力：管理能力、安全（Security）能力；

③ 强调三方面的互联和通信：任意物体（Any Thing）、任意时刻（Any Time）和任意地点（Any Place）。

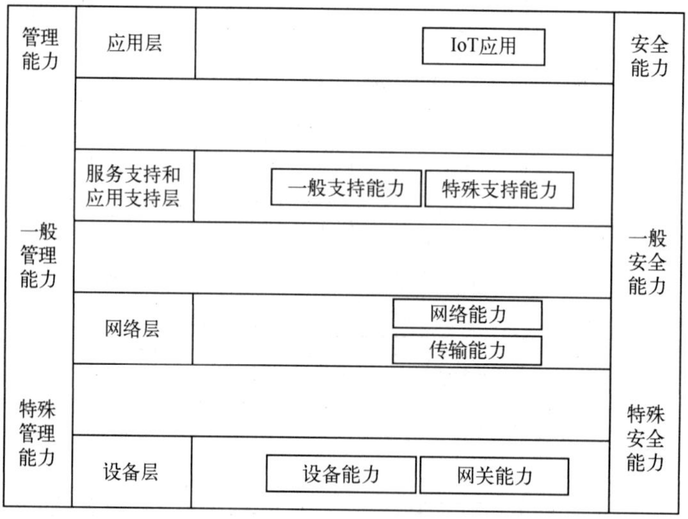

图 2-7　ITU 物联网参考模型

（8）物联网架构参考模型（图 2-8）

发布组织：oneM2M 物联网协议联盟。

发布日期：2015 年 6 月（TS-0001-V2.2.0）。

应用领域：能源、智能交通、健康医疗、公共服务、商业、智能家居等。

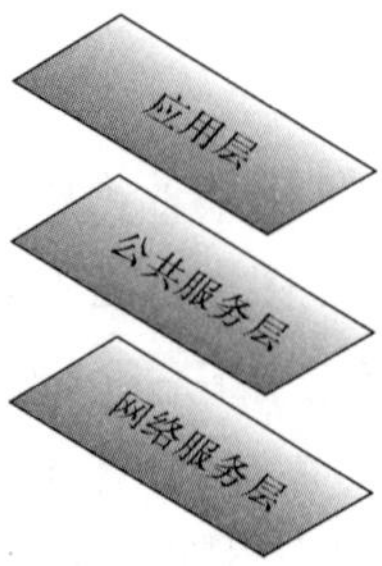

图 2-8　物联网架构参考模型

特征：

① 包括三个层次：应用层、公共服务层、网络服务层，使用三层模型以支撑端对端的 M2M（设备间）服务；

② 专注于物联网应用层标准的制定，以实现各领域间的信息互通，包括：用例、接口、互操作、安全等。

（9）全局三维图（图 2-9）

发布组织：ISO/TC184 自动化系统与集成工作组。

发布日期：2016 年 12 月。

应用领域：航空、汽车、生物技术、化学、建筑、国防、电气工程、食品等。

特征：

① 旨在使用“全局图”矩阵来识别已有标准在制造系统各层级中的定位、缺失和重叠，帮助确定新标准需求；

② 由三个维度组成：角色层级（企业的层次结构）、价值链（从供应、操作、销售到客户支持的制造链）和全生命周期（标准覆盖的全生命周期的各阶段）。

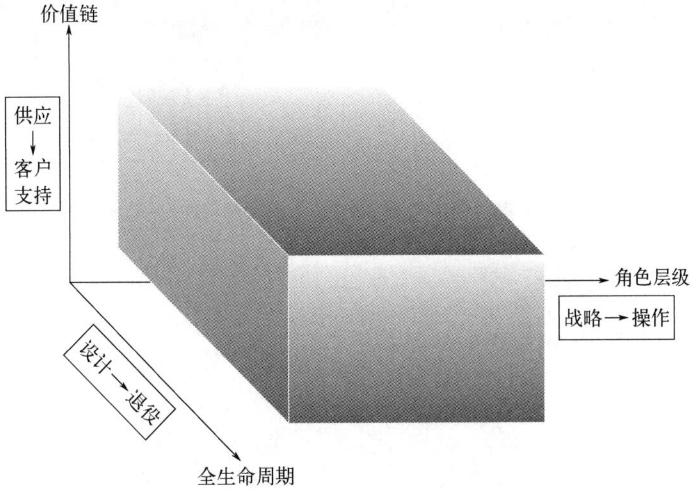

图 2-9 全局三维图

（10）智能制造标准路线图框架（图 2-10）

发布组织：法国未来工业联盟（AIF）。

发布日期：2016 年 12 月。

应用领域：制造。

特征：

① 旨在提供现行标准的映射和连接，例如 ISO/IEC 和实用标准，以便通过未来工厂数字模型描述行业活动（产品、生产、供应链、工业服务）。

② 框架介绍了一种分析过程：步骤 1 为给出描述标准蓝图的信息模型；步骤 2 为将现有标准填入步骤 1 中的信息模型，形成标准库；步骤 3 为根据需求过滤标准库，建立不同的图形表示，用于理解问题并做出决策。

（11）工业价值链参考架构（IVRA）（图 2-11）

发布组织：日本工业价值链计划（IVI）组织。

发布日期：2016 年 12 月。

应用领域：制造。

特征：

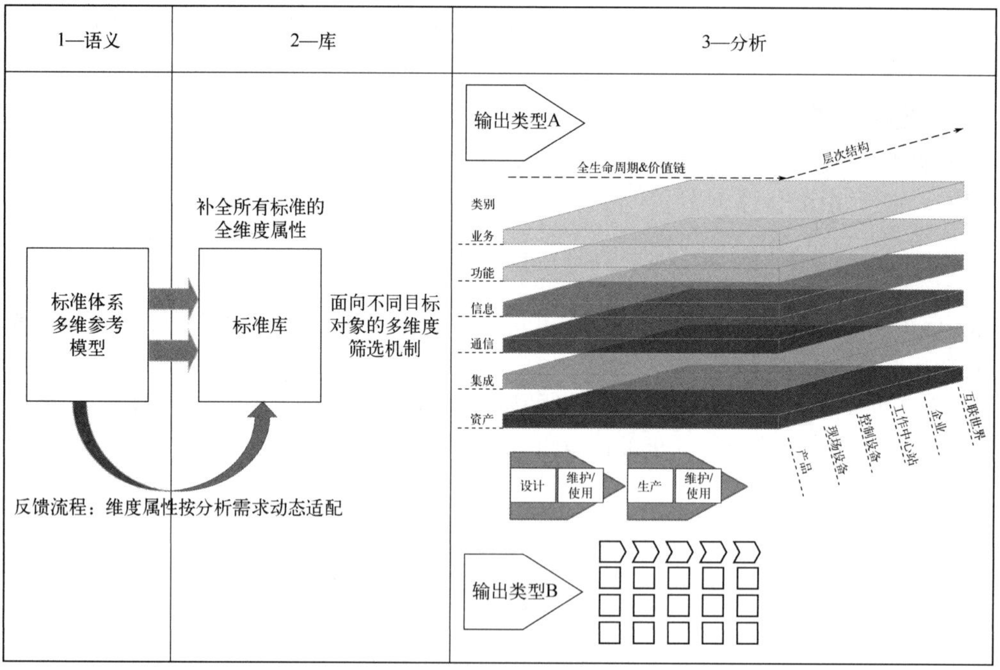

图 2-10　智能制造标准路线图框架

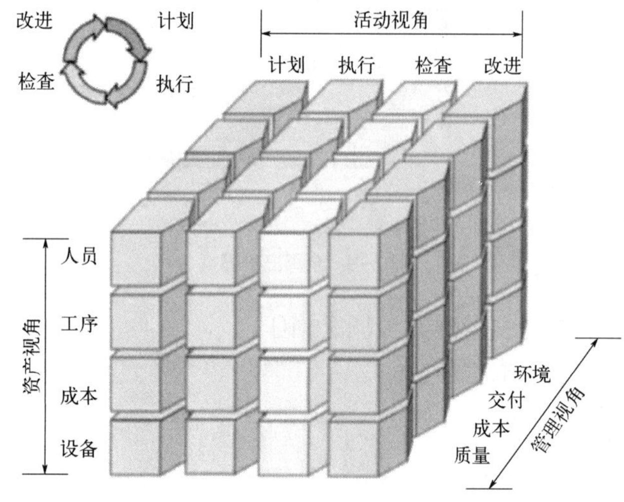

图 2-11　工业价值链参考架构（IVRA）

① 由智能制造单元（SMU）组成，该单元表示智能制造的一个自主单元，是面向工业需求的多样性和个性化的复杂系统（SoS）。通过制造单元的互联互通，极大地提高企业生产力和生产效率。

② SMU 由三个轴组成，即资产、活动和管理视角。

③ 提出建立企业间“宽松接口”标准（以下简称宽松标准）框架（图 2-12）。利用宽松标准，企业可根据自身实际情况，从大量模型中选择出一种最为适合的模型，而不必为了遵守唯一的公共模型而过多地改变业务流程，如此可令更多的开发者和企业接受并使用参考模型，形成良性循环。

④ 参考模型是宽松标准的核心内容。参考模型构成要素及构造不能太细致，也不能太笼统，应只规定问题的共通部分。通过参考模型规定内容的粒度及精度，设计不同竞争与合作的界限，拥有引导企业合作共赢的力量。

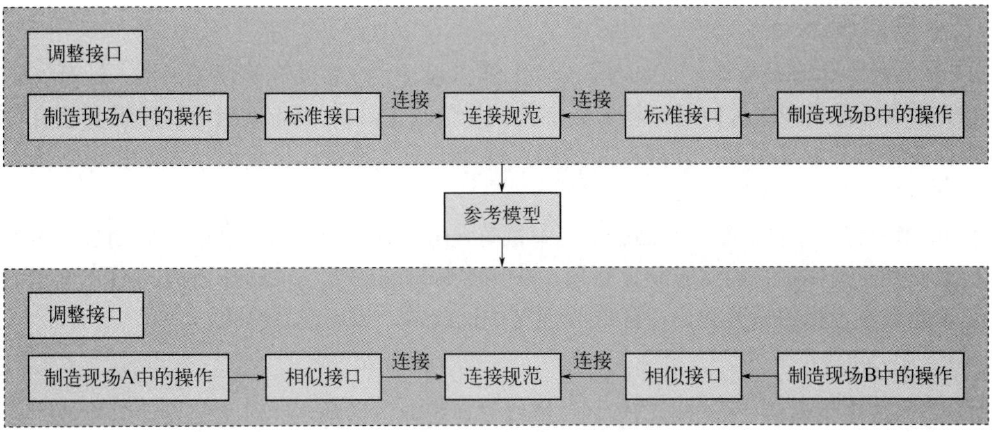

图 2-12　企业间“宽松接口”标准框架

2.1.2　智能制造系统总体环节

纵观现有参考模型，智能制造系统基本包含 15 个环节，如图 2-13 所示，分别是：工厂建设、产品设计、工艺设计、计划调度、生产作业、质量管控、设备管理、仓储物流、安全管控、能碳管理、环保管理、营销与售后、供应链管理、信息基础设施、多环节模式创新。15 个环节包含 40 个智能制造典型场景，以下进行逐一介绍。

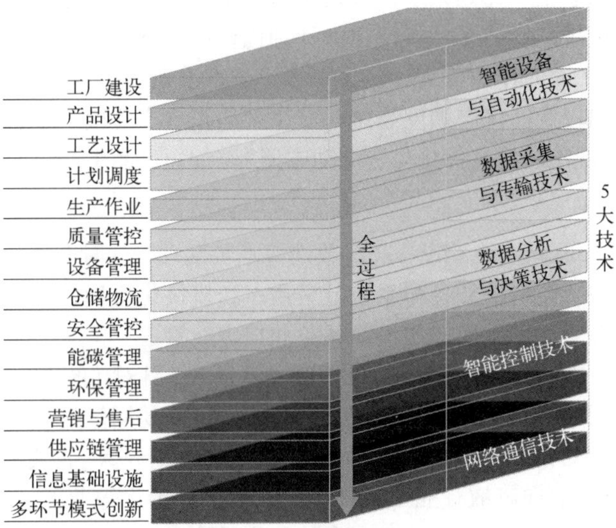

图 2-13　智能制造系统总体环节

（1）工厂建设

① 工厂数字化设计与交付。面向工厂规划、工艺布局、产线设计、物流规划等业务活动，针对工厂设计建设周期长、布局不合理等问题，搭建工厂数字化设计与交付平台，应用建筑信息模型、物流和动线仿真、生产系统建模等技术，开展工厂数字化设计和建设，实现工厂数字化交付，缩短工厂建设周期。

② 数字孪生工厂运营优化。面向基础设施运维、运营管理等业务活动，针对信息孤岛难打通、集成管控难度大等问题，应用建模仿真、异构模型融合等技术，构建设备、产线、车间、工厂等不同层级的数字孪生系统，通过物理世界和虚拟空间的实时映射和交互，实现工厂运营持续优化。

（2）产品设计

① 产品数字化研发设计。面向需求分析、概念设计、产品设计等业务活动，针对产品研发周期长、设计质量控制难等问题，基于数字化设计仿真工具和知识/模型库，应用多学科联合建模、物性表征与分析等技术，开展产品结构、性能、配方等设计与验证，大幅缩短产品研制周期，提高设计质量。

② 虚拟验证与中试。面向产品验证、中试等业务活动，针对新产品验证周期长、熟化成本高等问题，搭建虚实融合的试验验证环境，应用多物理场仿真、可靠性分析、AR/VR 等技术，通过全虚拟或半虚拟的试验验证，降低验证与中试成本，加速产品熟化。

（3）工艺设计

① 工艺数字化设计。面向工艺规划、产线设计等业务活动，针对工艺设计效率低、验证成本高等问题，基于工艺设计仿真工具、工艺知识库和行业工艺包等，应用工艺机理建模、流程模拟等技术，实现工艺设计快速迭代优化，缩短工艺定型周期。

② 可制造性设计。面向工艺审查、可制造性改进等业务活动，针对产品试制周期长、加工装配效率低等问题，打通产品研发、工艺设计、生产作业等环节数据，基于产品物理特征与制造能力关联分析，全面评价与及时改进产品和工艺设计的可加工性、可装配性和可维护性。

（4）计划调度

① 生产计划优化。面向销售订单预测、生产计划制定等业务活动，针对订单需求预测难、交付周期长等问题，构建生产计划系统，打通采购、生产和仓储物流等管控系统，应用多目标多约束求解、产能动态规划等技术，实现生产计划优化和动态调整，缩短订单交付周期。

② 智能排产调度。面向作业排程、资源调度、生产准备等业务活动，针对资源利用率低、交付不及时等问题，建设智能排产调度系统，应用多约束排产建模、多目标排产寻优等技术，实现多目标、多扰动情况下的排产优化与资源动态调度，缩短产品生产周期，提升资源利用效率。

（5）生产作业

① 产线柔性配置。面向产线建设、产线改造等业务活动，针对个性化需求响应慢、产线换线时间长等问题，部署智能制造装备与系统，应用产线模块化重构、柔性物流运输等技术，根据订单、工况、库存等变化，实现产线快速调整和按需配置。

② 人机协同作业。面向复杂产品加工、装配等业务活动，针对传统生产方式协同效率低、作业安全风险高等问题，部署工业机器人等智能制造装备，构建人机协同作业单元和管控系统，应用智能交互、自主规划、风险感知和安全防护等技术，实现加工、装配、分拣、物流等过程的人机高效协同。

③ 工艺动态优化。面向离散行业工艺控制、工艺参数调优等业务活动，针对工艺/设备参数动态调优难等问题，建设智能产线和工艺在线优化系统，应用设备机理与数据混合建模、多设备联合寻优等技术，实现工艺过程和设备参数在线优化，提高产品质量一致性。

④ 先进过程控制。面向流程行业生产过程控制、工艺参数优化等业务活动，针对复杂工艺过程参数波动大、控制效果差等问题，基于先进过程控制、实时优化等系统，应用模型预测控制、多目标寻优等技术，实现精准、实时和闭环的工艺流程控制优化，稳定产品质量，提高产出率。

⑤ 数智精益管理。面向生产现场管理、成本质量管理、供应链管理等业务活动，针对资源利用率不高、管理效率低等问题，应用六西格玛、6S 等精益方法，将精益管理理念与大数据、云计算、人工智能等数智技术深度融合，实现基于数据的人、机、料、法、环等生产要素的精准、高效管理，提升整体运营效率。

（6）质量管控

① 在线智能检测。面向质量数据采集、分析、判定等业务活动，针对人工检测效率低、一致性差等问题，构建在线智能检测系统，应用物性成分分析、机器视觉检测等技术，实现产品缺陷在线识别和质量自动判定，提升质量检测效率和准确性。

② 质量追溯与分析改进。面向质量数据管理、质量问题追溯、质量优化等业务活动，针对质量数据不完整、追溯难度大等问题，构建质量管理系统，应用条码、二维码、RFID、5G、标识解析、区块链等技术，集成分析原料、设计、生产、使用等质量相关数据，实现产品全生命周期的质量精准追溯和优化改进。

（7）设备管理

① 设备运行监控。面向设备运行数据采集、状态分析等业务活动，针对设备数据全面采集难、统一管理难等问题，部署设备运行监控系统，集成智能传感、5G、多模态数据融合等技术，实现设备数据实时采集、状态分析和异常报警，提高设备运行效率。

② 设备智能运维。面向设备故障分析、健康管理等业务活动，针对设备运维成本高、非计划停机频次高等问题，部署智能传感与控制设备，建立设备运维管理平台，应用设备故障知识图谱、故障机理分析、预测性维护等技术，实现设备智能运维，降低运维成本，保障连续生产。

（8）仓储物流

① 智能仓储。面向物料出入库、库存管理等业务活动，针对出入库效率低、库存成本高等问题，建设立体仓库和智能仓储管理系统，应用条码、二维码、射频识别、仓储策略优化、多形态混存拣选等技术，实现物料出入库、存储、拣选的智能化，提高库存周转率和土地利用率。

② 精准配送。面向厂内物流配送等业务活动，针对物料配送不及时、不精准等问题，部署智能物流设备和管理系统，应用室内高精度定位导航、物流路径动态规划、物流设备集群控制等技术，实现厂内物料配送快速响应和动态调度，提升物流配送效率。

（9）安全管控

① 危险作业自动化。面向危险作业操作、过程管理等业务活动，针对危险作业安全风险高、自动化水平低等问题，建设智能作业单元和管控系统，应用环境感知与识别、作业风险控制等技术，实现危险作业环节的少人化、无人化，提高生产作业安全水平。

② 安全一体化管控。面向安全风险识别、安全应急响应等业务活动，针对安全风险实时监控难、处置效率低等问题，搭建生产安全管控和应急处置系统，应用生产运行风险动态监控、安全预警等技术，提高安全防护水平和安全事故快速处置能力，降低事故发生率和损失。

（10）能碳管理

① 能源智能管控。面向能耗监测、能源调度等业务活动，针对能耗全面监控难、精细化管控成本高等问题，部署能耗采集设备和管控系统，应用多能源介质感知、能耗综合建模仿真、能源平衡调度等技术，实现工厂能源在线监测、综合管控和能效优化，降低单位产值综合能耗。

② 碳资产全生命周期管理。面向碳排放数据采集、碳足迹追踪和碳资产核算等业务活动，针对碳排放计量难、碳足迹追踪效率低等问题，建立数字化碳管理系统，应用碳排放精细化检测、碳排放指标自动核算等技术，实现产品全生命周期碳排放追踪、分析、核算和交易，降低单位产值碳排放量。

（11）环保管理（污染在线管控）

面向污染排放监测、污染物收集处理等业务活动，针对污染排放计量难、污染管理粗放等问题，部署污染排放在线采集设备和管控平台，应用污染监测与控制、污染源追溯等技术，实现污染全过程动态监测、精确追溯、风险预警和高效处理，降低污染排放水平。

（12）营销与售后

① 智慧营销管理。面向市场营销、销售管理等业务活动，针对客户需求信息获取不及时、营销策略不合理等问题，建立销售管理系统，应用用户画像、需求预测等技术，实现基于客户需求洞察的营销策略优化和供需精准匹配，提升营销精准性和销售量。

② 产品智能运维。面向产品运维、增值服务等业务活动，针对服务周期长、响应不及时等问题，构建产品远程运维系统，集成 5G、AR/VR、预测性维护等技术，实现基于运行数据的产品远程监控、故障诊断和增值服务创新，提高产品附加值。

③ 智能客户服务。面向投诉处理与反馈、客户关系维护等业务活动，针对客户响应不及时、服务体验感差等问题，建立客户服务管理系统，应用 5G、AR/VR、自然语言处理、知识图谱、大数据分析等技术，实现主动式客户服务响应，提高客户满意度。

（13）供应链管理

① 供应链计划协同优化。面向采购计划制定、协同、优化等业务活动，针对采购计划不精准、交付不及时等问题，建设供应链管理系统，应用集成建模、多目标寻优、数据跨域控制等技术，实现基于市场、采购、库存、生产等数据的供应链计划协同优化。

② 供应商数智化管理。面向供应商入库、供应商评价、物料采购等业务活动，针对供应商比选难、议价能力弱、断供风险响应不及时等问题，建立供应商管理系统，应用供应商风险评估、供应链溯源等技术，实现供应商精准画像，开展基于数据分析的供应商评价、分级分类、寻源和优选推荐。

③ 供应链物流智能配送。面向配送路线规划、运输过程监控等业务活动，针对物流运输过程监控难、配送周期长等问题，建设供应链物流管理系统，应用 5G、多模态感知、实时定位导航、智能驾驶等技术，实现厂外物流全程跟踪、异常预警和高效处理，降低供应链物流成本，提升准时交付率。

（14）信息基础设施

① 先进工业网络应用。面向工厂网络设计、建设、运营等业务活动，针对工厂网络需求多样、结构复杂、带宽不足等问题，部署 5G 工业专网、TSN（时间敏感网络）、工业全光网络等新型网络基础设施，应用异构网络融合、远距离高带宽实时通信等技术，建设满足智能制造需求的低时延、高可靠、大带宽工业网络。

② 工业信息安全管控。面向网络安全、数据安全等要求，针对企业网络与数据安全风险高、防护能力弱等问题，实施工业互联网安全和数据分类分级管理，部署工业控制系统网络安全防护设备，建设数据安全风险监测和应急处置能力，应用安全态势感知、多层次纵深防御等技术，实现全方位全流程安全漏洞监测、风险防控、快速处置，提升网络安全和数据安全防护水平。

③ 工厂数据资源管理。面向数据采集存储、数据分析应用等业务活动，针对数据格式不统一、价值释放不充分等问题，建设数据中心、工业互联网平台等基础设施，融合数据跨域控制、数字合约、隐私计算等技术，开展数据治理，实现企业内或跨企业的数据安全可信流通和挖掘应用，推动数据价值化。

（15）多环节模式创新

① 数据驱动产品研发。面向产品快速研发、复杂结构设计、用户个性化设计等需求，集成市场、设计、生产、使用等多维数据，探索创成式设计，基于数据驱动的产品形态、功能和性能的研发设计和持续优化，缩短产品研发周期，加速产品创新。

② 大规模个性化定制。面向产品个性化、多样化、小批量等需求，通过网络化手段收集多元化市场需求，采用模块化设计、平台化架构、柔性化系统等手段，以规模化生产的低成本、高质量和高效率，提供个性化、定制化的产品和服务。

③ 网络协同制造。面向复杂产品多方协同、产能共享、多工厂协同等需求，建立网络协同制造平台，推动多环节、多工厂或多企业间设计、生产、管理、服务等环节紧密连接，实现跨企业跨地域的业务协同和制造资源配置优化，助力打造全球生产网络。

④ “研产供销服”深度集成。面向市场快速响应、资源高效配置、客户体验优化等需求，推动研发、生产、供应、销售和服务（简称“研产供销服”）等环节的业务流、数据流深度集成，形成一个高效协同的运营体系，实现产品全生命周期协同优化，全面提升企业的市场竞争力。

⑤ 弹性供应链。面向供应链稳定性提升、供应链快速调整等需求，建立供应链风险预警与弹性管控系统，集成应用供应链风险识别和动态响应模型，实现供应链风险在线监控、精准识别、预警和快速处置，提升产业链供应链韧性和安全水平。

⑥ 全员数字化管理。面向人员数字化绩效评估、数字化技能提升、健康管理等需求，组织开展全员数字化能力培训，构建统一的人员数字化管理平台，集成人员健康状况、专业技能评估及作业环境等多维度信息，实现人员绩效量化动态评估、人员状态动态监测和精准作业派工，提升全员岗位效能。

⑦ 可持续制造。面向节能减排、循环经济、绿色消费等需求，以数智技术支撑企业以对环境和社会负责的方式开展产品全生命周期、生产制造全过程和供应链全环节各业务活动，实现生态效益、资源效率、生产效率和社会责任等多方面的综合平衡。

2.1.3　智能制造系统基本构成要素

智能制造系统由多个关键要素组成，智能制造系统基本构成要素如图 2-14 所示。从总体上来讲，智能制造系统是产品全生命周期、生产制造全过程和供应链全环节的高度集中，系统架构包含智能研发与设计系统、智能生产系统、智能管理与服务系统等，这些系统由五个基本要素构成：以 ERP（企业资源计划）、MES（制造执行系统）组成中枢神经，以传感器、RFID 标签为神经元，以 PLC（可编程逻辑控制器）为链接控制神经元的突触，以工业通信网络为神经纤维，以智能制造装备为躯干。这些要素相互协作，共同推动着制造过程的智能化。

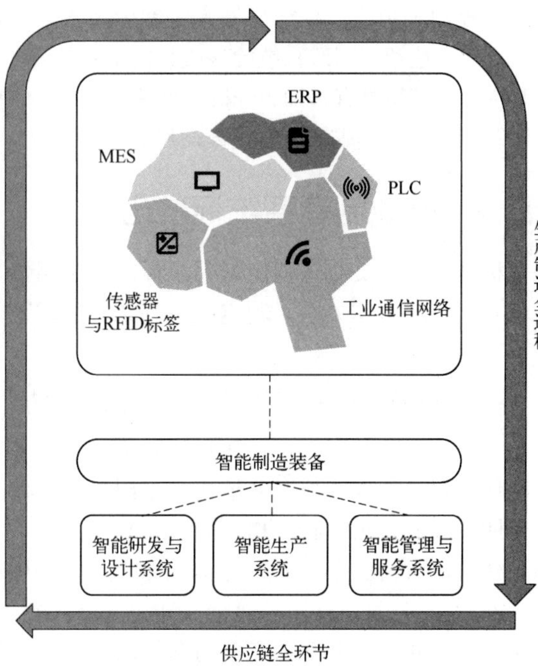

图 2-14　智能制造系统基本构成要素

（1）中枢神经——ERP+MES

打通 ERP 与 MES 的数据流是生产过程数字化的基础。

ERP 系统是企业顶端的资源管理系统，强调对企业管理的事前控制能力，它的核心功能是管理企业现有资源并对其合理调配和准确利用，为企业提供决策支持。

MES 是面向车间层的管理信息系统，主要负责生产管理和调度执行，能够解决工厂生产过程的“黑匣子”问题，实现生产过程的可视化和可控化。

（2）神经突触——PLC

PLC 即可编程逻辑控制器，主要由 CPU（中央处理器）、存储器、输入/输出单元、外设 I/O（输入/输出）接口、通信接口及电源共同组成，根据实际控制对象的需要配备编程器、打印机等外部设备，具备逻辑控制、顺序控制、定时、计数等功能，能够完成对各类机械电子装置的控制任务。

（3）神经元——传感器与 RFID 标签

智能制造系统感知物理世界的最前端数据源。

神经元是神经系统的基本组成单位，在智能制造“神经系统”中，担任此角色的就是与物料、在制品、生产设备、现场环境等物理实体直接相连的传感器、RFID 标签。传感器能感受到被测量的信息，并能将感受到的信息变换为电信号或其他所需形式的信息输出，传感器使智能制造系统有了触觉、味觉、嗅觉等感官。

（4）神经纤维——工业通信网络

工业通信网络种类繁杂，总体上可以分为有线通信网络和无线通信网络，现阶段仍以有线通信网络为主。

企业在日常经营过程中，研发、计划、生产、工艺、物流、仓储、检测等各个环节都会产生大量数据。要让海量数据在智能制造神经系统内顺畅流转，就要综合利用现场总线、工业以太网、工业光纤网络、TSN、NB-IoT（窄带物联网）等各类工业通信网络，建立一套健全的神经纤维网络。

（5）强有力的躯干——智能制造装备

数控加工中心、装配机器人等制造装备是柔性生产的保障。

企业打造智能制造系统的核心目的是实现智能生产，智能生产的落地基础即智能制造装备。智能制造装备是指具有感知、分析、推理、决策、控制功能的制造装备，它是先进制造技术、信息技术和智能技术的集成和深度融合。目前智能制造装备的两大核心即数控机床与工业机器人。

2.1.4 智能制造系统标准化

标准化的含义：智能制造系统标准化是指针对智能制造系统的各个组成部分、运行流程以及相互之间的协作关系，制定一系列统一的规范、准则和协议，以确保系统的兼容性、互操作性、可靠性和高效性。

（1）国外智能制造系统标准化战略分析

工业 4.0 概念最先由德国于 2011 年提出，本质是以机械化、自动化和信息化为基础，建立智能化新型生产模式与产业结构。德国将标准化工作排在工业 4.0 八大关键领域的首位，持续发布四版《工业 4.0 标准化路线图》，梳理重点方向的标准化需求，详细阐述各方向的标准化进展和建议，对德国工业 4.0 领域标准研制以及国际标准化合作具有指引作用。

2020 年 3 月，欧盟委员会发布了《欧洲新工业战略》，旨在帮助欧洲工业向气候中立和数字化转型，并提升其全球竞争力和战略自主性。其中指出了标准化工作对于单一市场及行业竞争力的重要性：单一市场依赖于经过标准化和认证的稳健且运作良好的体系；制定新的标准和技术法规，以及欧盟更多地参与国际标准化机构的活动，对提高行业竞争力至关重要。

日本每年发布《制造业白皮书》，定期对制造业现状和挑战进行研判。2018 年版《制造业白皮书》将标准化确立为互联工业的战略基石，强调通过连接人、设备、系统、技术创造新附加值，要求建立智能制造参考架构模型（SMARM）等标准框架，正式明确将互联工业作为战略目标。2020 年版进一步指出需推进数字技术标准体系构建，通过制定设备数字孪生、工业互联网平台等核心标准，提高制造企业动态适应能力，抢占产业创新先机。

2021 年 11 月，俄罗斯发布《制造业数字化转型战略方向》，明确规定将“智能制造系统标准化”作为技术落地的核心路径，要求在生产实践中积极应用人工智能、新型制造等 6 项关键创新技术，通过构建统一的技术标准体系实现跨系统集成，并设置智能制造项目以建立高效系统。该战略特别强调需优先制定数据接口、设备通信协议等关键标准，以此提高劳动生产率，降低生产成本。

美国自 2012 年以来持续发布智能制造系列战略，2022 年 10 月发布了《先进制造业国家战略》，更加强调为美国制造业注入新活力的重要性以及构建制造业供应链弹性的紧迫性，明确建议制定数据兼容性标准，实现智能制造的无缝集成，引领智能制造未来发展。

各国注重结合自身制造业发展现状建立适合本国国情的智能制造发展路径，均注重智能制造顶层设计，打造多方共同参与的生态发展环境。不同之处在于德国注重通过智能化手段对生产方式流程再造，美国注重应用前沿科技引领全球数字化转型，欧盟注重建立单一市场及提升行业竞争力，俄罗斯注重技术研发以夯实转型基础，日本注重提升某一制造环节的智能化与数字化程度。然而，美国、欧盟等国家和地区战略均将标准化视为组成部分之一，阐述了其重要性，并提出了从自身产业出发，积极参与国际标准化工作的相关举措。

（2）智能制造标准制定的相关组织及其工作

ISO、IEC、ITU、IEEE 等标准化组织近年来纷纷加强对智能制造标准化的关注，不仅设置了相关的委员会来协调推进其内部的标准化工作，同时推动立项了一批重要的国际标准。

ISO/TMB（国际标准化组织技术管理局）于 2017 年成立 ISO/SMCC（智能制造协调委员会），负责协调智能制造相关工作，编写智能制造用例。2021 年 8 月，ISO/SMCC 发布《智能制造白皮书》，介绍智能制造的促成因素、增强因素和影响效果，并提出 ISO 推进智能制造概念的路线图。

IEC/SMB（国际电工委员会标准管理局）于 2018 年成立 IEC/SyC SM（智能制造系统委员会），负责统筹协调智能制造标准化的顶层设计及研制基础标准。此外，IEC/SyC SM 和 ISO/SMCC 共同成立了 OF1 智能制造标准图工作组，梳理智能制造相关国际标准和术语。

IEC/TC65（工业过程测量、控制和自动化技术委员会）与 ISO/TC184（自动化系统与集成技术委员会）联合成立 JWG21 智能制造参考模型联合工作组，研制了 IEC 6333《智能制造统一参考模型》国际标准，以提出全球统一的智能制造参考模型。

ISO/IEC JTC1（ISO/IEC 第 1 联合技术委员会）围绕数字孪生、人工智能、物联网、大数据等智能制造重点赋能技术，研制了 ISO/IEC CDV 30173《数字孪生概念与术语》、ISO/IEC CD 5392《信息技术 人工智能 知识工程参考架构》等基础性标准。

ITU（国际电信联盟）下设的物联网及其应用研究组认为智能制造是物联网技术的重要应用之一，开展了智能制造相关标准研制。

（3）国际标准化组织智能制造标准现状分析

自 2015 年以来，ISO、IEC、ITU、IEEE 等组织研制发布的智能制造相关国际标准已覆盖了基础共性标准、智能装备标准、智能工厂标准、智能赋能技术标准等多个方面。

在基础共性方面，聚焦了智能制造术语、用例、安全性、可靠性、评估及检测等细分方向，形成了 IEC TR 63283-1:2022《工业过程测量、控制和自动化 智能制造 第 1 部分：术语和定义》、IEC TR 63283-2:2022《工业过程测量、控制和自动化 智能制造 第 2 部分：用例》、IEC TR 63283-3:2022《工业过程测量、控制和自动化 智能制造 第 3 部分：网络安全挑战》等标准，安全性国际标准分布占比约 58%，如图 2-15 所示。

在智能装备方面，主要涉及数控机床、控制系统、机器人等细分方向，形成了 ISO 23704-1:2022《信息物理控制智能机床系统（CPSMT）的一般要求 第 1 部分：概述和基本原则》、ISO 23704-2:2022《信息物理控制智能机床系统（CPSMT）的通用架构要求 第 2 部分：用于减材制造的 CPSMT 参考架构》、ISO 11593:2022《工业环境机器人自动末端执行器交换系统 词汇》等标准。智能装备相关国际标准分布情况如图 2-16 所示。

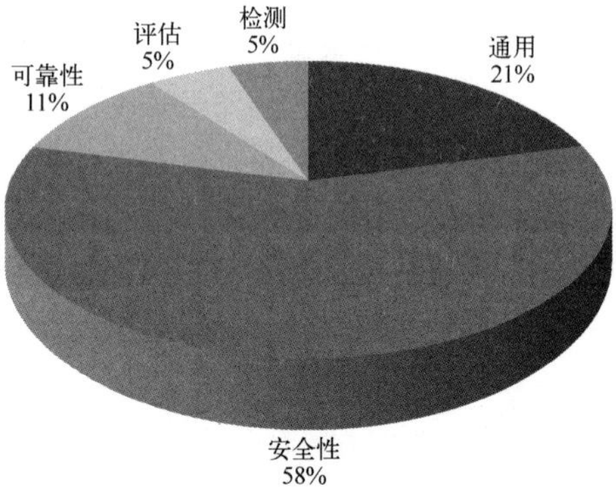

图 2-15 基础共性相关国际标准分布情况

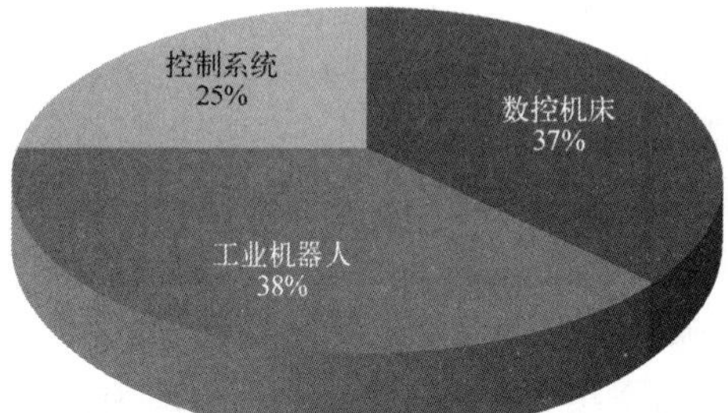

图 2-16 智能装备相关国际标准分布情况

在智能工厂方面，主要聚焦智能工厂设计、智能生产、智能物流、智能管理等细分方向，形成了 IEC 62832-1:2020《工业过程测量、控制和自动化数字工厂框架 第 1 部分：一般原则》、ISO 16400-1:2020《自动化系统和集成制造虚拟生产系统的设备行为目录 第 1 部分：概述》、IEC 62264-2:2023《企业控制系统集成 第 2 部分：对象模型属性》等标准，如图 2-17 所示。

在智能赋能技术方面，主要聚焦大数据、人工智能、边缘计算、数字孪生、区块链等细分方向，形成了 ISO 8000-8:2015《数据质量 第 8 部分：信息和数据质量：概念和测量》、ISO/IEC 20547-3:2020《信息技术 大数据 参考架构 第 3 部分：参考架构》、ISO/IEC TS 4213:2022《信息技术 人工智能 机器学习分类性能评估》、ISO/IEC TR 30164:2020《物联网(IoT) 边缘计算》等标准，如图 2-18 所示。

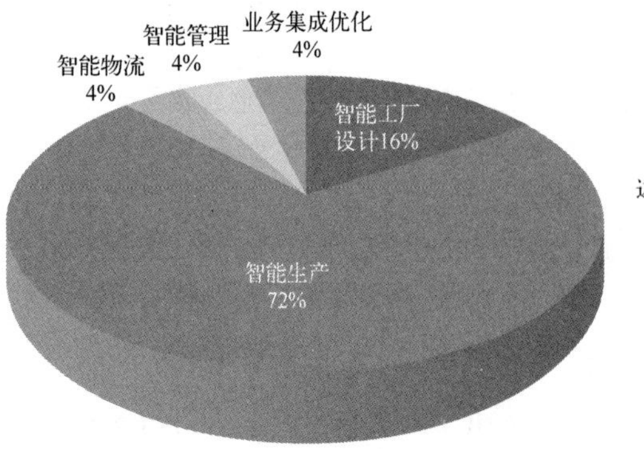

图 2-17 智能工厂相关国际标准分布情况

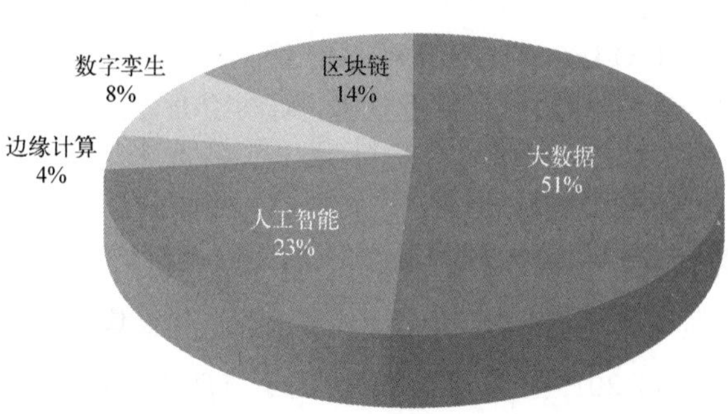

图 2-18 智能赋能技术相关国际标准分布情况

（4）我国智能制造标准化内容

我国智能制造标准化工作伴随着制造业转型升级、高质量发展，逐渐形成了具有中国特色的智能制造标准化工作机制。标准化主要工作及成效如图 2-19 所示，主要经历了三个阶段：探索期（2015—2017 年）、成长期（2018—2020 年）、深化期（2021 年至今）。

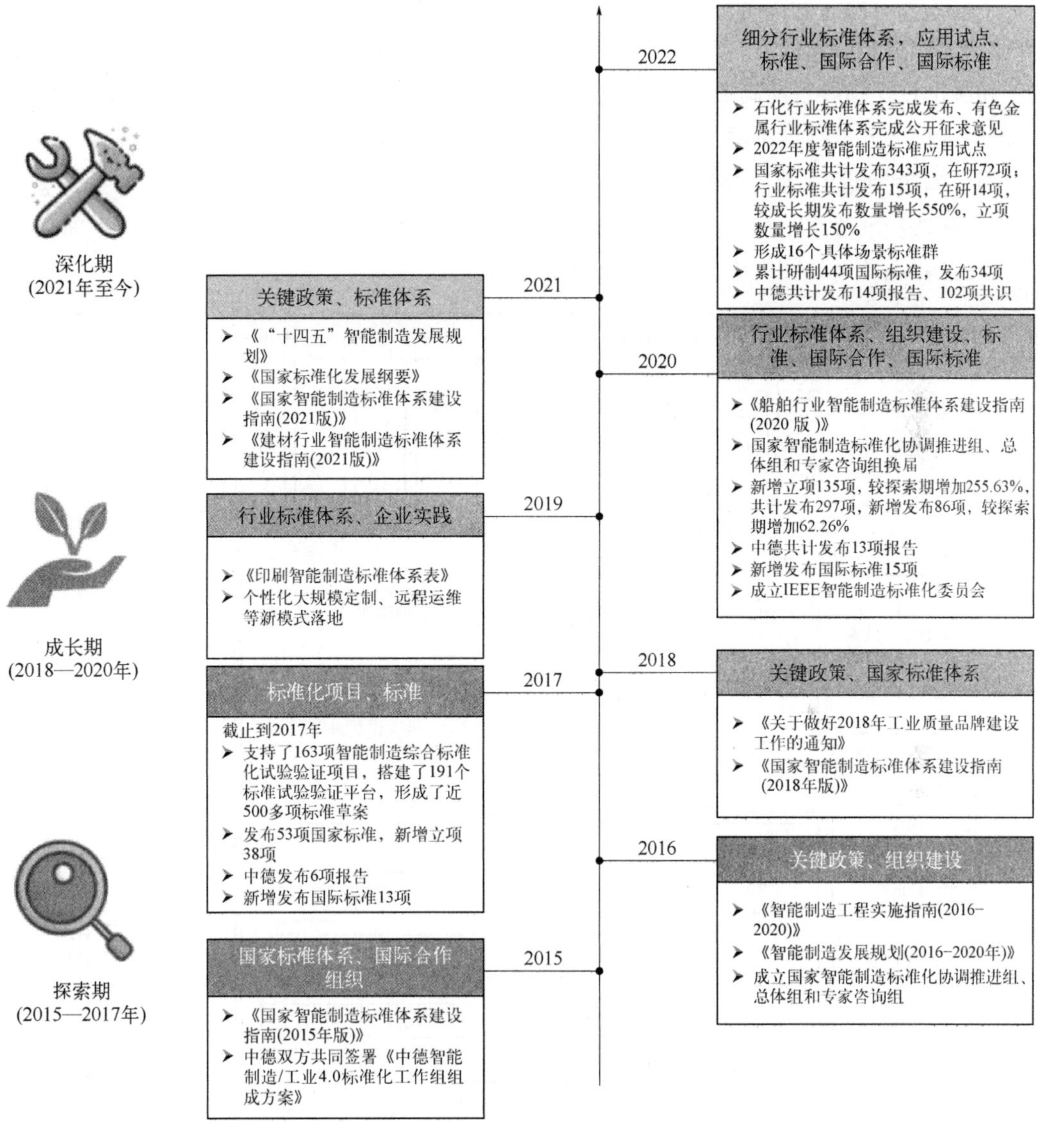

图 2-19　标准化主要工作及成效

① 探索期（2015—2017 年）。在这期间，我国政府开始关注智能制造的发展，并采取了一系列行动来促进这一领域的标准化工作。其中，2015 年的《国家智能制造标准体系建设指南（2015 年版）》标志着智能制造标准体系的启动。此外，中国还成立了国家智能制造标准化协调推进组、总体组和专家咨询组，以推动相关工作的开展。在此期间，国家标准体系初步建立，国际交流与合作也开始展开。

② 成长期（2018—2020 年）。进入成长期后，智能制造标准体系进一步完善，行业标准体系逐渐形成。2018 年，《关于做好 2018 年工业质量品牌建设工作的通知》发布，强调了工业产

品质量的重要性。同年发布的《国家智能制造标准体系建设指南（2018 年版）》明确了标准体系的建设方向。2019 年，《印刷智能制造标准体系表》发布。2020 年，船舶行业也加入了智能制造标准体系的建设行列。在这个阶段，中国继续加强与国际的合作，与德国签署《中德智能制造/工业 4.0 工作组联合声明》，并在国际标准方面取得了一定进展。

③ 深化期（2021 年至今）。2021 年，《"十四五"智能制造发展规划》提出要加快细分行业标准体系的建设和应用试点。《国家标准化发展纲要》和《国家智能制造标准体系建设指南（2021 版）》相继出台，指导智能制造标准体系的建设。2022 年，石化、有色金属等行业完成标准体系的编制工作，并公开征求意见。同时，国际标准的合作也在持续加强。

（5）智能制造标准体系结构

智能制造标准体系结构包括"A 基础共性""B 关键技术""C 行业应用"等 3 个部分，主要反映标准体系各部分的组成关系，如图 2-20 所示。

图 2-20 智能制造标准体系结构图

具体而言，A 基础共性标准包括通用、安全、可靠性、检测、评价、人员能力 6 大类，位于智能制造标准体系结构图的最底层，是 B 关键技术标准和 C 行业应用标准的支撑。B 关键技术标准是智能制造系统架构中，智能特征维度在生命周期维度和系统层级维度所组成的制造平面的投影。其中 BA 智能装备标准主要聚焦于智能特征维度的资源要素，BB 智能工厂标准主要聚焦于智能特征维度的资源要素和系统集成，BC 智慧供应链对应智能特征维度互联互通、融合共享和系统集成，BD 智能服务对应智能特征维度的新兴业态，BE 智能赋能技术对应智能特征维度的资源要素、互联互通、融合共享、系统集成和新兴业态，BF 工业网络对应智能特征维度的互联互通和系统集成。C 行业应用标准位于智能制造标准体系结构图的最顶层，面向行业具体需求，对 A 基础共性标准和 B 关键技术标准进行细化和落地，指导各行业推进智能制造。

智能制造标准群分布数量如图 2-21 所示，已形成的 15 个场景的标准群建设情况相差较大，从标准群标准数量及应用情况来看，智能工厂、信息安全较其他标准群更加完善。

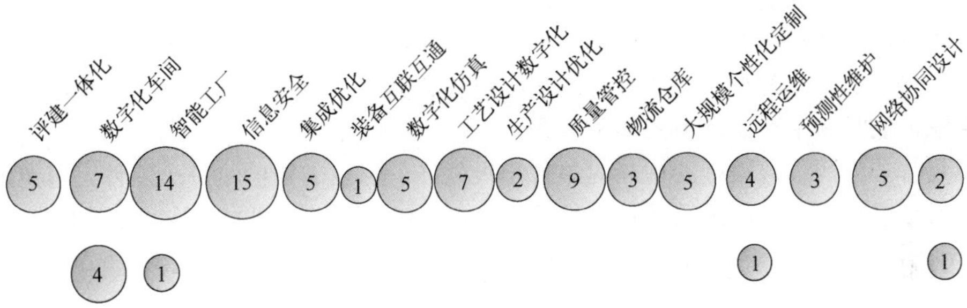

图 2-21　智能制造标准群分布数量

2.2 离散与连续智能制造系统模型

2.2.1　离散智能制造系统模型

离散智能制造是指利用工业机器人、数控机床等智能设备与产品数据管理、企业资源计划、生产执行等软件系统，基于设计、生产、管理、服务等制造活动的各个环节数据的互联互通与可视化，从而实现组装工序的一体化协同优化。

（1）传统离散制造系统模型特点

在物料管理方面：离散行业中体现了以产品 BOM（物料清单）为核心的生产模型，物料的产品结构可以用树状的结构进行展示，产成品最终都是由一定数量的零件或部件组成，BOM 需要足够精确。物料使用序列号进行管理，产品可通过序列号实现追踪；部分原材料可能会用批次管理，电子元件行业也会使用批次管理。

在计划生产方面：离散企业一方面可以根据订单进行生产，另一方面也可以将市场预测作为生产计划制定的依据。影响计划的因素较多，生产计划的制定非常复杂。

在生产作业计划调度方面：离散企业的生产作业计划调度，需要根据优先级、工作中心能力、设备能力、均衡生产等方面对工序级、设备级的作业计划进行调度。通过考虑生产中的交错、重叠和并行操作来准确地计算工序的开工时间、完工时间、准备时间、排队时间以及移动时间，通过良好的作业顺序可以明显地提高生产效率。

在生产过程方面：在离散制造中，产品通过使用相同的工艺路线或由相同操作者按顺序逐步加工制成。离散制造的核心特征在于生产由螺钉、螺母、手柄等可分离的独立零件组装而成的产品，这些组件具备可拆卸性与可重用性，支持产品拆解后二次利用。

在数据采集方面：离散企业的数据采集，以手工单据报告为主，部分企业结合条形码系统等采集技术进行工时、设备、物料、质量等信息的采集。这种数据采集方式，时间间隔较大，容易受到人为因素的影响，要特别注意保障数据的准确性。

在生产设备方面：离散行业的生产设备，不是按产品而是按照工艺进行布置的。可以进行同一种加工工艺的机床一般有多台，单台设备的故障不会对整个产品的工艺过程产生严重的影响，一般需要重点管理关键、瓶颈设备。

在材料工时反冲方面：离散制造中的完工上报，一般对每道工序都要进行上报，或在关键工序设置反冲点，对前面工序进行反冲处理。

在成本方面：离散企业的产品成本是按照产品 BOM 所描述的加工装配过程，从低层向高层逐层累积得出的。这种按照成本发生的实际过程计算成本的方法称为逐层累积法，或称成本滚加计算法，它反映了产品增值的实际过程。

在质量管控方面：离散行业中，对单件小批生产，一般需要检验每个零件、每道工序的加工质量；对批量生产，一般采用首检、抽检、SPC（统计过程控制）分析相结合的方法。

（2）离散智能制造系统模型的具体内容

① 生产设备网络化，实现车间“物联网”。工业物联网的提出给“中国制造 2025”、工业 4.0 提供了一个新的突破口。物联网通过各种信息传感设备，实时采集任何需要监控、连接、互动的物体或过程等各种需要的信息，其目的是实现物与物、物与人、所有的物品与网络的连接，方便识别、管理和控制。传统的工业生产采用 M2M（Machine to Machine，设备间）的通信模式，实现了设备与设备间的通信；而物联网通过 Things to Things（物与物，即物品间）的通信方式，实现人、设备和系统三者之间的智能化、交互式无缝连接。

在离散制造企业车间，将所有的设备及工位统一联网管理，使设备与设备之间、设备与计算机之间能够联网通信，设备与工位人员紧密关联。如：数控编程人员可以在自己的计算机上进行编程，将加工程序上传至 DNC（分布式数字控制）服务器；设备操作人员可以在生产现场通过设备控制器下载所需要的程序；待加工任务完成后，再通过 DNC 网络将数控程序回传至服务器中，由程序管理员或工艺人员进行比较或归档，整个生产过程实现网络化、可追溯化管理。

② 生产数据可视化，利用大数据分析进行生产决策。目前，信息技术渗透到了某些先进离散制造企业产业链的各个环节，条形码、二维码、RFID、工业传感器、工业自动控制系统、工业物联网、MES、ERP、CAD/CAM/CAE（计算机辅助工程）/CAI（计算机辅助教学）等技术在离散制造企业中得到广泛应用。尤其是互联网、移动互联网、物联网等新一代信息技术在工业领域的应用，使离散制造企业也进入了互联网工业的新的发展阶段，所拥有的数据也日益丰富，随着柔性化智能生产的需求，对生产数据的实时性要求也更高。

在离散制造企业车间，每隔几秒就收集一次数据，利用这些数据可以实现很多形式的分析，包括设备开机率、主轴运转率、主轴负载率、运行率、故障率、生产率、设备综合利用率（OEE）、零部件合格率、质量分数等。

在生产工艺改进方面，在生产过程中使用这些大数据，就能分析整个生产流程，了解每个环节是如何执行的。一旦有某个流程偏离了标准工艺，就会产生一个报警信号，能更快速地发现错误或者瓶颈所在，也就能更容易解决问题。

利用大数据技术，还可以对产品的生产过程建立虚拟模型，仿真并优化生产流程。当所有流程和绩效数据都能在系统中重建时，这种透明度将有助于制造企业改进其生产流程。

再如，在能耗分析方面，在设备生产过程中利用传感器集中监控所有的生产流程，能够发现能耗的异常或峰值情形，由此便可在生产过程中优化能源的消耗，对所有流程进行分析将会大大降低能耗。

③ 生产文档无纸化，实现高效、绿色制造。构建绿色制造体系，建设绿色工厂，实现生产洁净化、废物资源化、能源低碳化是“中国制造 2025”实现“制造大国”走向“制造强国”的重要战略之一。目前，在离散制造企业中产生繁多的纸质文件，如工艺过程卡片、零件蓝图、三维数模、刀具清单、质量文件、数控程序等等，这些纸质文件大多分散管理，不便于快速查找、集中共享和实时追踪，而且易产生大量的纸张浪费、易丢失等。生产文档进行无纸化管理后，工作人员在生产现场即可快速查询、浏览、下载所需要的生产信息，生产过程中产生的资料能够即时进行归档保存，大幅减少基于纸质文档的人工传递及流转，从而杜绝了文件、数据丢失，进一步提高了生产准备效率和生产作业效率，实现绿色、无纸化生产。

④ 生产过程透明化，智能工厂的“神经”系统。通过建设智能工厂，促进制造工艺的仿真优化、数字化控制、状态信息实时监测和自适应控制，进而实现整个过程的智能管控。

在机械、汽车、电子信息等离散制造行业，企业发展智能制造的核心目的是拓展产品价值空间，侧重从单台设备自动化和产品智能化入手，基于生产效率和产品效能的提升实现价值增长。因此，其智能工厂建设模式为推进生产设备（生产线）智能化，通过引进各类符合生产需求的智能装备，建立基于制造执行系统（MES）的车间级智能生产单元，提高精准制造、敏捷制造、透明制造的能力。

MES 在实现生产过程的自动化、智能化、数字化等方面发挥着巨大作用。首先，MES 借助信息传递对从订单下达到产品完成的整个生产过程进行优化管理，减少企业内部无附加值活动，有效地指导工厂生产运作过程，提高企业及时交货能力。其次，MES 在企业和供应链间以双向交互的形式提供生产活动的基础信息，使计划、生产、资源三者密切配合，从而确保决策者和各级管理者可以在最短的时间内掌握生产现场的变化，做出准确的判断并制定快速的应对措施，保证生产计划得到合理而快速的修正、生产流程畅通、资源充分有效地得到利用，进而最大限度地发挥生产效率。

⑤ 生产现场无人化，真正做到“无人”工厂。在离散制造企业生产现场，数控加工中心、智能机器人和三坐标测量仪及其他所有柔性化制造单元进行自动化排产调度，工件、物料、刀具进行自动化装卸调度，可以达到无人值守的全自动化生产模式。在不间断单元自动化生产的情况下，远程查看管理单元内的生产状态，如果生产中遇到问题则进行干预，一旦解决，立即恢复自动化生产。整个生产过程无需人工参与，真正实现“无人”智能生产。

（3）离散智能制造系统模型的关键技术

离散智能制造系统深度融合先进制造技术、新一代信息技术、新一代人工智能（AI）技术等共性关键技术，从而提高研发生产效率、优化资源配置、创新商业模式、催生新业态和新技术。离散智能制造系统模型关键技术如图 2-22 所示。

① 先进制造技术。先进制造技术是离散制造行业数字化转型与智能化升级的基石和内核，涵盖产品全生命周期各个环节，主要包括智能设计、智能加工、智能调度、智能检测等技术。基于 AI 技术的辅助，先进制造技术可以充分满足离散制造业柔性批量生产和产品规模化定制的需求，更好支持产品和服务的高质量实现。

在先进制造技术中，拓扑优化技术依靠坚实的理论基础并与大规模、高效率计算机技术结合，成为智能设计领域的核心技术之一。拓扑优化在给定边界条件和各类约束条件的基础上，可获得最佳的材料分布形式以实现结构目标性能最优，近年来越来越多地用于解决各类工程设计问题。基于传统的宏观结构拓扑优化设计技术可实现工程结构的智能设计，大幅减轻结构重量并提升承载能力，最大化材料利用率；可考虑结构的多种物理属性，如结构基频、强度、热变形等。基于拓扑优化领域的多尺度设计技术可实现智能超材料设计，如通过设计材料微观结构，获得具有负泊松比特性的超材料；通过考虑材料微观特性对结构热传递的影响，设计出具有热隐身性能的超材料。相应的超材料具有广泛的应用前景。拓扑优化在制造中的应用如图 2-23 所示。

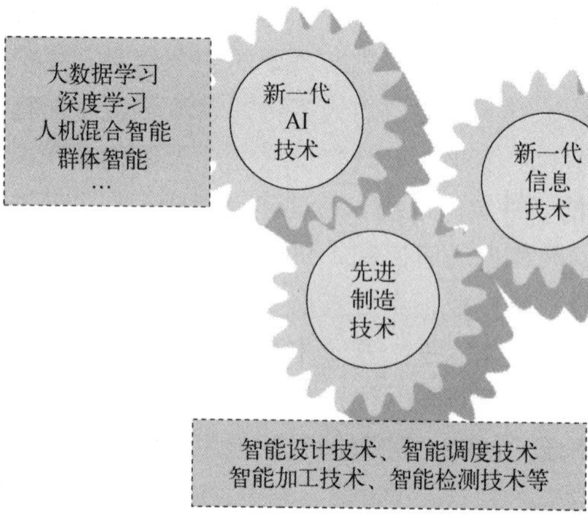

图 2-22　离散智能制造系统模型关键技术

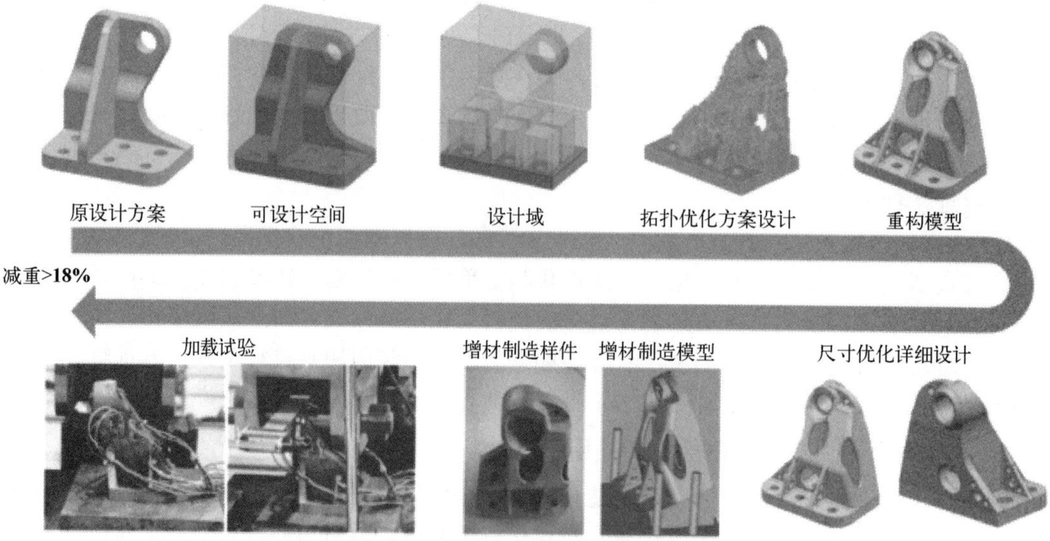

图 2-23　拓扑优化在制造中的应用

② 新一代信息技术。5G、边缘计算、区块链等新一代信息技术是数字化转型与智能化升级的引擎和助力，可将原本的“数字孤岛”连接起来，扩展了控制生产资源和生产流程的空间，也为人-机-物-法-环的交互、协同与共融提供了手段。

区块链技术是离散制造系统中各智能体可靠、可信、安全、高效的联结途径，具有去中心化、自治化、透明、不可篡改、可追溯等特点。

5G 技术具有高带宽、低时延、高可靠性、大规模节点等优势，结合网络切片、边缘计算等关键技术，为制造车间关键要素感知数据的互联互通以及准确分析预测提供了重要保障，促进了智能车间调度技术的发展。基于 5G 的制造车间调度技术如图 2-24 所示。依托 5G 技术，设计云-边-端协同的感知体系，实现智能车间多源异构数据的互联互通：基于感知数据，利用 AI 技术实现不确定异常事件的准确预测，将不确定异常事件转化为可预测、可规避的确定事件；根据预测结果及时调整调度模型，变被动响应为主动调控，降低异常事件对生产过程的影响，确保生产计划高效稳定地执行。

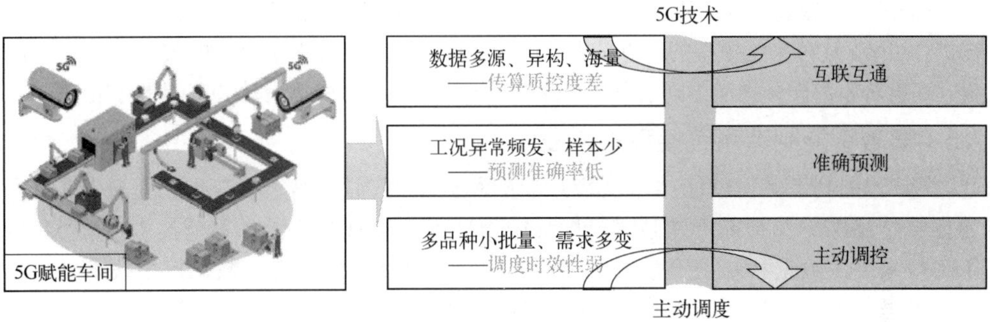

图 2-24　基于 5G 的制造车间调度技术

③ 新一代人工智能（AI）技术。新一代 AI 技术是数字化转型与智能化升级的“顶层建筑”。AI 技术的快速发展推动社会经济从“数字经济”走向“智能经济”，社会形态和生产模式也将发生巨大变革。例如，大数据技术、深度学习技术、强化学习技术、人机协作智能技术、基于网络的群体智能技术、跨媒体推理技术等的融入，最终将给离散制造业转型升级带来质的飞跃。基于 AI 技术的海量数据实时处理与可视化技术，建立制造流程数字孪生模型与机理混合模型，是实现离散制造过程高效率数字化智能的关键。

在 AI 领域，深度学习是机器学习研究中的热门方向，近年来发展迅速。基于深度学习的智能诊断技术如图 2-25 所示。相较于传统的故障诊断方法，基于深度学习的故障诊断可以自动

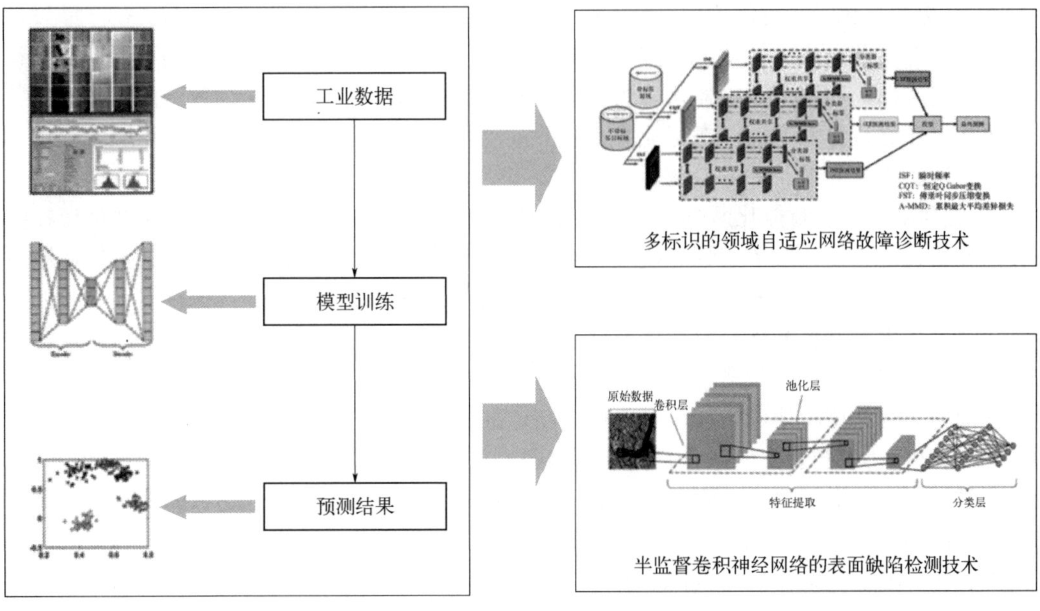

图 2-25　基于深度学习的智能诊断技术

提取特征而不需要复杂的信号处理过程；基于深度学习方法可以高效地完成表面缺陷特征提取与定位。多标识的领域自适应网络故障诊断技术，可以节省特征工程的时间，提高故障诊断的泛化程度；半监督卷积神经网络的表面缺陷检测技术节省了数据标记成本，在有限数据条件下实现了表面缺陷检测。

（4）离散智能制造系统模型适用场景

离散智能制造系统主要适用于产品结构复杂、生产过程中零部件需要经过多个工序独立加工的制造场景，如汽车、机械装备等行业。在离散智能制造系统中，每个零部件都在不同的工位上进行加工，然后再进行组装。这种系统模型的特点是生产过程具有间歇性和离散性。例如，在汽车生产中，车身、发动机、底盘等零部件分别在不同的车间和生产线上进行加工，最后在总装车间进行组装。

（5）离散智能制造系统模型未来发展

① 突破智能制造关键使能技术。智能传感器与工业互联网是智能制造的基础，重点突破智能传感器与传感网络及智能终端技术、即插即用技术、实时网络操作系统技术、M2M 技术、制造 IoT 技术。大数据和知识库是智能制造的核心，重点突破制造大数据挖掘技术、大数据智能分析与管理技术、面向制造大数据的综合推理技术。智能推理是智能制造的灵魂，重点突破智能建模与仿真技术、全息人机协同系统技术、复杂对象智能控制系统技术、数字孪生技术。

② 研发智能制造装备。重点研发的智能制造装备包括智能机床、智能成形制造装备、特种智能制造装备、智能机器人、智能柔性制造生产线等。智能机床应具有加工状态实时感知与交互、产品工艺自主决策与优化、加工精度持久保持等能力，智能成型制造装备应具有信息获取、模型预测、决策控制功能，特种智能制造装备应具有超高温、超高压等超常工作环境适应性以及超精密、高能束等超常工艺适应能力，智能机器人应能胜任焊接、打磨、精细装配、机加工、柔顺控制等工作，智能柔性制造生产线应具有多制造功能单元、制造岛结合协作的高度柔性化和智能化能力。

③ 建设数字化、智能化车间。数字化车间、网络化车间是智能化车间的初级形态：前者的各种设备要实现数字化管理和控制，需对加工数据进行数字化描述、集成、分析和决策；后者基于集成的数据进行智能分析和决策，智能地优化整个制造过程，使资源得到最合理的配置和优化。

④ 打造数字化、智能化工厂。数字化、智能化工厂是智能制造的典型代表。在产品设计方面，通过制造工艺与成品性能的三维模拟与仿真优化，实现计算机辅助的精确可靠规划设计。在生产制造方面，利用工业机器人、数控机床和其他智能装备，自动、高效、稳定地完成各项生产操作。在运营管理方面，在工业互联网的基础上，通过有效组织和融合制造领域知识，满足供应管理、生产营销、质量追溯、售后运维等全价值链的增长需求。

⑤ 提供数字化、智能化服务。相较于传统制造服务，数字化、智能化服务主要体现在提高服务的环境状态感知、服务规划、决策和控制水平及服务质量等方面。在工业技术软件服务方面，提供网络化智能工业软件的集成应用。在工业产品智能化服务方面，提供重大装备的智能运维服务。在生产服务方面，提供生产性服务过程的跟踪、调度和优化控制等智能化服务。在云服务方面，提供全社会制造与服务能力的集成与共享服务。在社群化智能制造服务方面，提供企业间的无缝社交与协同生产、智能化产品运维服务。

⑥ 网络化协同制造。网络化协同制造将成为离散智能制造的重要发展趋势。通过互联网、物联网等技术，离散制造企业将与供应商、合作伙伴、客户等建立更加紧密的联系，实现产业链上下游的协同工作。例如，企业可以通过网络平台与供应商共享生产计划和物料需求信息，实现准时化采购；与合作伙伴共同开展产品研发和生产，提高创新能力和生产效率；与客户建立直接的沟通渠道，了解客户的需求和反馈，提高客户满意度。

⑦ 构建标准体系和安全体系。标准体系应重点构建：技术标准体系，如云计算、区块链、信息物理系统（CPS）等，以技术的应用和操作为重点；产品标准体系，如工业互联网平台，侧重于技术应用和产品服务方面；过程标准体系，如工业化和信息化深度融合、智能制造等，涵盖范围广、类型多，应侧重多个维度以分析发展演进过程；安全标准体系，构建离散制造行业信息安全和物理安全平台，汇聚安全数据，积累安全知识和攻防经验，开展大数据分析，进行预警、识别、审计、漏洞管理、防御、杀毒等。

2.2.2　连续智能制造系统模型

（1）连续智能制造系统模型定义

连续智能制造系统模型是指利用工业机器人、数控机床等智能设备与产品数据管理、企业资源计划、生产执行等软件系统，基于设计、生产、管理、服务等制造活动的各个环节数据的互联互通与可视化，从而实现原材料到产成品的一体化协同优化。连续制造行业划分如图 2-26 所示。

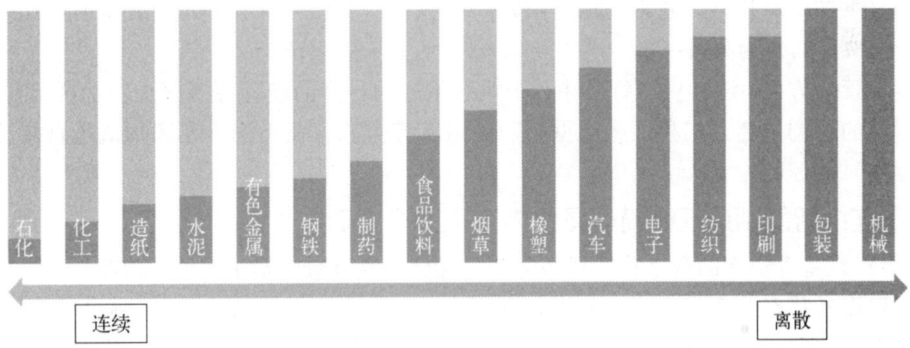

图 2-26　连续制造行业划分

（2）传统连续制造系统模型特点

在物料管理方面：连续生产行业体现了以配方为核心的生产模型，使用配方和公式来规定原材料，产品配方保密性要求较高。产品结构往往不是很固定，上下级物料之间的关系可能随温度、湿度、季节、工艺条件不同而不同。物料更多地通过批次来管理，批次和保质期是必需的。相对于离散制造，连续制造更注重批次追踪的管理。

在计划生产方面：连续企业根据市场的需求进行生产的观念已经逐步加深。但一般情况下，特别是对市场需求量大的产品，采用“以产促销”的方式——通过大批量生产，降低成本，提高竞争力。因此，连续企业生产计划的依据主要是市场预测。计划制定比较简单，通常以日产量的方式下达计划。

在生产作业计划调度方面：连续企业的产品是以流水生产线方式组织，采用连续的生产方式，只存在连续的工艺，不存在与离散企业对应的严格的工艺路线。因此，在作业计划调度方面，不需要也无法精确到工序级别，而是以整个流水生产线为单元进行调度。从作业计划的作用和实现上，比离散企业相对简单。连续制造的产品不能进行拆分，从技术上讲，可以将混合物从容器中取出并重新使用容器，但不能从生产的成品中取出原料。在连续制造过程中，无法分辨出一种产品与另一种产品之间的区别。

在生产过程方面：物料从一个工位到另一个工位使用自动装置传输，工艺过程一般是连续进行的，不能中断，加工顺序也是固定不变的，生产设施按照工艺连续布置，生产过程自动化程度较高；一般生产按批次进行，价值较低的物料以反冲方式进行，关键物料按批次进行投料和跟踪；生产过程常会出现联产品、副产品、等级品等，并且有保质期。

在数据采集方面：连续生产行业的自动化程度较高，设备控制级大量采用 DCS、PLC。在检测驱动方面，各种智能仪表、数字传感器已普遍应用；过程控制则广泛采用以小型机为主的自动控制系统。传统的“计、电、仪”分工界限已不再明显，计算机技术的应用已深入各个领域。这些自动化设备，能自动准确记录各种生产现场信息。

在生产设备方面：在连续生产行业的流水线生产中，生产线上的设备维护特别重要，每台设备都是关键设备，不能发生故障。一台设备的故障会导致整个连续工艺的中断，对生产成本影响较大，生产设备的关联性强于离散制造。

在材料工时反冲方面：连续生产行业的生产完工上报，广泛采用反冲处理。一般在连续工艺的最后设置完工上报点，而对前面工序连续实行反冲处理，如人工工时反冲、设备工时反冲、物料反冲，从而对在制品和成本进行跟踪。

在成本方面：连续企业的成本核算方式一般采用平行结转法，在其成本组成中，生产成本中占比例最大的是原材料。通常，原材料占产品成本的 70%～80%；人工成本所占比例较小，约占 2%～5%；其他为分摊成本。

在质量管控方面：连续生产行业中，一般对生产批号产品进行各工序上的抽样检验。当然，在不同行业的不同生产方式和生产类型中，质量管控方式存在不同。连续制造是直接地对生产过程进行实时的控制。

（3）连续智能制造系统模型具体内容（图 2-27）

① 随着设备等资产的数字化、网络化和智能化，依靠数字孪生、故障预测、远程运维等技术，可实现设备状态的在线监测、分析和预测，以及生产资料信息的积累、沉淀和优化，使得设备的运维由固定点检转向预测性维护，资产管理也日趋透明化和智能化，从而带来设备运维方式和资产管理模式的转变。

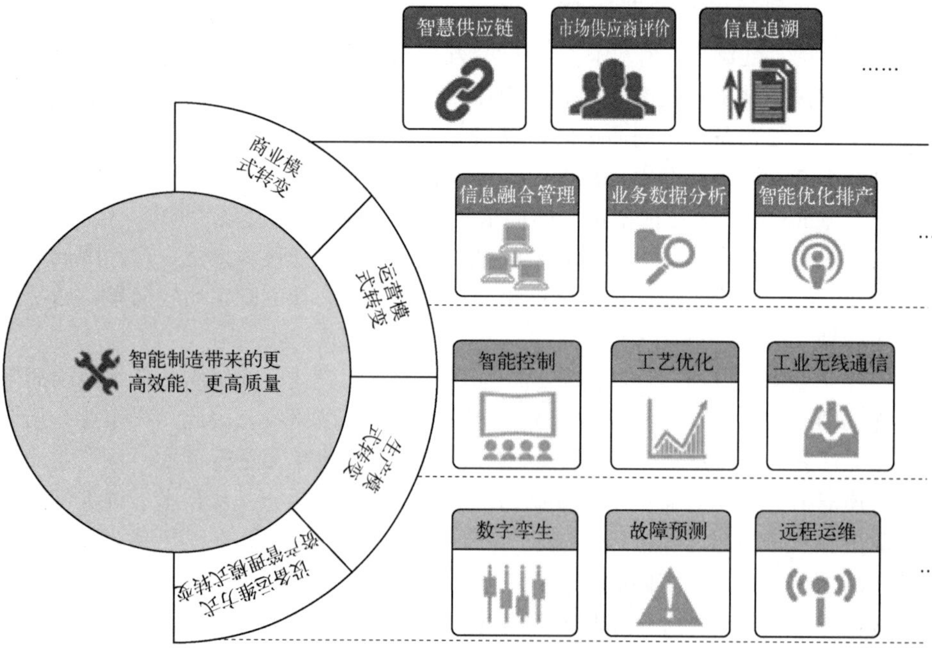

图 2-27　连续智能制造模式

② 随着制造过程的数字化、网络化和智能化，结合智能控制、工艺优化、工业无线通信等技术，生产过程中物料使用趋于平衡，生产效率显著提升，生产环境更加安全，能源使用更加节约，从而带来生产模式的转变。

③ 随着企业内部运营的数字化、网络化和智能化，结合信息融合管理、业务数据分析、智能优化排产等技术，生产计划制定、成本控制等管理决策更加合理，从而带来运营模式的转变。

④ 随着企业引入更多平台化资源，建立智慧供应链、市场和供应商评价体系，探索全程产品质量信息追溯，建立新的商业生态，从而带来商业模式的转变。

（4）连续智能制造系统模型适用场景

模式广泛分布在石油开采、石油化工、钢铁、有色金属、稀土材料、建材、纺织、食品、医药、造纸等行业。

（5）连续智能制造系统模型未来发展

① 工艺优化。工艺优化智能制造实施要素如图 2-28 所示。工艺优化是实现企业生产优质、高产、低耗、高效益的保证。工艺优化与企业的生产、安全、质量、环保、能源管理均有密切联系，通过加强工艺优化，可以建立良好的生产秩序，创造较好的生产工况运行条件。随着装置规模日益扩大、操作条件更加苛刻、潜在危害逐渐增多，全生命周期工艺管理和工艺管理集成化与智能化已成为工艺优化的发展趋势。

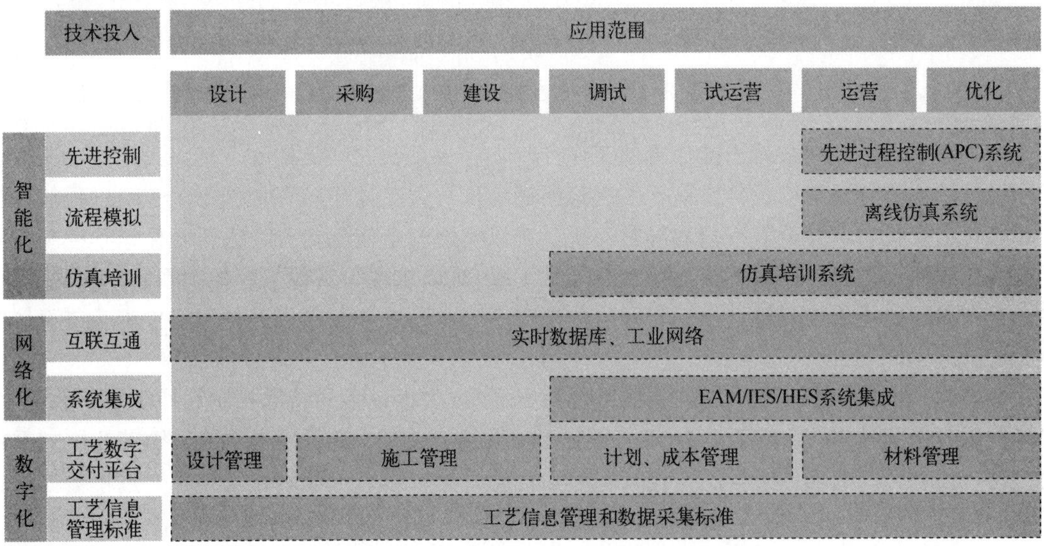

图 2-28　工艺优化智能制造实施要素

EAM—企业资产管理；IES—综合能源系统；HES—健康、环境与安全

工艺优化的目标是用最低成本换取最优质量和最高产能。工艺优化智能制造技术投入包含：规范工艺信息管理和数据采集标准，建立工艺数字交付平台等资源要素；搭建以实时数据库和工业网络为主体的互联互通架构，实现工艺管理系统与相关应用系统的集成；通过仿真培训和流程模拟持续进行工艺改进，为实现系统先进控制创造条件。工艺优化智能制造应用范围覆盖了从设计到优化的工艺管理全生命周期过程。

先进的工艺优化和管理，将使企业工艺管理工作的流程和层次关系更加清晰，能够充分实现工艺信息的共享和新工艺的三维动态仿真验证，从而提升工艺产品质量，提高企业整体工艺管理水平，增强企业核心竞争力。通过生产工艺优化的持续投入，可以逐步选择最优的生产工艺，降低生产的成本，获得最佳的产品收益率，达到预期的生产目标。

② 智能控制。智能控制智能制造实施要素如图 2-29 所示。企业生产控制和优化的目标是确定经济性最优的运行区间，帮助操作人员迅速、准确地找到最优工艺控制点。当前，连续制造行业的控制环节主要采用人工操作运行和人机合作运行控制两种形式。

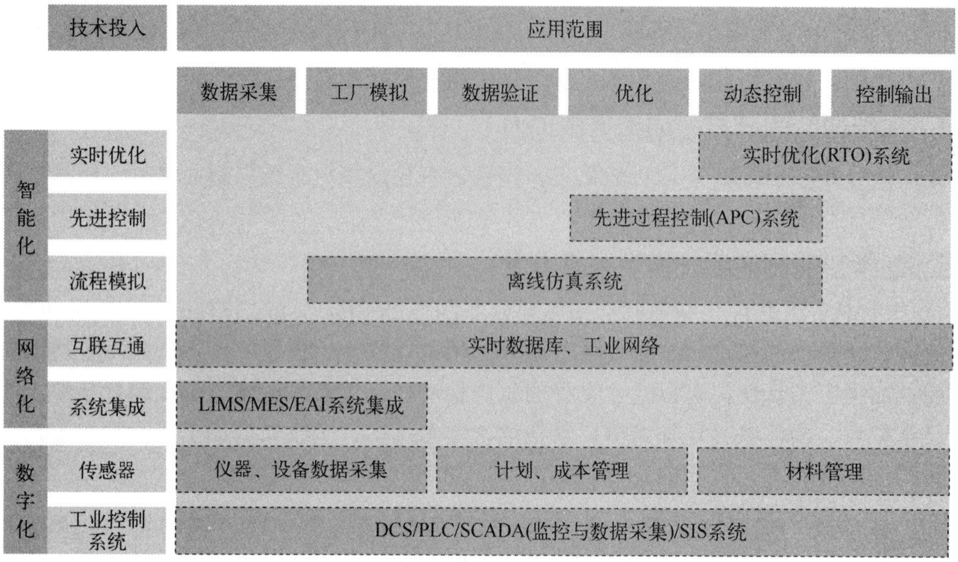

图 2-29　智能控制智能制造实施要素

人工操作运行控制依赖于操作者的工作经验，完成系统的回路控制、回路设定值决策、运行指标目标值范围决策以及异常运行工况诊断等工作。人工操作运行控制下的工业过程往往处于非优化运行状态，甚至常常出现异常工况，难以实现安全优化运行。人机合作运行控制依靠专业的工程师观测和分析相关数据来判断异常工况，难以实现与其他工序控制系统的协同优化、综合生产指标的优化以及运行指标目标值的决策。因此，连续制造行业的智能控制亟待更加完善的控制方案。

智能控制的目标是实现关键工艺参数的数据采集、关键设备的精准控制和控制算法的优化。智能控制方面的技术投入包含：DCS（分散控制系统）/SIS（安全仪表系统）等工业控制系统的完善，仪表、阀门等传感器的全过程覆盖和自动采集，依靠工业网络实现生产过程数据与实验室信息管理系统（LIMS）、EAI（企业应用集成）等系统的数据集成，完成流程模拟系统、先进控制系统和实时优化系统建设。智能控制的应用范围包含从数据采集到控制输出的全过程，通过不断优化控制参数，实现智能控制目标。

先进的智能控制能够减员增效，降低操作人员劳动强度，提高劳动生产率；能够精准控制关键工艺指标，保证产品质量的稳定；能够优化设备控制，降低能耗，降低成本；能够对环保相关上限指标预警，做出工艺及控制调整，并通过联锁程序保证工艺安全及人员安全。

③ 生产调度。生产调度智能制造实施要素如图 2-30 所示。连续制造行业的生产过程具有复杂性、非线性、多目标、多约束、多资源相互协调等特点。连续制造企业根据市场需求预测原材料与能源的供给情况，确定生产目标和生产计划，协调生产过程，并通过生产调度使生产过程处于最优状态，从而实现产线的高产与节能。

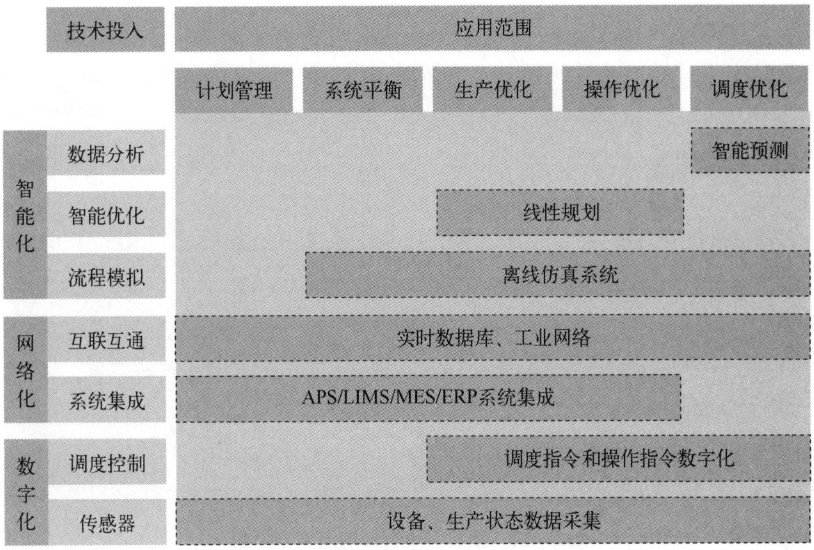

图 2-30　生产调度智能制造实施要素

连续制造企业生产调度是连接生产计划和生产操作的关键活动。生产调度以生产作业计划为依据，围绕企业经营目标，从全局出发，结合生产流程的实际情况和生产能力，进行排产优化，合理调配物料和能源，协调和均衡各装置的生产任务，使各生产环节能有效配合和紧密衔接。同时通过及时掌握生产动态，对生产过程中的各种矛盾和问题进行综合分析，确保生产均衡稳定、安全、长周期地进行，以保证企业生产作业计划的完成。

为实现智能化的生产调度，可针对设备、生产状态数据、调度指令和操作指令等方面构建数字化基础，搭建生产过程数据与企业资源计划、高级计划排程（APS）、实验室信息管理等系统集成的网络架构，实现生产过程的流程模拟、生产计划的智能优化、生产调度的数据分析等智能化功能。生产调度的应用范围包含了计划管理、系统平衡、生产优化、操作优化和调度优化的全过程，能够及时有效地进行资源协调，完成生产目标。

智能化生产调度可以提高生产计划的准确性，促进企业资源的优化配置；通过优化生产计划可最大限度地提高原材料采购的合理性，优化原料组合，降低采购成本；通过设置合理的生产操作条件，能够最大限度提升设备综合利用率；此外，通过生产调度的执行，还可以及时发现企业生产瓶颈和制约因素，不断优化生产过程，实现生产效率的最大化。

④ 物料平衡。在连续制造行业生产过程中，原材料、半成品、成品始终处于流动状态，整个企业的物流过程呈“网状”结构。从原材料入厂到成品出厂的整个过程，各阶段物料的具体构成都是动态变化的。物料平衡智能制造实施要素如图 2-31 所示。连续制造行业的物料平衡能够合理解决废气、废水、废渣排放问题，或者数据仪表测量不准确带来的原材料计量值和产品计量值之间存在差异的问题。通常采用物料移动模型，实现物料实时跟踪，使得管理人员能更为准确地了解生产过程的真实状态，提高生产效率。

为了实现智能化的物料平衡，可结合生产仪表、流量、液位、罐容等实时生产数据，以及厂区、装置、管线模型等方面构建数字化基础。搭建企业资源计划、仓储管理系统（WMS）、MES 等系统集成的网络架构，实现生产过程的流程模拟、物料平衡的数据分析等智能化功能。物料平衡的应用范围包含了计量管理、罐区管理、仓储管理、进出厂管理和物料平衡管理的全过程，能够快速准确地实现物料平衡计算，实现日平衡、旬结算的管理目标。

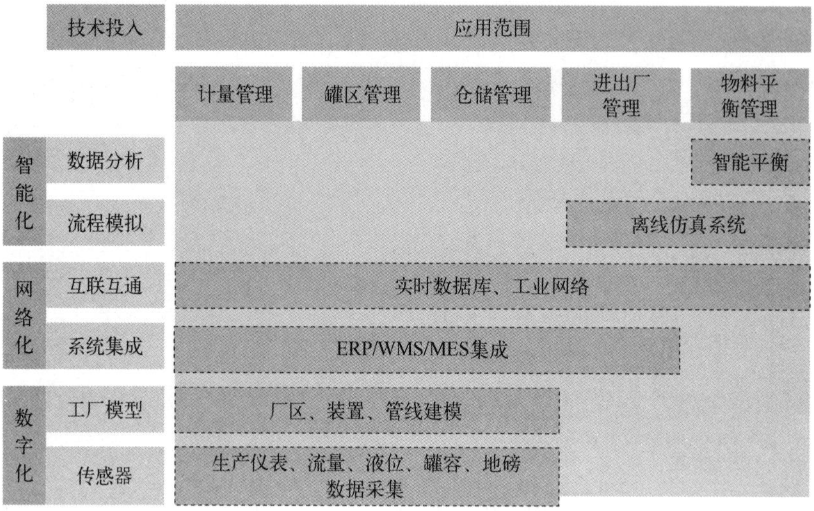

图 2-31 物料平衡智能制造实施要素

物料平衡的智能化建设，可以为生产经营提供科学的决策依据，规范企业生产业务管理流程，优化资源利用，降低物耗，提高企业生产管理的精细化水平，增强企业盈利能力和核心竞争力；可以促进工艺系统稳定运行，物料流程平衡顺畅；能大幅提高设备利用率和企业生产效率；可以为工艺控制提供精准工艺调度指令，满足设计工艺参数和设计工艺条件，达到最佳产品质量；可提高物料流转率，降低库存率，减少因物料失衡造成的非计划停车，从而实现节能降本。

⑤ 设备运维。随着生产设备日益集约化和复杂化，设备运维在连续制造企业生产中的作用越来越大。同时，与设备有关的费用在产品成本中的比重也越来越大。连续制造行业设备运维主要具有以下特点：

- 设备内物流和化学反应多，可能出现堵塞、沉淀、腐蚀等异常，产生设备故障，进而影响生产进度。
- 生产过程中最薄弱环节的设备的产能、稳定性、质量、故障停机率等指标直接影响生产能力的上限。
- 一旦局部停机导致全流程停机，会造成严重经济损失，这些损失主要由损失的产量、材料、能源以及人力浪费构成。
- 生产运行中无法停机排除故障隐患。连续制造企业设备运行中，一些微小故障即使被发现，只要此故障隐患不会造成质量下降、成本升高、安全事故发生等严重后果，就允许设备“带病工作”。
- 设备的运维成本占生产运行成本的比例很高，资金和人员投入较大。

设备运维智能制造实施要素如图 2-32 所示。为了实现智能化的设备运维，可结合设备的电流、振动、温度等实时动态数据，以及设备状态数据、故障类型数据和静态数据档案等方面构建数字化基础。搭建设备状态管理与企业资源计划、实验室信息管理等系统集成的网络架构，实现设备的状态监测、远程运维、故障预测等智能化功能。设备运维的应用范围覆盖了供应商管理、特种设备管理、点检管理、状态监测管理、维护管理、检修管理、备品备件管理和报废管理等设备管理全生命周期过程。

通过设备运维管理的应用，可以为企业带来很多价值：设备运维智能化可以增强工作计划性，加强企业执行力，能够合理配置部门结构和岗位，增加有效工作时间；可以降低设备故障

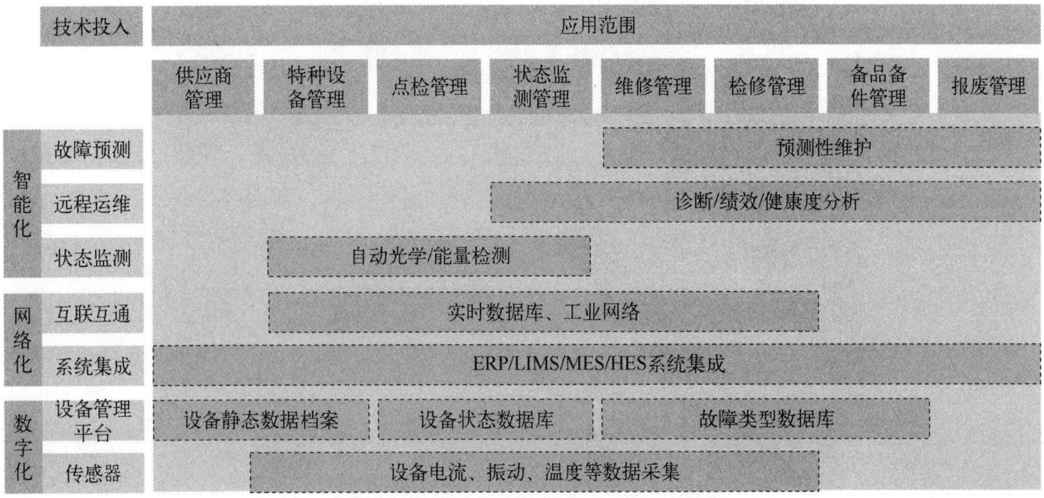

图 2-32　设备运维智能制造实施要素

率，确保生产稳定，提升设备综合利用率；可以降低维修成本，减少备品备件库存，实现库存资金降低。

⑥ 质量检验。产品质量是公司赖以生存和持续发展的根本因素。连续制造行业质量控制的关键环节是对生产过程的控制，而加强生产过程控制的有效手段之一就是提升质量检验的时效性和准确性。通过分析检验结果可以更好地了解产品现状、发展趋势、工艺缺陷以及应采取的工艺措施。质量检验为产品的加工、调和、销售、运输、贮藏提供依据。检验分析数据是高层领导正确决策的基础，也是进行产品质量管理控制的标尺。目前，连续制造企业质量检验主要存在以下问题：

- 原料取样的准确性问题。对连续制造企业原料质量检验来说，首要环节是进行取样，取样的准确性会在很大程度上影响到原料质量检验效果。实际作业中，连续制造企业原料取样通常采取随机方式，而在该环节如果客观性不足的话，无法保证原料质量检验结果的准确度。
- 检测方案和操作问题。首先，检测人员在质量检验中如果没有严格根据物质类别以及相关规范要求选择正确的方法，那么势必会导致其所测结果不准确。其次，在质量检验操作上，人员的操作熟练度、专业性等因素也会对结果的准确性造成影响。
- 实验室环境问题。环境质量检验工作对实验环境有着严格的要求。通常在质量检验中，密闭性、温度、湿度等指标的变化都会造成实验结果偏差。
- 质量追溯问题。部分企业质量检验的方法是通过检验人员手工记录原始实验数据，数据容易存在一定的误差，实验结论受主观因素影响较大。在质量追溯时，查验纸质原始资料存在效率低、劳动强度大、时效性差、结果误差大等问题，因此难以满足产品全性能检验、验收检验以及快速获取检验产品多角度汇总质量信息的要求。

质量检验智能制造实施要素如图 2-33 所示。为了实现智能化的质量检验，可结合在线监测仪器、实验室仪器和数据建模等方面构建数字化基础，并搭建实验仪器与企业资源计划、实验室信息管理、制造执行等系统集成的网络架构，实现关键节点在线检测、质量数据智能分析等智能化功能。质量检验的应用范围包含了质量策划、过程管控、质量保证、质量改进的全过程，能够实现质量检验准确高效，进而指导生产优化。

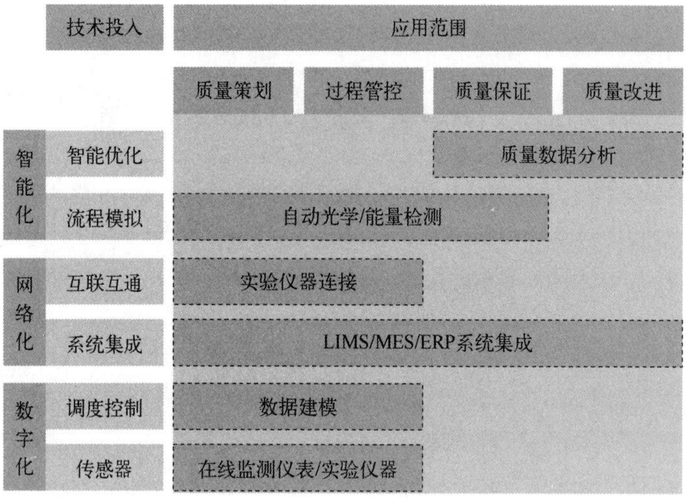

图 2-33　质量检验智能制造实施要素

质量检验智能化可以通过对监测设备进行数字化改造，采集实时测量数据，为数字化平台的应用提供基础数据支撑；有利于监测数据溯本求源，可以追溯监测数据形成的每一个关键环节和过程，使每个监测结果都有据可查，增强监测数据的溯源性；可以提升检验工作质量，使技术监测更加科学，监测数据更加透明公正，监测过程更加高效规范，减少主客观影响因素，显著提升工作质量；可以降低监测过程中的安全风险；可以改善员工工作环境，降低劳动强度，提升工作效率。

⑦ 能源管控。随着连续制造行业能源使用成本及消耗处理成本的日益增加，能源管控对连续制造企业生产经营管理的影响也越来越大。持续有效地对能源实施管理和优化已经成为企业经营管理的重点活动之一。当前，连续制造企业能源消耗主要具有以下特点：

- 企业作业区域分散，管道及流程复杂，过程能耗及过程损耗追踪困难。随着企业生产设备及设施的使用年限的日益增加以及隐性消耗的持续增加，企业能耗成本日益增加。
- 随着国家节能减排管理要求的系统化和全面化，企业用能成本持续增加。
- 企业在厂区能源的平衡及计量、控制管理方面缺乏数据基础，内部能源转换后调度平衡及资源负载无法实现最优化调控，造成企业能耗成本控制困难。

所以，利用高科技信息技术作为平台，综合新技术、新工艺、配套技术和管理措施，减少消耗，形成安全、稳定、可靠、经济和高效的能源管控系统，对于降低企业生产成本、改善环境质量以及提高产品的市场竞争力具有重要意义。

能源管控智能制造实施要素如图 2-34 所示。为了实现智能化的能源管控，可结合生产过程中的关键节点的流量、液位、压力、电耗等实时数据采集与能源消耗模型数据库、能源监测数据库和能源异常数据库构建数字化基础，搭建能源管理与企业资源计划、实验室信息管理、企业资产管理（EAM）等系统集成的网络架构，实现能耗监测、能耗分析和能耗预测等智能化功能。能源管理的应用范围包含能源设计、入厂管理、能源转化、计量管理、耗用管理、模型建设、调度与平衡、能源优化等全过程管理。

通过能源管理的智能化应用，可以为企业带来很多价值：可以通过能耗数据来统计运行时间、统计生产停机频率和停机时间，分析和评价设备及人员工作效率，帮助企业优化流程；可以通过实时计算设备的各项参数，对比设备运行过程中偏离目标值对能耗的影响，实现能源使用的透明化，消除能源异常消耗，提高企业能源的经济运行能力；可以通过能耗数据的预警阈值控制，预测和监控系统消耗异常，降低安全及环保事故的发生率。

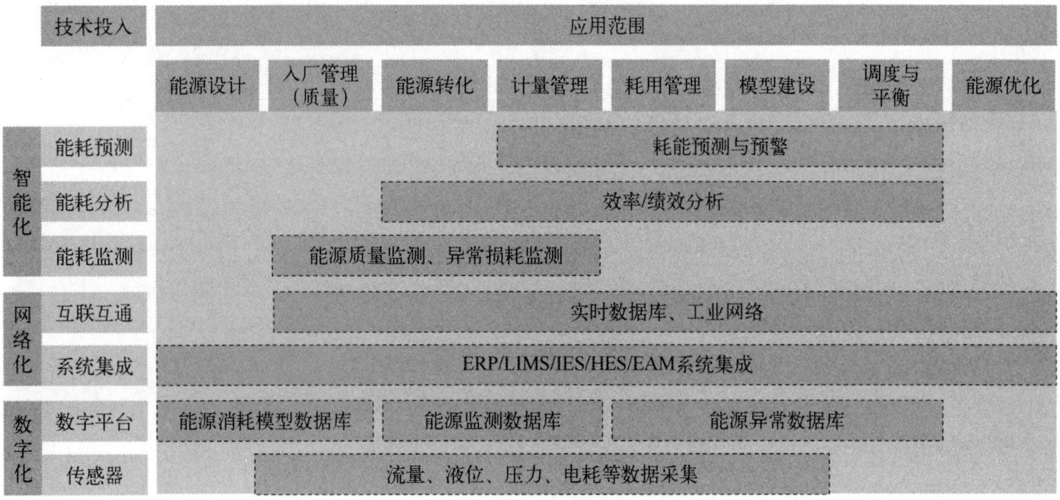

图 2-34　能源管控智能制造实施要素

⑧ 安全管理。随着连续制造行业生产管理和自动化水平的提高，企业对经营风险控制的要求愈来愈严苛。当前连续制造行业的安全管理主要具有以下特点：

- 连续制造行业生产环境复杂、管理体系庞大，安全管理落地与执行难度大，且容易产生安全漏洞。
- 对员工安全管理专业知识技能要求高。工业企业的安全工作人员，除了要深刻理解企业安全生产标准化规范外，还要非常熟悉区域安全要素以及设备本身的安全操作规程。
- 安全工作繁重，危险因素比较多。主要包括特种作业管理、危险作业审批、易燃易爆有毒有害物品管理、危化品管理、防火制度以及各生产岗位、各工种机械设备的安全巡检。

安全管理系统要求提供具有行业特征的基础素材，例如检查标准库、事故案例库、安全试题库、安全措施库、法律法规库等等。通过隐患排查治理、安全作业许可、应急演练管理、应急资源管理、应急预案管理、记录与报告管理等，实现企业日常监管、预警预测、应急救援，提高应急管理工作的高效化和规范化水平，并为应急救援指挥决策提供基础数据支撑。信息化建设依靠数据支撑，在采集现场图像、环境监测数据、气象监测等数据后，结合数学模型，对事件的发展趋势以及影响范围进行分析，得出救援路线、逃生路线等方案。

安全管理智能制造实施要素如图 2-35 所示。为了实现智能化的安全管理，可结合生产过程中的有害气体、废气、固废等危险源的实时监测数据采集，以及预警信息、安全数据与安全流程。打造数字化基础，搭建安全管理与企业资源计划、实验室信息管理、企业资产管理等系统集成的网络架构，实现安全监测、安全分析和风险预测等智能化功能。安全管理的应用范围包含法律法规、隐患排查、预案管理、教育培训、应急指挥、调度协同、风险评估、救援管理等全过程管理。

企业经营过程中，安全管理系统的智能化应用，可以为企业生产安全提供保障，同时提升管理的效益，可以提升过程执行效率，保证法律法规的有效遵循；能够做到事件自动提醒与督办，避免因安全事务繁杂而产生遗漏，同时系统自动生成所需的台账和报表，便于安全工作开展；建立企业自身的检查标准库，方便隐患排查工作的开展；消除安全隐患，安全管理从被动转为主动，科学进行安全工作规划，实现事前的充分管控、事中的监控预警及快速应对，大幅降低企业安全管理成本及企业经营风险。

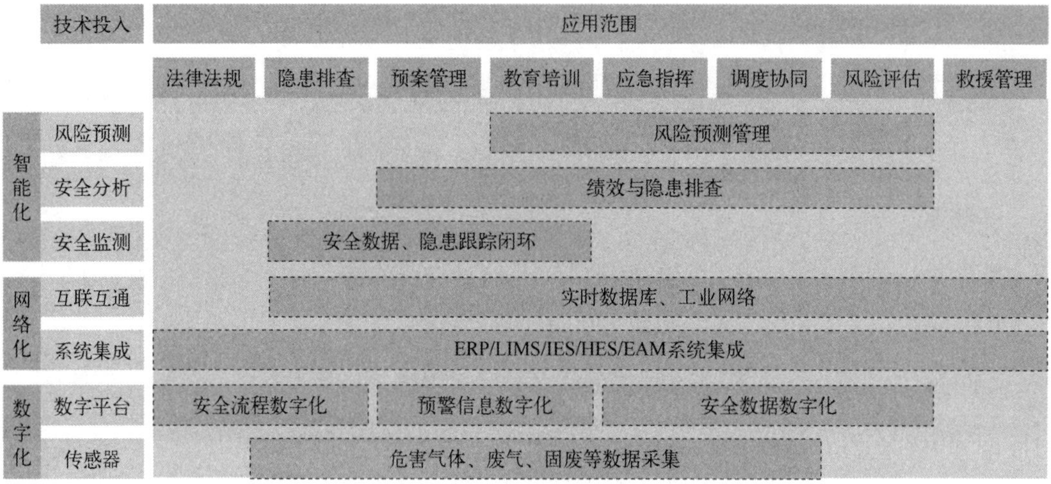

图 2-35 安全管理智能制造实施要素

2.3 信息物理系统

2.3.1 信息物理系统概述

信息物理系统（Cyber-Physical Systems，CPS）是通过集成先进的感知、计算、通信、控制等信息技术和自动控制技术，构建的物理空间与信息空间中人、机、物、环境、信息等要素相互映射、实时交互、高效协同的复杂系统，实现系统内资源配置和运行的按需响应、快速迭代、动态优化。CPS 就像一座桥梁，连接了现实世界的物理设备和虚拟世界的数字信息。通过在物理设备中嵌入传感器、控制器和通信模块，使其具备感知、计算和通信能力，从而能够与网络中的其他设备进行交互和协作。信息物理系统的出现，为智能制造带来了全新的发展机遇，使得制造系统更加智能化、高效化和灵活化。

2.3.2 信息物理系统的架构和层次

（1）信息物理系统架构（图 2-36）

该系统构建一套信息空间与物理空间之间基于数据自动流动的状态感知、实时分析、科学决策、精准执行的闭环赋能体系，解决生产制造、应用服务过程中的复杂性和不确定性问题，提高资源配置效率，实现资源优化。

实现数据的自动流动具体来说需要经过四个环节，分别是：状态感知、实时分析、科学决策、精准执行。大量蕴含在物理空间中的隐性数据经过状态感知被转化为显性数据，进而能够在信息空间进行计算分析，将显性数据转化为有价值的信息。不同系统的信息经过集中处理形成对外部变化的科学决策，将信息进一步转化为知识。最后以更为优化的数据作用到物理空间，构成一次数据的闭环流动。具体来说：

① 状态感知是对外界状态的数据获取。生产制造过程中蕴含着大量的隐性数据，这些数据

暗含在实际过程中的方方面面，如物理实体的尺寸、运行机理，外部环境的温度、液体流速、压差等。状态感知通过传感器、物联网等一些数据采集技术，将这些蕴含在物理实体背后的数据不断地传递到信息空间，使得数据不断“可见”，变为显性数据。状态感知是对数据的初级采集加工，是一次数据自动流动闭环的起点，也是数据自动流动的原动力。

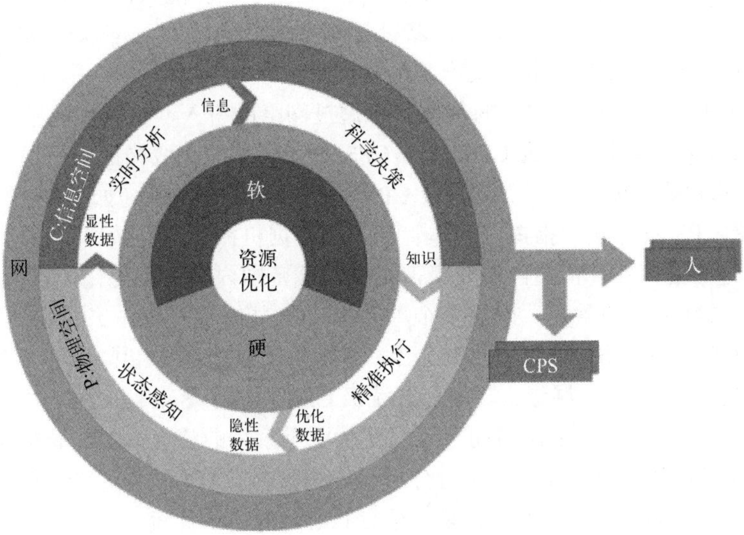

图 2-36　CPS 架构

② 实时分析是对显性数据的进一步理解，是将感知的数据转化成认知的信息的过程，是对原始数据赋予意义的过程，也是发现物理实体状态在时空域和逻辑域的内在因果性或关联性关系的过程。大量的显性数据并不一定能够直观地体现出物理实体的内在联系，这就需要经过实时分析环节，利用数据挖掘、机器学习、聚类分析等数据处理分析技术对数据进一步分析估计，使得数据不断“透明”，将显性化的数据进一步转化为直观可理解的信息。此外，在这一过程中，人的介入也能够为分析提供有效的输入。

③ 科学决策是对信息的综合处理。决策是根据积累的经验、对现实的评估和对未来的预测，为了达到明确的目的，在一定的条件约束下，所做的最优决定。在这一环节，CPS 能够权衡判断当前时刻获取的所有来自不同系统或不同环境下的信息，形成最优决策来对物理空间实体进行控制。分析决策并最终形成最优策略是 CPS 的核心环节。这个环节不一定在系统最初投入运行时就能产生效果，往往在系统运行一段时间之后逐渐形成一定范围内的知识。对信息的进一步分析与判断，使得信息真正地转变成知识，并且不断地迭代优化，形成系统运行、产品状态、企业发展所需的知识库。

④ 精准执行是对决策的精准物理实现。在信息空间分析并形成的决策最终将会作用到物理空间，而物理空间的实体设备只能接收数据形式的信息空间的决策。因此，执行的本质是将信息空间产生的决策转换成物理实体可以执行的命令，进行物理层面的实现。这个环节输出更为优化的数据，使得物理空间设备运行得更加可靠，资源调度更加合理，实现企业高效运营，各环节智能协同效果逐步优化。

（2）信息物理系统层次

CPS 划分为单元级、系统级、SoS（System of Systems，系统之系统）级三个层次。单元级 CPS 可以通过组合与集成（如 CPS 总线）构成更高层次的 CPS，即系统级 CPS；系统级 CPS

可以通过工业云、工业大数据等平台构成 SoS 级的 CPS，实现企业级层面的数字化运营。

① 单元级 CPS：一个部件（如智能轴承）、一台设备（如关节机器人）等都可以构成一个 CPS 最小单元，单元级 CPS 具有不可分割性，其内部不能分割出更小的 CPS 单元。单元级 CPS 能够通过物理硬件（如传动轴承、机械臂、电机等）、自身嵌入式软件系统及通信模块，构成“感知-分析-决策-执行”数据自动流动的基本闭环，实现在设备工作能力范围内的资源优化配置［如优化机械臂、AGV（自动导引车）的行驶路径等］。在这一层级上，感知和自动控制硬件、工业软件及基础通信模块主要支撑和定义产品的功能。

② 系统级 CPS：在单元级 CPS 的基础上，通过网络的引入，可以实现系统级 CPS 的协同调配。在这一层级上，多个单元级 CPS 及非 CPS 单元设备的集成构成系统级 CPS，如一条含机械臂和 AGV 的智能装配线。多个单元级 CPS 汇聚到统一的网络（如 CPS 总线），对系统内部的多个单元级 CPS 进行统一指挥、实体管理（如根据机械臂运行效率，优化调度多个 AGV 的运行轨迹），进而提高各设备间协作效率，实现产线范围内的资源优化配置。在这一层级上，网络联通（CPS 总线）至关重要，确保多个单元级 CPS 能够交互协作。

③ SoS 级 CPS：在系统级 CPS 的基础上，可以通过构建 CPS 智能服务平台，实现系统级 CPS 之间的协同优化。在这一层级上，多个系统级 CPS 构成了 SoS 级 CPS，如多条产线或多个工厂之间的协作，以实现产品生命周期全流程及企业全系统的整合。CPS 智能服务平台能够将多个系统级 CPS 工作状态统一监测、实时分析、集中管控。利用数据融合、分布式计算、大数据分析技术对多个系统级 CPS 的生产计划、运行状态、寿命估计统一监管，实现企业级远程监测、供应链协同、预防性维护，实现更大范围内的资源优化配置，避免资源浪费。

通过图 2-37，可以从层级角度重新理解 CPS 的本质与三类 CPS 之间的关系。除此之外，图 2-38 可以进一步加深对 CPS 的理解。

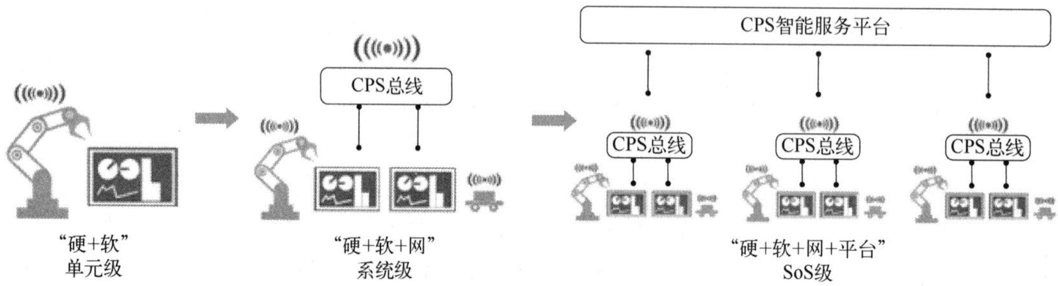

图 2-37　CPS 层次递进

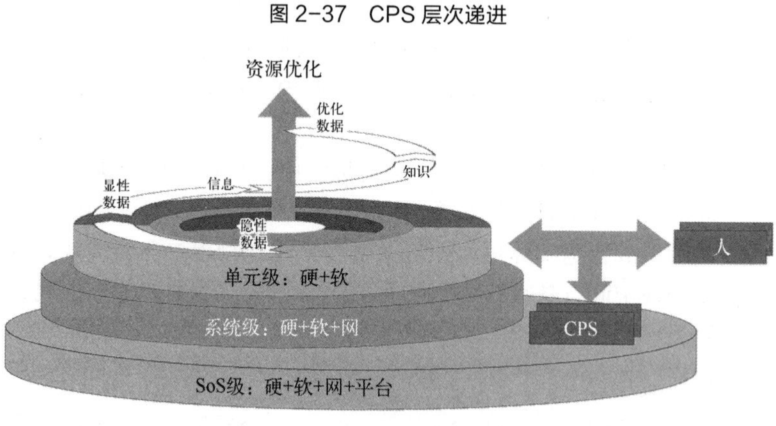

图 2-38　从另一角度再认识 CPS

2.3.3 信息物理系统的特征

CPS 作为支撑两化深度融合的一套综合技术体系，构建了一个能够联通物理空间与信息空间，驱动数据在其中自动流动，实现对资源优化配置的智能系统。这套系统的灵魂是数据，在系统的有机运行过程中，通过数据自动流动对物理空间中的物理实体逐渐“赋能”，实现对特定目标资源优化的同时，表现出六大典型特征，总结为：数据驱动、软件定义、泛在连接、虚实映射、异构集成、系统自治。理解 CPS 的特征不能从单一方面、单一层次来看，要结合 CPS 的层次分析，因为在不同的层次上呈现出不同的特征。

① 数据驱动：数据普遍地存在于工业生产的方方面面，其中大量的数据是隐性存在的，没有被充分地利用并挖掘出其背后潜在的价值。CPS 通过构建“状态感知、实时分析、科学决策、精准执行”的数据自动流动的闭环赋能体系，能够将数据源源不断地从物理空间中的隐性形态转化为信息空间的显性形态，并不断迭代优化形成知识库。在这一过程中，状态感知的结果是数据；实时分析的对象是数据；科学决策的基础是数据；精准执行的输出还是数据。因此，数据是 CPS 的灵魂所在，数据在自动生成、自动传输、自动分析、自动执行以及不断的迭代优化中不断累积、螺旋上升，不断产生更为优化的数据，能够通过质变引起聚变，实现对外部环境的资源优化配置。

② 软件定义：软件正和芯片、传感与控制设备等一起对传统的网络、存储、设备等进行定义，并从 IT 领域向工业领域延伸。工业软件是对各类工业生产环节规律的代码化，支撑了绝大多数的生产制造过程。针对面向制造业的 CPS，软件就成为了实现 CPS 功能的核心载体之一。从生产流程的角度看，CPS 会全面应用到研发设计、生产制造、管理服务等方方面面，通过对人、机、物、法、环全面的感知和控制，实现各类资源的优化配置。这一过程需要依靠对工业技术的模块化、代码化、数字化及软件化。从产品装备的角度看，一些产品和装备本身就是 CPS。软件不但可以控制产品和装备运行，而且可以把产品和装备运行的状态实时展现出来，通过分析、优化，作用到产品、装备的运行，甚至是设计环节，实现迭代优化。

③ 泛在连接：网络通信是 CPS 的基础保障，能够实现 CPS 内部单元之间以及与其他 CPS 之间的互联互通。应用到工业生产场景时，CPS 对网络连接的时延、可靠性等网络性能和组网灵活性、功耗都有特殊要求，还必须解决异构网络融合、业务支撑的高效性和智能性等挑战。随着无线宽带、射频识别、信息传感及网络业务等信息通信技术的发展，网络通信将会更加全面深入地融合信息空间与物理空间，表现出明显的泛在连接特征，实现在任何时间、任何地点的任何人、任何物都能顺畅地通信。构成 CPS 的各器件、模块、单元、企业等实体都要具备泛在连接能力，并实现跨网络、跨行业、异构多技术的融合与协同，以保障数据在系统内的自由流动。泛在连接通过对物理世界（空间）状态的实时采集、传输，以及信息世界控制指令的实时反馈下达，提供无处不在的优化决策和智能服务。

④ 虚实映射：CPS 构筑信息空间与物理空间数据交互的闭环通道，能够实现信息虚体与物理实体之间的交互联动。以物理实体建模产生的静态模型为基础，通过实时数据采集、数据集成和监控，动态跟踪物理实体的工作状态和工作进展（如采集测量结果、追溯信息等），将物理空间中的物理实体在信息空间进行全要素重建，形成具有感知、分析、决策、执行能力的数字孪生（亦叫作数字化映射、数字镜像、数字双胞胎）。同时借助信息空间对数据综合分析处理的能力，形成对外部复杂环境变化的有效决策，并通过以虚控实的方式作用到物理实体。在这一过程中，物理实体与信息虚体之间交互联动、虚实映射、共同作用，提升资源优化配置效率。

⑤ 异构集成：软件、硬件、网络、工业云等一系列技术的有机组合，构建了一个信息空间

与物理空间之间数据自动流动的闭环“赋能”体系。尤其在高层次的CPS，如SoS级CPS中，往往会存在大量不同类型的硬件、软件、数据、网络。CPS能够将这些异构硬件［如CISC（复杂指令集计算机）CPU、RISC（精简指令集计算机）CPU、FPGA（现场可编程门阵列）等］、异构软件［如PLM（产品生命周期管理）软件、MES软件、PDM（产品数据管理）软件、SCM软件等］、异构数据（如模拟量、数字量、开关量、音频、视频、特定格式文件等）及异构网络（如现场总线、工业以太网等）集成起来，实现数据在信息空间与物理空间不同环节的自动流动，实现信息技术与工业技术的深度融合，因此，CPS必定是一个多方异构环节集成的综合体。异构集成能够为各个环节的深度融合打通交互的通道，为实现融合提供重要保障。

⑥ 系统自治：CPS能够根据感知到的环境变化信息，在信息空间进行处理分析，自适应地对外部变化做出有效响应。同时在更高层级的CPS（即系统级、SoS级）中，多个CPS之间通过网络平台互联（如CPS总线、智能服务平台）实现CPS之间的自组织。多个单元级CPS统一调度、编组协作，通过在生产与设备运行、原材料配送、订单变化之间的自组织、自配置、自优化，实现生产运行效率的提升、订单需求的快速响应等；多个系统级CPS通过统一的智能服务平台连接在一起，在企业级层面实现生产运营能力调配、企业经营高效管理、供应链变化响应等更大范围的系统自治。在自优化自配置的过程中，大量现场运行数据及控制参数被固化在系统中，形成知识库、模型库、资源库，使得系统能够不断自我演进与学习提升，提高应对复杂环境变化的能力。

2.3.4 信息物理系统的应用

信息物理系统（CPS）在智能制造领域有着广泛的应用，如图2-39所示。在智能工厂中，CPS可以实现设备的智能化监控和维护，通过实时监测设备的运行状态，预测设备故障，减少设备停机时间，提高生产效率。在智能物流方面，CPS可以实现货物的实时跟踪和管理，优化物流路径，提高物流效率。此外，在智能电网、智能交通等领域，信息物理系统也发挥着重要作用。例如，在智能电网中，CPS可以实现对电力设备的实时监控，优化电力分配，提高电网的稳定性和可靠性；在智能交通中，CPS可以实现车辆与道路设施之间的通信和协同，提高交通安全性和通行效率。

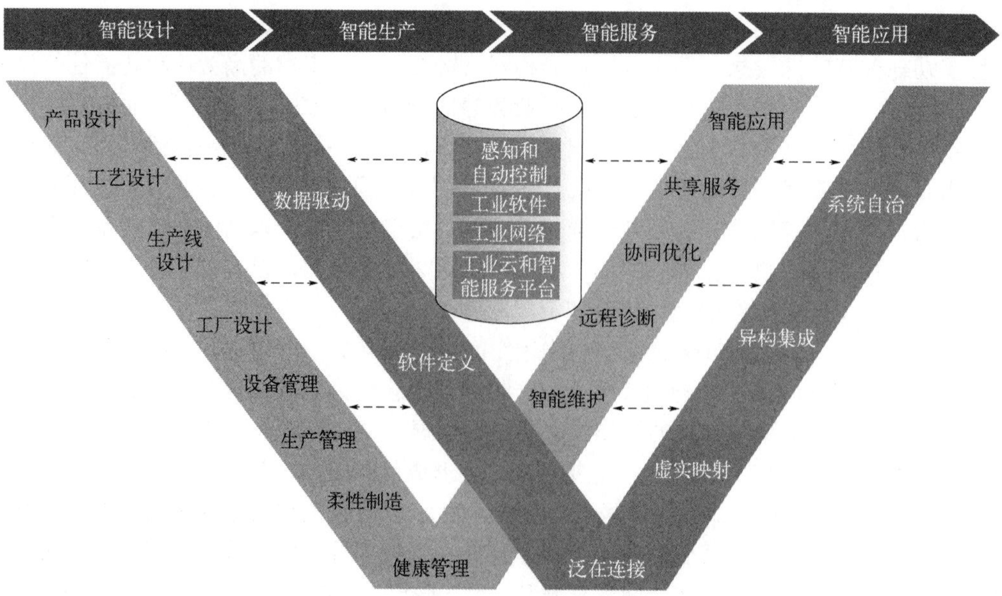

图2-39 CPS的应用

（1）智能设计

① 产品及工艺设计。通常为了更好地满足设计目标，需要基于产品应用环境进行产品使用性能的仿真，例如机械产品的结构强度仿真、机械动力学仿真、热力学仿真等。传统的仿真系统各自独立，在仿真过程中不能完整描述产品的综合应用环境，而 CPS 很好地解决了这个问题。在进行产品研发设计过程中，通过对已有的设计数据或者试验数据等不同种类的数据进行采集，建立结构、动力、热力等异构仿真系统组成的集成综合仿真平台，将数据及仿真模型以软件的形式进行集成，从而实现更全面、真实的产品使用工况仿真；同时结合产品设计规范、设计知识库等信息，形成某一目标的优化设计算法，通过数据驱动形成产品优化设计方案，实现产品设计与产品使用的高度协同。在产品工艺设计方面，为了使产品的制造工艺设计更加精准、高效，需要对实际制造工艺的具体参数进行采集，例如机加工中刀具的切削参数、电机功率参数等。在软件系统或平台中将工艺参数、工艺设计方案、工艺模型进行信息的组织和融合，考虑不同的工艺参数对产品制造质量、产品制造效率、产品制造设备可承受力等方面的影响，建立关联性模型，依据工艺设计目标和制造现场实际条件，以实时采集的工艺数据进行仿真，并以已有的工艺方案、工艺规范作为支撑，形成制造工艺优化方案。CPS 在研发设计中的应用如图 2-40 所示。

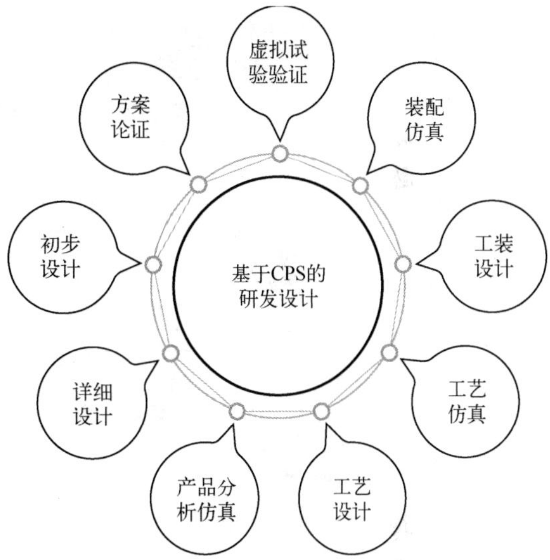

图 2-40　CPS 在研发设计中的应用

② 生产线/工厂设计。在生产线/工厂设计方面，首先建立产品生产线/工厂的初步方案，初步形成产品的制造工艺路线，通过采集实际和试验所生成的工时数据、物流运输数据、工装和工具配送数据等，在软件系统中基于工艺路线建立生产线/工厂中的人、机械、物料等生产要素与生产线产能之间的信息模型。在此过程中，综合考虑生产线/工厂中不同设备、不同软件系统、不同网络通信协议之间的集成，根据生产线/工厂建设环境、能源等现有条件，结合系统采集的工时、运输等数据来分析计算出合理的设备布局、人员布局、工装/工具/物料布局、车间运输布局，建立生产线/工厂生产模型，进行生产线/工厂生产仿真，依据仿真结果优化生产线/工厂的设计方案。同时，生产线/工厂的管理系统设计要通过数据传递接口与企业管理系统、行业云平台及服务平台进行集成，从而实现生产线/工厂设计与企业、行业的协同。CPS 在生产线设计中的应用如图 2-41 所示。

（2）智能生产

① 设备管理应用场景。CPS 将无处不在的传感器、智能硬件、控制系统、计算设施、信息终端、生产装置通过不同的设备接入方式（例如串口通信、以太网通信、总线模式等）连接成一个智能网络，形成设备网络平台或云平台。在不同的布局和组织方式下，企业、人、设备、服务之间能够互联互通，具备了广泛的自组织能力、状态采集和感知能力，数据和信息能够通畅流转；同时也具备了设备实时监控和模拟仿真能力，通过数据的集成、共享和协同，实现对工序设备的实时优化控制和配置，使各种组成单元能够根据工作任务需要自行集结成一种超柔性组织结构，并最优和最大限度地开发、整合和利用各类信息资源。CPS 在设备管理场景的应用如图 2-42 所示。

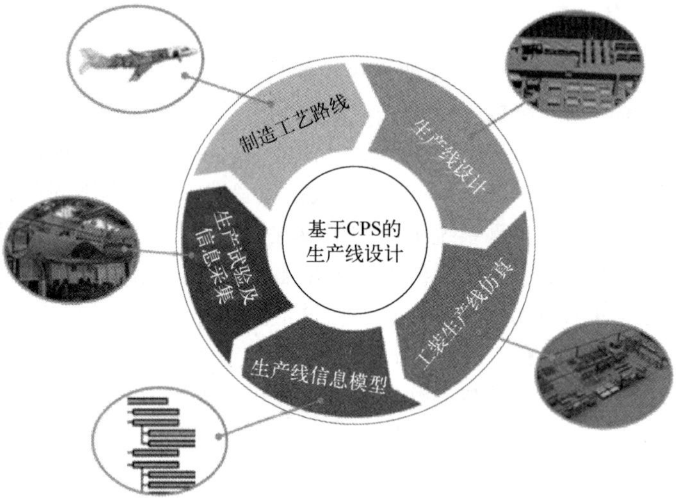

图 2-41　CPS 在生产线设计中的应用

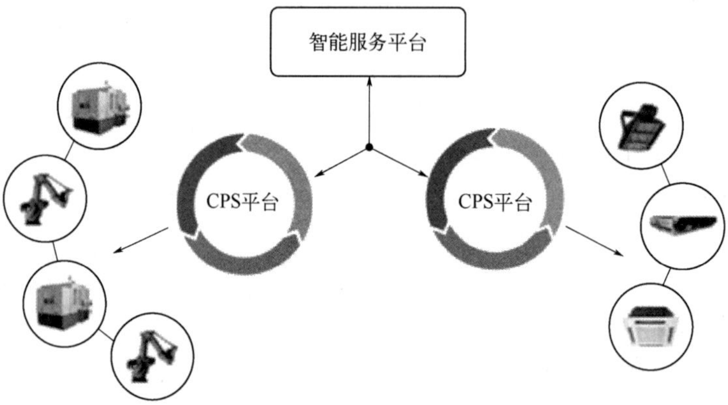

图 2-42　CPS 在设备管理场景的应用

② 生产管理应用场景。CPS 是实现制造业企业中物理空间与信息空间联通的重要手段和有效途径。在生产管理过程中通过集成工业软件、构建工业云平台对生产过程的数据进行管理，实现生产管理人员、设备之间的无缝信息通信。将车间人员、设备等运行移动、现场管理等行为转换为实时数据信息，对这些信息进行实时处理分析，实现对生产制造环节的智能决策。根据决策信息和领导层意志及时调整制造过程，进一步打通从上游到下游的整个供应链，从资源管理、生产计划与调度方面来对整个生产制造进行管理、控制以及科学决策，使整个生产环节的资源处于有序可控的状态。CPS 在生产管理场景的应用如图 2-43 所示。

③ 柔性制造应用场景。CPS 的数据驱动和异构集成特点为应对生产现场的快速变化提供了可能，而柔性制造的要求就是能够根据快速变化的需求变更生产，因此，CPS 契合了柔性制造的要求，为企业柔性制造提供了很好的实施方案。CPS 对整个制造过程进行数据采集并存储，对各种加工程序和参数配置进行监控，为相关的生产人员和管理人员提供可视化的管理指导，方便设备、人员的快速调整，提高了整个制造过程的柔性。同时，CPS 结合 CAX❶、MES、自动控制、云计算、数控机床、工业机器人、RFID 等先进技术或设备，实现整个智能工厂信息的整合和业务协同，为企业的柔性制造提供了技术支撑。CPS 在柔性制造场景的应用如图 2-44 所示。

❶ CAX 是计算机辅助工具的统称，涵盖了 CAD、CAE、CAM 等。

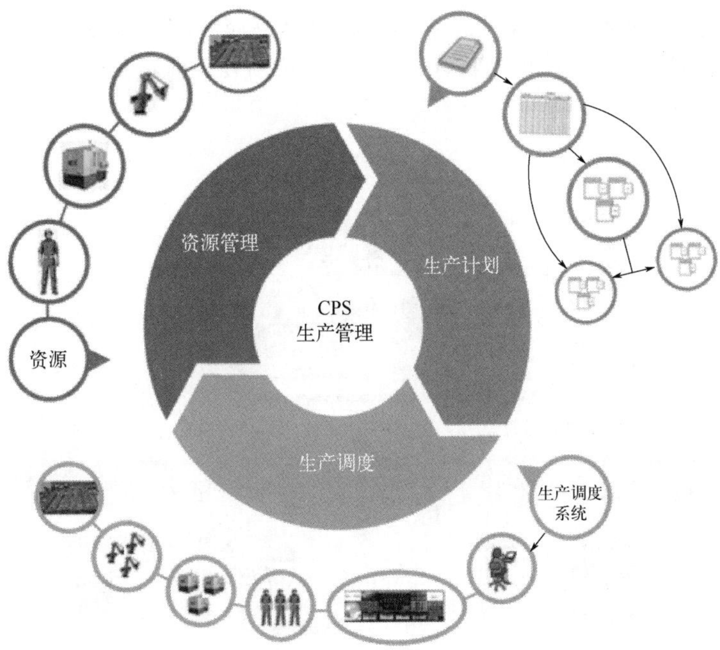

图 2-43　CPS 在生产管理场景的应用

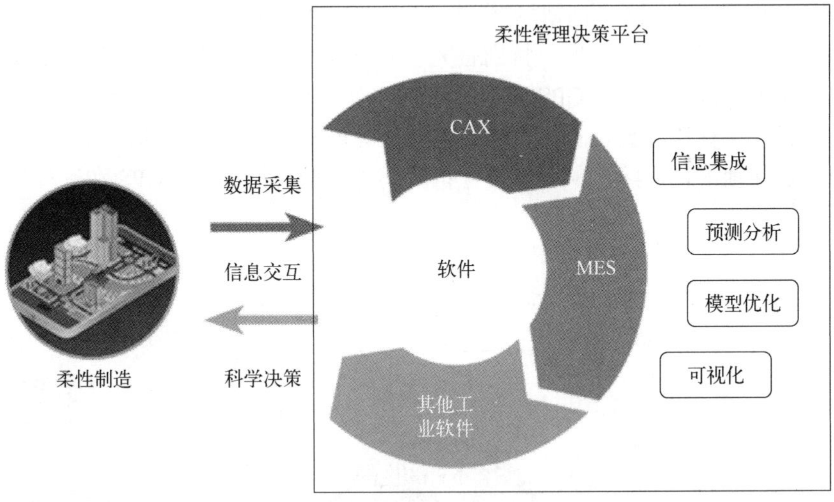

图 2-44　CPS 在柔性制造场景的应用

（3）智能服务

① 健康管理。将 CPS 与装备管理相结合，通过应用建模、仿真测试、验证等技术建立装备健康评估模型，在数据融合的基础上搭建具备感知网络的智能应用平台，实现装备虚拟健康管理。通过智能分析平台对装备运行状态进行实时的感知与监测，并实时应用健康评估模型进行分析预演及评估，将运行决策和维护建议反馈到控制系统，为装备最优使用和及时维护提供自主认知、学习、记忆、重构的能力，实现装备健康管理。

② 智能维护。应用建模、仿真测试及验证等技术，基于装备虚拟健康的预测性智能维护模型，构建装备智能维护 CPS。通过采集装备的实时运行数据，将相关的多源信息融合，进行装备性能、安全、状态等特性分析，预测装备可能出现的异常状态，并提前对异常状态采取恰当

的预测性维护。装备智能维护CPS突破传统的阈值报警和穷举式专家知识库模式，依据各装备实际活动产生的数据进行独立化的数据分析与利用，提前发现问题并处理，延长资产的正常运行时间，如图2-45所示。

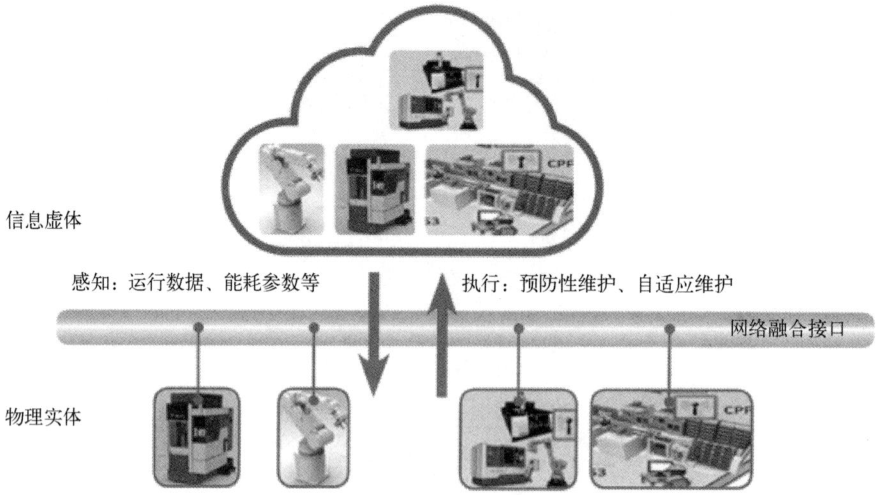

图2-45　CPS在预防维护中的应用

③ 远程诊断。传统的装备售后服务模式下，装备发生故障时需要等待服务人员到现场进行维修，这将极大程度影响生产进度，特别是大型复杂制造系统的组件装备发生故障时，维修周期长，更是增加了维修成本。在CPS应用场景下，当装备发生故障时，远程专家可以调取装备的报警信息、日志文件等数据，在虚拟的设备健康诊断模型中进行预演推测，实现远程的故障诊断并及时、快速地解决故障，从而减少停机时间并降低维修成本。CPS在远程诊断中的应用如图2-46所示。

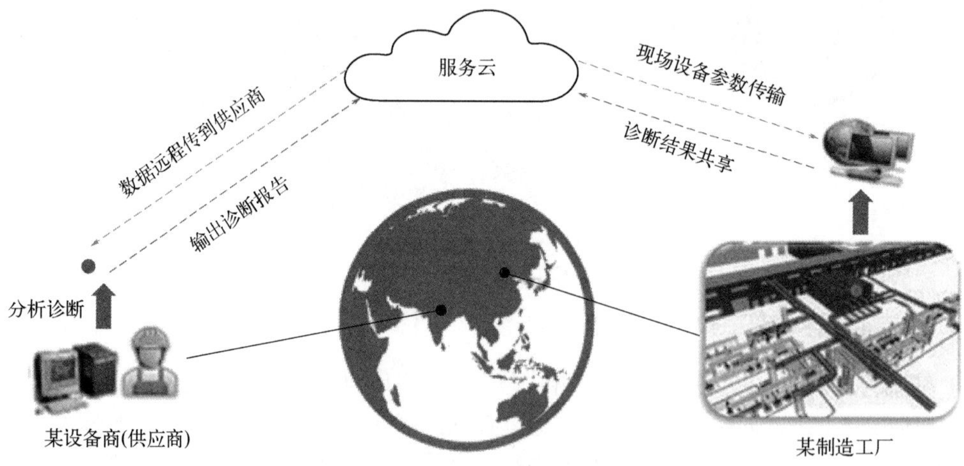

图2-46　CPS在远程诊断中的应用

（4）智能应用

① 无人装备。船舶、飞机等重资产装备，普遍操作难度大、安全性要求高，一旦发生意外就会造成严重后果，这就对操作人员的能力和经验提出了很高的要求。随着老龄化加剧，人力资源短缺的情况日益严重，以船舶为例，传统模式下，培养一个优秀的船员需要5到10年，市

场上迫切需要一种智能化船舶解决方案，以快速提高船员的技能水平，同时降低操船对于船员经验的依赖程度。

建立在“新四基”之上的 CPS 很好地解决了装备智能化的问题。通过装备状态感知和实时计算，学习认知装备操控过程知识，并通过行为认知和启发认知不断地迭代增强决策正确率，逐渐实现物的智慧代替人的智慧，建立无人智能设备；同时构建 CPS 智能胶囊，在同类型的装备上进行模型移植，实现设备智能化能力的低成本快速推进。CPS 在无人装备场景的应用如图 2-47 所示。

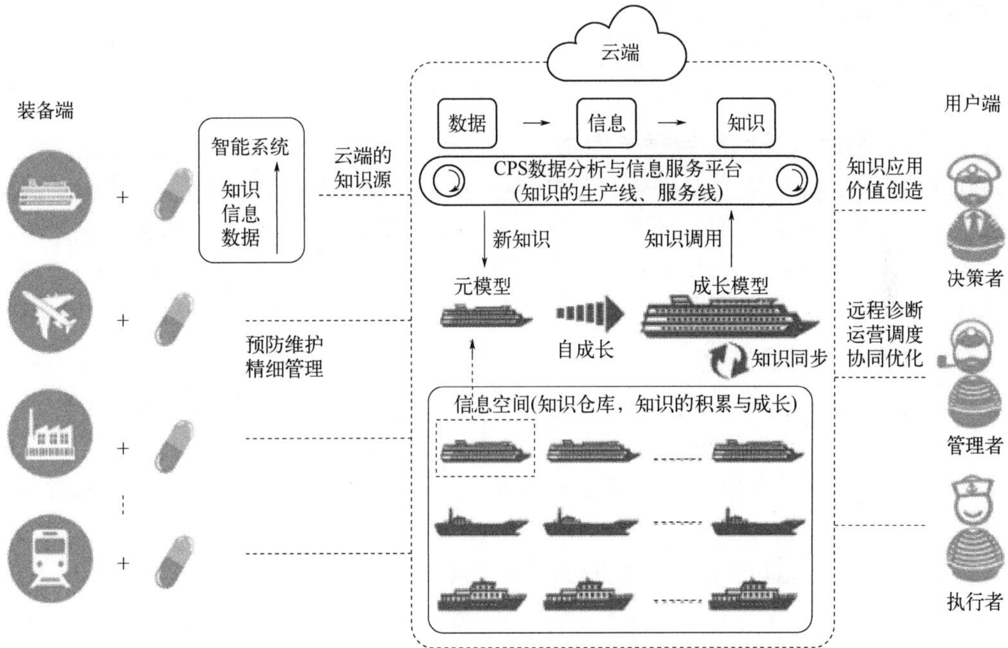

图 2-47　CPS 在无人装备场景的应用

② 产业链互动。当市场需求饱和时，需要设计者、生产者共同参与到使用者的活动之中，利用工业网络，构建融合设计、生产和使用的信息空间；通过机器学习和群体认知等手段，快速分析产品的使用状况，预测用户的需求变化和市场趋势，提供设计修改建议和生产维修计划辅助决策知识，智能优化配置资源，及时处理用户需求。

同时，通过 CPS，可以让用户参与到产品的设计生产过程中，激发用户的需求，增加购买欲望，共同实现敏捷设计和柔性生产。

③ 价值链共赢。制造企业要实现向服务商的转型，需要由单一的依靠销售产品收入变为通过交付后的产品服务实现长期稳定的收入。依靠传统的售后维护手段，显然已无法满足用户企业的服务需求。传统的定期保养、远程维护、专家诊断等方式，均是“与用户争利”的手段，高额的养护成本更加激化了二者之间的矛盾，许多大型企业用户不惜花重金建立自有的服务体系。但是，定期保养、专家诊断等服务模式提升保养保障能力的边际成本很高，只有大型企业才有实力构建自己的专家系统，而占据更大市场份额的中小企业则无力承担高额的保养费用和庞大的专家系统。

因此，制造企业面向最广大的用户，尤其是中小企业用户，以较低成本向其提供与大型企业相同的定制化服务，这就需要通过 CPS，建立人、装备和环境在信息空间中的映射。更重要的是，建立机器自主学习的认知决策系统，通过智能决策支持，突破传统专家系统等模式受人员素质限制的桎梏，向用户提供更加便利、高效的人与环境协同优化的服务，即视情使用和视情管理服务。通过服务，进一步参与到产品交付后的持续盈利过程中，在分担用户管理使用风险的同时实现共同盈利。

2.4 本章小结

本章聚焦智能制造系统的架构设计、参考模型及核心技术体系，主要内容包括：

(1) 智能制造系统架构与参考模型

智能制造系统架构围绕产品全生命周期、生产全过程和供应链全环节构建，核心是“生命周期-系统层级-智能功能”的三维集成。国际主流参考模型（如德国 RAMI4.0、美国 SMS、中国 IMSA）虽各有侧重，但均以系统集成、数据驱动为核心，支撑设备互联、数据互通与智能决策。

(2) 系统构成与标准化

系统以 ERP/MES 为“中枢神经”、PLC 为“神经突触”、传感器与 RFID 为“神经元”、工业通信网络为“神经纤维”及智能制造装备为“躯干”。标准化是系统落地的基础，国际组织（ISO、IEC）与中国均构建了“基础共性-关键技术-行业应用”的三级标准体系，解决互操作性与系统兼容问题。

(3) 离散与连续智能制造系统模型及 CPS

离散制造以机械加工、装配为核心，侧重柔性调度与模块化生产；连续制造以流程工业为代表，强调实时优化与全流程自动化。信息物理系统（CPS）作为核心技术，通过“状态感知-实时分析-科学决策-精准执行”的闭环，实现物理空间与信息空间的虚实映射与协同优化，支撑智能工厂的高效运行。

思考题

2-1 智能制造系统参考模型的核心目标是什么？

2-2 比较 RAMI4.0、IIRA 和 IMSA 三种参考模型的异同点。

2-3 离散制造系统与连续制造系统在物料管理、生产调度等方面有哪些主要区别？

2-4 中国智能制造标准化体系包含哪三个层次？各自的作用是什么？

2-5 MES 在智能制造中的作用是什么？它与 ERP 系统如何协同工作？

2-6 智能制造标准化对行业应用有何重要意义？

中篇：智能制造系统关键使能技术与软硬件装备

第3章

智能制造系统支撑/核心技术

【本章内容思维导图】

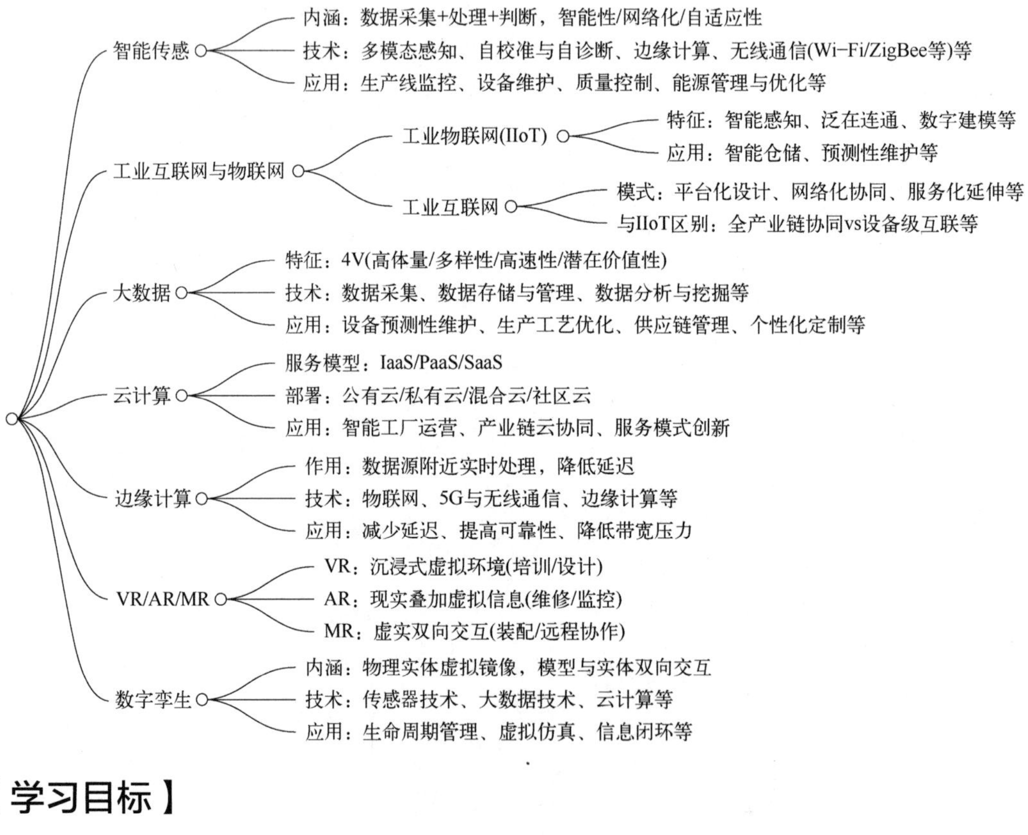

【学习目标】

1．掌握智能传感技术的核心及其在实时监控与设备维护中的应用。

2．掌握工业互联网与工业物联网的区别，熟悉工业互联网的六大典型应用模式。

3．理解大数据的“4V”特性以及云计算的三层服务模型，熟悉二者在生产优化与资源弹性调度中的支撑作用。

4．掌握边缘计算的作用，了解其与云端协同降低延迟的机制，以及其在工业实时控制场景中的应用。

5．熟悉 VR、AR、MR 的特点，掌握三者在工业培训与生产中的赋能方式。

6．理解数字孪生的定义与核心技术，熟悉其在产品全生命周期管理中的应用。

7．熟悉智能制造系统中各技术的协同应用，以及其在预测性维护、智能产线等典型场景中的作用。

3.1 智能传感

智能传感技术作为智能制造系统的神经末梢，承担着感知环境、反馈状态、支撑决策的重要角色。通过对物理、化学、生物等多维信息的实时采集与预处理，构建数据驱动的制造系统智能感知体系。智能传感技术在智能制造系统中的关键作用如图 3-1 所示。

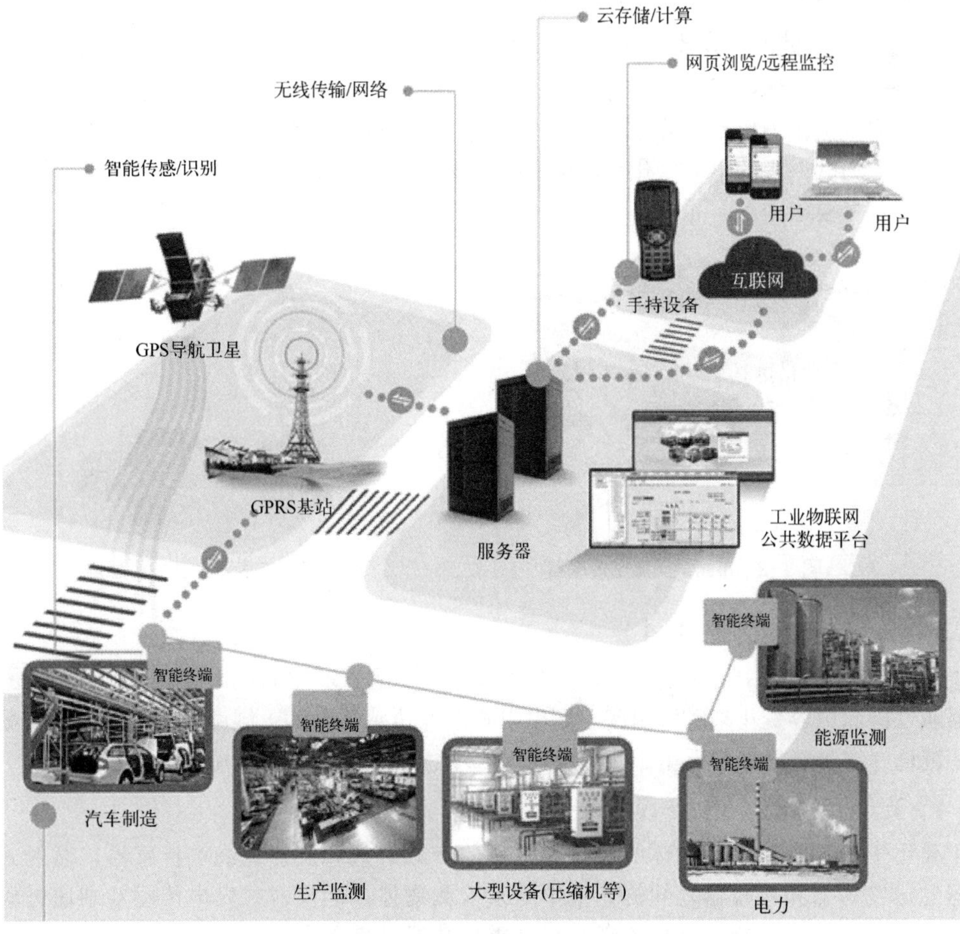

图 3-1　智能传感技术在智能制造系统中的关键作用

GPS—全球定位系统；GPRS—通用分组无线服务

3.1.1 智能传感的内涵

智能传感是指通过多类型传感元件与边缘嵌入式计算单元的集成，实现对物理量或化学量的实时获取、特征提取与初步智能判断，为制造系统提供可执行的信息支持。

传感器的基本原理是将被测量（如物理量、化学量等）转换为电信号或其他可用信号输出。其工作原理基于物理、化学或生物效应。例如，电阻式传感器利用电阻值的变化来感知物理量的变化，电容式传感器则基于电容的变化来测量物理量。传感器一般由敏感元件、转换元件和转换电路组成。敏感元件直接感受被测量，并输出与被测量成确定关系的物理量信号；转换元件将敏感元件输出的物理量信号转换为电信号；转换电路则对电信号进行放大、滤波等处理，使其更适合传输和处理。

传感器在工业、科研、医疗及日常生活中应用广泛。根据测量对象的不同，传感器可分为多种类型，例如温度传感器、压力传感器、湿度传感器、光电传感器和气体传感器等。

（1）温度传感器（图 3-2）

主要用于测量温度变化，常见类型包括热电阻和热电偶。热电阻利用金属电阻随温度变化的特性来测温，而热电偶则基于两种不同金属接触点产生的热电势来测量温度，广泛应用于工业生产、实验室研究和环境监测等领域。

（2）压力传感器（图 3-3）

主要用于测量气体或液体的压力，常见的有应变片式和压电式压力传感器。应变片式压力传感器通过测量由压力作用导致的应变片电阻变化来计算压力值，而压电式压力传感器则利用压电材料在受力时产生的电荷变化来测量压力。这类传感器在航空航天、汽车制造及医疗设备等行业中有着重要应用。

图 3-2　市面某型温度传感器

图 3-3　市面某型压力传感器

（3）湿度传感器（图 3-4）

主要用于测量空气中的湿度水平，常见类型包括电容式和电阻式湿度传感器。电容式湿度传感器通过检测电容变化来感知湿度，而电阻式湿度传感器则基于湿度影响材料电阻值的变化来进行测量。这类传感器广泛用于气象监测、农业种植及空调系统的湿度控制。

（4）光电传感器（图 3-5）

主要用于检测光信号及物体的存在，常见的有对射式和反射式光电传感器。对射式光电传感器通过发射器和接收器之间的光束中断来检测物体，而反射式光电传感器则通过检测物体表面反射的光信号来判断目标的存在。这类传感器常用于自动化生产线、安防监测和智能交通系统。

（5）气体传感器（图 3-6）

主要用于检测环境中的气体成分和浓度，常见的有半导体气体传感器和电化学气体传感器。半导体气体传感器通过测量气体吸附在半导体表面导致的电阻变化来感知气体浓度，而电化学气体传感器则利用气体在电极上的氧化还原反应来进行检测。这类传感器广泛应用于环境监测、工业安全及家庭空气质量检测等领域。

图 3-4 市面某型湿度传感器

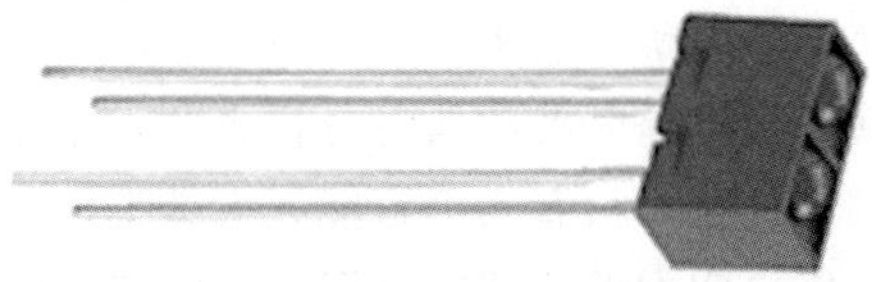

图 3-5 市面某型光电传感器

图 3-6 市面某型气体传感器

与传统传感器相比，智能传感器不仅具备数据采集功能，还能够对采集的数据进行初步处理和判断，从而提高数据的准确性和有效性。智能传感不仅仅是数据采集，它还包括如何理解和利用这些数据。为了实现这一点，智能传感器结合了多种技术，如先进的信号处理算法、人工智能技术以及物联网（IoT）连接等。通过将这些技术融合，智能传感器可以自主决策，减少对人工操作的依赖，从而提高整个生产过程的自动化和智能化程度。例如，在智能家居应用中，温湿度传感器能够感知环境的变化，并根据居民的喜好自动调节空调和加湿器，以提供舒适的居住环境。此外，在工业生产中，智能传感器可以监控设备的运行状态，实时检测异常并自动发出报警，以防止设备损坏或生产事故的发生。

智能传感器的网络化能力也是其重要特征之一。在传统制造环境中，各个传感器通常是独立的个体，而智能传感器能够通过网络进行通信和数据共享，实现对整个生产过程的全局优化。例如，在自动化生产线上，多个传感器的数据可以通过工业互联网汇聚到一个中央处理系统，以实现对生产过程的协同控制和动态优化，如图 3-7 所示。通过这种方式，智能传感技术不仅实现了生产的智能化，还提高了生产过程的透明度和可控性。

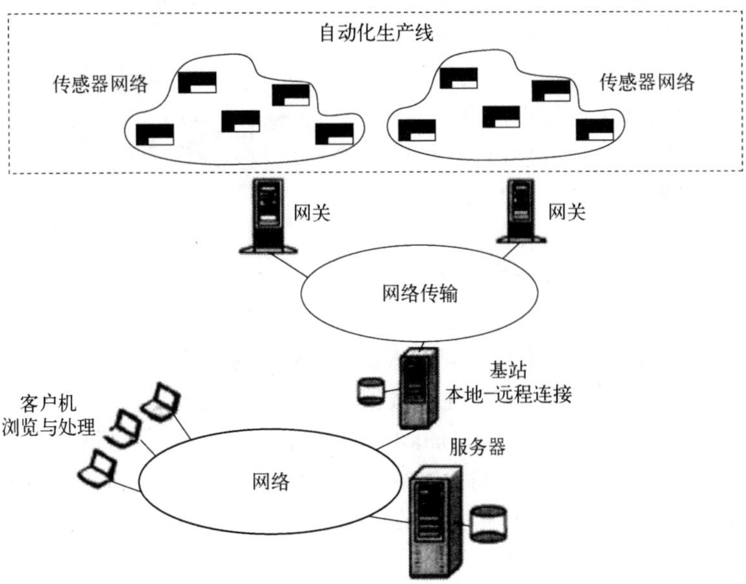

图 3-7 自动化生产线的智能传感器网络化

智能传感器在环境适应性方面的表现也尤为突出。在某些极端环境，如高温、高压或腐蚀性强的场合，传统传感器往往难以正常工作。而智能传感器可以通过材料的选择和特殊的设计，适应这些恶劣环境，保持稳定的工作状态。例如，某石化企业在高温高压的管道中使用了智能传感器，通过自适应温度变化的技术，实现了对管道内化学反应的精确监控，从而保障了生产的安全和稳定。

总之，智能传感器不仅是信息的获取工具，更是制造系统智能化的重要基础。它在制造过程中扮演着数据提供者和信息分析者的双重角色，为实现高度自动化和智能化的制造奠定了坚实的基础。未来，随着人工智能、大数据、云计算等技术的进一步发展，智能传感器将更加智能和自主化，成为推动智能制造发展的关键驱动力之一。

3.1.2 智能传感的关键技术

（1）多模态感知技术：构建多维信息融合的工业视觉与状态识别体系

在智能制造系统中，由于生产过程涉及多物理场耦合、多尺度特征及多源信息交互，单一类型的传感器往往难以全面获取关键工艺参数。因此，多模态感知技术应运而生，其通过集成多种类型的传感器，实现对复杂制造过程的全面感知与高精度监测。

以汽车制造中的焊接工艺为例，某主机厂在其自动化焊接生产线上部署了温度传感器、压力传感器与加速度传感器。系统通过实时采集焊接区的热输入特征、焊头与工件之间的接触压力，以及焊接设备运行过程中的振动信号，实现对焊接质量的在线智能监控。多模态数据经过同步采集与时间序列对齐处理后，通过数据融合算法（如卡尔曼滤波、多传感器数据融合框架等）综合评估焊接点成形质量，有效避免了虚焊、焊瘤等质量缺陷，显著提高了产品的一致性和可靠性。

多模态感知技术的关键在于跨模态数据融合，如图 3-8 所示。其不仅包括物理量单位和量纲的统一，还涉及数据的空间配准、时间同步与信息冗余去除（滤波）。例如，在某航空制造企业中，针对高性能复合材料部件的成型过程，系统集成了应力光纤传感器、热电偶与环境湿度传感器，对材料固化过程中的内应力演化、温度场分布及湿度变化进行高分辨率监测。通过构建多模态信息融合模型，实时分析复合材料在成型过程中的力学性能演化趋势，从而确保制件在服役条件下的结构安全性与环境适应性。

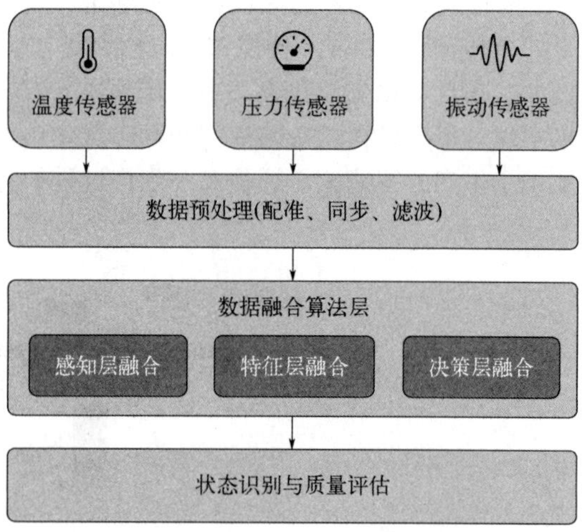

图 3-8 多模态感知与数据融合框架

多模态数据融合的目标是将来自不同传感器的异质信息整合为更全面、准确和鲁棒的系统状态描述。根据融合的层级和方式，常见的数据融合算法主要分为以下几类：

① 感知层融合（也称数据层融合，Data-Level Fusion）。直接对各传感器采集的原始数据进行融合，要求各类数据具有一致的时间分辨率与空间配准，常用于信号增强与噪声抑制。例如：

- 加权平均法：对来自不同传感器的数据赋予权重进行加权求和，适合数据结构简单、噪声较小的场景。
- 互补滤波（Complementary Filter）：用于融合高频传感器（如加速度计）和低频传感器

（如陀螺仪）数据，广泛用于机器人和自动驾驶中的姿态估计。

② 特征层融合（Feature-Level Fusion）。将传感器数据提取出的特征（如频域特征、包络、纹理等）进行融合，适用于需要进行模式识别或分类的场景。

- 主成分分析（PCA）/线性判别分析（LDA）：用于降维与特征优化。
- 特征拼接与归一化：将多个传感器的特征向量合并，并统一到同一量纲。
- 深度特征融合：结合卷积神经网络（CNN）等深度学习模型提取的语义特征进行融合。

③ 决策层融合（Decision-Level Fusion）。将不同模态下分别形成的决策（如故障判断、异常检测等）进行融合，适用于传感器之间存在较大异构性或决策逻辑差异的场景。

- Dempster-Shafer 证据理论：基于置信度的多源信息融合理论，适合不确定性较高的数据环境。
- 贝叶斯推断：基于先验概率和似然函数构建后验概率分布，实现融合判断。
- 规则引擎与专家系统：人工定义决策规则进行融合，适合规则明确、变量有限的工业场景。

（2）自校准与自诊断功能

在复杂多变的工业制造环境中，传统传感器因长期运行、环境干扰（如温度漂移、电磁干扰、湿度波动）以及器件老化等因素，常常会出现零点漂移、灵敏度降低和输出误差累积等问题，严重影响数据采集的准确性与生产控制的稳定性。为解决上述问题，现代智能传感器普遍引入了自校准（Self-Calibration）与自诊断（Self-Diagnosis）功能，以提升系统鲁棒性、稳定性和自动化水平。

① 自校准是指传感器在无需外部人工干预的情况下，基于内置标准、冗余通道或环境模型，自动修正其测量误差或零点偏移的能力。例如，某电子设备制造企业采用具备内置基准电压源与温度补偿模型的智能温度传感器，可在生产车间温度出现明显波动（如 20～40℃）时，周期性进行自校准。该功能通常通过以下机制实现：

- 内嵌参考元件对比法：利用内置的高稳定参考传感元件［如 MEMS（微机电系统）或 PT100 基准］进行对比校正。
- 数学模型补偿法：传感器运行时实时采集环境参数，根据温度/湿度/老化模型修正输出值。
- 双通道交叉校验：配置两个独立通道，互相校验以检测并修正偏差。

该技术显著提高了测量数据的一致性和时效性，有效减少人工调校带来的停机时间，增强了生产过程对动态环境的适应能力。

② 自诊断技术使传感器具备了运行状态自感知和异常自识别的能力。其核心在于对传感器内部电路、信号输出稳定性、供电状况等关键要素的实时监测。一旦发生偏差（如信号漂移超过阈值、电压异常、响应延迟等），系统将自动识别为潜在故障并向上层控制系统发出报警信号。例如，在某精密仪器制造过程中，部署的智能位移传感器可实时检测其灵敏度下降或静态噪声增大，并通过 Modbus 或 CANopen 总线反馈异常信息，从而实现以下功能：

- 故障预警机制：在传感器性能下降前期即发出告警，防止系统误判。
- 在线健康监测（Online Health Monitoring）：基于历史数据与当前工作状态，评估传感器剩余寿命与维护窗口。
- 热备切换支持：部分高端传感器可与冗余传感单元实现自动热切换，保障测量不中断。

具备自校准与自诊断功能的智能传感器不仅能显著减少维护频率与人工干预需求，还能提高系统运行的连续性与可靠性，是智能制造系统实现全生命周期质量控制与健康管理的关键技术基础。

（3）数据处理与边缘计算：构建低时延、强实时的工业反应体系

随着智能制造的发展，传统传感器仅具备数据采集功能，难以满足“高实时性、高可靠性、低延迟”数据处理需求。现代智能传感器通常集成嵌入式微处理器、内置算法和本地存储模块，具备初步的数据处理与分析能力，成为边缘计算（Edge Computing）体系中的关键节点。

现代智能传感器通常配备了微处理器，可以对采集到的数据进行初步的处理。例如，某大型食品加工企业在洁净生产车间内部署了具备边缘处理能力的智能温湿度传感器。这些传感器通过本地微处理器对采集的温湿度数据进行滤波处理、趋势分析与阈值判断，一旦温湿度出现异常波动，即可在毫秒级内触发本地控制响应（如调节风机转速或开启除湿系统），无需将数据上传至云端后再回传命令。该机制有效保证了加工环境的稳定性和食品的卫生安全性，满足了HACCP（危害分析与关键控制点）等食品安全规范要求。

边缘计算是指将数据处理、计算和存储能力下沉至靠近数据源的边缘设备层级，从而减少对中心服务器的依赖，显著降低网络传输时延，提高系统响应效率。边缘智能感知系统结构图如图 3-9 所示，通常由三部分组成：

- 感知层（传感器）：实现对温度、湿度、位置、压力等物理量的采集。
- 边缘层（嵌入式处理单元）：集成 ARM Cortex 或 RISC-V 处理器，内嵌轻量级算法（如滤波、聚类、异常检测等），可在本地进行实时计算。
- 云平台层：用于长周期的数据汇总、建模、优化与全局调度。

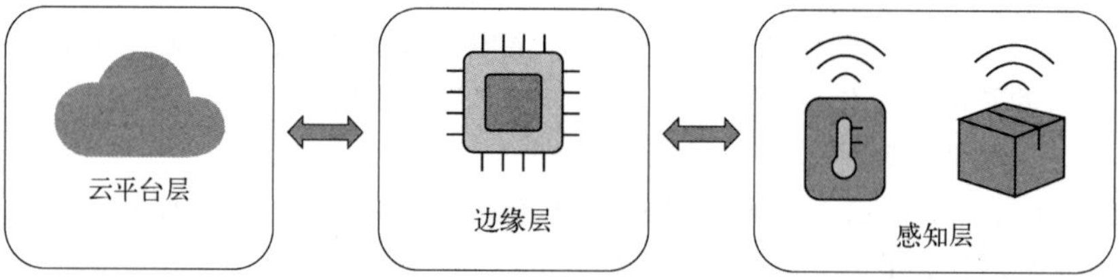

图 3-9　边缘智能感知系统结构图

边缘计算的应用能够显著提高系统的响应速度，特别是在需要实时处理的数据场景中。例如，在某智能物流中心，通过智能标签（RFID+传感器）与边缘计算网关实时采集并分析货物的振动、温度、倾斜角等状态信息，边缘节点结合位置与环境数据，基于启发式路径优化算法与预测性调度机制，动态调整货物搬运路径和堆放策略。例如，在检测到某批次冷链货物温度异常时，系统会优先将其调配至温控性能更优区域，并触发相关警报机制，防止货物品质劣变。相比传统中心计算模式，该方案使响应时间缩短约 60%，并显著降低了数据回传成本与中心服务器压力。

（4）无线通信与物联网连接

在智能制造系统中，数据驱动已成为提高设备可用性、优化生产调度、实现远程运维的核心手段。为实现系统中各传感器节点与上层控制平台或云系统之间的高效信息交互，传感器必须具备实时通信与数据共享能力。近年来，随着无线通信技术（如 Wi-Fi、LoRa、NB-IoT、5G 等）的发展，智能传感器正逐步摆脱传统有线部署的局限，具备更高的安装灵活性与环境适应性。无线通信技术的优势与选型对比如表 3-1 所示。

表 3-1　无线通信技术的优势与选型对比

通信技术	频段	传输距离	传输速率	功耗水平	典型应用场景
Wi-Fi	2.4/5GHz	＜100m	高（＞100Mbps）	高	车间局域数据采集、工业终端互联
ZigBee	2.4GHz	10～100m	中（＜1Mbps）	低	工业设备状态监测、组网传感器
LoRa	Sub-GHz	＞1km（视距）	低（＜50Kbps）	极低	风电、农业、远程分布式工业系统
NB-IoT	700～900MHz	＞1km	低（＜250Kbps）	低	城市管网监测、远程设备运行反馈
5G	多频段	近距～公里级	极高（Gbps）	中	高速运动物体监控、高清视频监控传感

无线通信技术的应用使得传感器的部署更加灵活，不再受限于有线连接的复杂性。以某大型机械制造公司为例，该企业在加工车间关键设备（如数控机床、液压系统）上部署了基于 ZigBee 协议的智能振动传感器，用于实时监测设备的振动幅值、频谱特征与趋势变化。传感器通过无线通信模块将数据上传至边缘计算网关，网关再通过 5G 网络将信息同步至工业云平台，实现远程故障预警与健康评估。系统管理员与运维人员可在远程终端（如工控机、移动设备）实时查看设备运行状态，执行预测性维护，显著减少了设备突发故障带来的停机损失。

（5）环境适应性与鲁棒性设计

智能传感器的设计需要具备极高的环境适应性，尤其是在制造过程中会遇到的各种极端环境条件下。智能制造系统中，传感器往往需要在高温、高压、强腐蚀或剧烈振动的环境中工作，这对传感器的稳定性和耐用性提出了极高的要求。例如，在化工行业中，反应釜中的温度和压力变化频繁且幅度较大，传统传感器在这种环境下难以保持长期的精度和可靠性。为解决这一问题，智能传感器采用了特殊材料和结构设计，不仅提高了其耐热、耐腐蚀的能力，还通过冗余设计和多重信号融合来增强系统的鲁棒性和抗干扰能力。这些措施确保了智能传感器在复杂工业环境中仍能稳定工作，从而保证了整个制造过程的安全性和高效性。

环境适应性与鲁棒性设计还包括智能传感器的防护等级和封装工艺。某些传感器的防护等级达到了 IP68，能够完全防尘并可在水下长期工作。以某海洋设备制造企业为例，其使用的智能传感器不仅能够监测设备在海水中的腐蚀情况，还能通过无线信号将数据实时传输到岸上的控制中心。通过这种设计，企业能够及时获取设备的健康状态信息，避免设备的突然损坏。

（6）智能化的数据融合与决策支持：提升多源信息价值密度与决策效能

智能传感器不仅能采集数据，还能对数据进行初步处理和融合，为制造系统提供智能化的决策支持。以航空航天制造为例，飞机零部件的生产要求极高的精度，多个传感器用于监测生产过程中的温度、应力、湿度等参数。智能传感器能够融合这些来自不同维度的数据，采用数据挖掘和模式识别等方法，识别出潜在的生产缺陷并及时发出警报，从而提高产品的合格率。

此外，数据融合技术在智能建筑中的应用也越来越普遍。例如，智能楼宇系统中，通过对温湿度传感器、二氧化碳传感器和人员流动传感器的数据融合，系统可以自主调整空调、通风设备和照明，以提供舒适的环境并降低能源消耗。这种基于多源数据融合的智能化控制方式，显著提高了系统的自主性和响应速度，减少了对人为干预的需求。

（7）自学习与自适应能力

智能传感器的自学习与自适应能力使其能够不断优化自身的工作状态，以适应变化的生产环境和工艺要求。这种能力的实现主要依赖于嵌入在传感器中的机器学习算法。通过自学习功能，智能传感器能够基于历史数据进行模式识别，自动调整灵敏度和测量范围。例如，在精密加工行业中，生产环境的温度和振动情况会对加工精度产生显著影响。通过对这些环境数据的长期监测，智能传感器可以建立相应的数学模型，并在环境发生变化时进行自适应调整，以确保加工精度。

某汽车制造企业在冲压工艺中使用了具备自学习功能的力传感器，通过不断学习冲压过程中的力变化规律，传感器能够判断设备是否需要维护，并自动通知维护人员。这种自学习能力显著提高了生产设备的利用率，减少了停机时间。

（8）边缘智能与实时响应

边缘计算的普及使得智能传感器具备了一定的边缘智能能力，可以在传感器本地进行实时数据分析与决策，降低了数据传输到中央服务器的延迟，尤其适用于对实时性要求较高的生产场景。在某智能制造企业中，智能传感器能够对工件的尺寸和形状进行实时监控，一旦检测到超出允许误差的情况，传感器会立即通过边缘计算单元发出停止生产的指令，从而避免了不合格产品的大规模生产。

边缘计算的应用在提高数据处理效率的同时，也大幅度降低了网络带宽的占用，减少了对云计算资源的依赖。这种本地化的数据处理方式，使得智能传感器更加适用于远离数据中心、网络条件较差的工业现场。例如，在石油钻井平台上，通过边缘智能传感器对钻井参数进行实时监测和调整，可以有效提高钻探效率并降低风险。

（9）传感器的互操作性与标准化

在智能制造系统中，传感器的互操作性和标准化是实现系统集成的重要前提。智能传感器需要能够与来自不同厂商的控制系统、执行机构以及其他传感器协同工作，以实现整个生产流程的高度自动化。为此，行业内逐步建立起了一系列的通信协议和数据标准，使得不同类型、不同厂商的传感器能够通过标准接口进行数据交换和协同工作。

例如，OPC UA（统一架构）是一种被广泛采用的工业互联标准，它允许不同品牌和类型的传感器无缝集成到统一的控制系统中。某电子制造企业采用了符合 OPC UA 标准的智能传感器，实现了生产数据的跨平台共享和实时监控，大大提高了生产效率和灵活性。

传感器的标准化不仅限于通信协议，还包括数据格式和接口类型的统一。例如，某汽车制造企业通过使用标准化的压力传感器和温度传感器，降低了传感器更换和维护的复杂性，提高了生产线的可靠性和维护效率。

通过以上多个方面的关键技术，智能传感器在智能制造系统中的作用变得愈加重要。它们不仅实现了对生产过程的实时监控和反馈控制，还通过智能化的数据处理和决策支持，使得整个制造系统更加灵活和高效。未来，随着技术的不断进步，智能传感器将在更多复杂和多变的工业环境中发挥其独特的优势，推动制造业的持续创新和升级。

3.1.3 智能传感在智能制造中的应用

智能传感技术在智能制造中有着广泛的应用，如图 3-10 所示，涵盖了生产线监控、设备维护、质量控制等多个方面。例如，在某大型化工企业的生产线中，通过安装在管道上的压力传感器和流量传感器，系统可以实时监测化学物质的流动和管道内的压力。一旦检测到异常波动，系统会立刻发出警报，防止事故发生，保证生产安全。

（1）生产线监控

在智能制造系统中，生产线监控是智能传感技术最重要的应用之一。以某电子元件生产企业为例，该企业通过在生产线上布置智能传感器，实时采集温度、湿度、压力等工艺参数，并将数据上传至中央控制系统进行分析，从而实现对生产过程的全方位监控。当某一参数超出设定范围时，系统会自动调整相应设备的运行状态，确保生产的稳定性和产品质量。

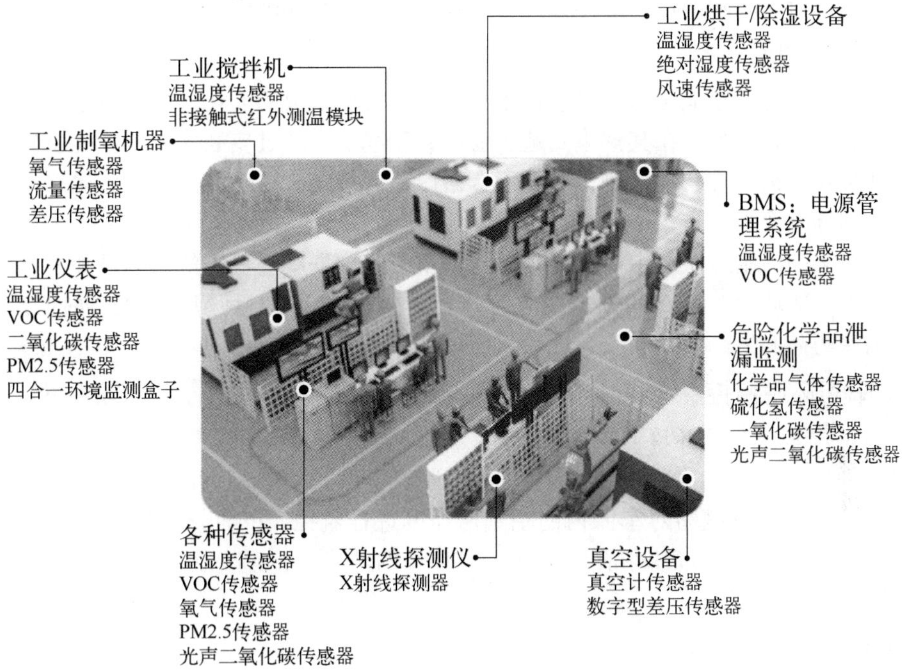

图 3-10　智能传感技术在智能制造中的广泛应用
VOC—挥发性有机化合物

（2）设备维护与预测性维护（图 3-11）

智能传感技术的应用还推动了预测性维护的实现。通过对设备运行数据的长期监测和分析，系统可以预测设备可能发生的故障，提前进行维护，减少设备的非计划性停机时间，提高生产的连续性和效率。例如，在某钢铁厂，通过振动传感器和温度传感器的联合使用，系统可以识别设备运行过程中的异常信号，并据此预测可能的故障部位，从而安排维修人员进行有针对性的维护。

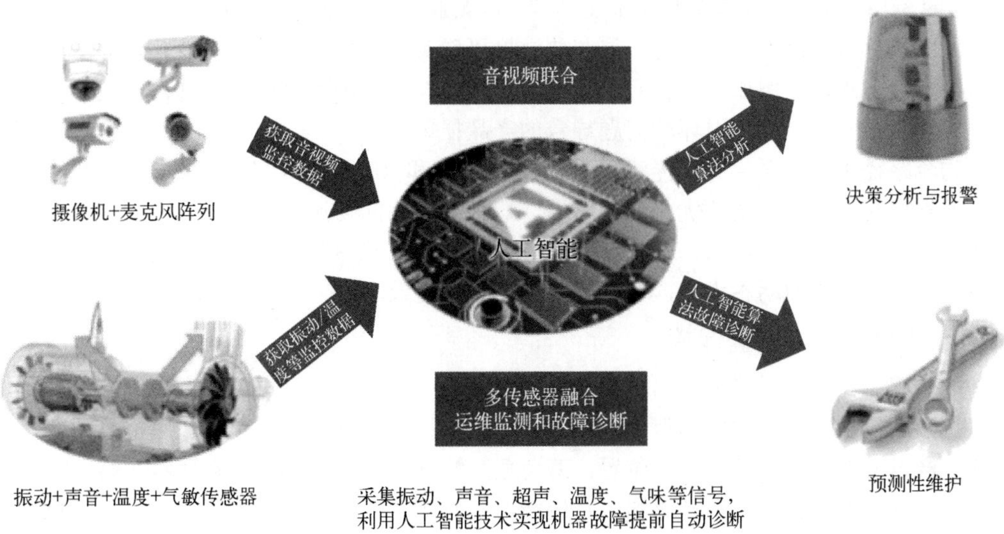

图 3-11　智能传感技术在设备维护与预测性维护中的广泛应用

预测性维护与传统的定期维护相比更加高效和经济。传统维护方式往往导致设备的过度维护或维护不足，而智能传感器结合数据分析的预测性维护模式，可以在设备刚刚出现潜在问题时就进行处理，避免故障的进一步恶化，从而减少停机时间和维护成本。

（3）质量控制

在质量控制方面，智能传感器可以对生产过程中关键参数的变化进行实时监测，从而保证产品质量的稳定性。例如，在某家电制造企业的装配线上，通过安装智能视觉传感器，对每一个产品的外观和结构进行自动检测，发现不合格产品后系统会自动将其剔除，确保每个出厂产品的质量达到标准要求。

此外，在某药品制造企业中，智能传感器被用于监测生产环境中的温湿度和空气洁净度，以确保药品生产的环境符合 GMP（良好生产规范）要求。通过对环境参数的实时监控和调节，企业能够确保药品的生产质量和安全性，从而提高产品的市场竞争力。

（4）车间环境监控

智能传感技术在车间环境监控中的应用，可以帮助企业实现对温湿度、空气质量等环境参数的实时控制，从而为高精度生产工艺提供适宜的环境。例如，在某精密电子元件生产企业中，通过智能传感器网络对车间内的空气洁净度进行监控，一旦洁净度降低到设定标准以下，系统会自动启动空气过滤装置，确保生产环境的洁净度，避免因环境问题导致的产品质量缺陷。

（5）能源管理与优化

智能传感器在能源管理与优化中的应用（图 3-12），可以有效减少能源浪费，提高能源利用效率。例如，在某纺织厂，通过智能传感器实时监测生产设备的能耗情况，系统能够识别高能耗设备和工序，并通过优化控制策略减少不必要的能源消耗。此外，智能传感技术还可以帮助企业实现对能源使用的全面管理和优化，例如通过监测车间照明、空调等设备的使用情况，智能化地调节能源消耗，达到节能减排效果。

（6）智能物流与仓储管理

在智能物流与仓储管理中，智能传感技术被广泛用于货物追踪、库存管理以及物流路径的优化，如图 3-13 所示。以某大型电商企业为例，该企业在其仓储中心部署了大量的智能传感器，包括温湿度传感器、位置传感器等。这些传感器可以实时监控仓储环境的变化，并对仓库中的货物进行定位与跟踪。例如，通过对温湿度的实时监控，系统可以确保某些对温度敏感的货物在合适的环境中储存，避免因环境问题导致的产品损坏。

在物流路径优化方面，智能传感器还可以与 GPS 和 RFID 技术结合，实时跟踪货物的运输状态，并根据交通和天气条件优化物流路径。这种智能化的物流管理模式，不仅提高了物流效率，还降低了运输成本。例如，某物流公司通过部署智能传感器和边缘计算设备，实现了对车辆载重量、运输路线的动态优化，大幅提升了物流运营效率。

（7）人机协作与安全保障

智能传感器在制造系统中的另一个重要应用是人机协作与安全保障。智能制造环境中，机器与人协同工作是常态，如何确保工人在机器运行过程中的安全至关重要。智能传感器可以实时监测生产设备的状态以及工人的位置，避免危险情况的发生。例如，在某汽车装配车间，通过安装在机械臂上的智能视觉传感器，系统能够检测到工人的位置，如果工人进入了机械臂的危险区域，机械臂会自动停止运行，从而避免发生意外事故。

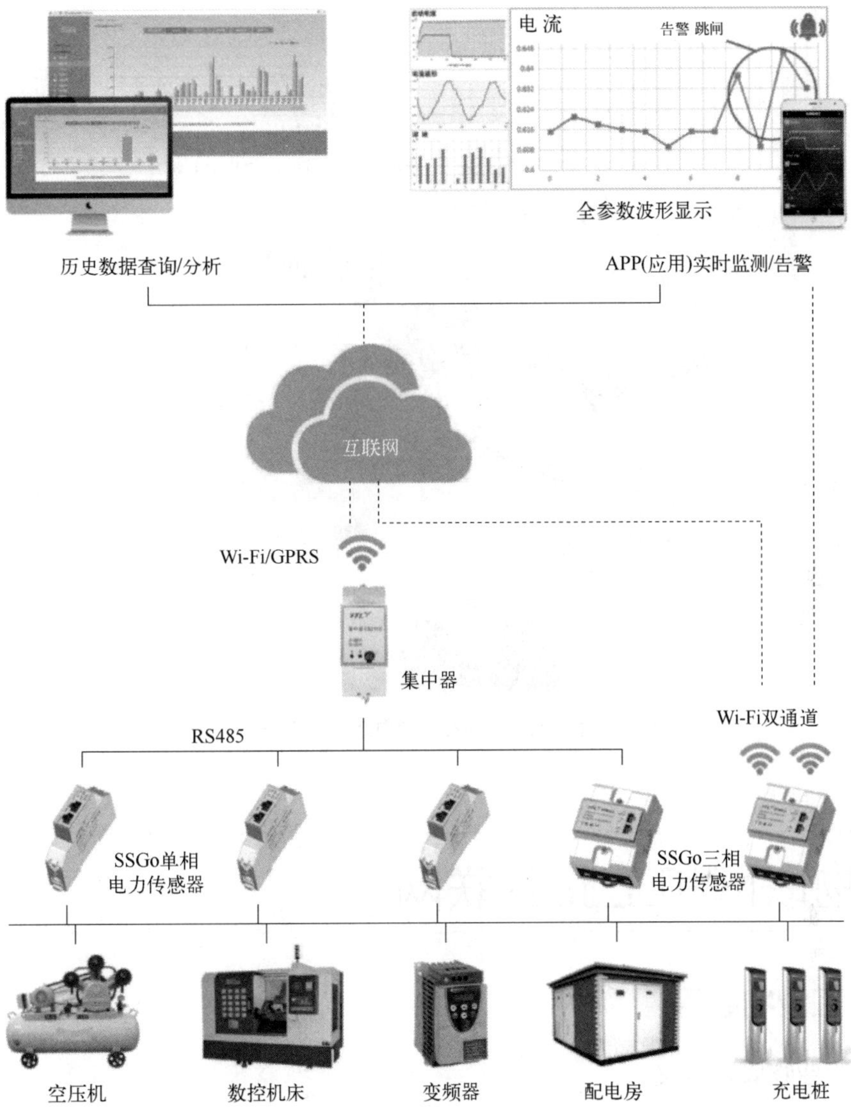

图 3-12　智能传感技术在能源管理与优化中的应用

此外，智能传感器还可用于监控工人的生理状态，如疲劳程度、心率等，以确保工人始终处于安全健康的工作状态。例如，某化工厂使用可穿戴式智能传感器对工人的心率和体温进行监测，一旦检测到工人可能处于疲劳状态，系统就会发出警报并建议工人进行休息。这种基于智能传感器的人机协作与安全管理模式，有效降低了工作场所的安全风险。

（8）供应链透明化与可追溯性

在智能制造环境中，供应链的透明化和可追溯性越来越受到重视。智能传感器通过实时采集从原材料供应、生产加工到成品交付的全过程数据，为供应链的透明化提供了基础支持。例如，某食品制造企业通过智能传感器监测原材料的来源、加工过程中的温湿度变化以及成品的包装和储存状态，将所有数据记录在供应链管理系统中，从而实现了从原材料到成品的全程追溯。

这种透明化的供应链管理方式，不仅提高了企业对生产过程的控制能力，还增强了消费者对产品的信任。例如，在发生食品安全事件时，企业可以快速追溯到问题的来源并及时进行处理，从而减少损失，保障消费者的权益。此外，智能传感器采集的数据还可以帮助企业优化供应链管理，降低库存成本，提高物流效率。

图 3-13　智能传感技术在智能物流与仓储管理中的应用

3.2 工业物联网和工业互联网

3.2.1　工业物联网

（1）工业物联网定义

工业物联网（IIoT，Industrial Internet of Things）的概念来自物联网，是物联网技术在工业领域的技术分支。物联网（IoT，Internet of Things）是数字经济时代新一代信息技术的重要组成部分，同时也是数字化企业在信息感知和智能决策方面依赖的核心技术能力。物联网的本质是“万物相连的互联网”，是互联网基础上的延伸和扩展的网络。更具体来看，物联网是将各种信息传感设备与网络结合起来而形成的一个巨大网络，人、机、物可以在这个网络中互联互通，不仅人可以对物体进行指令控制，物体之间也可以进行相互的信息传达，实现动态协同。

IIoT 是通过互联网连接到工业应用的传感器和仪器设备，该网络采用物联感知和通信技术收集工业应用数据，并对数据进行分析，目的是优化生产过程、提高生产效率、降低制造成本、改善产品质量，最终实现将传统工业提升到智能化的新阶段。IIoT 在工业中的应用有望成为未来十年生产力和创新的最大驱动力。工业物联网（IIoT）是支撑智能制造的一套使能技术体系，通过工业资源的网络互联、数据互通和系统互操作，实现生产原料的灵活配置、生产过程的按需执行、生产工艺的合理优化和生产环境的快速适应，达到资源高效利用的目的，从而构建服务驱动型的新工业生态体系。IIoT 促进了智能制造的实践应用，例如智能机器人、仓库和运输控制系统以及预测性维护系统。IIoT 应用在制造、能源、矿山、交通、运输等很多行业领域。

（2）工业物联网发展背景

① 产业转型升级催生工业物联网。随着物联网技术的快速发展，中国制造 2025、工业 4.0 等一系列国家战略提出和实施。在此背景下，工业物联网应运而生，成为工业体系智能化变革的重要推手。工业物联网主要应用于设计、生产、管理和服务等全生命周期的各个环节，是新兴产业的重要组成部分。用工业物联网改造传统产业，必将提升产业的经济附加值，有力推动经济发展方式由生产驱动向创新驱动的转变。

② 产业应用需求促成工业物联网。在企业数字化转型的趋势下，企业开始应用工业物联网解决业务面临的实际问题，比如通过传感器仪器仪表实时监测生产设备、原材料及工作人员的状态，实现制造过程的智能执行，提高生产效率和产品质量；通过 RFID（Radio Frequency Identification，射频识别）等识别技术建设智能仓储，并与生产过程连接，提高制造原料的高效配置；设备通过感知手段获取数据实现预测性告警、远程维护等服务，提高设备维护效率。工业物联网在工业制造领域各环节的深入应用，有助于改善产能过剩、成本压力等诸多困境。

③ 智能制造助力工业物联网。制造行业正面临提高生产效率、实现节能减排和产业结构调整的战略任务，工业物联网将给企业的生产、经营和管理模式带来深刻变革。智能制造是基于新一代信息通信技术与先进制造技术深度融合，贯穿于设计、生产、管理、服务等制造活动的各个环节，具有自感知、自学习、自决策、自执行、自适应等功能的新型生产方式，工业物联网的部署实施为智能制造提供基石。智能制造将结合工业物联网，合理调配供应链资源以提升生产和服务效率，实现制造行业的智能化管理模式创新。

（3）工业物联网特征

工业物联网是物联网在工业领域的垂直应用，通过智能传感、边缘计算、5G 通信等技术实现“人-机-物-环境”的全要素互联。其核心特征包括：智能感知、泛在连通、数字建模、实时分析、精准控制和迭代优化。

① 智能感知：智能感知是工业物联网的基础。面对工业生产、物流、销售等产业链环节产生的海量数据，工业物联网利用传感器、射频识别等感知手段获取工业全生命周期内的不同维度的信息数据，具体包括：人员、机器、原料、工艺流程和环境等工业资源状态信息。

② 泛在连通：泛在连通是工业物联网的前提。工业资源通过有线或无线的方式彼此连接或与互联网相连，形成便捷、高效的工业物联网信息通道，实现工业资源数据的互联互通，拓展了机器与机器、机器与人、机器与环境之间连接的广度和深度。

③ 数字建模：数字建模是工业物联网的方法。数字建模将工业资源映射到数字空间中，在虚拟世界模拟工业生产流程，借助数字空间强大的信息处理能力，实现对工业生产过程全要素的抽象建模，为工业物联网实体产业链运行提供有效决策。

④ 实时分析：实时分析是工业物联网的手段。针对感知的工业资源数据，通过技术分析手段，在数字空间中进行实时处理，获取工业资源状态在虚拟空间和现实空间的内在联系，将抽象的数据进一步直观化和可视化，完成对外部物理实体的实时响应。

⑤ 精准控制：精准控制是工业物联网的目的。通过工业资源的状态感知、信息互联、数字建模和实时分析等过程，将基于虚拟空间形成的决策，转换成工业资源实体可以理解的控制命令，进行实际操作，实现工业资源精准的信息交互和无间隙协作。

⑥ 迭代优化：迭代优化是工业物联网的效果。工业物联网体系能够不断地自我学习与提升，通过将工业资源数据处理、分析和存储，形成有效的、可继承的知识库、模型库和资源库。面向工业资源制造原料、制造过程、制造工艺和制造环境，进行不断迭代优化，达到最优目标。

（4）工业物联网架构

从系统角度，工业物联网参考体系架构由目标对象域、感知控制域、服务提供域、运维管控域、资源交换域和用户域组成，如图 3-14 所示。

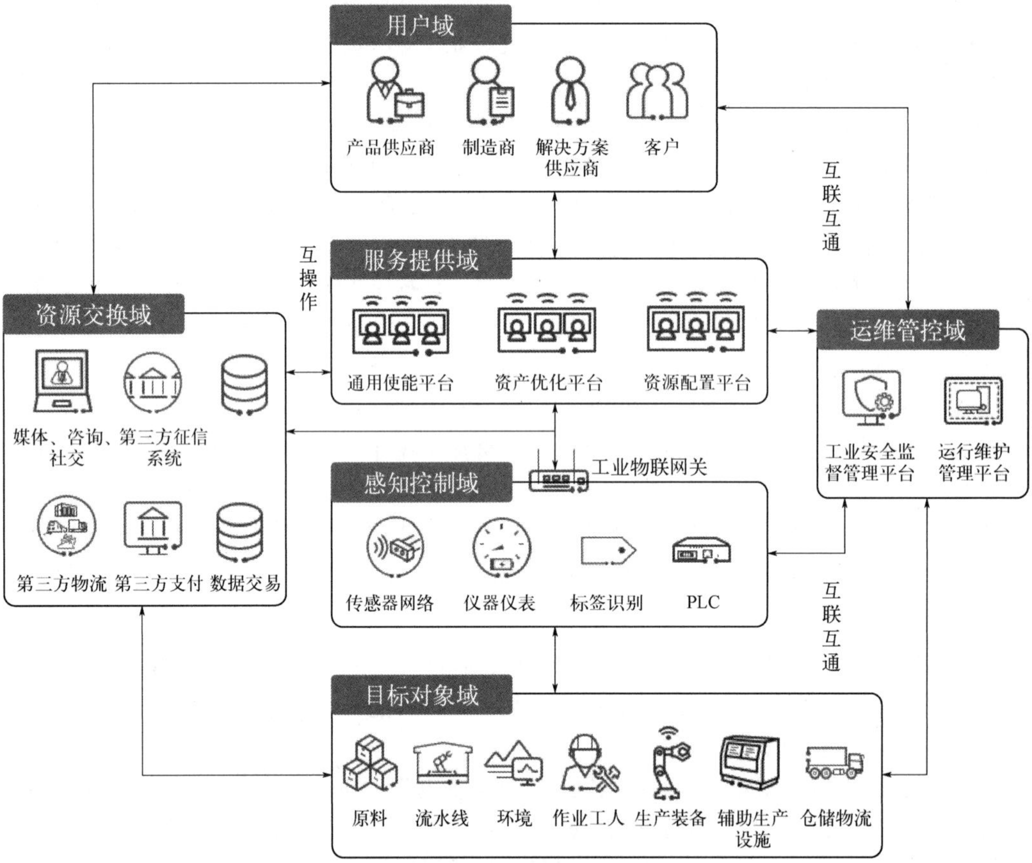

图 3-14 工业物联网体系架构

① 目标对象域：包括工业生产涉及的原料、生产装备、环境、作业工人等，这些对象被感知控制域的传感器、仪器仪表、标签所感知、识别和控制，在其生产、加工、运输、流通、销售等各个环节的信息被获取。

② 感知控制域：采集的数据最终通过工业物联网关传送给服务提供域。

③ 服务提供域：包括通用使能平台、资产优化平台和资源配置平台，提供远程监测、能源管理、安全生产等服务。

④ 运维管控域：从系统运行技术性管理和法律法规符合性管理两大方面保证工业物联网其他域的稳定、可靠、安全运行等，主要包括工业安全监督管理平台和运行维护管理平台。

⑤ 资源交换域：根据工业物联网系统与其他相关系统的应用服务需求，实现信息资源和市场资源的交换与共享功能。

⑥ 用户域：支撑用户接入工业物联网、使用物联网服务接口系统，具体包括产品供应商、制造商、解决方案供应商、客户和政府等。

（5）工业物联网的关键技术

工业物联网涉及的关键技术包括感知控制技术、网络通信技术、信息处理技术和安全管理技术。

① 工业物联网的感知控制技术通过构建多维度信息采集与执行体系，实现物理世界与数字空间的精准映射与双向交互。该技术体系由环境感知层、信号转换层与执行控制层构成，形成“监测-分析-响应”的闭环链路。环境感知层部署多样化探测装置，对物理空间中的多维物理量进行持续捕获，包括机械状态量、能量参数、空间位移等动态特征；信号转换层通过模数转换与协议封装，将模拟信号转化为标准化数字信息流；执行控制层依据决策指令驱动物理执行机构，完成对生产过程的实时调节。技术选型需综合考量物理量特性、环境条件、实时性需求及系统兼容性等要素，建立匹配场景特性的感知控制网络。

在工业现场应用中，环境感知层通过分布式部署的检测单元，实现生产设备运行状态的持续追踪与异常状态的早期预警，为预测性维护提供基础支撑。环境监测模块可同步捕捉空间温湿度、振动频谱等参数，构建工艺过程的全息数字镜像。执行控制单元与决策系统深度协同，将优化算法输出的调节指令转化为机械臂运动轨迹、阀门开度等物理动作，形成从数据感知到操作执行的毫秒级闭环。在复杂场景下，多模态感知系统的融合应用突破单一信号源的局限，通过振动波形、热成像图谱、声纹特征等多维度数据的交叉验证，显著提升故障诊断准确率。该技术体系通过感知精度、响应速度与控制可靠性的协同优化，为智能生产线、能源管理系统等核心场景提供基础能力支撑，推动工业系统向自主感知、实时决策、精准执行的智能化方向演进。

② 工业物联网的网络通信技术体系通过构建分层适配的传输架构，实现物理设备与数字系统的可靠互联。该体系围绕连接能力与通信规则两个维度展开，依据工业场景的差异化需求，形成多维互补的技术组合。在连接能力层面，针对不同空间尺度与业务特性，部署短距高带宽、广域移动性、远程低功耗等多样化连接方案，有效覆盖从局域设备集群到跨地域移动节点的通信需求。技术选型需系统评估信息吞吐量、传输距离、设备能耗及部署成本等核心要素，建立最优性价比的通信链路。通信规则维度则构建标准化的交互框架，通过轻量级协议实现受限设备的低资源消耗通信，采用分级传输保障机制应对网络波动挑战，运用事务型交互模式确保关键指令的可靠传递。这些技术要素共同形成从物理连接到应用交互的完整通信架构，通过带宽匹配、时延控制与能效优化的协同设计，为设备状态同步、远程控制等核心业务提供确定性传输保障，支撑工业物联网系统在复杂环境下的稳定运行与弹性扩展。

③ 工业物联网的信息处理技术作为数据价值转化的核心驱动，构建了覆盖近场实时响应与远程深度分析的协同体系。面对工业场景中海量异构数据的高速生成，传统集中式架构在时延、安全及能效方面的局限性催生了“边缘-云端”融合处理范式，通过分层计算架构实现数据价值的梯度挖掘。

工业物联网的信息处理技术体系中，边缘计算层在设备近场建立分布式处理节点，实现毫秒级实时指令执行与业务闭环控制，同时通过中间处理层完成特征提取与任务预处理，构建起响应优先的本地决策网络。云端处理层依托弹性化资源池，形成支持多模态管理的存储中枢与跨域分析引擎，实现知识关联与策略优化。二者通过智能评估机制动态适配算力资源，基于网络状态与任务复杂度自动调配处理路径，构建起灵活弹性的计算资源配置体系。协同机制突破传统架构局限，创建跨层级的知识共享网络，在确保信息安全的前提下实现模型持续进化与能力迁移，显著提高系统的自适应与泛化水平。本地缓存策略的应用既维持了业务连续性，又优化了云端资源调用效率。全域安全防护贯穿处理全流程，硬件级防护模块构筑终端安全基座，动态加密体系保障传输通道可靠性，能效管理技术实现资源利用率与运行稳定性的双重提升。这种分层协同体系通过近场即时响应、云端深度解析、资源动态调度与全域安全防护的多维联动，将工业决策链路压缩至业务需求阈值内，为实时控制、工艺优化等核心场景提供基础支撑，推动工业生产体系向自主化、弹性化方向持续演进。

④ 安全管理技术主要包括加密认证、入侵防御等，是工业物联网部署的关键。工业物联网中的安全管理技术体系是保障系统可信运行的基石，其核心在于构建覆盖“端-边-云”全链路的安全防护网。该体系通过加密认证、入侵防御、数据防泄漏等技术组合，形成纵深防御机制，确保工业现场敏感数据与核心工艺的机密性、完整性和可用性。

在加密认证层面，基于双向认证机制与数字证书体系建立设备身份可信验证，结合分层加密策略区分不同敏感级别的数据保护，通过硬件级密钥管理模块实现密钥全生命周期管控，并利用物理特征识别技术增强终端设备的唯一性认证。入侵防御体系融合协议深度解析能力与机器学习算法，精准识别异常行为模式，结合威胁情报库构建攻击溯源机制，辅以动态认证机制持续验证访问权限，有效抑制网络渗透风险。数据安全防护则依托安全执行环境实现敏感信息隔离处理，借助分布式审计技术确保操作可追溯性，并通过智能响应系统提升威胁处置效率。技术融合创新进一步推动隐私保护下的数据协作框架发展，在确保数据主权的前提下实现跨域安全协同。该体系通过算法防护、动态监测与机制创新相结合，形成从终端到云端的多维防护网络，系统性支撑工业物联网的安全稳定运行。

（6）工业物联网的典型应用场景

京东亚洲一号智能仓库通过集成超万台基于同步定位与地图构建（SLAM）的导航自动导引车（AGV，Automated Guided Vehicle）、数字孪生调度系统和超宽带厘米级定位技术（±1cm），构建了全球领先的AGV集群协同作业体系，实现分拣效率达人工8倍、错误率低于0.01%的突破性指标。昆山仓日均处理450万包裹而创行业纪录，上海仓借助立体存储技术提升密度300%，东莞仓通过动态路径规划使订单处理提速5倍。其技术方案同步推进绿色转型，太阳能供电系统与可降解包装技术降低碳排放30%，并创新“货到人”智能拣选与人机协作模式，已输出至特斯拉等国际企业，形成仓储分拣、能效管理、模式创新的三维突破，树立了智能物流领域“效率-精度-可持续”协同进化的全球标杆。

3.2.2 工业互联网

（1）工业互联网定义

工业互联网是互联网与5G、云计算、大数据、物联网（IoT, Internet of Things）等新一代信息通信技术在工业经济中深度融合的全新工业生态、关键基础设施以及新型应用模式。工业互联网以网络体系为基础、平台体系为枢纽、安全体系为保障，通过人、机、物的全面互联，实现全要素、全产业链、全价值链的全面连接，推动传统产业加快转型升级、新兴产业加速发展壮大。

随着千行百业数字化转型的不断加速，企业对于数据资产高效流动的需求将日益旺盛，工业互联网在数字经济发展中扮演愈发重要的角色。面向“工业设备网联化、网络接入无线化、工厂内网IP（互联网协议）化、工厂外网智能化”发展的工业互联网新要求，以“网络体系强基”为目标打造先进工业网络，开启工业互联网“十四五”发展周期的新纪元。

（2）工业互联网发展背景

随着技术变革和产业变革发展，互联网已从消费领域蔓延至生产领域，工业也随之从数字化向网络化、智能化发展，促使了工业互联网的诞生。

① 发展工业互联网，为制造强国建设提供关键支撑。工业互联网通过构建全域互联的生产体系，驱动传统工业向现代制造范式跃迁。其核心在于打通设备、系统、厂区间的数字壁垒，

形成覆盖全价值链的协同网络，实现生产要素的精准配置与流程再造。生产系统通过实时数据贯通与智能决策优化，突破传统生产模式的效率瓶颈，在质量管控、能耗管理、安全监测等环节形成闭环优化机制，推动制造过程向精细化、低碳化方向升级。这种变革重构了产业运行逻辑，使制造企业能够基于动态需求快速调整生产策略，在提升资源利用率的同时降低运营成本，构建起质量更优、响应更快、适应性更强的现代化制造体系。

在产业创新维度，工业互联网催生生产组织形态的颠覆性变革。通过深度融合数字技术与制造流程，传统线性生产模式向网络化协同制造转型，促进设计、制造、服务各环节的深度交互与价值延伸。平台化创新模式加速技术研发与市场需求的精准对接，个性化定制能力重塑消费与生产的关系，服务化延伸推动产品经济向体验经济跃迁。这种变革不仅培育出智能制造服务、工业大数据应用等新兴领域，更通过产业生态重构催生跨界融合的新型商业模式，为经济增长注入可持续的创新动能，形成传统产业升级与新兴产业培育的双轮驱动格局。

② 发展工业互联网，成为网络强国建设的重要内容。工业互联网驱动网络体系向更高维度跃迁，推动连接范畴从传统网络形态向全要素互联升级。通过构建覆盖人、设备、系统与物理环境的立体化网络架构，突破原有连接维度的局限性，形成支撑复杂业务场景的泛在交互能力。网络基础设施在承载能力、响应速度及适应性层面持续演进，构建起弹性可扩展的传输通道，为海量终端协同与实时决策提供基础保障，实现从单一信息传递向智能服务支撑的质变。

在数字经济领域，工业互联网通过打破产业边界，促进跨领域资源的高效整合与价值重组。其深度融合特性推动数字技术向实体生产的全环节渗透，重构传统产业的价值创造模式。生产流程与数字空间的深度耦合催生虚实联动的创新生态，使数据要素能够贯穿研发设计、制造执行到服务运营的全链条，形成从局部优化到全局协同的跃升。这种变革突破数字应用的传统边界，推动经济形态从消费互联网向产业互联网纵深拓展，构建起覆盖实体产业全场景的数字经济新图景，为经济高质量发展开辟更广阔的增长空间。

综上，从工业经济角度和网络设施发展角度看，工业互联网作为现代产业体系演进的核心引擎，正深刻重构全球工业竞争格局。其通过建立全要素、全链条、全周期的数字连接网络，推动工业生产从孤立封闭的线性模式向开放协同的生态系统转型，形成资源高效配置、能力动态重组的新型制造范式。这种变革不仅打破传统产业边界，促进跨领域知识流动与价值共创，更通过数字空间与物理世界的深度融合，催生生产要素全局优化与产业运行效率的质变跃升。在国家战略层面，工业互联网构建起支撑实体经济创新发展的数字基座，通过技术、资本、人才等要素的数字化重组，驱动产业基础高级化与产业链现代化，成为提升国际竞争力、培育新质生产力的战略支点。这种系统性革新标志着工业经济向智能经济跨越的关键路径，是构建现代化产业体系、实现高质量发展的必由之路。

（3）工业互联网架构（图 3-15）

工业互联网架构通过多维视角的系统性设计，构建起支撑产业数字化转型的完整方法论体系。该架构以业务视图为牵引、功能架构为骨架、实施框架为载体、技术体系为根基，形成四维协同的有机整体，推动工业系统从物理实体到数字生态的全面重构。

① 业务视图。业务视图作为战略导航层，通过双重视角锚定转型坐标：宏观层面聚焦产业生态演进规律，解析工业互联网在重塑全球价值链、培育新型生产关系中的战略定位；微观层面深入企业运营本质，识别生产流程优化、服务模式创新等核心价值点。该视图通过绘制"战略

目标-业务场景-能力需求"的映射图谱，明确数字化转型中组织变革、流程再造与技术赋能的衔接逻辑，为架构设计提供价值导向的顶层规划。

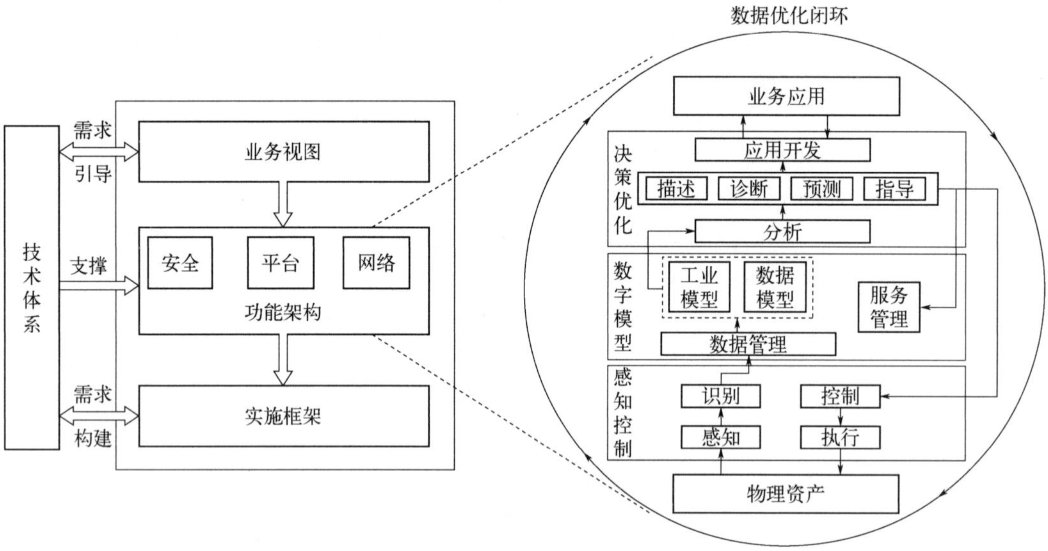

图 3-15　工业互联网架构

② 功能架构。功能架构围绕三大支柱构建能力中枢：平台体系形成资源聚合与智能决策的中枢神经系统，通过数据融通与知识沉淀实现跨域协同；网络体系构筑要素流动的数字化血脉，建立全域感知与实时交互的传导机制；安全体系形成风险免疫的防护屏障，构建覆盖全生命周期的动态防御能力。三大体系通过“感知-分析-决策-执行”的闭环运作，驱动制造系统向自感知、自决策、自优化的智慧体演进。

③ 实施框架。实施框架按照“纵向分层、横向协同”原则规划落地路径：纵向划分设备感知、边缘计算、企业运营、产业协同四层实施域，构建从微观控制到宏观优化的梯度赋能体系；横向部署网络互联、标识解析、平台服务、安全防护四大实施系统，形成跨层级的服务能力矩阵。该框架通过模块化设计与柔性组合机制，实现新技术体系与传统制造系统的渐进式融合，确保转型过程的可控性与适配性。

④ 技术体系。技术体系作为基础支撑层，聚焦能力要素的系统化整合：通过基础支撑技术构建数字化基座，形成感知控制、数据传输、计算存储等基础能力模块；通过集成创新技术实现能力要素的有机衔接，构建技术组件间的协同放大效应。这种分层解耦、动态演进的技术生态，既保障了架构实施的可行性，又为持续创新预留了弹性空间。

（4）工业互联网特点

① 大规模连接：工业互联网支持大规模设备的连接和管理，能够将工厂中的各种设备、传感器和系统进行高效的数据交换，实现设备的互联互通。

② 数据驱动：工业互联网以数据为核心，实时采集、传输和分析设备和系统产生的数据，通过数据分析和挖掘，为企业提供实时的生产运营信息和决策支持。

③ 智能化管理：工业互联网通过引入人工智能、机器学习等技术，实现设备和系统的智能化管理。基于数据分析和算法模型，可以实现设备故障预测、生产计划优化、自动化决策等功能。

④ 安全可靠：工业互联网对于数据的安全保护和设备的可靠性要求非常高。采用多层次的

安全措施，保障数据传输和存储的安全；同时，对设备进行监测和维护，确保设备的正常稳定运行。

⑤ 共享协同：工业互联网通过实现设备之间的数据共享和协同工作，促进企业内部各部门间的协作，提升生产效率和质量。同时，也可以实现企业与供应商、客户的信息共享和协同，构建产业链上下游的协同体系。

⑥ 灵活可扩展：工业互联网具有灵活可扩展的特点，可以根据企业的需求进行定制化和个性化的部署。工业互联网平台和系统可以根据企业的规模和业务需求进行灵活的扩展和升级。

（5）工业互联网典型应用模式

工业互联网推动了一批新模式、新业态兴起，提质、增效、降本、绿色、安全发展成效显著，初步形成了平台化设计、智能化制造、网络化协同、个性化定制、服务化延伸、数字化管理六大类典型应用模式。

① 平台化设计是以工业互联网平台为中枢，深度融合数字孪生、协同仿真与人工智能技术，通过整合跨地域的设计人员、智能算法、参数化模型及研发任务等核心要素，构建起“资源池化-智能匹配-动态优化”的设计生态系统。该系统突破传统串行研发模式，支持轻量化设计、并行设计、敏捷设计、交互设计以及基于模型的设计等创新范式，借助云端部署的 2000+工业机理模型库和强化学习引擎，实现从概念设计到工艺验证的全流程数字化贯通。

② 智能化制造是制造业与新一代信息技术深度融合的革新实践，通过工业互联网、人工智能、数字孪生等技术构建全要素互联的智能生产体系。其核心在于打通设备、物料、产品与用户之间的数据闭环，借助统一架构的工业物联网实现生产设备泛在连接，利用分布式传感技术对关键工艺环节实施精准监控，依托智能算法对海量数据进行实时分析与自主决策。例如，在汽车制造领域，机器人集群通过虚拟仿真预演生成最优作业路径，动态调整焊接、装配等工序。这种“感知-决策-执行”一体化的智能闭环，不仅推动机器逐步替代重复性劳动，更催生出自优化、自适应的新型制造范式，促使制造业向零库存、零缺陷的敏捷生产形态演进，标志着工业生产从机械化、自动化向网络化、智能化的历史性跨越。

③ 网络化协同是通过跨部门、跨层级、跨企业的数据互通和业务互联，推动供应链上的企业和合作伙伴共享客户、订单、设计、生产、经营等各类信息资源，实现网络化的协同设计、协同生产、协同服务，进而促进资源共享、能力交易以及业务配置优化。在工厂内网，进行扁平化、IP 化、无线化及灵活组网等各方面的改进，实现数据在工厂的快速流动；在工厂外网，通过“IPv6+”“智能云网”网络业务快速发放，智能运维快速打通和企业各工厂分支的通信链路，提供云化业务、产品服务。

④ 个性化定制是制造业向服务化转型的核心范式，其本质在于构建“需求牵引-数据驱动-柔性响应”的闭环体系，通过全价值链数字化重构实现规模化与个性化的辩证统一。基于工业互联网平台构建客户需求数字孪生体，运用知识图谱技术解析用户行为数据中的隐性诉求，例如家居企业通过 VR 空间扫描自动生成户型三维模型，结合强化学习算法推荐 5000 种组合方案；在开发环节，参数化设计平台将用户选择的材质、配色等参数实时映射至 CAE 仿真系统，如某汽车品牌在线配置器可生成 20 万种外观组合并即时呈现风阻系数变化；生产层面，模块化产品架构与云原生 MES 结合，支持产线在 15 分钟内完成生产对象的柔性切换，青岛某服装厂应用 AIoT（人工智能物联网）裁床实现每件衣服独立版型数据直连生产设备；交付环节借助区块链溯源技术，用户可通过数字护照追溯原料来源与碳足迹，瑞士某腕表品牌赋予每块表独立 NFT（非同质化代币）证书以实现售后服务的链上确权。这种 C2M2C（客户到制造到客户）的闭环

生态，既保留大规模制造的成本优势，又具备手工作坊的定制特质，推动制造业从“以产定销”向“以需定产”进化，重塑“用户即设计师、数据即生产资料”的新型生产关系。

⑤ 服务化延伸是制造业向价值链高端跃迁的战略路径，其本质在于通过数字技术重构“物理产品-虚拟服务”的融合生态，推动企业从产品供应商转型为价值运营商。基于工业互联网平台构建产品数字孪生体，结合边缘计算与区块链技术，形成贯穿设备全生命周期的服务能力闭环：在设备健康管理领域，三一重工通过振动传感器与机理模型融合，对工程机械关键部件剩余寿命的预测精度达 98%；GE 航空依托发动机运行数据流开发“按飞行小时付费”模式，将传统售后维保转化为持续性服务收入；卡特彼勒公司构建设备共享平台，通过时空大数据优化 20 万台工程机械的跨区域调度，利用率提升 40%的同时衍生出设备租赁金融产品。更深层的变革在于知识服务的产品化：西门子将数十年的 PLC 编程经验封装为工业 APP 商店，施耐德电气把配电系统诊断能力转化为云端能效优化服务。这种“硬产品软化、软服务产品化”的双向演进，不仅重构了机床、风电等装备制造业的利润结构，更催生出设备画像精准风控、碳足迹追踪认证等新兴业态，标志着制造业竞争维度从“产品性能”升级为“生态系统服务能力”，形成“产品即入口、数据即资本、服务即增值”的新型商业范式。

⑥ 数字化管理是企业通过打通核心数据链，贯通生产制造全场景、全过程，基于数据的广泛汇聚、集成优化和价值挖掘，优化、创新乃至重塑企业战略决策、产品研发、生产制造、经营管理、市场服务等业务活动，构建的数据驱动的高效运营管理新模式。

数字化管理是制造业全价值链重构的系统工程，其本质在于通过工业互联网平台与数据中台的深度耦合，构建起贯穿研发、生产、供应链到服务的全要素数据链。基于区块链技术实现跨系统数据确权流转，依托知识图谱构建企业级数据资产目录，打通 ERP、MES、PLM 等异构系统的信息孤岛，形成从订单需求到产品交付的端到端数字主线。在生产环节，数字孪生技术将物理车间的设备状态、工艺参数、物料流动实时映射至虚拟空间，实现生产排程的动态优化与异常工况的仿真推演；在质量管控领域，通过 AIoT 传感器网络采集百万级质量特征数据，结合因果推理模型建立缺陷根源分析体系；在能源管理层面，搭建能耗数字孪生体实时追踪水/电/气/热数据流，运用强化学习算法生成低碳生产策略。更深层的变革发生在组织形态层面：海尔卡奥斯平台将传统科层制架构解构为 4000 多个自主决策的“链群”，每个单元通过智能合约自动匹配资源；三一重工构建的“设备画像”系统，将起重机作业数据转化为信用评估参数，衍生出按使用量计费的创新服务。这种数据驱动的管理模式，不仅重构了从战略规划到车间执行的决策链条，更催生出“数据即资产、算法即管理”的新型治理体系，推动制造业从经验驱动向认知驱动跃迁，为工业文明向数字文明演进提供底层范式支撑。

（6）工业互联网的典型应用场景

三一重工工业互联网平台以“端-边-云”协同架构为核心，终端层布设传感器实现毫秒级数据采集，边缘侧嵌入 AI 芯片完成 30ms 内实时分析预警，云端通过数字孪生与动态知识图谱构建设备全生命周期中枢，形成“感知-分析-优化”闭环。该体系将传统被动维修升级为预测性维护，液压故障预警准确率提升至 95%，单机年维护成本下降 23%，并通过多参数耦合模型优化工况，实现燃油效率提升 8.7%。平台更推动商业模式创新，以设备数据为纽带衍生“按使用付费”等模式，将合作伙伴融资成本降低 1.8%，并打通跨国数据反哺研发的闭环，使风机设计迭代周期缩短 40%。其以 75%设备联网率为阈值，验证服务收入占比超 30%的转型临界点，通过 OT（运营技术）/IT 融合与 5G+TSN 技术深化，正拓展 10ms 级远程操控新场景，重塑高端装备制造业“硬科技+软服务”的价值生态，为全球工业数字化提供中国范式。

（7）工业互联网与工业物联网的区别

① 定义与范畴差异。工业物联网是物联网技术在工业场景的垂直落地，其范畴聚焦于物理设备的数字化感知与控制闭环，本质上是生产现场"物联化"的基础设施。通过部署智能终端与工业协议，实现设备层级的互联互通，形成工厂内部设备数据采集与局部优化的能力体系，这属于工业数字化的底层支撑。

而工业互联网是新一代信息技术与工业知识融合的系统工程，其范畴涵盖从设备、产线到产业链的全维重构，本质上是构建“数据+算力+算法”驱动的产业协同网络。通过连接多层级生产要素并打通全生命周期业务流程，形成覆盖设计、生产、供应链到服务的数字化生态。两者的根本差异在于，工业物联网是“物联”技术的场景适配，工业互联网则是“连接”价值的生态重构。

② 核心目标不同。工业物联网的核心目标在于实现“精准感知与闭环控制”，通过设备层的数据实时性保障生产系统的稳定可靠，优化维度聚焦于设备能效、故障预测等单点改进，本质是生产工具的效率升级。

而工业互联网的核心目标是“全局资源优化与价值网络创新”，通过打破组织边界，重构产业协作模式，推动跨企业数据贯通与业务协同，衍生出共享资源、云化服务等新业态。其变革方向已超越单一企业效率提升，转向产业生态的系统性优化与价值创造。

③ 技术架构对比。工业物联网聚焦设备级连接与实时控制，采用感知层（传感器、PLC）、网络层（Modbus、TSN）和应用层（设备管理、预测性维护）的三层架构，核心目标是实现工厂内设备数据采集与局部优化，例如通过振动传感器监测机床状态。

工业互联网以全产业链协同为核心，构建边缘层、基础设施层、平台层和应用层的四层架构，典型案例为三一重工根云平台连接 38 万台设备优化能效，其技术重心在于数据驱动的生态级资源整合，通过 5G 网络切片、分布式数据湖及联邦学习等技术实现跨地域、跨组织的生产协同与智能决策。简言之，工业物联网是“设备联网的神经”，工业互联网则是“产业智能的骨架”。

④ 标准化与生态建设不同。工业物联网标准化聚焦设备互联互通，着力解决底层数据采集的协议统一问题，通过规范工业通信协议与网络配置标准，显著提升设备协同效率。其生态建设围绕硬件厂商与协议联盟展开，形成以设备连接为核心的协作体系。

工业互联网标准化则致力于构建开放价值网络，通过定义平台互操作性标准与组件化架构，支持微服务化应用的灵活集成。其生态特征体现为“平台运营商+开发者社区+垂直行业伙伴”的三元结构，形成技术标准与商业模式共生的创新体系，推动跨行业资源的动态配置与能力共享。

3.3 大数据

大数据技术是智能制造系统的核心支撑技术之一，通过对海量数据的采集、存储、处理和分析，帮助制造企业从数据中获得洞察，实现智能决策和流程优化。在智能制造中，大数据不仅涉及生产设备和工艺的相关数据，还包括供应链、客户反馈和市场趋势等方面的数据。以下是大数据在智能制造中的内涵、技术关键点及其应用的详细解析。

3.3.1 大数据的内涵

大数据是指具备高体量（Volume）、多样性（Variety）、高速性（Velocity）与潜在价值性（Value）的异构数据集合，是实现制造业从经验驱动转向数据驱动的关键支撑资源。

与传统的数据相比，大数据更注重通过对多源数据的融合分析，挖掘出隐藏的模式和趋势，以支持制造过程的优化与决策。例如，在某航空制造企业中，通过对产品生产过程中生成的海量数据进行分析，企业可以发现影响产品质量的关键工艺参数，并据此优化生产工艺，提高产品的一次合格率。

大数据在智能制造中的应用不仅仅是数据的积累和存储，更重要的是通过数据分析和建模，找出能够帮助企业提升竞争力的关键因素。利用数据挖掘和机器学习等技术，企业能够从大量复杂的数据中提取有用的信息，优化生产计划、预测设备故障，甚至对市场需求进行预判。

大数据在智能制造中的应用涉及数据的获取、处理、分析和应用的全流程，强调通过对海量数据的深入挖掘，帮助企业在决策支持、生产工艺改进和供应链优化等方面做出更明智的决策。大数据的真正价值在于从复杂、多样化的数据中提取有意义的信息，从而为制造过程带来直接的效益。

智能制造中的大数据不仅包括来自生产设备的实时数据，还涉及企业管理系统的数据、市场数据、客户反馈数据等。这些数据的融合可以帮助企业构建一个全局的业务视图，实现从生产到市场的全链条数据管理。例如，在某高端汽车制造企业，通过整合客户的使用反馈数据和生产数据，企业能够更好地理解客户的需求，并据此改进产品设计，提高产品竞争力。

在数据驱动的制造环境中，数据的处理能力至关重要。大数据技术不仅需要处理结构化数据，还要能够处理非结构化数据，例如视频监控、图像数据和文本数据。在某电子产品制造工厂，通过对生产线上摄像头捕捉到的影像进行实时分析，系统能够检测到产品外观的细微缺陷并采取相应措施，这些非结构化数据的处理帮助企业进一步提高了产品的质量。

除了对数据的存储和管理，大数据技术还使得企业能够对未来的生产情况进行预测和规划。通过历史数据的分析，企业可以预测到未来生产中可能会遇到的瓶颈，并提前进行相应的调整，以确保生产线的平稳运行。例如，在某纺织制造企业，通过对过去几年的生产和销售数据进行分析，企业能够更好地预测市场需求波动，合理安排生产和库存，减少资源浪费和生产过剩。

大数据还支持制造企业在个性化生产和柔性生产方面的需求。随着消费者需求的多样化，企业需要快速响应市场变化，提供定制化的产品。通过大数据分析，企业能够更好地理解消费者的偏好，从而实现按需生产，提高客户满意度。在某家电制造企业，通过对客户购买习惯和偏好的数据进行分析，企业能够快速调整生产线，推出符合市场需求的个性化产品。

综上所述，大数据不仅连接智能制造各环节，还重构其运行范式，是实现制造系统从“可视化”到“认知化”再到“自治化”演进的核心引擎。

3.3.2 大数据的技术关键点

（1）数据采集与集成

数据采集是大数据应用的第一步。在智能制造中，数据采集主要依靠各种智能传感器和工业物联网设备，这些设备分布在生产的各个环节，实时采集生产过程中生成的各类数据，包括温度、湿度、压力、速度、设备状态等。此外，数据采集还包括来自企业管理系统、客户反馈、市场情报等途径的非结构化数据，这些数据通过与生产数据的融合，帮助企业获得全面的业务洞察。

数据集成是指将不同来源的数据统一整合到一个平台中，以便进行统一分析和管理。由于智能制造中的数据往往来源于不同的设备和系统，数据格式和通信协议各不相同，数据集成成为大数据应用中的重要挑战。企业通过构建数据中台，利用数据标准化和清洗等技术，将这些异构数据统一整合，确保数据的可用性和一致性。

(2) 数据存储与管理

大数据技术的一个重要组成部分是数据存储与管理。智能制造中产生的数据量极为庞大，传统的关系型数据库难以满足如此巨大的数据存储需求。因此，企业普遍采用分布式数据存储技术，如Hadoop分布式文件系统（HDFS）和NoSQL数据库等，以实现海量数据的高效存储。

在数据管理方面，企业需要对生产过程中的实时数据、历史数据以及不同来源的数据进行有效管理。通过使用数据仓库、数据湖等技术，企业能够灵活地存储和管理不同类型的数据，支持后续的数据分析和机器学习模型的训练。此外，元数据管理也是大数据管理中的关键环节，元数据帮助描述和定位数据，使得数据在分析过程中更具可追溯性和可解释性。

(3) 数据分析与挖掘

数据分析是大数据应用的核心。在智能制造中，数据分析的目标是从海量数据中提取出有价值的信息，用以指导生产和决策。数据分析技术包括描述性分析、预测性分析和规范性分析。例如，通过描述性分析，企业可以掌握生产线的历史性能；通过预测性分析，可以预估设备的故障风险；而通过规范性分析，则可以为生产线的优化提供具体的建议。

描述性分析中常用的统计量计算公式如下：

- 平均值：$$\overline{x}=\frac{\sum_{i=1}^{n}x_i}{n}$$
- 标准差：$$\sigma=\sqrt{\frac{\sum_{i=1}^{n}\left(x_i-\overline{x}\right)^2}{n}}$$

在预测性分析中，线性回归模型是一种常用的方法，其公式为：

$$y=\beta_0+\beta_1x+\epsilon$$

其中，y是因变量；x是自变量；β_0是截距；β_1是回归系数；ϵ是误差项。通过线性回归模型，可以预测设备的故障风险，提高设备维护的效率。

在某高端装备制造企业中，数据分析技术被用来监测和分析设备的运行状态。通过对传感器数据进行建模和分析，系统能够预测设备的故障，并给出相应的维修建议，从而实现预测性维护，减少设备的非计划停机时间。

数据挖掘则是通过机器学习和统计模型，从数据中自动发现关联模式和有用信息。例如，在某精密电子制造企业中，通过对生产数据和产品质量数据的关联分析，企业发现了影响产品合格率的关键因素，从而优化了生产工艺，提高了产品质量。

(4) 机器学习与人工智能

机器学习和人工智能技术在大数据的分析中起到了关键作用。在智能制造中，机器学习算法被广泛应用于设备状态监控、产品质量预测、生产计划优化等场景。例如，支持向量机、随机森林、神经网络等机器学习算法可以用于建立复杂的设备故障预测模型，通过对设备的历史运行数据进行学习，准确预测设备的运行状态。支持向量机（SVM）是一种常用的分类算法，其目标是找到一个超平面，将不同类别的数据点分隔开。SVM 的优化问题可以表示为：

$$\min_{\boldsymbol{w},\ b}\frac{1}{2}\|\boldsymbol{w}\|^2$$

约束条件为：

$$y_i\left(\boldsymbol{w}\cdot\boldsymbol{x}_i+b\right)\geqslant 1 \quad \forall i$$

其中，$\boldsymbol{w}$ 是权重向量；b 是偏置项；$\boldsymbol{x}_i$ 是数据点；y_i 是数据点的类别标签。通过 SVM 算法，可以对设备的运行状态进行分类，预测设备是否即将发生故障。

某汽车零部件制造企业采用深度学习算法对生产线上的视觉检测数据进行分析，实时判断产品是否存在缺陷，并对缺陷产品进行剔除。这种基于人工智能的大数据分析方式，显著提高了产品的合格率，减少了人工检测的误差。

（5）实时数据处理与边缘计算

在智能制造中，许多数据的价值在于其实时性。例如，生产线上的设备监控数据如果不能实时处理，可能会错过最佳的故障预防时机。因此，实时数据处理成为大数据技术中的一个重要方面。企业通过使用流处理技术，如 Apache Kafka、Apache Flink 等，实现对生产数据的实时处理和分析，从而快速响应生产过程中的异常情况。

边缘计算也是实时数据处理的关键技术之一。通过在数据源附近部署计算能力，边缘计算能够对生产现场的数据进行实时处理，降低数据传输的延迟，并减轻中央数据中心的压力。例如，在某大型风电设备制造企业中，边缘计算被用于实时监测风机的运行状态，通过边缘计算单元快速处理监测数据，确保风机的安全稳定运行。

（6）数据清洗与预处理

数据清洗与预处理是大数据应用中的一个重要环节，尤其是在智能制造中，由于数据来源多样，往往包含大量噪声、冗余信息和不完整的数据。为了确保数据的准确性和一致性，数据清洗是必不可少的步骤。通过数据清洗技术，企业可以去除生产数据中的错误值、重复值和缺失值，确保数据的高质量。例如，在某电子制造企业，通过对生产线传感器数据的清洗，消除了因传感器故障导致的数据偏差，从而提高了后续数据分析的准确性。

数据预处理则包括数据的标准化和归一化，以便于后续的分析和建模。通过对不同来源的数据进行格式上的统一，企业可以消除数据之间的差异，确保各个数据集能够无缝地结合使用。例如，在某汽车零部件生产企业，通过数据预处理技术，将来自不同设备的温度、压力和湿度数据统一到相同的标准下，从而实现了对生产线的全面监控和优化。

（7）数据可视化

数据可视化是将大数据的分析结果以直观的形式展示给企业决策者，使他们能够快速理解数据背后的意义，并做出明智的决策。在智能制造中，数据可视化工具（如 Tableau、Power BI 等）被广泛用于展示生产数据的趋势、设备运行状态以及质量控制指标。例如，某纺织企业通过数据可视化系统实时监控生产过程中的各项工艺参数，当某一参数超出设定的范围时，系统会在可视化面板上高亮显示，提醒操作人员进行相应的调整。

数据可视化的核心在于将复杂的多维数据以简单、易懂的形式呈现，从而帮助企业人员在生产管理和决策过程中更好地理解数据。例如，通过将设备状态的历史数据以折线图的形式展示，企业人员能够轻松识别设备运行中的异常波动，并及时采取措施，避免设备故障的发生。

（8）大数据平台与基础架构

大数据平台是支持数据采集、存储、处理和分析的基础设施。在智能制造中，企业通常部署基于 Hadoop、Spark 等开源技术的大数据平台，以实现对海量生产数据的高效管理和分析。大数据平台的核心在于其分布式架构，能够对海量数据进行并行处理，从而大幅度提高数据处理的效率。

例如，某大型钢铁制造企业搭建了基于 Hadoop 的大数据平台，用于存储和处理生产过程中产生的各种传感器数据和设备运行数据。通过这种分布式架构，企业能够实现对整个生产过程的实时监控和优化，提高了生产效率和产品质量。此外，云计算技术的普及也为大数据平台的部署提供了更多的选择，许多企业开始将大数据平台部署在云端，以降低硬件成本并提高系统的弹性。

大数据基础架构还包括数据中台的建设，数据中台可以将企业各部门的数据进行统一管理和共享，避免数据孤岛现象的出现。例如，某汽车制造企业通过建设数据中台，将来自生产、销售、供应链等部门的数据进行集中管理，从而实现了跨部门的数据共享与业务协同，提高了企业的整体运营效率。

3.3.3 大数据在智能制造中的应用

（1）设备预测性维护

预测性维护是大数据在智能制造中的典型应用之一。通过对设备运行的历史数据进行分析，企业可以建立设备的故障预测模型，预测设备何时可能发生故障，并在故障发生之前进行维护。例如，在某钢铁制造企业中，通过对高炉的运行数据进行建模分析，企业可以预测出高炉的最佳维护时机，从而避免了因高炉突然故障导致的生产停滞。

大数据在设备预测性维护中应用的关键技术流程如图 3-16 所示。

这种基于大数据的预测性维护模式，不仅提高了设备的利用率，还减少了因设备故障导致的经济损失。与传统的定期维护相比，预测性维护更具针对性和经济性，因为它只在需要时才进行维护，减少了不必要的维护操作。

（2）生产工艺优化

在智能制造环境下，生产工艺优化是提升产品质量、稳定生产过程、降低制造成本的关键环节。依托工业大数据技术，企业可以基于对生产过程实时采集的大规模历史数据，系统挖掘出影响产品质量与生产效率的关键工艺因素，进而实现工艺流程的数字化建模与优化控制。

在传统制造模式中，工艺优化依赖经验调整和实验设计，周期长、成本高、适应性弱。而借助数据驱动建模与机器学习算法，可以对海量的过程参数（如温度、湿度、气压、流量、配比、转速等）与质量结果（如良率、尺寸精度、缺陷率）进行关联性分析，从中识别出对质量影响显著的“关键工艺参数”（Critical Process Parameters, CPPs）。

例如，某全球领先的半导体制造企业，针对其光刻工艺中的良率波动问题，构建了以数百万条历史批次数据为基础的分析模型，包含如下步骤：

- 数据采集：涵盖晶圆片处理过程中的温度曲线、湿度变化、真空压力、曝光剂浓度等过程变量；
- 数据预处理：对异常值、缺失值进行处理，并进行时间同步；
- 特征提取与建模：应用主成分分析（PCA）与随机森林（Random Forest）方法评估各

参数对良率的影响；

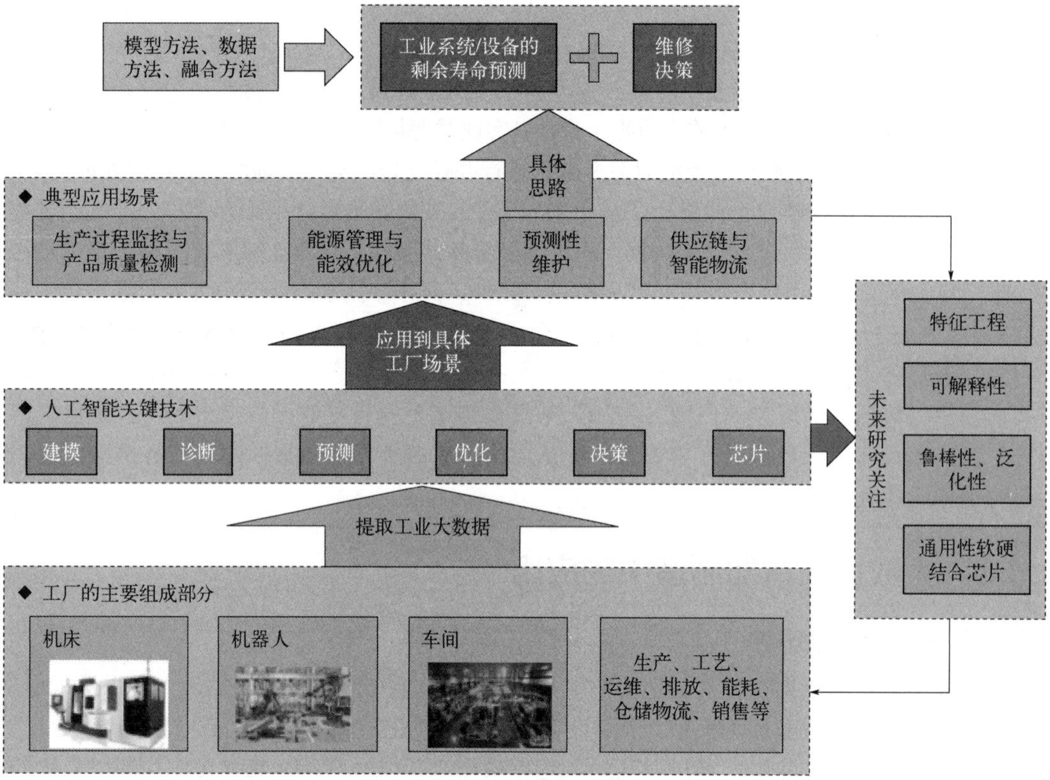

图 3-16　大数据在设备预测性维护中应用的关键技术流程

- 关键参数识别与优化：发现曝光温度与湿度控制窗口对产品良率影响最大，于是重新设定温湿度区间、提高设备调节精度；
- 优化反馈机制：将模型嵌入 MES，对生产批次实时推荐参数设置，闭环优化控制策略。

该优化措施使得产品良率从 92%提高至 97%，显著降低了材料与时间损耗。

（3）智能质量控制

在智能制造体系中，质量控制已从传统的“事后检验”转向“事中监控”与“预测性干预”。基于大数据技术，制造企业可以在整个生产过程中对质量数据进行实时采集、分析与反馈，实现产品质量的闭环管理和全过程优化。

通过在关键工序部署高精度传感器、视觉检测系统及功能测试模块，企业可对产品的外观缺陷（如划痕、偏移、污渍）和功能性能指标（如电阻、电流、转速、噪声等）进行实时采集。与边缘计算节点和工业大数据平台相结合，可同步完成数据清洗、特征提取与异常识别。

以某大型家电制造企业的洗衣机装配车间为例，系统集成了以下智能检测与分析机制：

- 机器视觉系统对前盖板、旋钮组件等结构部件进行实时外观检测，捕捉微小划痕与装配偏移；
- 声音与振动传感器采集整机运行过程中的机械噪声与振动数据，识别结构性缺陷；
- 功能测试设备对电机启动电流、水流控制系统等性能进行多通道采样；
- 数据分析平台基于卷积神经网络（CNN）与异常检测模型［如 Isolation Forest（孤立森

林)] 实现对质量偏差的自动识别。

当系统判定某产品质量不符合标准时，自动化生产线上的分拣与剔除单元立即启动，将不合格品从主生产线上分离，避免其进入下一环节或流入市场。

(4) 供应链管理与优化

大数据还在供应链管理中发挥着重要作用。通过对供应链各环节的数据进行分析，企业可以对供应链的运行状况进行全面了解，并进行优化。例如，某消费电子企业通过大数据分析，预测市场需求波动，合理安排原材料采购和生产计划，从而减少库存成本，提高资金周转率。

此外，供应链中的物流环节也受益于大数据分析。通过对物流数据的实时分析，企业可以优化物流路径，减少运输时间和成本，提高供应链的整体效率。

(5) 个性化定制与柔性生产

大数据在智能制造中的一个重要应用是支持个性化定制和柔性生产。通过对客户需求数据的深入分析，制造企业可以更好地理解消费者的个性化需求，并据此调整生产计划，实现按需生产。例如，在某家电制造企业，通过大数据分析消费者的购买记录和偏好，企业能够根据不同客户的需求生产不同规格、颜色、功能的家电产品，显著提高了客户的满意度和市场竞争力。

柔性生产是指生产系统能够快速响应市场变化，灵活调整生产过程，以满足多样化的市场需求。通过大数据分析，企业可以实时掌握生产线的状态、库存情况和市场需求，做出灵活的生产决策。例如，某纺织品制造企业通过对市场销售数据的实时分析，调整生产线的布料种类和生产数量，从而实现了对市场需求的快速响应，减少了库存积压和资源浪费。

(6) 能耗管理与节能优化

智能制造中能耗管理是实现绿色制造的重要一环。通过对生产过程中能耗数据的大数据分析，企业能够识别高能耗设备和工艺环节，进而进行节能优化。例如，某水泥制造企业通过对生产线的能耗数据进行大数据分析，找出了几个主要的能耗瓶颈，并通过改进设备和工艺，成功降低了生产过程中的能耗。

此外，大数据还可以帮助企业对能耗进行实时监控和预测。通过建立能耗模型，企业可以预测未来一段时间的能耗需求，提前采取措施来平衡能耗，避免因高峰用电而导致的能源浪费和成本上升。例如，在某钢铁厂，通过大数据预测高峰用电时段，并在这些时段调整生产计划，以减少电力成本和环境影响。

(7) 设备健康管理与全生命周期管理

设备的健康管理是智能制造中的重要任务，通过对设备运行数据进行分析，企业可以掌握设备的健康状态，做出相应的维护决策。大数据技术使得设备健康管理更加精确和智能。例如，在某高端装备制造企业，通过大数据对设备运行过程中产生的振动、温度、压力等数据进行分析，建立设备健康状态的评估模型，实时监测设备的健康情况。一旦发现设备状态异常，系统会自动发出报警，提醒维护人员进行维护，从而减少设备的非计划停机时间。

大数据技术还支持设备的全生命周期管理，包括设备的采购、使用、维护、升级和报废等全过程。通过对设备全生命周期数据的管理和分析，企业可以提高设备的使用效率，延长设备的使用寿命。例如，在某化工企业，通过对设备的全生命周期数据进行分析，企业能够在设备的不同使用阶段采取不同的维护策略，从而提高设备的综合效益。

大数据在设备健康管理与全生命周期管理中应用的关键技术流程如图 3-17 所示。

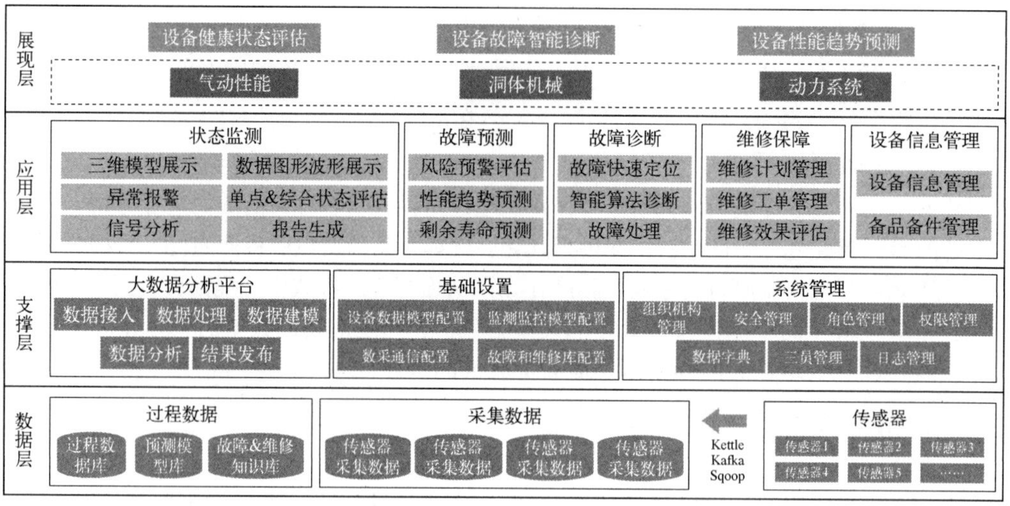

图 3-17　大数据在设备健康管理与全生命周期管理中应用的关键技术流程

（8）产品质量追溯与改进

在智能制造中，产品质量追溯是确保产品合格的重要手段。通过对生产过程中各环节的大数据进行记录和分析，企业可以实现产品质量的全程追溯，找出影响产品质量的关键因素，并进行针对性的改进。例如，某食品加工企业通过对原材料采购、生产加工、物流配送等环节的大数据进行分析，发现了影响产品保质期的关键因素，并据此改进了生产工艺，从而提高了产品的质量并延长了保质期。

大数据还支持产品的快速改进和升级。通过对客户反馈数据和市场数据进行分析，企业可以发现产品存在的问题和改进空间，并据此调整产品设计。例如，某电子产品制造企业通过对客户使用反馈的大数据分析，发现某款产品的电池寿命较短，企业据此对电池管理系统进行了优化，推出了改进版的产品，受到了市场的好评。

大数据在产品质量追溯与改进中应用的关键技术流程如图 3-18 所示。

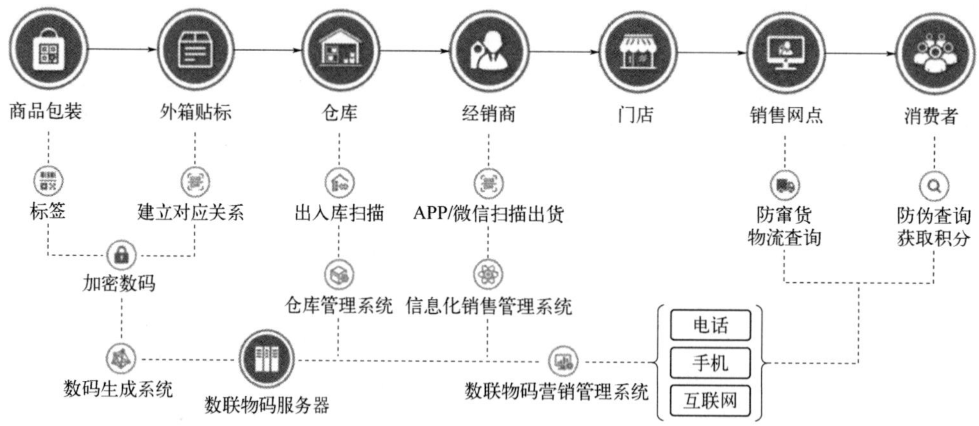

图 3-18　大数据在产品质量追溯与改进中应用的关键技术流程

（9）车间环境智能监控

智能制造要求生产环境的各项参数达到特定标准，以确保产品质量的稳定性和生产的高效性。通过对车间环境数据的大数据分析，企业可以实现对温度、湿度、空气质量等环境参数的智能监控。例如，在某医药制造企业，通过对车间环境数据进行大数据分析，确保生产环境中的温湿度和洁净度达到 GMP（良好生产规范）要求，从而保证了药品的质量和安全性。

车间环境智能监控不仅有助于提高产品质量，还能够降低生产过程中的能源消耗。例如，通过对车间温湿度数据的分析，企业可以根据实际需要调节空调系统的运行状态，从而实现节能减排的目标。

（10）客户行为分析与市场预测

大数据在智能制造中的另一个重要应用是客户行为分析与市场预测，如图 3-19 所示。通过对客户购买记录、产品使用反馈以及市场销售数据的大数据分析，企业可以更好地理解客户的需求和偏好，从而优化产品设计和生产计划。例如，某家电企业通过对客户购买习惯和产品使用数据进行分析，识别出了消费者对智能家居产品的强烈需求，进而推出了一系列智能家居产品，成功抢占了市场先机。

图 3-19　大数据应用于客户行为分析与市场预测

市场预测是大数据应用的一个重要领域，通过对历史销售数据、市场动态和消费者行为数据的分析，企业可以预测未来的市场需求趋势，提前做好生产和库存准备。例如，某服装制造企业通过对历史销售数据和市场趋势进行大数据分析，预测未来一季度的流行服饰款式和颜色，并据此调整生产线的设计和原材料采购，取得了显著的市场优势。

大数据技术作为智能制造系统的重要支撑，贯穿于数据的采集、存储、分析和应用的整个过程。通过大数据分析，企业可以从数据中获得有价值的信息，实现对生产过程的优化和对设备的智能维护。随着机器学习、边缘计算等技术的发展，大数据在智能制造中的应用将更加深入和广泛，推动制造业向更加智能化、精细化的方向发展。

3.4 云计算

3.4.1　云计算的产生背景

云计算（Cloud Computing）的概念最早可以追溯到 20 世纪 90 年代初期。当时，网络基础设施逐渐发展成熟，数据在异构的公共或半公共网络中进行传输。云计算最初是作为基于数据传输方式的一个抽象层次提出的，支持数据从一个端点传输到“云”，再继续传输到特定目标端。在这一阶段，云计算的内涵比较模糊，更多作为数据传输和网络架构的术语。

云计算真正崛起是在 2006 年，Amazon 公司率先推出弹性计算云（EC2），为企业提供基于云的弹性计算服务，这一创新极大地改变了传统 IT 资源的获取和管理方式。同年，Google 也推出了基于浏览器的企业应用服务——Google Apps，进一步推动云计算的商业化进程。随后，Google 应用引擎（Google App Engine）于 2009 年发布，是云计算的一个重要里程碑。此后，云计算迅速发展，成为 IT 行业不可或缺的技术之一。

3.4.2 云计算的定义

如图 3-20 所示，云计算的本质在于通过虚拟化和自动化技术，实现资源的动态分配与弹性调度，以满足不同规模和需求的变化。相较于传统物理机的固定分配和虚拟化的人工调度，云计算进一步优化资源的使用效率，提供高效、灵活的按需服务，支持大规模扩展和快速调整。同时，云计算通过统一的管理平台，简化了操作和维护，为用户提供即开即用的高可用性服务。这种模式不仅降低了硬件投资和运营成本，还通过时间、空间和资源的灵活性，满足了现代化多样业务的需求，是资源管理与服务供给的一次革命性变革。

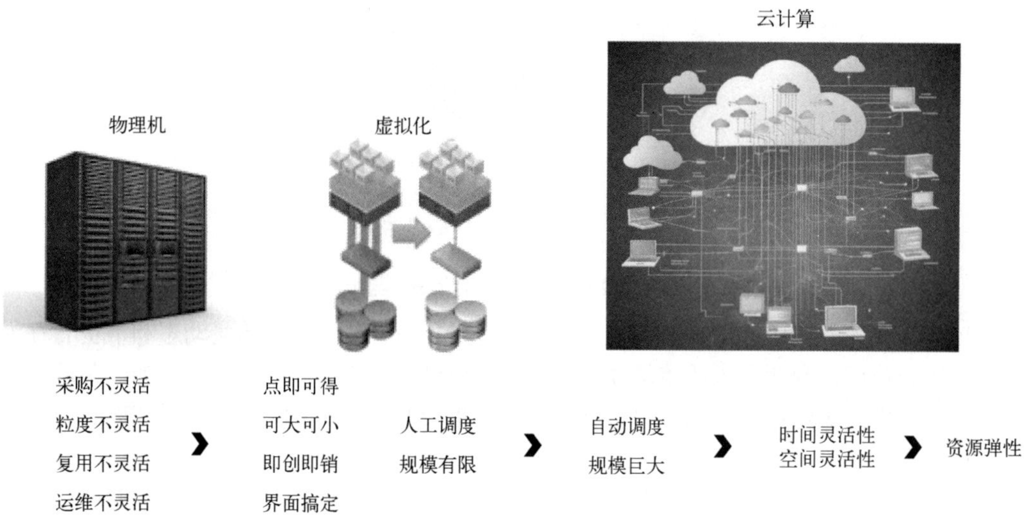

图 3-20 云计算的本质

关于云计算的定义，不同的研究机构有着不同的表述。Gartner 公司将云计算定义为“通过互联网技术将可扩展和弹性的 IT 能力作为服务交付给外部用户的一种计算模式”。这种定义强调云计算的核心特点：按需获取、弹性扩展和基于网络的远程服务。Forrester Research 公司则将云计算定义为“标准化的 IT 性能，以按使用付费、自助服务的方式，通过互联网交付”。这种定义被广泛接受，特别是在关注成本效益和灵活性方面具有实际意义。2011 年，NIST（美国国家标准与技术研究院）发布了云计算的修订版定义，指出“云计算是一种模型，可以随时随地、便捷地按需从可配置的计算资源共享池中获取资源，资源可以快速供给和释放，管理工作量和服务提供者的接入工作量大大减少”。这一定义系统地阐述了云计算的五个基本特征、三种服务模型和四种部署模型（图 3-21），是目前行业中较为通用的定义之一。

云计算被简明定义为“分布式计算的一种特殊形式，它通过效用模型远程供给可扩展和可测量的资源”。这一简明定义突出云计算的两个核心概念：可扩展性与效用模型。可扩展性是指云计算能够根据用户需求的变化，动态调整所需的计算资源；效用模型则意味着用户按需使用云计算资源，并按使用量进行计费，这类似于水电等公共服务的收费方式。

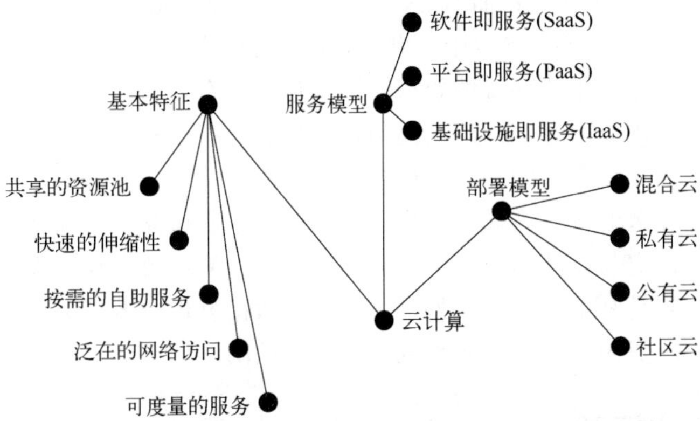

图 3-21　云计算的五个基本特征、三种服务模型和四种部署模型

3.4.3　云计算技术特征、组成、模型分类

云计算的特征、模型及其发展历程与商业驱动力息息相关。商业驱动力主要体现在以下三个方面：容量规划、成本优化和组织灵活性。容量规划是确定一个组织未来对 IT 资源、产品和服务需求的过程。通过云计算，企业能够更好地管理其 IT 资源，按需增加或减少计算能力，无需提前大量投资基础设施。如飞利浦（一家健康科技公司），关闭了苏州的数据中心，将上万人使用的企业应用从传统 IT 系统迁移到阿里云，其 IT 运维成本缩减了 54%，部署一台能够直接应用的服务器仅需几分钟，实现按需调节服务器资源使用量。同时，成本优化也是企业采用云计算的重要原因之一，云计算能够显著减少获得新基础设施的成本和长期持有其所有权的成本，使得企业能够在更短的时间内实现更高的投资回报。飞利浦公司上云之后，其运维人力成本也显著降低，从而能够专注业务系统的运维与优化。组织灵活性是指企业应对外部环境变化的能力，在一个快速变化的市场中，云计算提供随时扩展和缩减资源的可能性，使企业能够灵活应对业务需求的变化。在云计算之前，阿里巴巴的 IT 基础设施是分散的，各个业务线都有自己独立的 IT 部门，导致资源利用率低、扩展性差，以及协调成本高。通过云计算的实施，不仅在技术层面实现了组织灵活性的提升，还在文化、成本和人才等方面带来了深远的变革。

云计算的基本构成包括云、IT 资源、云用户与云提供者（提供商）等概念。例如，亚马逊网络服务（Amazon Web Services, AWS）就是一个典型的云提供商。AWS 提供了一系列的云基础设施和平台服务，如虚拟服务器、存储、数据库、应用程序和网络服务。在这个例子中，“云”是指由 AWS 提供的远程 IT 资源环境。它具有明确的边界，负责承载和管理一组 IT 资源。“IT 资源”可以是硬件设备，也可以是软件应用，是组成云计算的基础单元。提供这些 IT 资源的一方被称为“云提供者”，AWS 作为云提供者，通过其高度自动化的服务界面和庞大的基础设施，向云用户提供按需扩展和可测量的 IT 资源。而云用户则包括从个人开发者到大型企业，他们可以根据自己的需求选择和使用 AWS 提供的资源。例如，微软公司通过使用 AWS 的云服务来支持其 Azure 服务的开发和管理。微软不仅是云用户，同时也是一个云提供者，其 Azure 云服务与 AWS 形成竞争。这种双角色扮演使得微软在保持自身云服务竞争力的情况下，也能有效地利用外部云服务来优化其内部运营和业务扩展。因此，这些概念帮助我们更好地理解云计算生态系统的运行模式，比如 AWS 这样的云提供者如何为像微软这样的云用户提供灵活的 IT 资源，从而实现业务的快速响应和市场需求的即时满足。

云计算中的服务模型是指云提供的具体 IT 资源组合，常见的有三种：基础设施即服务（IaaS）、平台即服务（PaaS）和软件即服务（SaaS）。IaaS 为用户提供计算、存储和网络等基础设施；PaaS 提供开发、测试和部署应用的平台；而 SaaS 则直接为用户提供完整的软件应用服务。这三种模型的组合形式广泛应用于企业的不同场景中，例如 IaaS+PaaS 或 IaaS+PaaS+SaaS 的结合应用。

云计算的部署模型定义了云环境的类型，通常包括公有云、私有云、社区云和混合云。公有云是由第三方服务提供商所有，向广泛的用户提供服务；私有云则由单个组织拥有和管理，用于内部；社区云专为一组有共同需求的用户设计，提供共享的云服务；而混合云则结合了多种云部署模型，满足复杂的业务需求。例如，德国的汽车制造商宝马集团在其智能制造领域采用了混合云部署模型：宝马在其私有云中管理高度敏感的生产数据和研发资源，以确保数据安全和合规性；同时，宝马利用公有云来处理大规模的数据分析、客户关系管理和供应链优化等非核心业务，从而实现资源的灵活调配和成本的有效控制。

3.4.4 云计算的相关技术

在云计算的发展历程中，多个技术创新对其起到关键的推动作用。最重要的技术包括集群计算、网格计算和虚拟化技术等。集群计算通过多台计算机组成一个虚拟的高性能计算系统，提供分布式计算能力；网格计算则将地理上分散的计算资源整合为一个计算能力池，供全球用户共享；虚拟化技术通过在硬件之上创建多个虚拟化环境，极大提升资源利用率。这些技术为云计算的规模化和灵活性提供基础支持。

目前，云是由一些主要的技术组件支撑着的，使当代云计算的关键功能和特点得以实现，主要相关技术包括宽带网络和 Internet（因特网）架构、数据中心技术、虚拟化技术、Web（万维网）技术、多租户技术和服务技术。

① 宽带网络和 Internet 架构技术。云用户和云提供者通常利用 Internet 进行通信。其中 Internet 是通过一个三层的互联结构形成的，如图 3-22 所示。第一层为核心层，由大型国际云提供者构成，负责监督大规模的全球互联网络，这些网络连接第二层的大区域提供者。第二层的服务提供者一方面与第一层的提供者互联，另一方面与第三层的本地服务提供者互联。

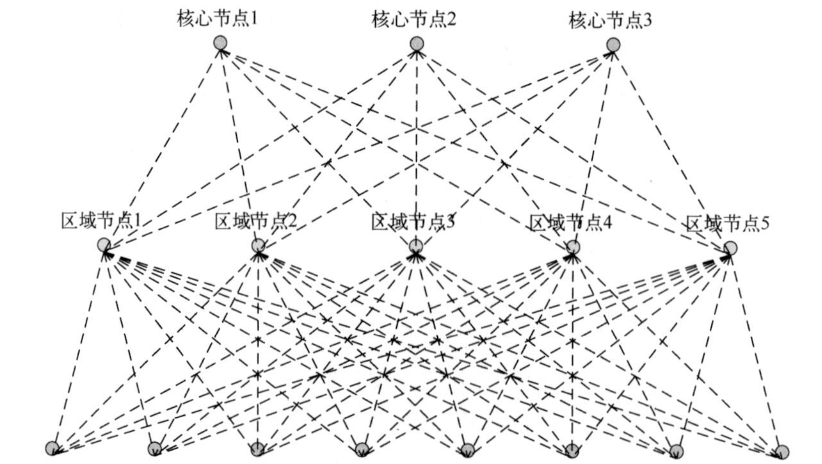

图 3-22 Internet 互联结构的抽象示意图

Internet 以无中心的供给和管理模型为基础，不受任何集中式实体的控制。网络互联架构使用网络路由器和交换机的无连接分组交换与基于路由器的互联。网络带宽和延迟是影响 QoS（服务质量）的因素，网络拥塞对其有巨大影响。

② 数据中心技术。数据中心是专门的 IT 基础设施，用于集中存放 IT 资源，如服务器、数据库和软件系统。数据中心的 IT 硬件通常是由标准商用服务器构成的，其具有增强的计算能力和增大的存储容量。增加存储容量的技术包括 DAS（直连式存储）、SAN（存储区域网）和 NAS（网络接入存储），计算机硬件技术包括机架式服务器阵列和多核 CPU 架构。专用的高容量网络硬件和技术[如内容感知的路由、LAN（局域网）和 SAN 及 NAS 网关等]可以提高网络互联性。

③ 虚拟化技术。服务器虚拟化是指利用虚拟化软件将 IT 硬件抽象为虚拟服务器。虚拟化提供硬件无关性、服务器整合、资源复制、对资源池更强的支持和灵活的可扩展性。实现虚拟服务器既可以采用基于操作系统的虚拟化，也可以采用基于硬件的虚拟化。

④ Web 技术。Web 技术经常被用于云服务的实现，并在前端用于远程管理云 IT 资源。Web 结构的基本技术包括 URL（统一资源定位器）、HTTP（超文本传输协议）、HTML（超文本标记语言）和 XML（可扩展标记语言）。

⑤ 多租户技术。设计多租户应用的目的是使得多个用户在逻辑上同时访问同一个应用，每个用户对其使用、管理和定制的应用程序都有自己的需求，同时每个用户都不会意识到还有其他用户正在使用该应用。

⑥ 服务技术。其是云计算的基石，形成了“作为服务”的云交付模型的基础。基于 Web 的服务依靠非专有通信和技术接口定义来建立基于 Web 技术的标准通信框架。服务代理提供事件驱动的运行时处理能力，适用于云中大量功能。许多代理都自动部署在操作系统和基于云的产品中，服务中间件可以在云上部署。

西门子在智能制造领域充分利用了这些关键技术组件。西门子的私有云基础设施依赖高速宽带网络和强大的 Internet 架构来保证全球工厂和研发中心的连接。数据中心技术被用于构建高效、节能的数据处理中心。而虚拟化技术则使资源得以灵活分配，支持大量虚拟机的运行。Web 技术被集成到其产品生命周期管理（PLM）系统中，提高了协作和远程访问的效率。多租户技术则允许西门子为不同的业务部门提供定制化的云服务。

3.4.5　云计算的系统架构

云计算的系统架构主要包括几个核心层次：用户访问层、前端服务层、计算层、存储层、网络层、安全与身份管理层以及监控与管理层，如图 3-23 所示。

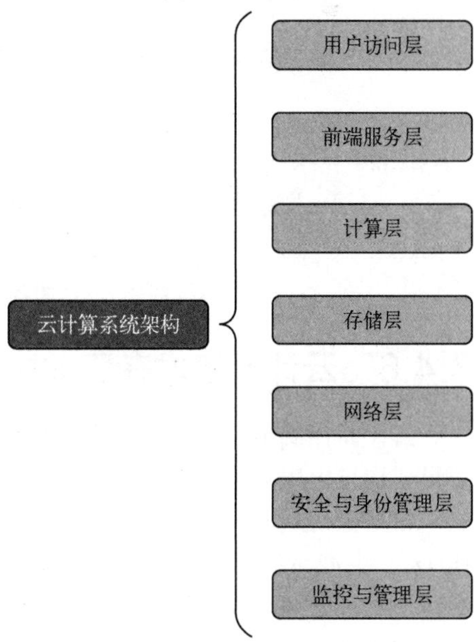

图 3-23　云计算技术的系统架构

以特斯拉（Tesla）的云服务为例，其系统架构巧妙地融入了这些核心层次来实现智能制造的现代化，特斯拉的车辆配备了信息娱乐系统和应用程序接口，允许车主通过智能手机或车辆内置触控屏幕访问车辆状态和远程功能。通过特斯拉云服务器，前端服务层提供了车辆诊断、导航和软件更新的服务，确保车辆能够及时获取最新的系统和软件升级。特斯拉使用其数据中心进行复杂的计算任务，包括驾驶辅助算法的学习和优化，以及对收集的大量车辆数据进行分析。存储层负责存储车辆的传感器数据、充电历史和驾驶习惯，以便进行个性化服务和管理。特斯拉车辆的通信系统通过 5G 网络与云服务连接，实现了快速的数据传输和远程操作。为了确保数据安全和用户隐私，特斯拉采用了一系列加密和安全协议来保护数据传输和存储。通过监控与管理层，特斯拉能够实时跟踪车辆的运行状态，提供远程支持，并对整个车辆网络进行管理和优化。这种多层次的云计算架构不仅提高了车辆的智能化水平，也增强了整个智能制造系统的可靠性和效率。

在云计算的系统架构中，各层次相互协作，实现对资源的高效调度和服务的智能化交付。如图 3-24 所示的参考模型，该架构自底向上从基础设施层、虚拟池层、服务层到应用层逐步构建，每一层都扮演着关键角色。基础设施层提供底层硬件资源的支持，包括存储、网络等；虚拟池层通过虚拟化技术实现资源的动态分配和管理，提高资源利用效率；服务层以 IaaS、PaaS、SaaS、DaaS（数据即服务）等形式提供不同层次的服务接口，其中，DaaS（数据即服务）是指通过网络将数据作为服务提供给用户，用户可以按需获取、使用和分析数据，无需关心数据的存储、管理和维护等底层细节；而应用层则直接面向用户需求，为工业、农业、金融等多领域提供应用支持。此外，管理域贯穿整个架构，通过运营、维护、质量管理、安全防护和集成，确保系统的稳定性与可靠性。这种多层次分工合作的架构，是云计算满足多样化业务需求的核心基础。

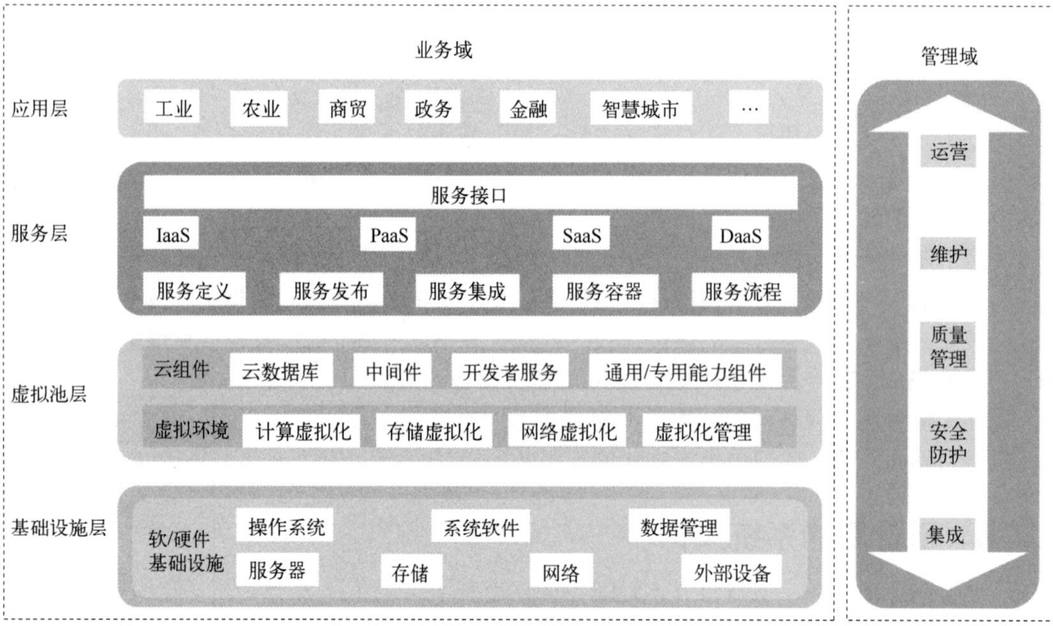

图 3-24　系统架构的参考模型

3.4.6　云计算技术在工业中的应用过程

云计算在制造业的深度应用已形成“数据驱动-智能决策-动态执行”的技术闭环，其核心逻辑架构与应用实例如下。

数据驱动层面，企业通过工业物联网（IIoT）实现设备级数据采集（如振动传感器采样率 1kHz）、生产系统数据集成（MES/ERP）及供应链数据打通。例如，宝马集团建立的“云数据枢纽”每日处理 120 万辆车产生的 10TB 数据，实现全球 15 国工厂数据互通。

智能决策层面，企业构建包含机器学习［随机森林、LSTM（长短期记忆）网络］、数字孪生、生成式 AI 的混合算法库。例如，玉环大众机械通过云端工艺优化模型，将产品不良率降低 1.2%，年节约成本超 3000 万元；徐工集团的工业云平台运用 900TB 设备数据训练能耗优化模型，使单位产品能耗下降 15%。

动态执行层面，形成“预测-决策-执行”的动态闭环，设备层自动触发维护工单（如宝马预测性维护系统提前 48 小时预警故障，准确率 92%）；生产层实时调整排产计划（如某汽车厂云排产系统使设备利用率提升 25%）；资源层按需调用云计算资源（如蒲惠智造云化软件成本仅为传统方案的 1/10）。

云计算主要有三种典型的应用场景：

① 智能工厂运营：格力电器部署的华为云 AI 质检系统，对空调蒸发器焊点进行毫秒级检测，缺陷识别准确率 99.5%，替代 200 名质检员；三一重工通过 Azure 数字孪生技术构建泵车全生命周期模型，维修响应时间从 72 小时压缩至 4 小时。

② 产业链云协同：大众集团应用区块链+云计算的 PartChain 平台，实现全球 500 家供应商的电池原材料溯源，采购周期缩短 25%；海尔卡奥斯工业云在疫情期间动态调配 3 万家企业的闲置产能，口罩日产能实现从 0 到 30 万只的突破。

③ 服务模式创新：宝马 Neue Klasse 电动车型通过亚马逊 Bedrock 生成式 AI，支持 15 种动力组合+20 种内饰方案的实时仿真验证，设计周期压缩 60%；徐工机械的设备租赁云平台，基于 2.5 万台机械的工况数据实施按需计费，客户设备利用率提升 35%。

智能制造评估数据如表 3-2 所示。

表 3-2 智能制造评估数据

指标维度	传统模式	云化改造后	典型案例
设备故障率	8.2%	≤3.5%	宝马 PHM 系统
质量检测效率	120 件/天	3000 件/（系统·天）	格力 AI 质检
订单响应周期	72h	4h	三一重工
能耗成本占比	18%～22%	12%～15%	徐工集团

3.4.7 云计算技术的发展趋势

云计算的发展趋势包括：混合云与多云，企业将私有云与公有云结合使用，提升灵活性和避免依赖单一云服务商；边缘计算，与云计算结合，通过在数据源附近处理数据，减少延迟；AI 与云融合，云平台集成人工智能功能，提供智能分析和自动化决策；容器与无服务器计算，容器化和无服务器架构简化应用部署，提升灵活性和资源利用率。云计算的发展趋势如图 3-25 所示。

图 3-25 云计算的发展趋势

这些趋势体现了云计算朝着更智能、灵活、安全和环保的方向发展。

3.5 边缘计算

3.5.1 边缘计算的产生背景

云计算为大数据处理提供高效的平台，但随着数据量的激增，网络带宽的增长速度远远赶不上数据需求的增长速度。与此同时，网络环境的复杂性使得延迟大幅度增加。因此，传统云计算模式在实时性和高效性方面面临着严峻挑战。这种背景下，边缘计算应运而生。

如图 3-26 所示，边缘计算通过将计算资源部署在离数据源更近的位置，显著减轻网络传输的带宽压力，加快数据处理速度。此外，边缘计算能够在本地进行数据处理，增强对敏感数据的隐私保护，确保用户的个人信息安全。在万物互联的时代，边缘计算不仅解决传统云计算的瓶颈问题，还为各类应用提供了更灵活的计算能力。

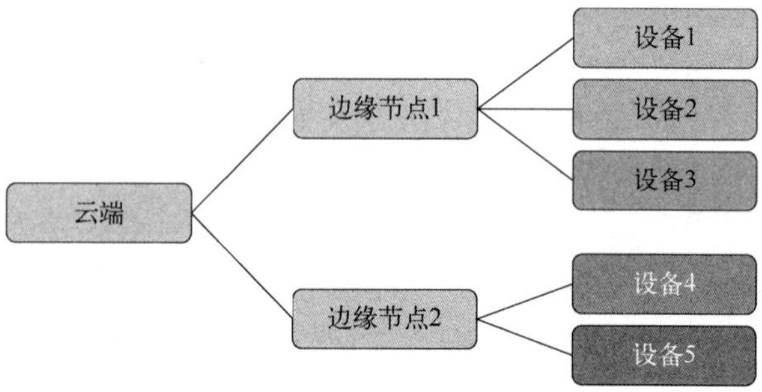

图 3-26 边缘计算的部署

3.5.2 边缘计算的定义

“边缘”这一概念是相对的，指的是数据源与云计算中心之间的任意计算、存储和网络资源。边缘计算的目标在于将空间距离或网络距离上的独立分散资源整合，为应用提供高效的计算、存储和网络服务。可以将边缘计算视为人类神经系统的末梢，负责快速响应和处理数据，而云计算则相当于大脑，负责更复杂的决策和分析。这种类比突出显示边缘计算在现代计算架构中的重要性。

边缘计算与云计算并不是对立的，而是相辅相成的。云计算为大规模数据处理提供强大的计算能力和海量存储支持，而边缘计算则在数据源附近执行部分或全部计算，特别是对隐私数据的处理。这样的结合不仅减轻云计算中心的计算和传输负担，还确保数据处理的实时性。

如图 3-27 所示，边缘计算和云计算的协作架构展示了一种高效的计算生态。边缘计算通过将部分计算和存储任务移至数据源附近，不仅大幅降低网络延迟，还能有效减少数据传输的带宽需求，同时提高本地设备的自主响应能力。对于涉及实时处理的应用场景，如自动驾驶、工业自动化和智慧城市管理，边缘计算可以实现快速的本地决策。而云计算则负责对海量数据进行全局整合和深度分析，支持战略性决策。这种两者相辅相成的模式，为未来的智能化发展提供坚实的基础。

以通用电气（General Electric, GE）的 Predix 平台为例，该平台在智能制造中运用边缘计算，在飞机发动机生产线通过边缘服务器监控发动机状态。边缘计算单元收集和预处理数据，减少云端传输，并快速分析异常。它允许本地决策和控制，优化性能，减少故障。数据在边缘得到保护，减少安全风险。结合云和边缘，实现深入分析和数据存储。这种方法提高了生产效率，减少了停机和维护成本。

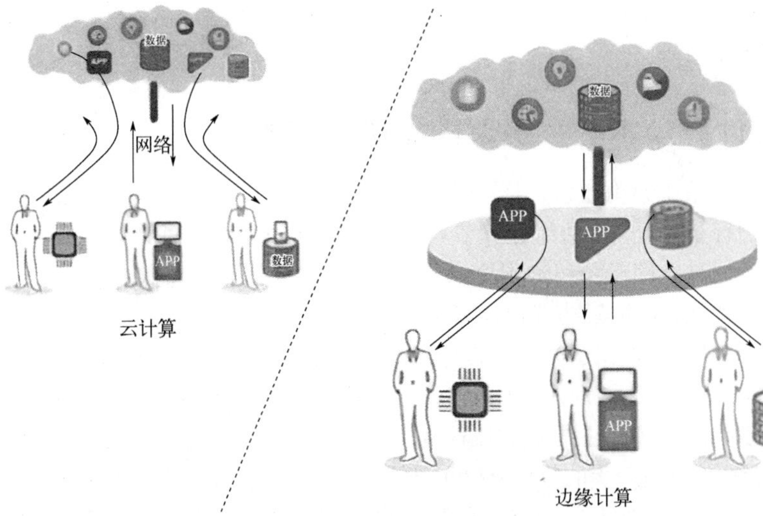

图 3-27　边缘计算与云计算

如图 3-28 所示为边缘计算作用过程，边缘计算通过在靠近用户和数据源的地方执行计算任务，使得服务响应速度得以提升。这对于智能制造、自动驾驶、智能家居等应用场景尤为重要，因为这些场景通常要求极低的延迟和高可靠性。边缘计算与云计算的有效结合满足万物互联时代对实时性、隐私保护和能耗降低的多重需求，推动智能应用的快速发展。

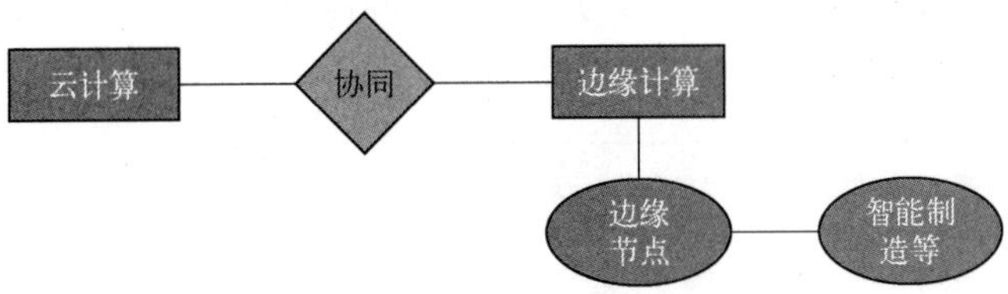

图 3-28　边缘计算作用过程

3.5.3　边缘计算的技术特征及组成

边缘计算的技术特征如图 3-29 所示。

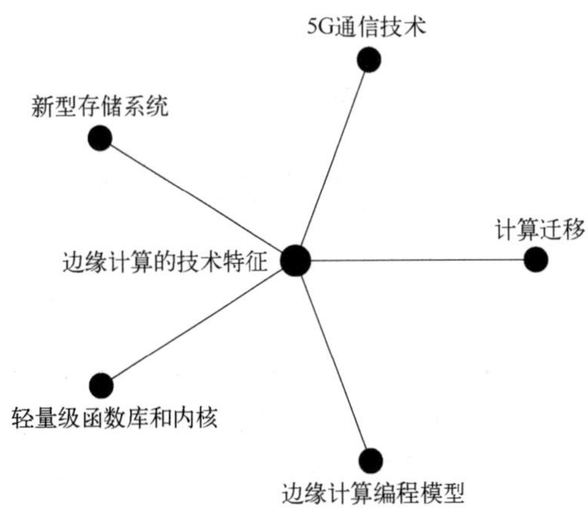

图 3-29　边缘计算的技术特征

以特斯拉（Tesla）为例，特斯拉通过计算迁移策略，将车辆性能计算和图像识别等密集型任务委托给云中心，减轻了车辆边界的计算负担，并有效减少了数据回传量。5G 通信技术的部署使得车辆与数据中心之间的数据传输更为迅速，支持自动驾驶和远程诊断服务。特斯拉的 Supercharger 网络利用新型存储系统，确保了快速的数据读写。轻量级的边缘操作系统（函数库和内核）则允许车辆在有限的电池和计算资源下，依旧保持高效的能量利用和数据处理能力。特斯拉的软件开发框架（编程模型）为边缘计算提供了高效的编程工具，使得开发者能够快速构建和部署智能车辆应用，从而提升了整体系统性能和响应速度。

边缘计算的组成有：数据采集预处理、边缘计算引擎、数据存储优化、网络连接管理、安全管理、应用服务接口等。

3.5.4 边缘计算技术的系统架构和核心技术

边缘计算技术的系统架构通常包括终端设备、边缘计算节点（边缘节点）、通信网络。终端设备收集数据并进行初步处理；边缘计算节点负责更复杂的分析和决策，降低数据传输的延迟；通信网络负责将数据从终端设备传输到边缘节点或云端。整个架构需要一个安全与管理层来确保数据安全和设备管理。这种架构使得计算更加分布式、实时，并且减少对云计算资源的依赖。

以德国工业自动化巨头西门子为例，其智能制造解决方案中的 MindSphere 平台就是基于这种架构。在西门子的工厂中，终端设备（如机器人、传感器和执行器）收集生产数据，通过边缘计算节点进行初步处理和分析，如质量检测和流程监控。这些处理后的数据通过安全的通信网络传输到 MindSphere 云平台，进行进一步的数据分析和决策支持，从而实现生产的实时优化和预测性维护。这种架构提高了生产效率、系统的响应速度和灵活性，是智能制造中边缘计算应用的典范。

边缘计算技术系统架构的核心技术（图 3-30）包括物联网（IoT）、边缘计算、5G 和无线通信、虚拟化与容器化、人工智能（AI）与机器学习（ML）以及数据加密与安全技术。物联网设备负责收集数据并进行初步处理；边缘计算将数据处理从云端转移到更接近数据源的位置，降低了延迟；5G 网络提供低延迟、高带宽的通信，确保设备之间的快速数据传输；虚拟化和容器化技术提高边缘计算节点的资源管理和应用部署效率；AI 和机器学习则使得边缘计算系统能进行本地数据分析和智能决策；数据加密与安全技术确保数据传输和存储的安全性。这些技术共同支持边缘计算在智能制造、自动驾驶等领域的应用。

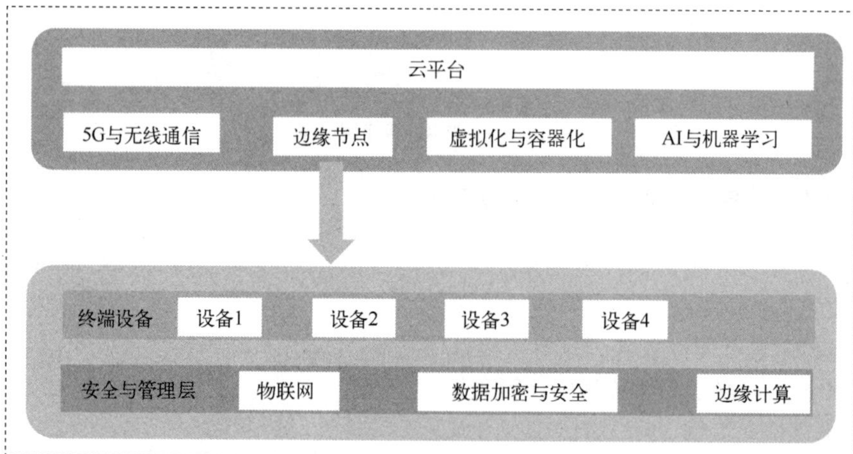

图 3-30 边缘计算技术系统架构的核心技术

以特斯拉为例，其 Model 3 生产线利用物联网传感器收集生产数据，边缘计算节点在车辆制造现场即时分析，5G 网络确保数据快速上传云端，虚拟化技术优化了边缘服务器资源，AI 算法辅助预测维护，确保生产线稳定高效。

3.5.5 边缘计算技术在工业中的应用

在制造业中，边缘计算可以应用于智能制造和预测性维护等场景。例如，生产线上的机器设备配备传感器，实时监测设备的运行状态（如温度、压力、振动等数据）。这些数据首先在边缘设备（如工业网关）上进行初步处理和分析，识别出设备的异常或故障模式。

边缘计算在工业应用过程中的特色如图 3-31 所示。

边缘计算可以在本地进行快速的数据处理和分析，避免将大量数据传输到远程云端，显著降低了延迟，确保了设备的实时监控和及时响应；通过在边缘节点过滤和处理数据，只将重要或经过处理的数据上传至云端，减少了对网络带宽的占用，降低了数据传输成本；在生产过程中，边缘计算的实时处理能力使得设备能在本地做出快速反应，即使在网络连接不稳定的情况下，也能保持系统的正常运行。

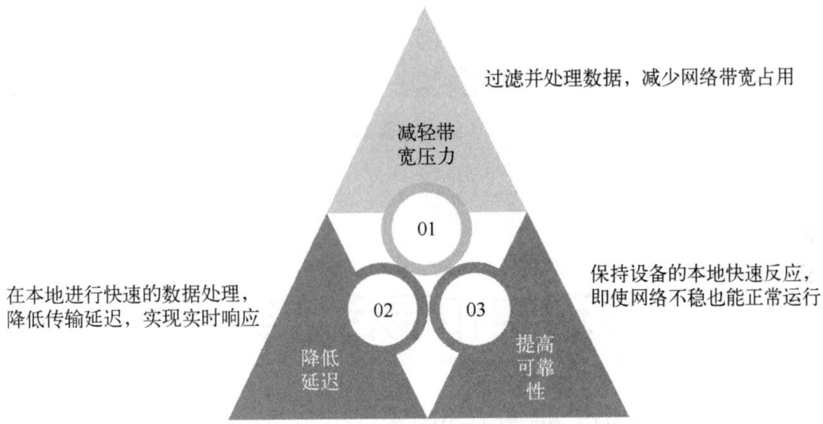

图 3-31　边缘计算在工业中的应用特色

以宝马汽车为例，其生产线上部署的边缘计算系统通过本地处理，实时监控生产线设备状态，显著降低了数据传输延迟。这种架构使得宝马能够快速响应生产过程中的异常，通过预测性维护策略，减少了设备故障，提升了生产线的可靠性和效率，有效减少了停机时间。

通过边缘计算，制造业能够更高效地实现设备监控、故障预测与维护，提升生产效率，减少停机时间，从而优化运营成本。

3.5.6　边缘计算技术的发展趋势

随着大数据时代的到来，边缘计算的研究逐渐受到重视。如今，许多高校和企业正在积极开展相关研究，并且边缘计算领域的国际会议日益增多。这一趋势不仅表明边缘计算在现代计算架构中占据重要地位，同时也推动相关技术的发展。

目前，边缘计算的应用已经从传统的内容分发网络扩展到物联网、智能交通、智能制造等多个领域。在这些领域，边缘计算能够有效应对大量设备生成的数据，并实时处理，以满足用户对即时性和高效性的需求。

边缘计算的未来发展趋势如图 3-32 所示。边缘计算将与 5G 网络建立更深度的结合，实现更低延迟、高带宽的实时数据处理，推动自动驾驶、智能制造等应用；边缘计算和人工智能结合，使设备可在本地处理数据，提高实时决策能力，减轻云端依赖；更多的 IoT 设备将具备数据处理能力，边缘计算使这些设备更智能化，支持智能城市、家居等场景；边缘计算将发展成分布式、多层次架构，从设备端到本地服务器，再到云端，灵活应对不同需求；边缘计算将朝着标准化和互操作性方向发展，提升跨平台兼容性。

未来，边缘计算将变得更智能、分布式、低延迟和安全，推动更多智能应用的普及。

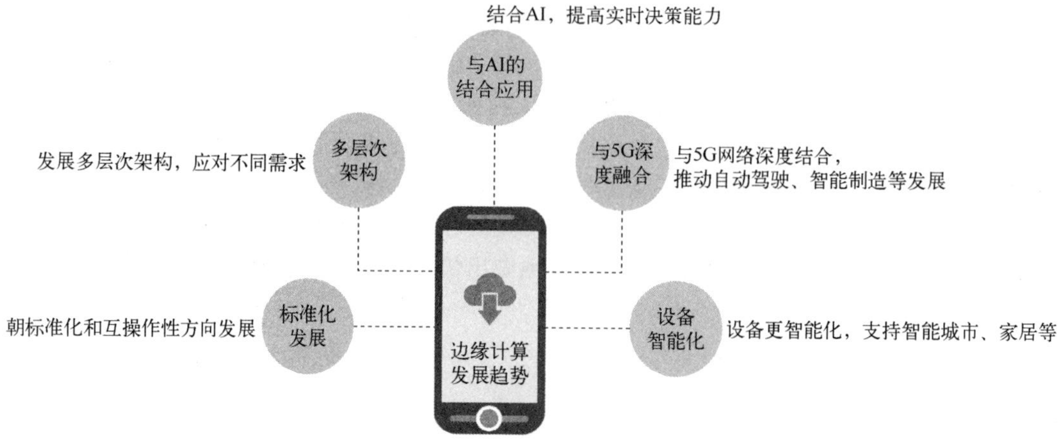

图 3-32 边缘计算的发展趋势

3.6 虚拟现实、增强现实和混合现实

3.6.1 VR、AR 和 MR 的产生背景

虚拟现实（VR）、增强现实（AR）和混合现实（MR）技术在近年来得到广泛关注和应用，其产生背景与科技的飞速发展和社会需求的变化密切相关，其背景和应用如图 3-33 所示。

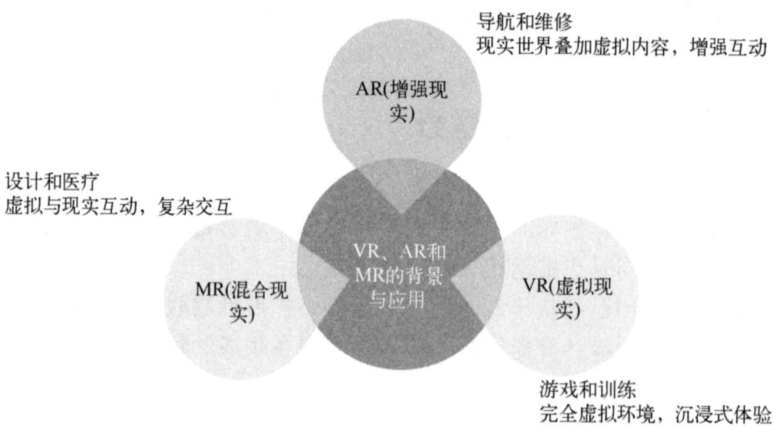

图 3-33 背景与应用

虚拟现实技术的起源可以追溯到 20 世纪 60 年代，最初的研究主要集中在军事、航空航天和模拟训练领域。随着计算机图形学、计算机硬件和传感技术的不断发展，虚拟现实逐渐从科研实验走向实际应用。

在 20 世纪 60 年代末，计算机图形学的初步发展使得构建虚拟环境成为可能。Ivan Sutherland

于 1965 年提出的“头戴显示器”（HMD）被认为是 VR 的起源之一，如图 3-34 所示，他的作品《达摩克利斯之剑》是第一个虚拟现实系统的雏形。

早期的 VR 技术主要应用于军事训练，尤其是在飞行员训练中。利用计算机生成的模拟环境，飞行员能够在没有实际飞行的情况下进行训练。

1990 年，随着图形处理技术的进步和硬件性能的提升，VR 技术逐渐走向商业化。“Severance（1991）”等商业应用推动了 VR 在娱乐、医学、教育等领域的发展。

增强现实（AR）技术的起源与 VR 类似，但其发展路径更加侧重于将虚拟元素叠加到现实世界中，而不是创建完全虚拟的环境。

AR 技术的诞生离不开计算机视觉、图像处理和传感技术的进步。20 世纪 90 年代初期，随着摄像头、图像识别技术和实时数据处理技术的提升，AR 的概念开始成为现实。

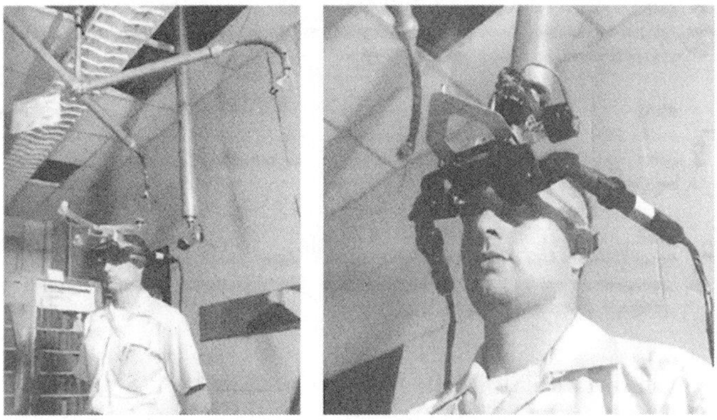

图 3-34　头戴显示器

早期的 AR 研究是基于虚拟现实的概念，试图将虚拟元素与现实环境结合，而不仅仅是替代现实。例如，Tom Caudell 和 David Mizell 在 20 世纪 90 年代中期提出的“虚拟显示系统”，便是最早的 AR 应用之一，通过在工人操作现场中显示虚拟信息，帮助他们更高效地完成任务。

21 世纪后期，智能手机的普及和计算机处理能力的提升使得 AR 技术走向了民用市场。iPhone 的出现，尤其是苹果推出的 ARKit 和谷歌推出的 ARCore，使得 AR 技术成为大众可接受的应用，广泛应用于游戏、教育、娱乐和商业广告等领域。

混合现实是结合虚拟现实（VR）与增强现实（AR）的技术，它的产生背景是基于对 VR 和 AR 两者局限性的认识，以及对更高交互体验的需求。

混合现实的概念由 Paul Milgram 和 Fumio Kishino 于 1994 年提出，他们提出“虚拟连续体”概念，定义从完全虚拟到完全现实之间的不同技术形态。如图 3-35 所示，MR 可以理解为在这个连续体上介于虚拟现实和增强现实之间的一种技术，它不仅仅是将虚拟元素叠加到现实世界中，更强调虚拟元素与现实世界的深度交互。

随着计算机视觉、图像识别、传感器技术、人工智能（AI）、深度学习等技术的进步，MR 技术能够实现更加精确的空间定位、环境感知与实时交互。MR 需要高性能的图像渲染，还需要高精度的定位技术，常见的 MR 设备如微软的“HoloLens”，便利用了高精度传感器、空间映射和深度感知等技术。

MR 的应用场景多样，涵盖工业设计、医疗、教育、远程协作等领域。与传统的 VR 和 AR 相比，MR 技术不仅允许用户在现实世界中看到虚拟元素，还可以与这些虚拟元素进行交互，且交互方式更加自然和流畅。

图 3-35 VR、AR 和 MR

3.6.2 VR、AR 和 MR 的定义

虚拟现实（VR）、增强现实（AR）和混合现实（MR）是三种密切相关但又各具特色的沉浸式技术，它们通过不同的方式将虚拟元素与现实世界结合，为用户提供全新的互动体验。

虚拟现实（VR）：通过计算机生成的三维虚拟环境，使用户能够完全沉浸其中，通常通过头戴显示器（HMD）等设备与现实世界隔离。在 VR 环境中，用户能够通过视觉、听觉和触觉等多重感官体验，进行探索、社交、游戏或其他交互活动。VR 的核心特性包括沉浸性（完全的虚拟环境体验）、交互性（用户与虚拟环境中的对象互动）和想象性（打破物理时间和空间的限制）。

增强现实（AR）：通过智能设备（如智能手机或 AR 眼镜），在现实环境中叠加虚拟信息，使用户能够在观察真实世界的同时，获取计算机生成的虚拟对象或数据。AR 的核心功能包括虚实结合（将虚拟信息无缝融合到现实中）、实时交互（用户能够自然地与虚拟信息互动）和三维注册（确保虚拟内容与现实物体的精准对齐）。

混合现实（MR）：融合虚拟环境和现实环境，允许用户同时感知和与这两者互动。与 AR 类似，MR 也能够将虚拟元素叠加在现实环境中，但更进一步，用户不仅可以观察虚拟元素，还能与其进行实时交互，提供更加自然的沉浸式体验。MR 技术通常用于培训、设计、医疗等专业领域，具有更广泛的应用潜力。

以西门子公司为例，利用虚拟现实（VR）技术，为客户提供了一个沉浸式的远程操作培训平台。通过 VR 头盔，西门子能够模拟真实的工业制造环境和机器操作程序，让员工在任何地方都能进行模拟培训和操作练习。此外，西门子还结合增强现实（AR）技术，让技术人员能够通过移动设备实时查看设备和工厂的数字化三维模型，实现对设备维护和故障诊断的无缝集成。至于混合现实（MR），西门子将这一技术运用于生产线优化和产品设计，允许工程师在虚拟环境中进行产品设计试验和模拟，精确地将概念转换为现实世界中的实际产品。这些技术的应用提升了工作效率，优化了员工的技能培训效果和用户体验。

如图 3-36 所示，这些技术通过不同的方式增强用户的感官体验，并广泛应用于教育、娱乐、医疗、设计等多个领域。

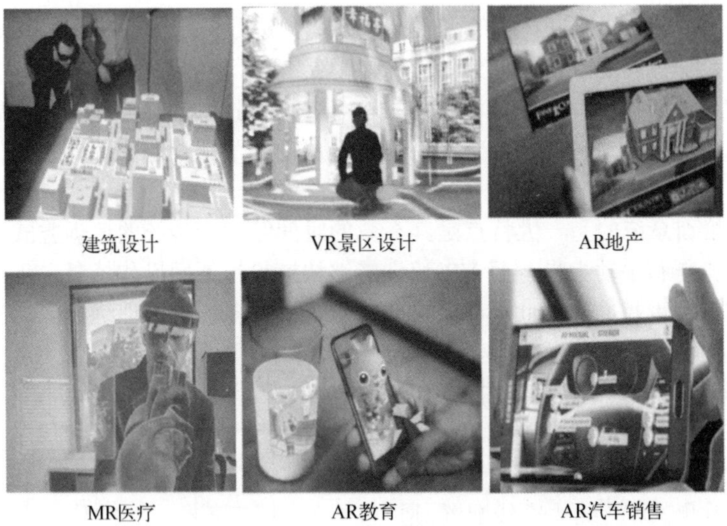

图 3-36　VR、AR 和 MR 应用

3.6.3　VR、AR 和 MR 技术特征、技术组成、设备

VR、AR 和 MR 技术具有各自独有的特征，尽管它们都致力于为用户提供沉浸式体验，但其实现方式、交互模式和应用场景有所不同。

虚拟现实（VR）的技术特征如图 3-37 所示。沉浸性指用户完全置身于计算机生成的三维虚拟环境中，通过视觉、听觉等多重感官体验，产生如临其境的感觉。交互性指用户能够与虚拟环境中的对象进行互动，通过控制器等设备实现对虚拟物体的操作。例如，在汽车设计中，设计人员可通过虚拟界面的控制器模拟实际驾驶体验，实时调整汽车各项配置，提升设计的精准度和实用性。想象性指打破物理时间和空间的限制，让用户在虚拟环境中进行创造性的想象和探索。借助 VR 技术，工程师可以在数字环境中对生产线进行设计、调整和优化，无需依赖物理模型，能在没有物理限制的情况下高效实验，发现并修正潜在问题。

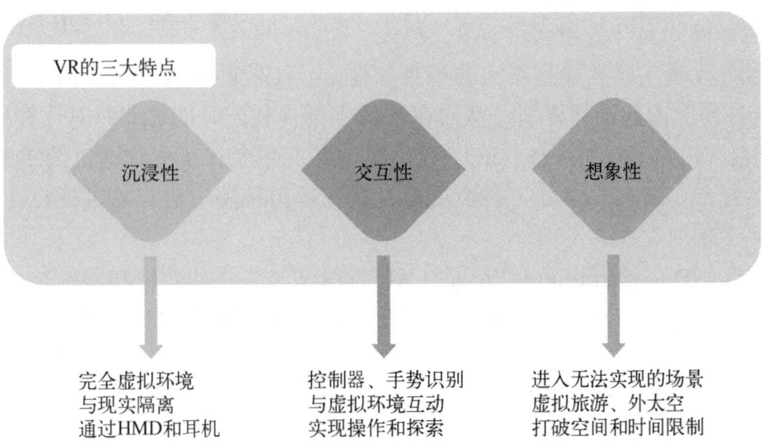

图 3-37　VR 的技术特征

例如，奥泰克公司利用虚拟现实（VR）技术为工厂工人提供沉浸式操作培训，通过模拟复

杂的工业环境，使工人们在高度真实的三维虚拟环境中进行操作训练。通过高质量的VR头盔、手柄、运动捕捉系统和力反馈装置，工人们仿佛身临其境，能够与虚拟环境中的设备进行互动，完成从设备开机到故障排除、维修操作等各类任务。这种技术的优势在于工人能够在完全安全的虚拟环境中练习操作，避免在实际生产中可能造成的事故或设备损坏，极大地降低培训过程中的风险。

此外，VR培训系统的另一大特点是其高效的时间管理。传统的培训方式通常需要大量的时间来进行设备操作和手动指导，而VR培训能够快速模拟不同操作场景，工人可以在短时间内反复练习，掌握关键技能。与此同时，VR技术还支持多场景的训练模拟，工人可以在不同的生产线、设备和工艺中切换，快速适应不同的操作需求，这样不仅节省大量的培训时间，也能提高培训的灵活性和覆盖面。

在生产线设计和布局方面，奥泰克公司使用VR技术提前测试和优化生产线配置。通过虚拟现实模型，工程师能够在数字环境中对生产线进行设计、调整和优化，而无需依赖昂贵的物理模型或实际设备。这使得生产线设计能够在没有物理限制的情况下进行高效实验，发现并修正潜在问题。比如，工人可以通过虚拟训练提前熟悉新的生产线布局，了解工作流程的变化，从而避免实际操作中可能出现的安全隐患或效率瓶颈。这种沉浸式的虚拟培训不仅为工人提供了高效、安全的训练方式，也为智能制造提供了创新的解决方案。

增强现实（AR）的技术特征如图3-38所示。

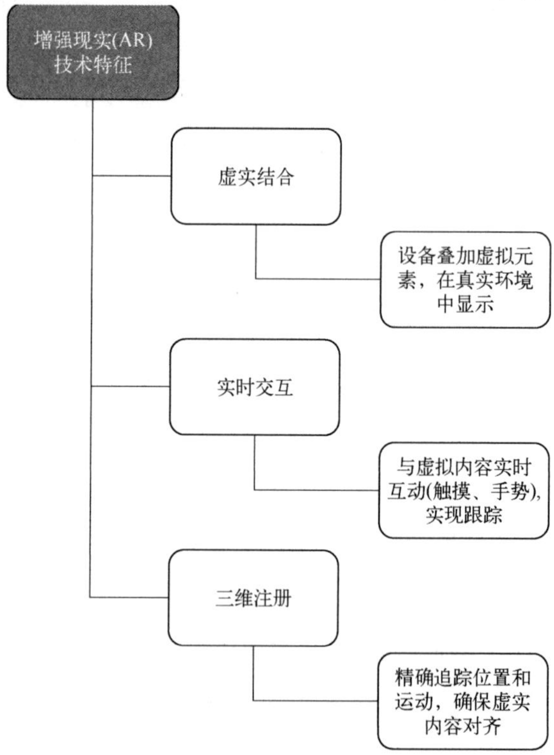

图3-38 AR的技术特征

① 虚实结合（Fusion of Virtual & Real）。在汽车制造领域，例如宝马公司利用AR技术，将虚拟的设计元素实时叠加到现实的车身部件上。工程师可以在真实的生产环境中，通过AR眼镜直观地看到虚拟的设计模型，从而在进行零部件装配时能够即时对比和确认。

② 实时交互（Real-time Interaction）。宝马的AR应用允许工程师通过简单的触摸和手势，对虚拟模型进行缩放、旋转和操作，甚至可以直接在虚拟环境中对产品进行设计修改，实现了与虚拟信息的高效实时交互。

③ 三维注册（3D Registration）。宝马的AR系统通过先进的定位和跟踪技术，确保虚拟设计元素与实际车身部件的三维精准对齐，使得设计评审和装配指导过程更加直观和精准，提高设计和制造效率。

混合现实（MR）的技术特征如图3-39所示。

① 双向交互（Bi-directional Interaction）。在航空制造领域，例如波音公司应用MR技术，在机翼制造过程中，工程师可以通过MR眼镜与虚拟的机翼设计模型进行交互。虚拟模型能够根据实际机翼的形状和尺寸做出调整，同时，工程师的动作和手势也能实时影响到虚拟模型，实现真正的双向互动。

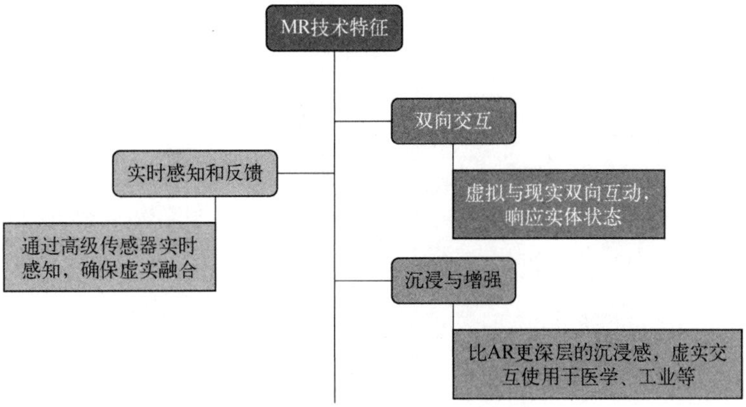

图 3-39　MR 的技术特征

② 实时感知和反馈（Real-time Perception & Feedback）。波音的 MR 系统配备了先进的传感器和摄像头，能够实时追踪和捕捉生产过程中的每个细节，对虚拟模型和真实环境进行同步更新，确保虚拟元素与现实工艺的无缝对接。

③ 沉浸与增强。通过 MR 技术，波音工程师能够沉浸在一个集成了增强信息的虚拟制造环境中，不仅能够看到和操作虚拟部件，还能够模拟装配过程，从而优化设计和制造流程，减少错误，提高制造精度。

这种技术应用在航空工业中，极大地提升了研发生产的效率和安全性。

VR 技术组成包括虚拟场景生成、用户界面、3D 建模和动画、输入处理和反馈系统；AR 技术组成包括现实世界捕捉、图像识别、虚拟物体叠加、用户交互界面；MR 技术组成包括虚拟与现实融合的算法、空间定位和跟踪、3D 物体渲染、用户输入处理。

VR 设备包括头戴显示器（HMD）、控制器、位置追踪系统（如运动捕捉系统）、耳机；AR 设备包括智能手机、AR 眼镜、AR 头戴设备、摄像头；MR 设备类似于 VR 的设备（HMD、控制器等），以及 AR 的摄像头和传感器。

3.6.4　VR、AR 和 MR 的系统架构和核心技术

VR、AR 和 MR 的技术基础涉及多个计算机图形学和交互技术原理，其核心技术使得这些技术能够在沉浸式环境中为用户提供更真实、更互动的体验。

VR/AR/MR 的系统架构如图 3-40 所示。这些技术的架构通常包括硬件和软件两个层面，支持复杂的图像渲染、用户交互和环境感知等。

以“瑞科智能”为例，硬件架构方面，头戴显示器（HMD）被用作高端虚拟现实训练中心的核心设备，旨在为操作人员提供沉浸式的机器人操作模拟环境；增强现实（AR）和混合现实（MR）技术在瑞科智能的维修中心得到应用，通过智能眼镜和移动设备，工人可直接在机器上叠加维修指示；传感器与输入设备方面，公司采用了高精度的运动捕捉系统、机器人专用手柄和眼动追踪设备，以实现精准的操作和实时数据采集；在计算平台方面，瑞科智能采用了分布式计算架构，通过集成众多高性能的 GPU（图形处理单元）和 CPU 来支持复杂的生产数据分析和机器视觉应用。软件架构方面，瑞科智能选择了行业领先的图形引擎 Unity3D，它负责生成逼真的虚拟装配生产线，同时优化了机器人和自动化设备的虚拟模型渲染；在交互系统设计上，公司开发了基于自然手势和语音指令的控制系统，让工人在虚拟环境中更自然地进行交互；对于数据处理与环境感知，瑞科智能的 AR 解决方案能够实时将机器人操作数据投射到现场的

工作环境中，实现虚拟指令与现实操作的实时映射，大大提高了维修效率和质量。

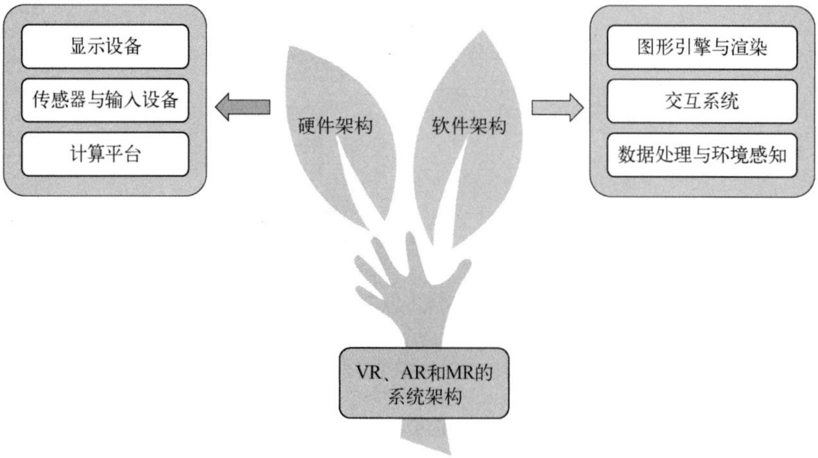

图 3-40　系统架构

VR、AR 和 MR 的核心技术如图 3-41 所示，核心技术确保 VR、AR 和 MR 能够为用户提供沉浸式、互动性强的体验。

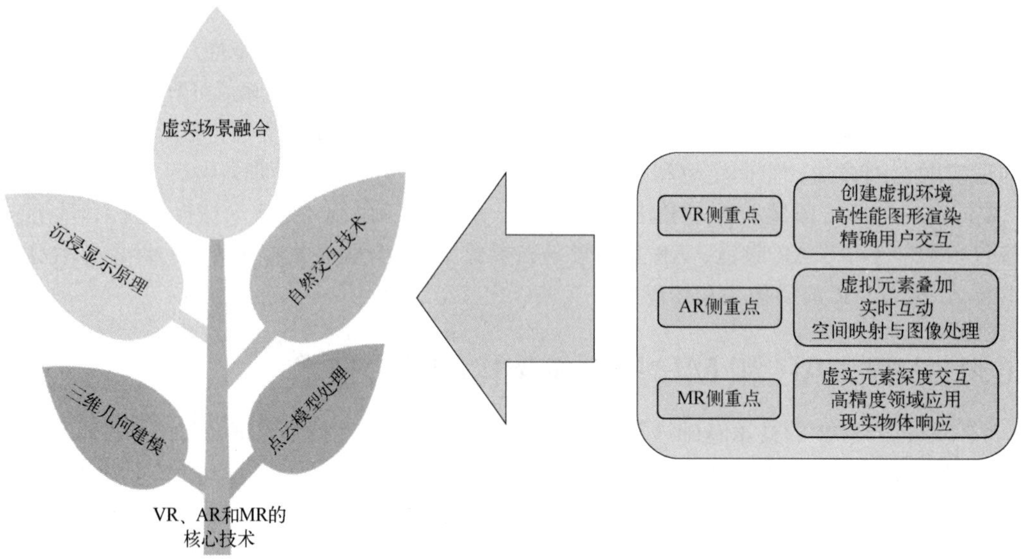

图 3-41　核心技术

① 三维几何建模。VR、AR 和 MR 的虚拟场景往往依赖于三维几何建模。建模技术包括线框模型、表面模型和实体模型等，借此构建三维空间中的虚拟对象，同时通过不同的建模方式[如 B-Rep（边界表示法）和 CSG（构造实体几何）]进行设计和优化。

在这些虚拟场景中，模型通过网格细化，转换为三角形网格，以便计算机能够高效地进行渲染。数据结构（如基于面的数据结构、翼边数据结构和半边数据结构）在图形学中有广泛应用，以表示三角形网格及其邻接关系。

② 点云模型处理。在 AR、VR 应用中，特别是在制造领域，三维测量数据（如激光扫描、深度摄像头获取的点云数据）可以用于创建和优化虚拟模型。这些点云数据经过处理后被转化为三维网格或模型，供 AR/VR 系统进行显示与交互。

③ 沉浸显示原理。沉浸感的提升对于VR、AR、MR至关重要。为增强用户的沉浸体验，系统利用立体视差、运动视差、光场显示等技术。在VR中，立体视差和运动视差使用户感知到深度和空间的真实感；而在AR和MR中，虚拟元素的呈现及其与真实环境的无缝结合同样需要实现视觉上的沉浸感。

系统延迟（低于15ms）和帧率（通常达到90fps以上）对沉浸感有很大影响。高帧率和低延迟能够确保视觉的流畅性，避免因延迟引起的运动不适感。

④ 自然交互技术。自然交互技术是VR/AR/MR系统的一项核心能力，用户不再通过传统的鼠标和键盘，而是通过更自然的方式与虚拟环境互动。常见的交互方式包括手势控制、眼动追踪、数据手套、动作捕捉等。借助这些技术，用户可以直接与虚拟世界中的对象进行互动，使得交互体验更加直观和自然。

⑤ 虚实场景融合。AR和MR要求虚拟元素和现实世界的物体能够无缝融合，保持几何一致性、遮挡一致性和光照一致性。虚拟物体必须根据现实世界的物理属性（如光照、阴影和遮挡）来调整其外观，从而确保虚拟物体与真实环境的高度一致性，给用户提供真实的交互体验。

此外，MR技术还要求虚拟对象能够与现实世界中的物体进行实时交互。例如，虚拟物体可以响应现实世界物体的移动或改变，提供更加丰富的互动体验。

VR、AR和MR在系统架构和核心技术方面存在共性，也有各自的技术侧重点：VR侧重于创建完全沉浸式的虚拟环境，依赖于高性能图形渲染和精确的用户交互；AR通过智能设备将虚拟元素叠加到现实世界中，强调虚实融合与实时互动，要求精确的空间映射与图像处理；MR结合了VR与AR的特点，不仅将虚拟元素叠加到现实中，还能够与现实物体进行深度交互，应用于高精度领域。

3.6.5　VR、AR和MR在工业中的应用过程

如图3-42所示，宝马在其生产过程中有效地整合VR、AR和MR技术，以提升设计效率、优化生产流程和员工培训效果。

图3-42　宝马汽车的虚拟与增强现实应用

应用案例：宝马汽车的虚拟与增强现实应用

宝马在汽车设计过程中广泛应用虚拟现实（VR）技术，以优化设计流程并缩短开发周期。在设计初期，设计团队利用VR技术创建高度详细的虚拟汽车模型，工程师和设计师可以在完全沉浸式的虚拟环境中查看并评估汽车的外观、内部结构及功能。这种沉浸式体验让设计师能够快速识别设计缺陷，进行多次迭代并改进设计方案，而不需要制作实体模型。通过虚拟模型，设计师能够直观地检查每个细节，例如车身的空气动力学性能、内饰布局的舒适度以及电子设

备的功能。传统上，这些任务需要耗费大量的时间和成本来制作物理原型，而 VR 技术极大地缩短了这一过程，降低了生产成本。

宝马的设计团队不仅仅是通过单纯的视觉来评估设计，还利用 VR 进行交互式的操作。设计人员能够通过虚拟界面的控制器来模拟实际的驾驶体验，实时调整汽车的各项配置，进一步提升设计的精准度和实用性。这种设计迭代过程极大地提升了设计效率，同时也增强了设计的创新性。

在宝马的生产线上，增强现实（AR）技术主要用于提供实时信息叠加，以提升装配精度和生产效率。工人佩戴 AR 眼镜时，能够看到与当前任务相关的虚拟信息和三维模型，直接叠加在实际工件上。通过 AR 技术，工人不仅能够看到虚拟的装配指导、流程步骤和注意事项，还能通过视觉辅助实时查看装配顺序和设备的精确位置。这种方法有效地减少了操作错误，提高了生产效率，确保了每个零部件的精准安装。

例如，在汽车装配过程中，AR 眼镜可以显示装配所需的具体工具、组件的规格以及操作步骤，确保工人在正确的时间使用正确的工具和方法。借助 AR 技术，宝马能够有效地减少因工人误操作而产生的错误，确保生产线的高效运行，同时提高了工人对复杂装配任务的理解和执行能力。

宝马在员工培训过程中采用混合现实（MR）技术，提供一种更加直观、互动的学习方式。新员工通过佩戴 MR 头盔，能够在虚拟与现实融合的环境中进行操作训练。在这一过程中，虚拟元素与现实世界的设备、工作环境进行深度交互，员工不仅能看到虚拟训练内容，还能与虚拟对象进行实际互动。MR 技术让员工在虚拟环境中操作和调试真实机器设备，了解设备的功能和操作流程，从而提高他们的技能和自信心。

例如，在宝马的生产车间，MR 头盔可以为员工提供关于设备操作和维护的实时指导。在实际工作环境中，员工可以通过 MR 技术模拟修理汽车组件的过程，处理一些可能出现的故障情境，积累宝贵的经验。这种虚拟模拟训练能够在不影响实际生产的情况下，让员工熟悉复杂的工作流程，为他们进入实际操作做好充分的准备。

宝马通过集成 VR、AR 和 MR 技术，逐步推动智能车间和数字孪生的应用，促进了生产流程的全面优化。在智能车间中，所有的生产环节都通过虚拟仿真、数据采集和实时反馈得以优化和调整。管理人员可以通过透明的可视化系统实时监控每一环节的生产状态，确保生产流程高效且无缝衔接。数字孪生技术使得宝马能够实时模拟生产过程并检测潜在的瓶颈，优化资源的使用效率，并降低生产成本。

宝马的智能车间不仅仅依赖于虚拟仿真和数据可视化，还结合实时反馈和传感器技术。例如，生产设备安装了高精度传感器，能够实时采集生产过程中的数据，并通过数字孪生技术反馈到生产管理系统中。管理人员可以在虚拟环境中观察每个生产环节的细节，及时发现并解决问题，从而确保生产线的高效运行。

AR 和 MR 技术还为宝马提供了跨区域协作的机会。宝马的设计团队和技术支持人员可以通过虚拟现实平台进行远程会议和设计评审，减少地域距离带来的制约。设计师、工程师和管理人员可以共同在虚拟环境中协作，实时讨论设计方案和生产计划，进行决策评估。此外，AR 技术还支持远程技术支持，技术专家可以通过 AR 眼镜远程指导装配工人操作，提供实时的技术支持和故障排除。这种技术的运用不仅提升了工作效率，还增强了远程协作的灵活性，降低了跨地域协作所带来的沟通和时间差问题。

随着 VR、AR 和 MR 技术的不断融合与发展，宝马等制造企业正在积极推动智能制造和数字化转型的进程。未来，这些技术将进一步与大数据、人工智能（AI）和物联网（IoT）深度结合，实现更高效、更智能的生产管理。智能车间将能够通过数据分析和机器学习技术，实时优化生产调度，预测设备故障，提供智能化的决策支持。

通过透明的可视化系统，宝马可以在虚拟车间中实时监控生产流程、调度资源并优化工艺，从而降低生产成本、减少浪费并提高生产效率。此外，随着数字孪生技术的普及，宝马将能够在虚拟世界中模拟和优化整个生产流程，并根据实际情况进行调整和优化，确保生产系统的高效运行。

3.6.6 VR、AR 和 MR 技术的发展趋势

VR、AR 和 MR 技术在制造业中的发展趋势如图 3-43 所示，体现在集成化、沉浸感增强、智能化应用，以及与大数据、AI、数字孪生结合上。随着技术的进步，设备成本将降低，设备将更加普及，尤其是在中小型企业中。虚拟与现实的融合将推动智能制造的进一步发展，特别是在生产线的自动化、实时数据反馈和故障预测方面。此外，这些技术将与大数据、AI、数字孪生等技术深度结合，帮助企业实现更精准的决策支持和流程优化。

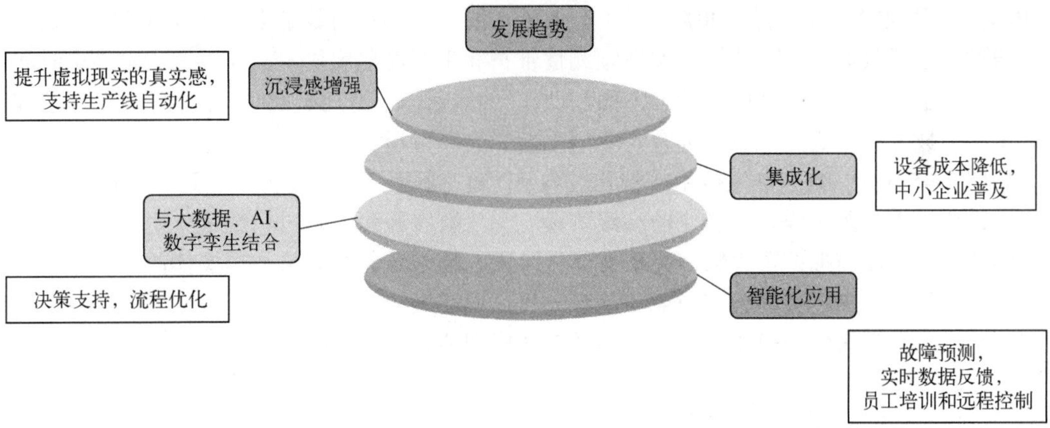

图 3-43 VR、AR 和 MR 技术的发展趋势

3.7 数字孪生

3.7.1 数字孪生技术的产生背景

随着科技进步和信息化水平的不断提高，各国纷纷加大数字化转型的力度，以提升国家竞争力和企业创新能力。数字化转型不仅推动传统行业的深度变革，还催生新的商业模式，重塑产业结构，为全球经济的高质量发展注入新的动力。

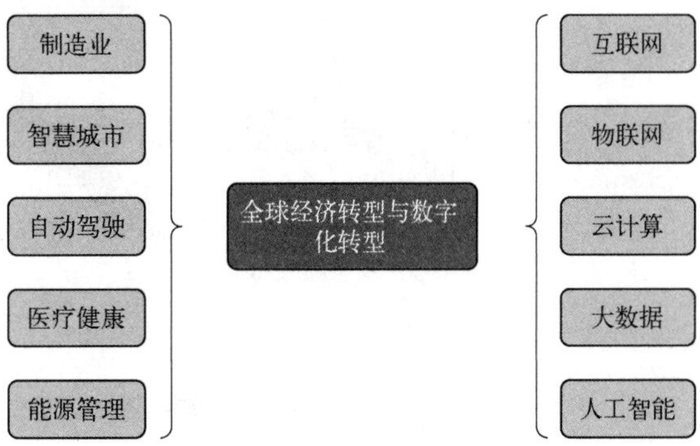

图 3-44 全球经济转型与数字化转型

数字化转型的核心之一是通过信息技术的深度应用，提升生产效率、资源配置效率和决策精度。从工业革命到信息革命，再到智能革命，数字化技术的快速发展使各个行业面临着前所未有的变革机遇。如图 3-44 所示，互联网、物联网（IoT）、云计算、大

数据、人工智能等技术的不断创新，成为推动经济转型的重要引擎。这些技术的应用，特别是在制造业、能源、交通、医疗等关键行业，推动全球生产力的跃升。

在这一背景下，数字孪生技术应运而生，并逐渐成为数字化转型的重要组成部分。数字孪生作为一种通过虚拟模型实时模拟和监控物理实体的技术，能够将物理世界与数字世界紧密连接，为各行业提供前所未有的优化和创新空间。通过物联网传感器实时收集物理实体的数据，结合大数据分析、人工智能算法等先进技术，数字孪生不仅能够为企业提供全面的实时监控和预测性分析，还能够实现对复杂系统的精准模拟、优化和自动化控制。

西门子（Siemens）是数字孪生技术在智能制造领域应用的典型代表。作为全球领先的工业自动化企业，西门子通过数字孪生技术解决传统工业系统中对物理实体实时监控和管理的难题。例如，在安贝格电子制造工厂（EWA）中，西门子利用数字孪生技术建立生产线的虚拟副本，实现对设备、生产线和整个工厂的实时监控和动态管理。通过这种方式，工厂的生产效率提升了 40%，产品缺陷率降低到 0.0012%以下。此外，西门子还利用数字孪生技术进行智能决策支持，通过对运行数据的实时分析，实现预测性维护和生产流程优化，减少设备故障停机时间，降低运营成本。在产品生命周期管理方面，西门子从设计、生产到运营和维修的每个环节都通过数字孪生技术优化决策，显著提升企业的创新能力和市场竞争力。

如图 3-45 所示，数字孪生技术的演化过程从“数字胚胎”阶段逐步发展到“数字化映射体”阶段，最终进入全面集成和智能化的高级阶段。在“数字胚胎”阶段，数字孪生主要聚焦于物理实体的部分功能模拟；在“数字化映射体”阶段，技术重点转向将物理实体的全生命周期数据映射到虚拟模型中，实现精细映射与动态分析；而在高级阶段，数字孪生通过实时监控、预测和优化，与物理实体形成闭环反馈，实现自适应智能化决策，推动产业升级与创新。

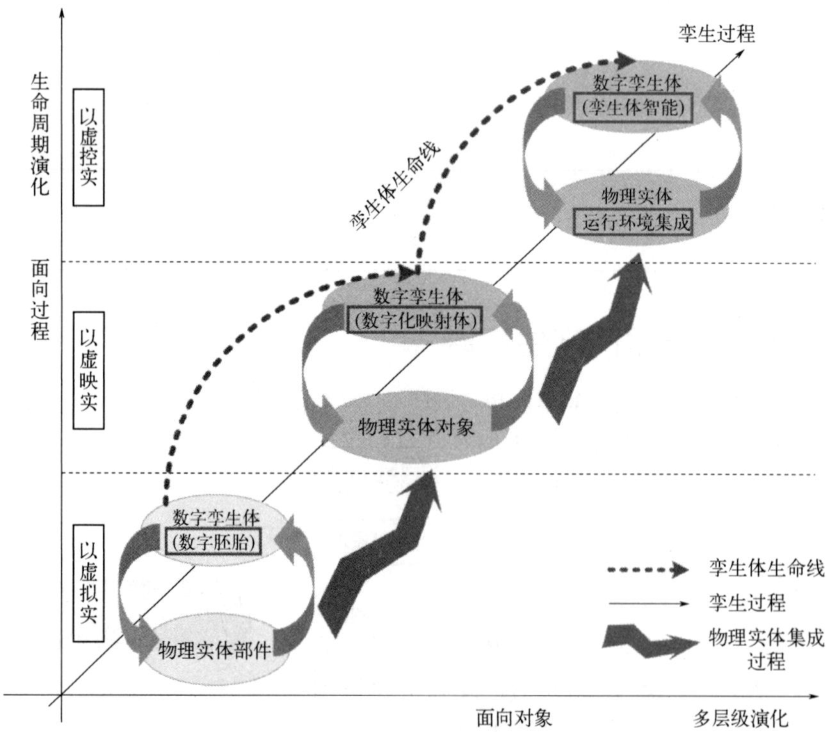

图 3-45　数字孪生技术的生命周期演化与多层级演化

数字孪生技术沿着生命周期演化线和多层级演化路径不断进化，不仅实现物理实体与数字世界的紧密耦合，还为企业构建智能化运营和管理体系。随着全球产业现代化的推进，数字孪生技术在制造业、智慧城市、自动驾驶、医疗健康、能源管理等领域展现出巨大潜力。例如，在智慧城市中，数字孪生模拟交通、环境、能源等城市运行要素，实现精细化城市管理；在自动驾驶领域，数字孪生通过虚拟仿真测试驾驶环境和安全性，提升智能交通系统的可靠性。这些应用展示了数字孪生技术在推动智能化转型中的重要作用。

3.7.2 数字孪生技术的定义

数字孪生是指在数字空间中创建与物理对象相对应的虚拟模型，能够实时反映物理实体的状态和行为。这一概念也被许多学者和机构称为数字镜像、数字映射、数字双胞胎、数字双生或数字孪生体等。然而，数字孪生并不仅仅等同于传统意义上的仿真、虚拟验证或全生命周期管理，也不仅仅是系统大数据的简单集合，它是一种更为复杂和动态的技术，能够通过虚拟模型与物理实体的双向交互，实现实时监控、预测分析和优化决策。

从 2017 年到 2019 年，Gartner 公司连续三年将数字孪生列为十大新兴技术，并对其定义进行逐步深化：2017 年，Gartner 将数字孪生定义为“实物或系统的动态软件模型”；2018 年，定义更新为“现实世界实物或系统的数字化表达”；到 2019 年，进一步定义为“现实生活中物体、流程或系统的数字镜像”。尽管如此，目前学术界和工业界对数字孪生的定义尚未形成完全统一的共识，不同学者、企业和研究机构对其理解仍存在差异。

NASA（美国国家航空和航天局）将数字孪生定义为一种多学科、多尺度的仿真过程，用于在虚拟空间中反映飞行实体的全生命周期。这一理念在航空航天领域得到了广泛应用，例如，波音公司利用数字孪生技术对飞机进行实时监控和预测性维护，显著提高了飞行安全性和运营效率。

GE 公司认为数字孪生是资产和流程的软件表示，通过数据模型和分析工具优化业务成果。例如，GE 在其风力发电机组中应用数字孪生技术，通过实时数据分析和预测性维护，减少了设备停机时间并提高了发电效率。PTC 公司将数字孪生视为企业数字化转型的核心工具，主要应用于工程设计、运营和服务领域。例如，宝马集团利用 PTC 的数字孪生技术优化汽车生产线，通过虚拟模型实时调整生产参数，显著提升了生产灵活性和效率。SAP 公司则强调数字孪生不仅是物理对象的虚拟表示，更是通过数据、机器学习和物联网实现优化与创新的关键。例如，博世公司利用 SAP 的数字孪生平台优化其智能制造流程，通过实时数据分析和预测性维护，降低了生产成本并提高了产品质量。

此外，北京航空航天大学陶飞教授提出，数字孪生通过虚实交互反馈、数据融合分析和决策迭代优化，为物理实体扩展新的能力。例如，海尔集团在其智能工厂中应用数字孪生技术，通过虚拟模型实时监控生产线状态，优化生产流程并提高资源利用率。李培根院士则认为数字孪生是“物理生命体”的数字化描述，强调其与物理实体的共生关系。例如，三一重工利用数字孪生技术对其工程机械进行全生命周期管理，从设计到服役阶段，通过虚拟模型优化产品性能并延长使用寿命。

数字孪生的基本功能如图 3-46 所示。

通用电气（GE）是数字孪生技术在智能制造领域应用的典范。在航空发动机领域，GE 通过数字孪生技术实现了仿真与映射功能，建立了发动机的虚拟模型，利用实际运行数据不断修正模型，从而在开发早期识别潜在问题，避免高成本的后期修正。例如，GE 为其 LEAP 发动机开发的数字孪生模型，能够精确预测发动机性能，显著缩短研发周期并降低成本。在监控与操作方面，GE 通过将实体发动机与虚拟模型连接，实现实时监控和可视化展现，支持工程师实时观察系统内部状态并调整运行参数，从而快速解决问题，提升运营效率和产品质量。在诊断与分析方面，GE 利用数字孪生技术对发动机运行状态进行实时诊断，发现潜在故障并提前进行维护调整，减少设备停机时间并提高生产效率。此外，GE 还通过数字孪生的预测与优化功能，预测未来可能发生的故障或问题，并采取预防性维护措施。这些应用使 GE 在智能制造领域始终保持领先地位。

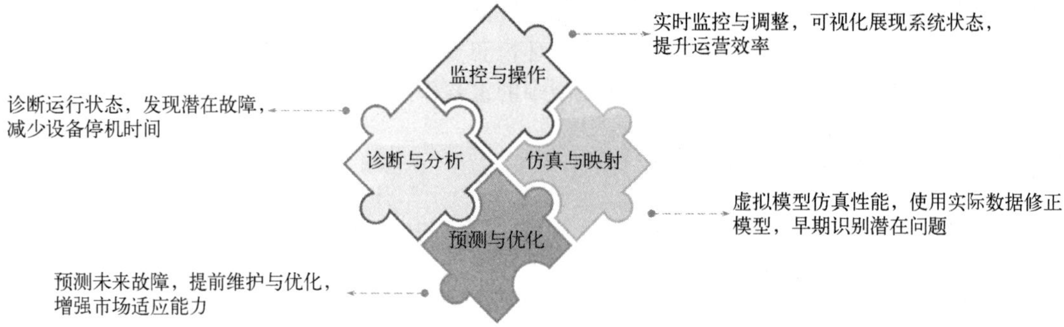

图 3-46　数字孪生的基本功能

在汽车制造领域，特斯拉也积极采用数字孪生技术，通过虚拟模型实时监控车辆状态，优化自动驾驶算法并提高车辆安全性。在电子制造领域，富士康利用数字孪生技术优化其生产线布局和生产流程，显著提升生产效率和产品良率。在能源领域，壳牌（Shell）通过数字孪生技术对其石油钻井平台进行实时监控和预测性维护，减少设备故障和停机时间，提高了生产效率。

总的来说，数字孪生以模型和数据为基础，通过多学科耦合仿真等方法，实现物理实体与虚拟模型的精准映射和双向交互。无论是西门子的智能制造、GE 的航空发动机管理，还是宝马的汽车生产线优化，数字孪生技术都在帮助企业实现更高效的决策、更精准的控制以及更智慧的协同发展，成为推动智能制造和数字化转型的核心驱动力。随着技术的不断演进，数字孪生将在更多领域发挥其独特价值，助力企业实现更高效、更智能的运营模式。

3.7.3　数字孪生的组成、分类

数字孪生有以下几种分类方式：

① 按应用场景分类：产品数字孪生，针对单个产品或设备，例如 GE 航空发动机的数字孪生，用于实时监控和预测性维护；流程数字孪生，针对生产流程或工艺，例如西门子的智能工厂生产线数字孪生，用于优化生产效率和资源利用率；系统数字孪生，针对复杂系统或网络，例如国家电网的电力系统数字孪生，用于实时监控和调度电力资源；城市数字孪生，针对城市基础设施和管理，例如新加坡的智慧城市数字孪生，用于交通管理、能源分配和灾害预警。

② 按功能范围分类：数字孪生原型（Digital Twin Prototype），在产品设计阶段创建的虚拟模型，用于模拟和验证设计性能，例如，特斯拉在开发新车型时使用数字孪生原型优化车身结构和电池性能；数字孪生实例（Digital Twin Instance），在产品投入使用后创建的虚拟模型，用于实时监控和优化运行状态，例如，卡特彼勒的工程机械设备数字孪生实例，用于预测设备故障和优化维护计划。

③ 按生命周期阶段分类：设计阶段数字孪生，用于产品设计和仿真验证，例如空中客车在飞机设计阶段使用数字孪生优化气动性能和结构强度；制造阶段数字孪生，用于生产过程的监控和优化，例如台积电在芯片制造中使用数字孪生技术提高良率和生产效率；运营阶段数字孪生，用于产品使用和维护，例如壳牌在石油钻井平台运营中使用数字孪生进行实时监控和预测性维护；退役阶段数字孪生，用于产品报废和回收，例如宝马在电动汽车电池回收中使用数字孪生优化资源再利用。

数字孪生的核心组成通常包括以下三个部分：

① 物理实体（Physical Entity）是数字孪生的现实基础，可以是单个设备（如一台机床）、

复杂系统（如一条生产线）或宏观对象（如一座城市）。例如，施耐德电气的智能工厂中的生产设备就是物理实体，通过传感器实时采集数据并传输到虚拟模型中。

② 虚拟模型（Virtual Model）是物理实体的数字化镜像，通过三维建模、仿真和数据驱动技术构建。它不仅能够反映物理实体的当前状态，还能预测其未来行为。例如，波音公司通过虚拟模型模拟飞机在不同飞行条件下的性能，优化设计和运营决策。

③ 信息与数据流（Information & Data Flow）连接部分是物理实体与虚拟模型之间的桥梁，通过物联网、云计算和大数据技术实现数据的实时传输、存储和分析。例如，海尔集团通过物联网技术将智能家电的运行数据实时传输到云端，利用数字孪生模型进行分析和优化。

3.7.4 数字孪生的系统架构和核心技术

数字孪生的系统架构如图 3-47 所示。

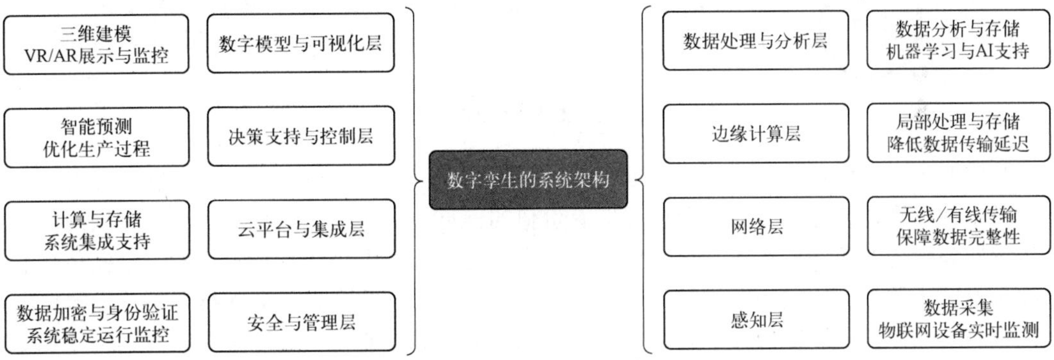

图 3-47 数字孪生的系统架构

数字孪生系统的架构由多个层次组成，共同支撑其实现与应用。以施耐德电气为例，其智能工厂通过感知层的物联网设备（如传感器、摄像头）实时采集设备数据（如温度、压力），并通过网络层传输到边缘计算层和云端。边缘计算层对数据进行初步处理，降低延迟并实时调整生产线参数，同时减轻云端负担。

在数据处理与分析层，壳牌利用大数据和人工智能分析石油钻井平台数据，预测设备故障并优化钻井效率，降低成本和缩短停机时间。分析结果通过三维建模和虚拟现实技术可视化，帮助工程师远程监控设备状态。

在决策支持与控制层，空中客车通过数字孪生优化飞机制造流程，利用 AI 实时调整生产线参数并预测问题。例如，在机翼制造中，系统自动调整加工参数以避免缺陷，显著提升效率和质量。

云平台与集成层在台积电的芯片制造中发挥关键作用，通过云计算管理数字孪生模型，并与 ERP、MES 等系统集成，实现供应链与生产的高效协同。例如，实时调整原材料采购计划以应对需求变化。

在安全与管理层，卡特彼勒通过数据加密和身份验证保障系统安全，防止数据泄露和攻击，同时通过监控工具确保系统稳定运行。

总的来说，数字孪生系统通过感知层、网络层、边缘计算层、数据处理与分析层、数字模型与可视化层、决策支持与控制层、云平台与集成层以及安全与管理层的协同，实现了物理实体与虚拟模型的高度融合，推动企业智能化转型。

数字孪生的核心技术如图 3-48 所示。

图 3-48　数字孪生的核心技术

数字孪生技术依赖于大数据技术处理和分析海量数据，这些数据来源于物联网设备、用户行为及市场反馈，通过高级数据分析提取有价值的信息，为决策提供科学依据。物联网技术通过传感器和设备的互联，实现物理实体与数字模型之间的数据采集与实时传输。这些传感器能够收集温度、压力、位置等多种信息，为数字孪生提供必要的基础数据支持，确保虚拟模型的准确性和实时性。云计算为数字孪生提供强大的计算和存储能力，支持企业在云端构建和管理数字模型，降低 IT 成本的同时实现资源的高效共享和实时更新。人工智能和机器学习技术在数字孪生中发挥关键作用，通过智能分析和预测，识别数据模式、预测故障并优化运营，增强决策支持能力。三维建模技术创建可视化模型，结合虚拟现实和增强现实技术，提供沉浸式交互环境，帮助用户直观理解物理实体的状态与行为。信息物理系统（CPS）将物理过程与计算机控制紧密结合，数字孪生作为其核心组成部分，通过实时数据反馈实现系统的高效监控。边缘计算技术通过将数据处理转移到离数据源更近的设备，降低延迟并提升实时性，使数字孪生能够迅速响应物理世界的变化。此外，数字孪生需要与 ERP、SCM、MES 等系统集成，确保数据在不同平台之间无缝流动，促进各环节的高效协作。

以施耐德电气（Schneider Electric）为例，在其智能工厂中，物联网技术通过传感器实时采集设备运行数据（如能耗、振动、温度等），构建精准的数字孪生模型，确保虚拟镜像与物理实体的高度一致。同时，施耐德电气利用大数据技术存储和分析海量运行数据，提取有价值的信息，为能源管理和设备维护提供决策支持。通过云计算平台，施耐德电气能够高效管理和更新数字孪生模型，降低 IT 成本的同时实现资源的弹性分配和实时数据同步。

在能源领域，壳牌（Shell）将数字孪生技术与人工智能和机器学习相结合，对其石油钻井平台进行全生命周期管理。壳牌通过数字孪生模型分析传感器采集的运行数据，预测潜在故障并优化钻井效率，显著降低运营成本和缩短停机时间。此外，壳牌还利用三维建模和虚拟现实技术创建钻井平台的可视化模型，通过沉浸式监控环境提升运营效率和安全性。

在航空航天领域，空中客车（Airbus）通过数字孪生技术优化其飞机设计和制造流程。空中客车利用云计算平台管理和更新飞机组件的数字孪生模型，结合边缘计算技术实时处理生产线数据，快速响应设计变更和生产需求，提高了生产灵活性和效率。同时，空中客车将数字孪生技术与 ERP、SCM 和 MES 集成，确保数据在不同平台之间无缝流动，实现了从设计到制造的高效协同。

在工程机械领域，卡特彼勒（Caterpillar）通过数字孪生技术提升其设备的智能化水平。卡特彼勒利用 AI 和机器学习技术分析设备运行数据，通过数字孪生模型预测潜在故障并优化设备性能，从而提高了设备的可靠性和使用寿命。此外，卡特彼勒还利用信息物理系统将物理世界与虚拟世界紧密结合，通过实时数据反馈实现设备状态的有效监控。

在半导体制造领域，台积电（TSMC）通过数字孪生技术优化其芯片生产线。台积电利用边缘计算技术实时处理生产线传感器数据，通过数字孪生模型快速响应生产变化，提高了监控的灵活性和及时性。同时，台积电将数字孪生技术与 ERP、SCM 和 MES 集成，确保数据在不同平台之间无缝流动，实现了从供应链到生产制造的高效协同。

在食品饮料行业，雀巢（Nestlé）通过数字孪生技术实现生产线的全面优化。雀巢利用信息物理系统实现生产设备的实时监控，通过数字孪生技术优化生产流程，提高了响应能力和决策效率。同时，雀巢还利用三维建模技术创建生产线的可视化模型，通过虚拟现实技术进行沉浸式设计和监控，显著提升了设计效率和用户体验。

总的来说，数字孪生技术通过多种技术的深度融合，为各行业的企业提供了全面的解决方案。无论是施耐德电气的智能工厂、壳牌的石油钻井平台管理，还是空中客车的飞机制造优化，数字孪生技术都在帮助企业实现更高效、更智能的运营模式，推动行业的数字化转型。

3.7.5　数字孪生在工业中的应用过程

随着数字孪生技术的发展，其在智能制造中的应用逐渐深入，如图 3-49 所示。

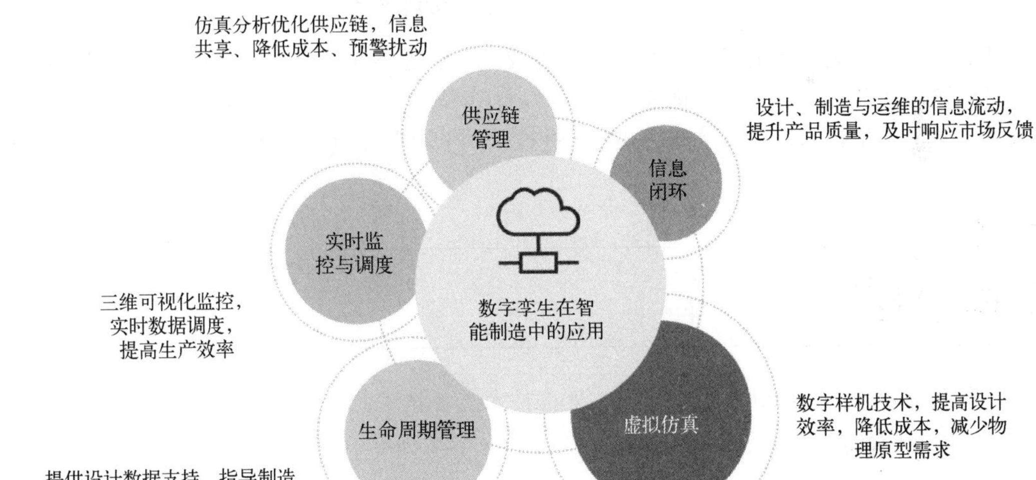

图 3-49　数字孪生在智能制造中的应用

数字孪生技术通过信息闭环实现设计、制造和运维的无缝连接，帮助企业快速响应市场反馈，提升产品质量。虚拟仿真技术通过数字样机减少物理原型需求，降低成本并加速产品上市。在产品生命周期管理中，数字孪生支持设计优化、制造指导和运维监测，提升效率并减少错误。实时监控与调度方面，通过三维可视化和数据分析优化资源分配，如西门子的虚拟工厂管理。在供应链管理中，数字孪生通过仿真分析和信息共享对扰动进行预警，降低成本。

例如，在航空航天领域，数字孪生用于飞机设计与维护，实时监测运行状态并预测维护需求。波音公司通过数字孪生实现预测性维护，每年为全球航空业节省高达 80 亿美元，提升航班准时率和安全性。总之，数字孪生技术正在推动各行业数字化转型，助力企业实现高效、智能的运营模式。

3.7.6 数字孪生技术的发展趋势

数字孪生技术正处于快速发展之中，如图 3-50 所示，未来将在制造业、建筑业、城市管理、医疗等多个领域发挥更大作用。随着技术的不断进步与应用案例的增多，数字孪生将成为推动经济社会变革的重要动力。其在优化资源配置、提升生产效率和增强创新能力方面的潜力，预示着一个更加智能化的未来。

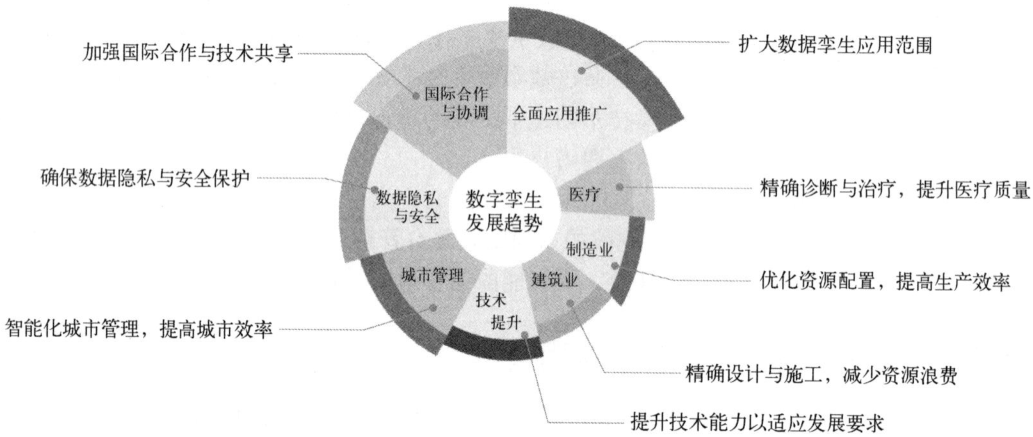

图 3-50 数字孪生技术的发展趋势

然而，数字孪生技术的发展仍面临诸多挑战。企业需不断提升技术能力，克服数据隐私与安全等问题，实现数字孪生的全面应用。同时，在全球化背景下，各国之间的合作与协调也将成为推动数字孪生技术发展的关键因素，促进技术的共享与创新，推动全球经济的可持续发展。

3.8 本章小结

本章系统解析了智能制造的几大核心支撑技术，各技术的核心要点与应用如下：

（1）智能传感

作为“神经末梢”，智能传感通过多模态感知、自校准与边缘计算集成，实现对温度、振动等物理量的实时采集与预处理，应用于生产线监控、设备预测性维护等场景，为数据驱动决策提供基础。

（2）工业互联网与物联网

工业物联网（IIoT）聚焦设备级互联与数据采集，支撑智能仓储、预测性维护；工业互联网则构建全产业链协同生态，通过平台化设计、网络化协同等模式，实现从设备到产业链的全局优化。二者分别侧重“设备互联”与“生态重构”。

（3）大数据与云计算

大数据以“4V”（高体量、多样性、高速性、潜在价值性）为特征，通过数据挖掘与机器学习实现设备故障预测、工艺优化等；云计算通过 IaaS/PaaS/SaaS 三层服务模型，提供弹性算力支撑。二者协同支撑生产全流程的智能化决策。

（4）边缘计算

边缘计算在数据源附近实现实时数据处理，降低延迟与带宽压力，与云计算形成 “边缘-云端” 协同架构，适用于工业实时控制、本地决策等场景，提升系统响应速度。

（5）VR/AR/MR

VR 构建沉浸式虚拟环境（如培训仿真），AR 实现虚实叠加（如维修指引），MR 支持虚实双向交互（如复杂装配），三者通过沉浸感与实时交互，赋能工业设计、生产与运维。

（6）数字孪生

数字孪生通过物理实体的虚拟镜像与实时数据闭环，实现全生命周期管理与优化，核心技术包括传感器技术、大数据技术、云计算等，应用于智能工厂、产品运维等场景，推动“以虚控实”的智能化升级。

各技术通过“传感-边缘-云端-孪生”的协同链，构建“感知-决策-执行”闭环，支撑预测性维护、柔性生产等典型场景，是智能制造落地的核心技术支撑。

思考题

3-1　智能传感器与传统传感器的核心区别是什么？

3-2　多模态感知技术的关键挑战是什么？

3-3　自校准与自诊断功能如何提升传感器可靠性？

3-4　边缘计算在智能传感中的作用是什么？

3-5　工业物联网的核心特征有哪些？

3-6　工业互联网的典型应用模式包括哪些？

3-7　工业互联网与工业物联网的本质区别是什么？

3-8　大数据的“4V”特征指什么？

3-9　预测性维护如何利用大数据技术？

3-10　数据清洗的主要任务是什么？

3-11　云计算的三层服务模型是什么？

3-12　混合云部署的优势是什么？

3-13　请举例说明边缘计算与云计算的协同场景。

3-14　边缘计算如何提升工业实时性？

3-15　AR 与 MR 的核心区别是什么？

3-16　工业领域中 VR 的典型应用场景有哪些？

3-17　数字孪生的核心组成部分是什么？

3-18　数字孪生在预测性维护中的工作流程？

3-19　数字孪生与传统仿真的区别是什么？

3-20　智能制造系统中，智能传感与工业物联网的关系是什么？

3-21　大数据与云计算的协同作用如何体现？

3-22　边缘计算与数字孪生的结合场景有哪些？

第4章

智能制造系统单元

【本章内容思维导图】

- 智能数控机床
  - 发展与定义
    - 发展历程：20世纪50年代起源，我国50年代末起步，历经机械化、自动化、智能化阶段
    - 定义：狭义(单机智能优化)、广义(人机协同制造系统)，强调目标、感知、决策、执行四要素
  - 技术特征
    - 人机协同性、整体与局部协调性、自学习及其能力持续提高性、自治与集中统一性、结构开放性和可扩展性、绿色性、智能贯穿性
  - 控制原理与系统组成
    - 控制流程：数字指令输入→CNC处理→伺服驱动→机械传动→闭环反馈
    - 系统组成：智能编程、三维仿真、智能刀具库、在机测量、远程诊断等子系统
  - 关键技术
    - 智能传感技术(视觉/温度/振动传感器)、智能功能相关技术、智能数控技术、大数据采集及分析技术
  - 应用案例
    - 沈阳机床i5系统：集成多技术实现自动化刀具路径规划、误差纠正、智能监控等
- 智能工业机器人
  - 定义与历程
    - 定义：集成传感器、AI的可编程多功能操作器
    - 发展：1954年起源；日本20世纪70年代量产；我国20世纪80年代起步，依赖进口核心部件
  - 核心特征
    - 易用性、智能化水平高、生产效率与安全性高、易于管理且经济效益显著
  - 关键技术
    - 编程语言(动作级/任务级)与编程方式、传感器(视觉/力觉/内部状态)、智能控制(模糊/神经网络)、路径规划、人机接口
  - 典型应用
    - 关节机器人(焊接/装配)、SCARA机器人(精密装配)、协作机器人(人机共融)
- 智能物流设备
  - 概念与分类
    - 定义：广义(全链条设备)、狭义(智能感知、决策、执行设备)
    - 分类：智能仓储(自动化立体仓库)、智能装卸搬运(AGV)、智能分拣输送(交叉带式分拣机)
  - 技术特征
    - 智能化(状态感知/自主决策/准确执行)、集成化(技术/系统/设备与环境)、信息化(数据驱动)、柔性化(环境适应)
  - 关键技术
    - 自动识别(条码/RFID/准确执行）技术、GIS技术(路径优化等)、数据仓库与数据挖掘技术
  - 发展趋势
    - 更高智能化、更高效自动化、更广泛应用场景
- 智能测量设备
  - 概念与分类
    - 定义：集成传感、AI等的高精度测量装备
    - 分类：通用/专用；接触式/非接触式
  - 发展历程
    - 半导体技术的崛起→微处理器和计算机时代→高性能和高频率测试→物联网和5G时代
  - 发展趋势
    - 智能化、集成化、虚拟化
  - 应用案例
    - 中航力源液压：高精度比较仪实现自动化检测；宸鸿科技：3D曲面玻璃非接触式测量；等等
- 智能工厂与车间
  - 概念与定位
    - 智能工厂：数字化+网络化+智能化系统，含虚拟与实体工厂
    - 智能车间：工厂子集，聚焦高灵活性生产单元，强调人机协作与数据驱动
  - 发展历程
    - 数字工厂(建模仿真)→数字互联工厂(物联网集成)→智能工厂(AI决策)
  - 系统架构
    - 五层架构：基础设施层(网络/安全)、智能装备层(生产/检测/物流设备)、智能产线层(柔性自动化)、智能车间层(MES/APS等)、智能管控层(实时监控)
  - 核心特点
    - 制造系统集成化、决策智能化、加工自动化、服务主动化
  - 实例分析
    - 特斯拉超级工厂：多工机器人协同生产；海尔互联工厂：用户定制化与3D打印应用
- 智能工业软件
  - 定义与分类
    - 定义：工业领域专用软件，驱动智能制造的“大脑”
    - 分类：研发设计(CAD/CAF/CAPP等)、生产控制(MES/DCS/PLC等)、经营管理(ERP/SCM/CRM)
  - 发展趋势
    - 赋能现代制造、定义智能制造、主导未来智造

【学习目标】

1. 了解智能数控机床的发展。
2. 明确掌握智能数控机床的特征、控制原理与系统组成。
3. 明确智能控制技术的原理及其在机床加工中的具体应用。
4. 明确智能工业机器人的定义、特点、关键技术，熟悉其在生活中的应用。
5. 了解智能物流设备的概念与发展。
6. 掌握相关的智能物流技术。
7. 理解智能测量设备的概念、分类及其在制造业中的应用。
8. 掌握接触式与非接触式测量设备的特点与适用场景。
9. 熟悉智能工厂与车间的定义、系统架构及核心特点。
10. 掌握智能工业软件的分类及其在智能制造中的核心作用。
11. 能结合实际案例分析智能工厂的优势，评估其对企业效率和质量的影响。

4.1 智能数控机床

4.1.1 智能数控机床的发展与定义

数控机床被称为“工业母机”，作为工业自动化中最基本的制造单元，直接或间接地参与各类生产工具和生产资料的生产过程。数控机床最早产生于 20 世纪 50 年代初，我国于 20 世纪 50 年代末在北京机床研究所成立了数控机床研究室，与此同时，清华大学等一批高校也开始着手研究数控系统及数控机床，中国首台自主研发的智能数控机床如图 4-1 所示。

图 4-1　中国首台自主研发的智能数控机床

随着社会经济的迅速发展，20 世纪 50 年代，电子管或程序等技术的出现在一定程度上能对传统机械加以科学合理的缺陷弥补，比如在实际工作过程中，极易出现加工曲线不能合理控制的问题，自动化生产因需求而出现。到 70 年代，社会上有功能性机床出现，其主要以柔性制造系统为关键点，同时在一定程度上充分发挥信息技术至关重要的作用，科学合理地应用计算机技术。目前各施工企业往往结合自身实际情况，不断优化相应的机床结构，让数控计算内核得到科学合理的完善，从而在智能加工以及相关维护技术中投入研究，确保相关制造设备能实现长远发展。

目前我国智能设备技术主要实现智能执行以及决策目的，其主要包括智能感知技术、智能维护技术以及智能工艺规划技术等方面。作为智能设备推进的重点，智能数控机床（智能机床）需要以智能化的形式呈现其高端的特点。数控机床的发展随着全球机械产品的升级与产业结构的调整，经历了如图 4-2 所示的更迭，目前中国正在大力推进智能一代，以智能技术为核心。在未来的发展中，“智能一代” 必将引领工业制造行业发展。

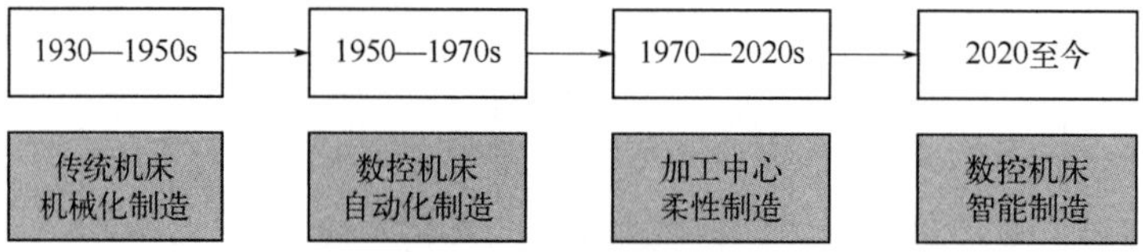

图 4-2 数据机床发展历程

狭义智能机床的定义：对其加工制造过程能够智能辅助决策、自动感知、智能监测、智能调节和智能维护的机床，从而支持加工制造过程的高效、优质和低耗的多目标优化运行。广义智能机床的定义：以人为中心、机器为协助，通过自动感知、智能决策以及智能执行方式，将固体材料经由一动力源推动，以物理的、化学的或其他方法做成形加工的机械，以及以各类智能功能组合支持所在制造系统高效、优质和低碳等多目标优化运行的加工机械。

狭义智能机床定义强调的是单机所具有的智能功能和对加工过程多目标优化的支持性，而广义智能机床定义强调的是在以人为中心、人机协调的宗旨下，机床及以一定方式组合的加工设备或生产线所具有的智能功能和对制造系统多目标优化运行的支持性。

智能机床定义为目标、感知、决策和执行四个方面。在明确目标下，智能机床能对自己进行监控，可自行分析众多与加工状态环境相关的因素，最后自行采取应对措施来保证最优化的加工效果。简单地说，机床可自适应柔性和高效生产系统的要求，如实现生产线自动控制、工件自动调度、自动监控，部分关键工序实现工件质量自动检测，刀具实现在线磨损监控、自动补偿和自动报警等。智能数控机床（智能机床）是智能制造装备推进的重点，智能化是数控机床的高端表现形式，也是高档数控机床的标志。

4.1.2 智能数控机床的特征

智能机床技术特征可以总结为以下方面：

① 人机的协同性。人在生产活动中是非常活跃的和具有巨大灵活性的因素，智能机床研究开发和应用中应以人为中心，人、计算机和机械以及各类软件系统共处在一个系统中，互相独立、取长补短、协同工作，从而使整个系统达到最佳效益。

② 整体与局部的协调性。一方面，智能机床的各智能功能部件、数控系统、各类执行机构以及各类控制软件从局部上相互配合，协调完成各类工作，实现智能机床上的局部协调；另一方面，在局部协调的基础上，机床装备（包括软件和硬件）、人的头脑（智慧、经验和技能等）、智能计算机系统的知识库和一般数据库等构成的信息库相互配合，实现智能机床整体上的协调。

③ 自学习及其能力持续提高性。现实的生产加工过程千差万别，智能机床的智能体现的重要方面之一是在不确定环境下，通过分析已有的案例和人脑的智慧的形式化表达，自学习相关控制和决策算法，并在实际工作中不断提升这种能力。

④ 自治与集中的统一性。一方面，根据加工任务以及自身具有的集自主检测、智能诊断、自我优化加工行为、智能监控于一体的执行能力，智能机床可独立完成加工任务，出现故障时可自我修复，同时不断总结和分析发生在自身上的各种事件和经验教训，不断提高自身的智能化水平。另一方面，为满足服务型制造的需要和更好地提高机床的智能化水平，智能机床应具有集中管控的能力，通过自学提高智能化水平，运用同类机床所获取到的经过提炼的知识来提高自己的能力，同时，通过远程的监控和维护维修提高利用率。

⑤ 结构的开放性和可扩展性。技术是不断发展的，客户的要求是不断变化的，机床的智能也是无止境的。为满足客户的需要和适应技术的发展，设计开发的智能机床在结构上应该是开

放的，其各类接口系统（包括软硬件）对各供应商应是开放的，从而随时根据新的需要，配置各种功能部件和软件。

⑥ 制造和加工的绿色性。为满足低碳制造和可持续发展的需要，对于制造厂家，要求设计制造智能机床时保证其绿色性；对于用户厂家，应保证加工使用过程的绿色性。

⑦ 智能的贯穿性。在智能机床设计、制造、使用、再制造和报废的全生命周期过程中，应充分体现其智能性，实现智能化的设计、智能化的制造、智能化的使用、智能化的再制造和智能化的报废。

智能数控机床（智能机床）的这些特点成为制造业转型升级的重要工具，有助于提高生产效率，降低成本，提升产品质量，是未来制造业发展的重要趋势。

智能机床功能特征可以总结为：以人为中心的人、计算机（计）、机床（机）动态交互功能。在智能机床中，人、计算机与机床（机床机械和电气部分）之间及时的信息传递与反馈、配合和结合，是实现超过普通机床制造能力和智能的关键，因此，智能机床中的人、计、机动态交互功能是其重要功能特征。其动态交互功能应具有支撑三类基本功能实现的作用：

① 准备智能功能。在加工任务准备时，应具有在不确定变化环境中自主规划工艺参数、编制加工代码、确定控制逻辑等最佳行为策略能力。

② 执行智能功能。在加工任务执行时，应具有集自主检测、智能诊断、自我优化加工行为、远程智能监控为一体的执行能力，总结和分析智能机床的各种执行智能功能需求。

③ 维护智能功能。在机床维护时，具有自主故障检测和智能维修维护以及远程智能维护功能，同时具有自学习和共享学习的能力。

4.1.3 智能数控机床控制原理与系统组成

智能数控机床的控制原理基于先进的计算机技术、自动控制理论以及现代传感技术，其核心是利用数字化的指令来精确控制机床的动作。

如图 4-3 所示，智能数控机床的控制过程始于数字指令的输入，这些指令通常由 CAD/CAM 软件生成，以 G 代码或更高级的编程语言形式存在，描述了零件加工的整个过程。

智能数控机床输入的数字指令通过计算机数控（CNC）装置进行处理。CNC 装置通常包含一个中央处理器（CPU）和存储器，它能够对输入的加工程序进行解读、处理和运算。数控机床在执行曲线轮廓加工时，需要使用插补算法来确定中间点的位置。插补算法可以是线性插补、圆弧插补或高次曲线插补，它根据曲线的种类、起点、终点以及速度等信息，在曲线的起点和终点之间生成一系列中间点。

数控装置将处理后的信号发送给伺服驱动系统。伺服驱动系统根据这些信号的大小、频率和持续时间来精确控制伺服电机的运动。伺服电机通过机械传动机构（如滚珠丝杠、直线电机等）将旋转运动转换为机床工作台的直线运动。这些传动机构能够将电机的精密运动传递到机床的主体上。

智能数控机床通常具备闭环控制系统，这意味着机床会使用位置、速度等传感器提供的反馈信息，与数控装置中的设定值进行比较，以调整伺服电机的运动，确保加工精度。操作人员可以通过人机界面与数控机床进行交互，监控机床状态，设置加工参数，以及进行故障诊断和维护。

综上所述，智能数控机床控制原理涉及从数字指令输入、处理，到伺服驱动和机械传动的整个过程，以及通过反馈控制和智能优化来实现高精度、高效率的加工。

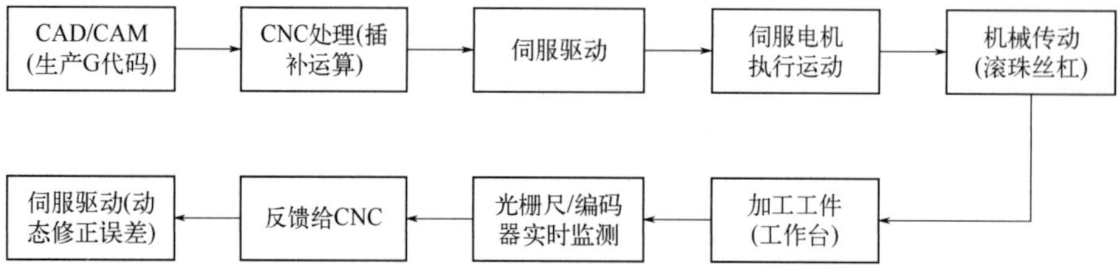

图 4-3 智能数控机床的控制原理

图 4-4 智能机床的子系统组成

目前智能机床主要由智能编程、三维仿真、智能刀具库、在机测量、远程诊断等子系统组成，具体如图 4-4 所示。其中智能编程系统主要可以提供智能化特征编程，基于用户加工工件的特性要素构建编程，完全模块化封装加工程序，实现快速编程。三维仿真系统负责加工零件时，操作者可以从显示界面上预览到后续的加工轨迹，有利于操作者分辨出后续加工是否有问题，能够实时模拟机床的加工状态，实现工艺经验的数据积累，以至于进一步快速响应用户的工艺支持请求。智能刀具库系统具体包括刀具的选用试验、采购、调整、刃磨、修理、库存设置及控制、刀具的使用寿命控制、生产中加工问题的跟踪分析和解决、刀具的优化和改进等，这是一个复杂的过程，需要建立完善的刀具管理体系，以确保过程稳定且可控、工作高效。在机测量系统可实现在设备内部对加工工件进行实时检测，可根据检测结果及时发现加工过程中存在的问题，确保检测和加工精度。智能数控机床工作过程中需要各子系统之间紧密协同配合来实现其高精、高效、安全与可靠、低耗的目标。

智能数控机床的加工过程需要操作者获取制件工艺特征与质量要求，进行加工程序选择、加工轨迹规划，根据智能数控机床的实时数据反馈来监测加工状态以及后续加工轨迹，在线对各子系统进行协同调控。智能数控机床在操作上呈现出多信息、多参数、多系统等人机交互特点，具有功能高度复杂且层级性强、信息编码内容聚集的复杂特性，导致直接基于操作流程对智能数控机床操作任务进行分析时难以明晰加工过程中操作者认知情况以及人机交互情况。

4.1.4 智能数控机床技术

（1）智能传感技术

由机床、刀具、工件组成的数控机床制造系统在加工过程中，随着材料的切除，伴随着多种复杂的物理现象，隐含着丰富的信息。在这种动态、非线性、时变、非确定性环境中，数控机床自身的感知技术是实现智能化的基本条件。

数控机床要实现智能，需要各种传感器收集外部环境和内部状态信息，近似于人类五官感知环境变化的功能。对人来讲，眼睛是五官中最重要的感觉器官，能获得 90%以上的环境信息，但视觉传感器在数控机床中的应用还比较少。随着自动化和智能化水平的提高，视觉功能在数控机床中将发挥越来越重要的作用。随着 MEMS（微机电系统）嵌入技术、智能材料与结构等技术的发展，传感器趋向小型化。MEMS 微传感器、薄膜传感器以及光纤传感器等微型传感器的成熟应用，为传感器嵌入数控机床奠定了基础。

由于制造过程中存在不可预测的复杂现象和疑难问题，以及所监测到的信息存在时效性、精确性、完整性等问题，因此，要求传感器具有分析、推理、学习等智能，这要求传感器要有高性能智能处理器来充当“大脑”。美国高通公司正在研制能够模拟人脑工作的人工智能系统微处理器，要求不但具有检测、识别、记忆、分析等功能，而且具有自学习甚至思维能力。相信随着计算机技术、信号处理技术、MEMS 技术、高新材料技术、无线通信技术的不断进步，智能传感器将会在数控机床智能感知方面带来全新变革。

（2）智能功能相关技术

数控机床向高速、高效、高精化发展，要求数控机床具有热补偿、振动监测、磨损监测、状态监测与故障诊断等智能功能，如图 4-5 所示。融合几个或几种智能传感器，采用人工智能方法，通过识别、分析、判断及推理，实现数控机床的智能功能，为智能部件的实现打下基础。

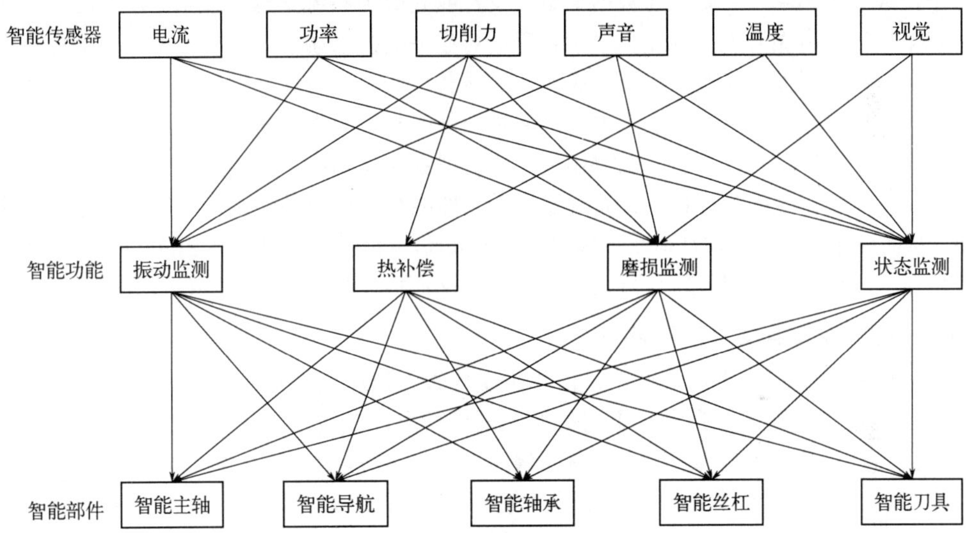

图 4-5　数控机床智能功能相关技术

数控机床的误差包括几何误差、热（变形）误差、力（变形）误差、装配误差等。研究表明，几何误差、热误差占机床总误差的 50%以上，是影响机床加工精度的关键因素。其中，几何误差是制造、装配过程中造成的与机床结构本身有关的误差，随时间变化不大，属于静态误差，预测模型相对简单，可以通过系统的补偿功能得到有效控制；而热误差随时间变化很大，属于动态误差，误差预测模型复杂，是国际研究的难点和热点。

数控机床在加工过程中的热源包括轴承、滚珠丝杠、电机、齿轮箱、导轨、刀具等。这些部件的升温会引起主轴延伸、坐标变化、刀具伸长等变化，造成机床误差增大。由于温度敏感点多、分布广，温度测点位置优化设计很重要，主要方法有遗传算法、神经网络、模糊聚类、粗糙集、信息论、灰色系统等。在确定了温度测点的基础上，常用神经网络、遗传算法、模糊逻辑、灰色系统、支持向量机等来进行误差预测与补偿。

在航空航天领域，随着钛合金、镍合金、高强度钢等难加工材料的广泛应用，以及高速切削条件下切削量的不断增大，刀具、工件间很容易发生振动，严重影响工件的加工精度和表面质量。由于切削力是切削过程的原始特征信号，最能反映加工过程的动态特性，因此可以借助切削力进行振动监测。借助测力仪、力传感器、进给电机的电流等，利用粒子群算法、模糊理论、遗传算法、灰色理论等对切削力进行建模和预测。考虑到引起机床振动的部件主要有主轴、丝杠、轴承等，也可以采集这些部件的振动、切削力、声发射等信号，利用神经网络、模糊逻辑、支持向量机等智能方法直接进行振动监测。

刀具安装在主轴前端，与加工工件接触，直接切削工件表面，对加工质量的影响是最直接和关键的。刀具磨损等异常现象影响加工精度和工作安全。鉴于直接测量法需要离线检测的缺陷，常采集电流、切削力、振动、功率、温度等一种或多种间接信号，采用 RBF（径向基函数）神经网络、模糊神经网络、小波神经网络、支持向量机等智能算法对刀具磨损状态进行智能监测。

随着自动化程度的提高，数控机床集成越来越多的功能，复杂程度不断提高。为了高效运行，对数控机床的内部状态进行监测与性能评价、对故障进行预警与诊断十分必要。

（3）智能数控技术

机床最关键的技术就是智能数控技术，其以传统数控技术为关键点，在一定程度上对机床智能化水平造成直接影响，主要包含数据采集以及开放式数控系统架构等技术。较为常见的开放式数控系统架构往往遵循开放性原则，科学合理地对相关数控系统加以开发，在机床中将其合理应用，其自身具有扩展性、互换性以及可操作性等显著优势。目前该架构主要包含两部分：系统平台以及应用软件。前者主要是对机床内部数字量控制的相关部件，其在一定程度上往往在数控系统中应用相关硬件以及软件平台，确保相关物体实现系统化功能，如较为常见的电源系统或者微处理器系统，支撑相应的操作系统，充分发挥系统性能至关重要的作用，科学合理地控制系统硬件资源，从而让相应的应用软件研制效率得以显著提高。目前在开发相关应用软件的过程中，主要是以模型为主，让各系统能科学合理地联系在一起，从而根据编制差异，将其合理应用在各项系统。

（4）大数据采集及分析技术

随着我国社会经济的迅速发展，目前我国现代数控机床性能逐渐呈上升发展趋势。机床往往呈现出各式各样的种类，为满足不同数据的采集需求，在数控机床中广泛应用传感器，其能适用于各式各样的机床数据采集类型。机床数据在一定程度上往往分为力矩电流、指令信息以及主轴电流等方面，确保整个制造过程得以有效管理的同时，还能不断优化整个制造过程。智能数控机床的大数据采集与分析技术是提升机床智能化水平、提高生产效率和质量的关键环节。通过数据分析技术，智能数控机床能够提供实时、准确的反馈，帮助制造业实现智能化管理和决策，从而提高生产效率和质量。

4.1.5 智能控制技术在机床加工中的具体应用

沈阳机床集团研发拥有自主核心技术的 i5 系统智能机床，如图 4-6 所示，有效集成了工业化（Industry）、信息化（Information）、网络化（Internet）、智能化（integrate）和集成化（Inteligent），通过互联网智能终端，实现补偿、诊断、控制和管理智能化。

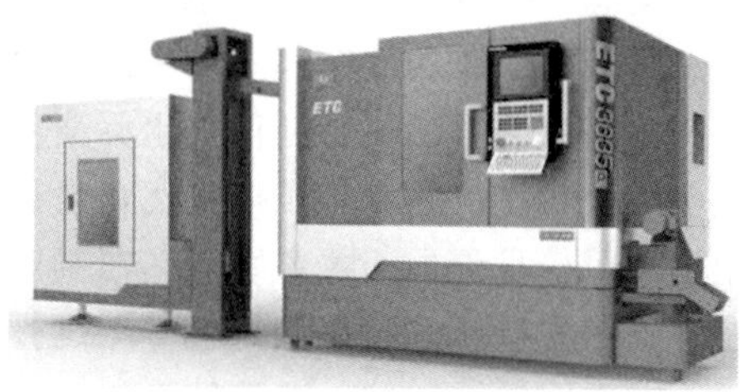

图 4-6 i5 系统智能机床

智能控制技术在机床加工中的具体应用总结为：

（1）自动化刀具路径规划

智能控制技术可经机器学习算法、人工智能技术，自动规划最佳刀具路径，从而让加工效率与产品质量得到最大程度的提升，这一自适应路径规划能够结合加工材料的硬度、形状与机床性能进行实时调整。

如在铣削加工中，智能控制技术得到了大力应用且取得了不错的效果。智能控制系统依靠传感器对工件的材料、形状和尺寸等一系列数据进行采集，然后智能控制系统对其展开实时处理与分析。在机器学习算法与人工智能技术的作用下，智能控制系统结合加工材料硬度、形状与机床性能参数，自动学习且对刀具路径规划模型进行优化。通过对工件表面曲率孔洞位置以及刀具轨迹等要素展开分析，系统能够明确最佳刀具路径，使加工效率极大提高、产品质量极大增强。并且，实际生产中，该技术还能对进给速度、刀具转速和切削深度等切削参数进行实时调整，从而满足工件所需。

（2）实时监测与加工误差纠正

智能控制系统能够在传感器的作用下对加工期间产生的误差展开实时监测，且结合反馈信息对加工参数做出调整，使产品满足设计要求。这一闭环控制系统能使加工误差大大减少，实现废品率的控制。

以金属加工为例，智能控制系统能够对金属材料硬度变化、表面质量与形状尺寸偏差等展开实时监测，经传感器反馈的信息实现切削速度、进给速度等关键参数的自动调整，使加工误差得到纠正，确保产品最终达到设计要求。通过实践验证，和传统开环控制系统相比，智能闭环控制系统可更及时精准地发现误差且给予修正，让产品废品率下降，提高加工精度与质量。

（3）智能监控和预警

智能控制技术能够通过数据分析和监控系统，对机床性能与工件加工过程展开实时监控且预警可能产生的问题。

如机床加工过程中，温度属于影响加工精度及稳定性的关键要素。智能控制系统通过安装温度传感器实现机床温度的实时监测，一旦发现过热或过冷等异常情况，系统则即刻发出警报且触发对应的防护机制。这种智能监控可有效避免因温度问题而让机床损坏或降低加工质量，使设备可靠性与稳定性增强。同时，工件尺寸偏差也属于影响产品质量的一项关键要素。智能控制系统在精密测量设备的支持下实时监测工件尺寸，若检测到工件尺寸偏差超出预定范围，系统则自动报警，还能对加工参数进行自动调整或停机待人工干预。这种智能预警系统使尺寸偏差所致的废品率下降，促使生产效率与产品质量提升。

（4）自适应加工控制

传统机床加工过程中，因受复杂零件形状以及不确定的切削条件的影响，需进行多次验证与手动干预来对加工参数展开优化，效率不高，耗时长。但智能控制技术下的自适应加工控制系统能经自主学习及算法优化，对加工期间的数据展开实时监测及分析，智能调整加工参数。

例如，在复杂曲面零件加工时，使用传感器来对加工期间的误差、表面质量、切削力等关键参数展开实时监测，并结合实时采集的数据以及反馈信息，在机器学习与优化算法的支持下，对切削速度、进给速度等加工参数进行自动调整，使不同形状与材料特性的零件加工需求得到满足。自适应加工控制策略可让机床加工过程更高效化、智能化，确保加工质量稳定性更强，有利于生产时间与成本的控制，促使生产效率与产品质量提升。

（5）数据分析与优化

智能控制技术还能在大数据分析及机器学习算法的支持下，完成机床加工期间数据的深入挖掘与优化。通过对加工过程数据的分析，系统能发现潜在优化空间，且对加工过程进行持续改进及优化。如机床加工中，切削力、电流/电压、加工温度等大量数据均可经传感器得以采集且传输至系统，而系统则对这些数据展开智能分析，明确加工期间存在的潜在问题、瓶颈或优化空间。典型的应用即加工时切削力与刀具磨损的数据分析，系统可进行预测模型创建，对刀具寿命展开预测且实现自动报警或刀具更换。并且系统可在机器学习算法的作用下，对切削速度、进给速度等进行优化，促进加工效率提升。

4.2 智能工业机器人

4.2.1 智能工业机器人的定义与发展历程

根据《中国大百科全书》的定义，工业机器人是指能灵活地完成特定的操作和运动任务，并可再编程序的多功能操作器。日本工业机器人协会（JIRA）的定义为：工业机器人是一种装备有记忆装置和末端执行器（End-Effector）的，能够转动并通过自动完成各种移动来代替人类劳动的通用机器。另外，《中国大百科全书》对机械手的定义为：一种模拟人手操作的自动机械，它可按固定程序抓取、搬运物件或操持工具完成某些特定操作。

上述定义有共同之处，即认为智能制造系统中的工业机器人是实现制造过程自动化、提高生产效率的关键设备。从形态上看，一般工业机器人包含机械本体、机械臂及其作业控制系统，是一套集成了传感器、人工智能和机器学习能力的复杂系统，使工业机器人本体及机械臂能够高效、精确、灵活地执行许多任务。

“工业机器人”的概念最初来自美国人乔治·德沃尔（Georg C.Devol）于 1954 年注册的专利“Programmed Article Transfer”（程序化物品传输）。其中描述了示教再现机器人的概念——通过示教与再现能够取放物品的机械。这种机械能按照不同的程序从事不同的工作，因此具有通用性和灵活性。根据这一专利，1958 年美国 Consolideted Control 公司研制出第一台数控工业机器人原型机——Automatic Programmed Apparatus（自动程序控制装置），随后 1962 年美国 Unimation 公司和 AMF 公司都推出了示教再现机器人的样机。

20 世纪 60 年代正是日本经济高速增长的阶段，劳动力严重不足，迫切需要工业机器人来弥补。1967 年日本首次从美国进口了示教再现机器人，并自此开始了工业机器人的自主研发和量产。工业机器人的“量产化”始于 20 世纪 70 年代，随后的 80 年代是工业机器人的普及元年，其间也诞生了柔性制造系统（FMS，Flexible Manufacturing System）、工厂自动化（FA，Factory Automation）等新型生产系统，进而导致传统的大规模生产开始向中批量中种类、小批量多种类生产变迁。正是因为工业机器人相对于传统的自动机在用途上更具广泛性，在新一代生产系统中发挥着核心作用，机器人产业才得以快速发展。

我国对工业机器人的研究起步较晚。20 世纪 80 年代，我国在“七五”计划中把机器人列入国家重点科研规划内容，在国家 863 计划的支持下，开展了机器人基础理论与基础元器件的研究。1986 年，我国在沈阳建立了第一个机器人研究示范工程。目前，我国已基本掌握了工业机器人的设计与制造技术、控制系统硬件和软件设计技术、运动学理论、轨迹规划技术等。我国的工业机器人产业的整体水平与世界先进水平还有一定的差距，关键核心技术还需充实，高性能交流伺服电机、精密减速器、控制器等关键核心器件仍然被进口产品占据了较大市场。国际工业机器人领域的“四大家族”，即德国 KUKA、瑞士 ABB、日本 FANUC、日本 Yaskawa，仍占据着我国市场的 60%～70%份额。

在 2000 年以前，工业机器人的应用有着明确的目的，那就是在工厂车间的危险环境下替代人来工作。工业机器人主要在一些高危环境、污染环境中工作或从事简单重复性劳动，目的在于提升生产安全性和提高产品质量，并提升生产效率，因此得以在制造业领域被广泛采用。

随着中央处理器等许多核心零部件体积更小、价格更低、性能更高、可靠性更强、存储量更大，机器人本身的控制性越来越高、可靠性越来越强，价格也越来越低，工业机器人有望在制造业各领域得到广泛普及。

4.2.2　智能工业机器人的特征

相比于传统的工业设备，工业机器人有众多的特征优势，比如机器人具有易用性、智能化水平高、生产效率及安全性高、易于管理且经济效益显著等特点（图 4-7），使得它们可以在高危环境下进行作业。

图 4-7　智能工业机器人特征

（1）机器人的易用性

在我国，工业机器人广泛应用于制造业，不仅仅应用于汽车制造业，大到航天器的生产，军用装备、高铁的开发，小到圆珠笔的生产都有广泛的应用，并且已经从较为成熟的行业延伸到食品、医疗等领域。由于机器人技术发展迅速，与传统工业设备相比，不仅产品的价格差距越来越小，而且产品的个性化程度高，因此在一些工艺复杂的产品制造过程中，可以让工业机器人替代传统设备，在很大程度上能提高经济效益。

（2）智能化水平高

随着计算机控制技术的不断进步，工业机器人将逐渐能够明白人类的语言，同时工业机器人可以完成产品的组装，这样就可以让工人免除复杂的操作。工业生产中焊接机器人系统不仅能实现空间焊缝的自动实时跟踪，而且还能实现焊接参数的在线调整和焊缝质量的实时控制，可以满足技术产品对复杂的焊接工艺及其焊接质量、效率的迫切要求。另外，随着人类探索空间的扩展，在极端环境（如太空、深水以及核环境）下，工业机器人也能利用其智能将任务顺利完成。

（3）生产效率及安全性高

机械手，顾名思义，是通过仿照人类的手而生产出来的机械，它生产一件产品耗时是固定的。同样的生产周期内，使用机械手的产量也是固定的，不会忽高忽低。并且每一模的产品生产时间是固定的，产品的成品率也高，使用机器人生产更符合企业利益。工厂采用工业机器人生产，可以解决很多安全生产方面的问题。对于个人原因，如不熟悉工作流程、工作疏忽、疲劳工作等导致的安全生产隐患，统统可以避免。

（4）易于管理，经济效益显著

企业可以很清晰地知道自己每天的生产量，根据自己所能够达到的产能去接收订单和生产商品，而不会去盲目预估产量或是生产过多产品而产生浪费的现象。而企业每天对工业机器人的管理，也会比管理员工简单得多。工业机器人可以 24 小时循环工作，能够做到生产线的最大产量，并且无需给予加班的工时费用。对于企业来说，还能够避免员工长期高强度工作后产生疲劳、疾病带来的请假等误工的情况。生产线换用工业机器人生产后，企业生产只需要留下少数能够操作、维护工业机器人的员工，对工业机器人进行维护作业就可以了，经济效益非常显著。

4.2.3 智能工业机器人的关键技术

一个理想化的、完善的智能机器人系统通常由 3 个部分组成：移动机构、感知系统和控制系统。移动机构是智能机器人的本体，决定智能机器人的运动空间，通常有步行机构、轮式机构、履带式机构、爬行机构和混合机构等几种。感知系统一般采用 CCD（电荷耦合器件）摄像机（视觉传感器）、激光测距传感器、超声波测距传感器、接触和接近传感器、红外线测距传感器和雷达定位传感器等。

随着计算机技术和人工智能技术及传感技术的迅速发展，智能机器人控制系统的研究具备了坚实的技术基础和良好的发展前景。智能机器人的控制与工作环境的有关信息往往是多义的、不完全的或者不准确的，还可能随着时间而改变。因此，在部分已知或者未知的环境中自主执行任务时，应以最大的人员安全性及功能可靠性为条件，用传感器探测环境、分析信号以及通过适当的建模方式来理解环境。目前发展较快、对智能机器人的发展影响较大的关键技术是编程语言与编程方式、传感器技术、智能控制技术、路径规划技术以及人机接口技术等，如图 4-8 所示。

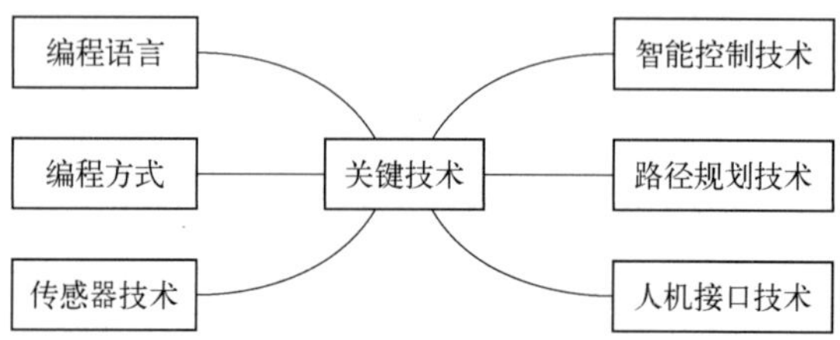

图 4-8 智能机器人关键技术

（1）编程语言与编程方式

通用的工业机器人程序语言仍是动作级语言，虽然开发了很多种任务级语言，但是大多都不实用，随着离线编程技术的成熟，任务级语言可能会日趋成熟。在可以预见的将来，由于“任务”的复杂性，实用的语言仍将是动作级语言，机器人作为整个集成化的生产装备的一个部分，编程及监控技术必须进一步改进，使得它能和整个生产设备在统一的框架下进行编程、仿真及监控。目前，编程语言依然是各个供应商独立开发的，五花八门，各式各样。在今后的发展中，随着智能机器人控制器采用通用计算机成为主流，智能机器人语言完全可以像计算机语言一样规范化，这将大大地有利于系统集成，便于系统的编程、仿真及监控。

当前我国正在形成自己的智能机器人产业，完全有条件制定智能机器人语言规范，特别是动作级的编程语言规范。对进口的智能机器人起码要求有符合 ISO 通信协议的接口，从系统方法出发，开发一种“集成框架”，框架中设计输入翻译接口及输出翻译接口，这样系统可以在统一的语言下进行编程。经仿真验证后，通过输出接口直接安装到每一台智能机器人，通过输入接口对整个运行情况进行监控，并且可以保留原有的编程资料。

机器人编程方式是一个大问题。目前仍然在广泛应用的示教编程方式，在机器人发展的历史上起到不可磨灭的作用。由于传统的机器人为串联多杆机构，某一个连杆安装时有 4 个几何参数，除 1 个作为可变参数外，还有 3 个安装参数，6 个自由度的机器人一共有 18 个安装参数，因此造成的机械系统误差是一个十分复杂的问题。示教再现的编程方式解决了补偿机械系统误差这一难题，成十倍地提高了机器人相对空间某指定点的重复定位精度，使机器人可以成功地进行弧焊、点焊、装配等作业。补偿机械系统误差可从三方面着手：一是改进结构，提高加工精度；二是在开发新一代控制器时，从诸如误差模型的建立、模型参数现场标定的方法及误差的补偿等入手，研究实用化方法；三是加入传感器来补偿机械精度。这一问题的解决就可使得机器人的编程和机床的数控设备一样，完全实现离线编程，配合易于大规模安全修改的软件，就可实现“敏捷制造生产线”。

（2）传感器技术

近年来，各式各样的智能机器人传感器发展得很快。超小型化、高可靠性及低成本的传感器的出现，将从根本上改变机器人编程及其控制系统的设计。目前，弧焊机器人依靠焊缝跟踪装置已可实行离线编程，如果现有的激光测距仪及三维视觉继续在可靠性及低成本上下功夫，变成实用的商品，则目前大量应用的点焊机器人也可实行离线编程。力及力矩传感器的应用将给目前装配机器人的编程及作业方式带来根本性的变化。

为了让智能机器人正常工作，必须对智能机器人的位置、姿态、速度和系统内部状态等进行监控，还要感知智能机器人所处的工作环境的静态和动态信息，使得智能机器人相应的工作顺序和操作内容能自然地适应工作环境的变化。目前已开发出的各种各样的传感器可分为内部传感器和外部传感器两大类：内部传感器用于监测和控制智能机器人自身；外部传感器安装在智能机器人上，用于感知外部环境信息。

内部传感器有特定位置角度传感器、任意位置角度传感器、速度/角速度传感器、加速度传感器、倾斜角传感器、方位角传感器等，外部传感器有视觉传感器、触觉传感器、力觉传感器、接近觉传感器、平衡觉传感器等。传感器技术的发展对于智能机器人的应用和发展都起到了至关重要的作用。

（3）智能控制技术

智能控制是具有智能信息处理和智能信息反馈以及智能控制决策功能的控制方式，是控制理论发展的高级阶段，主要用来解决那些用传统方法难以解决的复杂系统的控制问题。智能控制研究对象的主要特点是具有不确定的数学模型、高度的非线性和复杂的任务要求。现在实用的控制方法有：多级递阶智能控制，基于知识的智能控制、模糊控制、神经网络控制，基于规则的仿人智能控制，基于模式识别的智能控制和混沌控制。目前，在智能机器人控制中应用最多的智能控制方法是模糊控制和神经网络控制。随着智能控制技术的不断发展，智能机器人的应用范围和功能都将大为拓展，不仅在工业、国防、服务等行业中得到广泛的应用，而且在野外作业、在有害与危险环境作业、极限作业以及在家庭服务和空间领域中的应用也得到了世界各国的高度重视。

（4）路径规划技术

智能机器人的路径规划（图 4-9）就是给定智能机器人及其工作环境信息，按照某种优化指标，在起始点和目标点之间规划出一条与环境障碍物无碰撞的路径。智能机器人路径规划的研究始于 20 世纪 70 年代，目前对这一问题的研究仍十分活跃，许多学者做了大量的工作。其主要研究内容按智能机器人工作环境不同，可分为静态结构化环境、动态已知环境和动态不确定环境的路径规划；按智能机器人获取环境信息的方式不同，可分为基于模型的路径规划和基于传感器的路径规划。智能机器人路径规划方法主要有人工势场法、可视图法、单元分解法等，这些方法各有所长，但是离完全实用化还有一段距离，需要改进多方面的技术。

（5）人机接口技术

近年来，在包括虚拟环境的人机接口技术方面的研究工作非常活跃，已开发出各式各样的输入和输出装置，如三维鼠标、数据手套、快门眼镜和头盔等；各种具有更好性能的虚拟现实方法和装置也被相继提出，如具有类似人的手、臂和双眼的系统等，利用虚拟现实技术建立智能机器人工作环境，让操作者身临其境地进行操作。如何利用多种传感器的实时信息，动态实时地建立环境仍有待深入研究。总之，虚拟现实技术和各种各样的智能接口技术，将为发展遥控智能机器人的人机接口技术提供丰富的理论基础及实践经验，但开发高可靠性、廉价、实用、商业化的人机接口技术还有待努力。

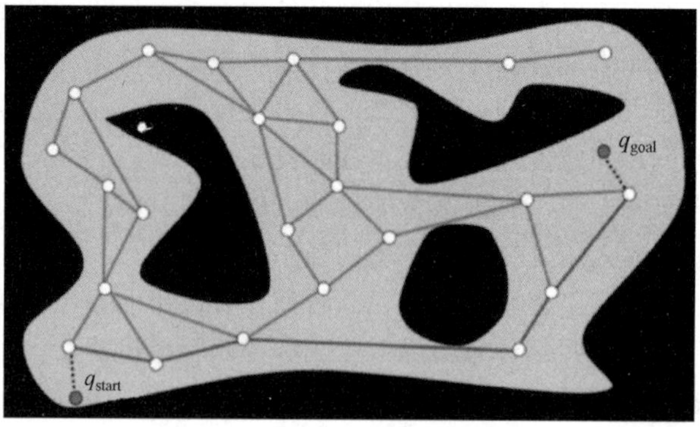

图 4-9 智能计算最短路线

4.2.4 智能工业机器人的分类与应用

（1）关节机器人

关节机器人，也称关节机械手臂或多关节机器人，其各个关节的运动形式以转动为主，与人的手臂类似。关节机器人具有卓越的灵活性和执行复杂任务的能力，是当今工业领域中最常见的工业机器人的形态之一，适合用于诸多工业领域的机械自动化作业，图 4-10 所示为关节机器人及其应用场景示例。

关节机器人配备有旋转关节，能够模拟人臂的广泛运动，使其在执行焊接、喷漆和装卸等任务时表现出色。特别是在空间受限的环境中，关节机器人的灵活性尤为重要，它们能够精准地完成复杂操作。

在汽车制造业，关节机器人是焊接、喷漆、装配和零件处理等任务的主要力量。关节机器人因其能够承载大负载和长距离作业而成为关键角色。而在电子工业中，关节机器人则因其精密操作和灵活性而备受青睐，能够处理细小部件并执行自动焊接等精细任务。制药行业同样看重关节机器人的高精度和在洁净室环境中工作的能力，在拾取、放置、配药和扫描等任务中扮演着重要角色。关节机器人的主要应用场景包括但不限于：

① 焊接：关节机器人在焊接作业中的灵巧性尤为突出，它们能够在特定角度完成其他机器人难以实现的精确动作，确保焊接质量。

② 装配：关节机器人的多功能性使它们成为装配任务的理想选择。它们的关节灵活性和载荷能力使它们能够胜任其他机器人难以完成的小型而精密的装配工作。

③ 机器照料：关节机器人能够自动完成原材料的装载和卸载工作。其精准的触觉和灵活性使它们能够执行如开关门、在人机界面上选择程序等复杂任务。

（2）SCARA 机器人

SCARA（Selective Compliance Assembly Robot Arm，选择性柔顺装配机械臂）机器人因其专为垂直和水平精密运动而设计的独特构造而著称。这种设计赋予了 SCARA 机器人在执行取放、组装和包装等任务时的卓越性能。它们以快速响应和极高的定位精度（0.01～0.1mm）而闻名，而其紧凑的机身设计尤其适合在空间受限的环境中作业。SCARA 机器人（如图 4-11 所示）通常用于处理较轻的物体，非常适合于搬运小型电子元件或装配轻质部件，它们在提升制造流程的灵活性、敏捷性和效率方面发挥着重要作用。

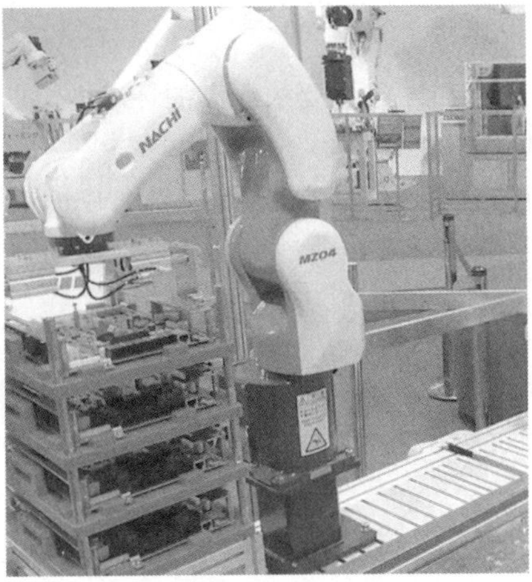

图 4-10　关节机器人及应用

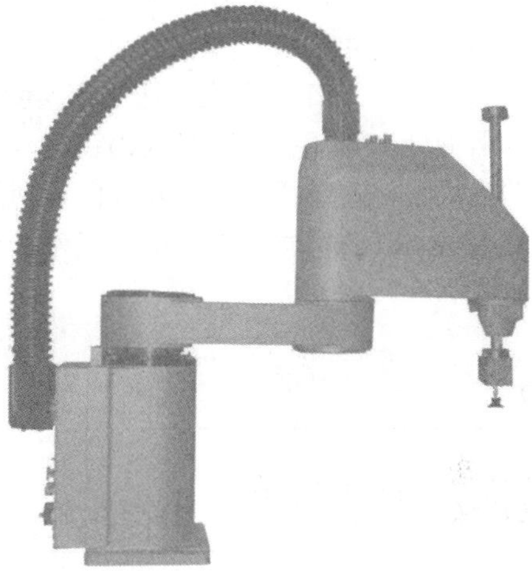

图 4-11　SCARA 机器人

SCARA 机器人有三个旋转关节，其轴线相互平行，在平面内进行定位和定向。还有一个关节是移动关节，用于完成末端件在垂直于平面的运动。手腕参考点的位置是由两个旋转关节的角位移及移动关节的位移决定的。这类机器人的结构轻便、响应快，其运动速度比一般关节机器人快数倍，因此 SCARA 机器人最适用于平面定位、垂直方向进行装配的作业。

在现代制造业中，SCARA 机器人对于电子、橡胶、塑料和包装等行业至关重要，它们支持广泛的应用，包括插入、螺钉锁定、精密装配、点胶、涂层、焊接、装载/卸载、取放、堆叠、包装和检查等，在多样化生产过程中具有多功能性和高适应性。在半导体制造领域，SCARA 机器人可用于柔性电路板（FPC）的穿梭输送机生产，SCARA 机器人的精密材料排列精度高达 0.1mm。这一应用体现了 SCARA 机器人在装配过程中快速且精确操作的能力，显著提升了生产效率和产品质量。雅马哈采用 SCARA 机器人提高拧紧螺钉的精度，以及搬运重型工件。

（3）协作机器人

协作机器人简称“Cobots”，其最大特点是能够与人类协同工作，直接与人类共享工作空间，而无需传统工业机器人那样的安全栅栏或隔离措施。在很多现代化工厂中，协作机器人不再是单纯的机械替代品，而是成为人类工作者的“同事”，可以在需要高度灵活性和创造力的场合中辅助人类，使生产过程更加高效和个性化。由于协作机器人装备了先进的传感器和人工智能技术，因此可以确保与人类的安全互动，并能适应各种任务，如装配、机器维护、质量检查等。图 4-12 所示为协作机器人及其应用场景示例。

图 4-12　遨博智能协作机器人在生产线上的应用

① 汽车制造：协作机器人在汽车行业中扮演着重要角色，执行焊接、装配和质量保证等任

务。它们在点焊和弧焊、重型部件搬运、均匀涂漆以及拥有视觉系统的质量检查中发挥着关键作用，确保生产过程无人工错误。

② 电子及消费品：像 WEIDM（魏德米勒）这样的电子和消费品公司已经将协作机器人整合到其生产线中，这些机器人在组装精密机电元件时提供所需的精度和一致性。它们接手重复性任务，减少人工错误，提升效率，同时让人类能够专注于更复杂和创造性的工作，增强了生产力和工作场所的安全性。

③ 医疗领域：协作机器人在医院和实验室等对精度和一致性要求极高的环境中，被用于配药和手术器械处理等任务，减少人为错误，提升医疗程序准确性。

这些应用案例突显了协作机器人的多功能性和它们在现代化制造和服务流程中的重要性。协作机器人与人类的协同合作，提升了作业效率和安全性，使企业能够灵活适应市场的变化和技术的进步。

4.3 智能物流设备

4.3.1 智能物流设备的概念

物流设备是指用于存储、运输、装卸搬运、包装与分拣、流通加工、配送、信息采集与处理等物流活动的设备的总称。现代物流的发展离不开物流设备，物流设备是现代物流的主要技术支撑，在整个物流活动中，对提高物流能力与效率、降低物流成本和保证物流服务质量等具有非常重要的作用。

智能物流是利用集成智能化技术，使物流系统模仿人的智能，具有思维、感知、学习、推理判断和自行解决物流中某些问题的能力。智能物流系统是一个在 ITS（智能交通系统）的基础上，电子商务化运作的物流服务体系。它通过 ITS 实现物流作业的实时信息采集，并对采集的信息进行分析和处理，通过在各个物流环节中的信息传输，为货主提供详细的信息和咨询服务，在电子商务的运营环境下为客户提供增值性物流服务。

物流设备水平在一定程度上代表社会物流的发展水平，由传统物流向现代物流的发展演变过程也体现了物流设备发展的不同阶段。总体上看，物流设备的发展经历了由机械化到自动化（图 4-13），再到智能化的发展历程。

图 4-13　全自动物流技术

在传统物流时代，如何提升物流作业效率，使人们从繁重的体力劳动中解放出来，是人们研究的重点问题。以机械化为特征的物流设备，用机械辅助或代替人工进行作业，使作业能力和作业效率大大提升。叉车、托盘、货架作为物流设备的三大基础部件，对提升物流效率产生了革命性影响，在物流作业过程中得到普及应用。起重机械、运输设备、包装机械、输送机械等的广泛应用使机械化覆盖物流作业的全过程。

在物流自动化时代，在信息技术、自动控制技术的推动下，机械设备在无须人工操作的情况下自动运行，从而使人们从一线单调、重复的物流作业活动中脱离出来，更多的人力可以投入物流作业管理工作和特殊物流作业活动。自动化立体仓库系统、自动化搬运与输送系统、自动化分拣系统、自动信息处理与控制系统等自动化物流设备应用于物流活动中，极大地提升了物流作业效率。具有代表性的产品有自动导引车（AGV）、穿梭车（RGV）、堆垛机、自动输送机、自动分拣机等。

智能物流设备的概念，可以从广义和狭义两个方面给出。从广义上看，智能物流设备是智能物流系统运行所涉及的各种物流设备，包括传统物流设备、自动化物流设备以及智能化物流设备。从狭义上看，所谓智能物流设备，是指运用物联网、大数据、云计算、智能控制等技术手段，具有实时感知、自主决策、自动执行能力，应用于智能仓储、运输、配送、装卸搬运、包装及物流信息管理领域的智能化物流设备。

4.3.2 智能物流设备的分类

智能物流设备分类有很多（如图 4-14 所示），以下从智能仓储设备、智能装卸搬运设备、智能分拣输送设备三方面进行具体介绍。

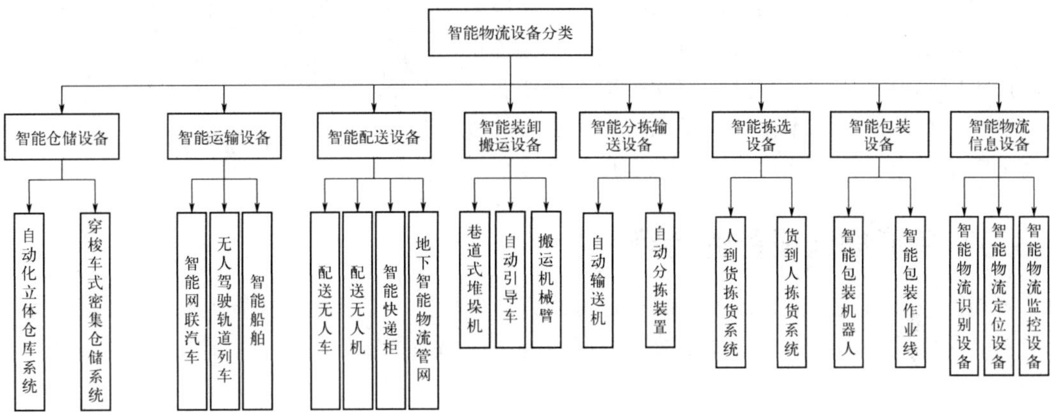

图 4-14　智能物流设备的分类

（1）智能仓储设备

① 自动化立体仓库系统。立体仓库简称“立库”，一般是指采用高层货架来储存单元货物，用相应的物料搬运设备进行货物入库和出库作业的仓库。利用立体仓库设备可实现仓库高层合理化、存取自动化、操作简便化。自动化立体仓库也称为自动存取系统（Automated Storage and Retrieval System，AS/RS），主要是指基于高层货架和巷道式堆垛机进行自动存取的立体仓库，可以定义为：由高层货架、巷道式堆垛机、入/出库输送系统、自动化控制系统、计算机仓库管理系统及其周边设备组成的，可对集装单元货物实现自动化保管和计算机管理的仓库。

② 穿梭车式密集仓储系统。穿梭车是物流系统中一种执行往复输送任务的小车，其基本功能是在物流系统中（平面内）通过轨道上的往复运动完成货物单元（主要是托盘和料箱）的输送。穿梭车有两向穿梭车、子母穿梭车、四向穿梭车等类型，它有别于提升机（垂直输送）、自动导引车（自动导向、无轨道）以及堆垛机（托盘式 AS/RS 与箱式小型载货系统），穿梭车具有较好的灵活性，能够广泛应用于物流配送中心和生产物流系统。穿梭车式密集仓储系统是基于高密度货架、穿梭车及升降机、输送机等设备，配合仓库管理系统完成货物出/入库作业，具有较高空间利用率和存取效率的仓储系统。

（2）智能装卸搬运设备

智能装卸搬运设备的代表为自动导引车（AGV）。AGV 是现代工业自动化物流系统中的关键设备之一，它以电池为动力，装备有电磁或光学等自动导航装置，能够独立自动寻址，并通过计算机系统控制，完成无人驾驶的搬运作业。AGV 机器人是自动化/半自动化仓库的重要基础设施之一，可实现库内搬运、分拣等作业的自动化，从而节省人力，提升效率。

（3）智能分拣输送设备

智能分拣输送设备中主要由自动分拣装置完成分拣任务。自动分拣装置是自动控制的分拣装置，由接收分拣指令的控制装置、到达货物取出的搬运装置、分拣货物的装置和存放货物的暂存装置等组成。分拣作业只需通过键盘向控制装置输入分拣指令，其余全部由各装置自动执行完成。自动分拣装置的正常运行离不开各装置的支撑，它们互为整体，不可分割。自动分拣装置种类很多，分类方法也不尽相同，按照其用途、性能、结构和工作原理，一般分为交叉带式、翻盘式、滑块式、条板倾斜式、挡板式等多种类型。

以电子标签拣选系统为例，该系统通过一连串装于货架格位上的电子显示装置（电子标签）取代拣货单，指示应拣取的物品及数量，辅助拣货人员作业，缩短目视寻找的时间，不仅降低了拣错率，更大幅度提高了效率。电子标签拣选系统如图 4-15 所示。

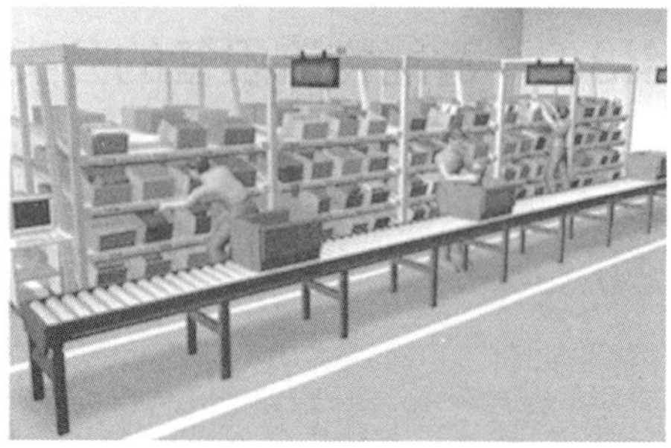

图 4-15 电子标签拣选系统

4.3.3 智能物流设备的特征

智能物流设备是智能物流系统的执行机构和运作依托，是打造智能物流系统的核心要素，应能够满足智能物流运作与管理要求，体现智能物流的系统特色，因此智能物流设备具有以下特征。

（1）智能化

智能物流设备的核心特征是借助信息技术、人工智能、商务智能、管理智能、自动识别和控制、运筹学和专家系统，智能化地获取、传递、处理、利用信息和知识，使智能物流设备能模拟人的思维进行感知、学习、推理和判断。在功能上要能够实现以下内容。

① 状态感知，即实时感知物流系统运行环境及设备运作的状态、数据及问题。

② 自主决策，即根据感知数据，通过自我学习训练和分析计算，能够对下一步设备动作进行自我决策和智能判断。

③ 准确执行，即能够依托自动化技术将决策意图落实到设备执行末端，准确完成设备动作，并对运行进行控制。自动化是实现设备智能化的基础和前提。

智能物流设备还可能具备自我检测、自我修复等更高级的智能化能力。

（2）集成化

智能物流的发展推动机械化、自动化物流系统设备向网络化、集成化的方向变革，物流设备联网运作、互联互通、信息共享、全面集成，成为智能物流大系统的执行物联网。集成化即智能物流设备在网络技术的支持下能够实现设备与设备互连、数据与数据互通。集成化主要包括以下 3 层含义。

① 集成各类现代物流技术、信息技术与自动化技术，使物流设备具备智能感知、决策与控制功能，满足智能物流设备运作需要。

② 强调智能物流设备与 ITS、仓库（仓储）管理系统（Warehouse Management System，WMS）等各种物流信息系统集成，实现数据及信息处理、信息决策互联互通。

③ 强调智能物流设备与其他设备、运作环境集成，根据外在环境变化实时调控设备行为。

（3）信息化

通过物流信息收集的数据化、代码化，物流信息处理的电子化，物流信息传递的网络化、标准化、实时化，物流信息储存的数据化，实现智能物流设备的自动化、智能化运行。例如，无人配送车能够通过激光、雷达、摄像头探测道路交通环境，并将环境信息数据化，信息处理系统收集传感器数据，进行分析计算、预估判断并执行决策，所有环境数据及决策信息会通过网络传递到数据中心进行集中存储。

（4）柔性化

柔性即对环境及任务的适应能力，智能物流设备的柔性主要体现在以下两个方面。

① 能够根据运行环境的变化，智能调整物流设备的运行路径、作业动作、工作速率等状态参数。

② 物流设备自身具备多用途性、接口具备可转换性，以及多种设备动态多重组合具备便捷性。

4.3.4 智能物流技术

（1）自动识别技术

自动识别技术是以计算机、光、机、电、通信等技术的发展为基础的一种高度自动化的数据采集技术。它通过应用一定的识别装置，自动地获取被识别物体的相关信息，并提供给后台的处理系统来完成相关后续处理。它能够帮助人们快速而又准确地进行海量数据的自动采集和输入，在运输、仓储、配送等方面已得到广泛的应用。经过近 30 年的发展，自动识别技术已经发展成为由条码识别技术、智能卡识别技术、光字符识别技术、射频识别技术、生物识别技术等组成的综合技术，并正在向集成应用的方向发展。条码识别技术是使用最广泛的自动识别技术，它利用光电扫描设备识读条码符号，从而实现信息自动录入，如图 4-16 所示。

图 4-16　条码识别技术

（2）GIS 技术

GIS（Geographic Information Systems，地理信息系统）技术是多种学科交叉的产物，它以地理空间为基础，采用地理模型分析方法，实时提供多种空间和动态的地理信息，是一种为地理研究和地理决策服务的计算机技术系统。其基本功能是将表格型数据（无论它来自数据库、电子表格文件，还是直接在程序中输入）转换为地理图形显示，然后对显示结果浏览、操作和分析。其显示范围可以从洲际地图到非常详细的街区地图，显示对象包括人口、销售情况、运输线路以及其他内容。

GIS 是打造智能物流的关键技术与工具，使用 GIS 技术可以构建物流“一张图”，将订单信息、网点信息、送货信息、车辆信息、客户信息等数据都在“一张图”中进行管理，实现快速智能分单、网点合理布局、送货路线合理规划、包裹监控与管理。

（3）数据仓库与数据挖掘技术

数据仓库出现在 20 世纪 80 年代中期，它是一个面向主题的、集成的、非易失的、时变的数据集合。数据仓库的目标是把来源不同的、结构相异的数据经加工后在其中存储、提取和维护，它支持全面的、大量的复杂数据的分析处理和高层次的决策支持。数据仓库使用户拥有任意提取数据的自由，而不干扰业务数据库的正常运行。

数据挖掘是从大量的、不完全的、有噪声的、模糊的及随机的实际应用数据中，挖掘出隐含的、未知的、对决策有潜在价值的知识和规则的过程。数据挖掘包括描述型和预测型两种：描述型数据挖掘包括数据总结、聚类及关联分析等；预测型数据挖掘包括分类、回归及时间序列分析等，其目的是通过对数据的统计、分析、综合、归纳和推理，揭示事件间的相互关系，预测未来的发展趋势，为企业的决策者提供决策依据。

4.3.5 智能物流设备的发展

目前，智能物流设备在自动化仓储系统、智能搬运与分拣技术、无人机配送、物联网技术、区块链技术以及绿色物流装备等方面取得了显著进展。

自动化仓储系统通过使用 AGV、堆垛机、分拣机器人等设备，实现了货物的快速存取和高效管理，提高了仓库的空间利用率和作业效率。智能搬运与分拣技术利用机器视觉、传感器技术和人工智能算法，能够精确识别和处理各种类型的货物，减少人工操作错误，并在多个场景中得到应用。无人机配送在偏远地区和紧急物资配送中展现出巨大潜力，各国政府也在逐步完善相关法规，推动其应用。物联网技术通过部署 RFID 标签、GPS 追踪器等设备，实现实时监控货物的位置信息和环境条件，基于大数据分析优化路线规划、库存管理和供应链协同，降低运营成本。区块链技术以其不可篡改性和去中心化特点，被用于构建更加安全可靠的供应链管理体系，记录从生产到消费的每一个环节的信息，增加供应链的可见性和信任度。绿色物流装备开发低能耗、零排放的电动叉车、充电站等，减少物流活动对环境的影响。

未来，智能物流设备将朝着更高级别的自动化方向发展，实现全自动化仓库和无人化物流中心。人工智能和机器学习技术将用于预测性维护和智能调度，提高整体效率。无人机配送范围将进一步扩展，包括城市和跨境配送。物联网与 5G 技术的融合将提升连接速度和稳定性，实现高效的实时监控和数据传输。区块链技术将深化应用，通过智能合约和多方协作提高交易透明度和效率。可持续发展方面，将继续推进绿色物流装备的研发和应用，减少碳排放，实现循环经济。

总体而言，智能物流设备的发展正逐步改变传统物流行业的运作模式，提高效率、降低成本、增强安全性，推动物流行业的全面升级。随着技术的不断进步和市场的持续扩大，智能物流设备将向更高智能化、更高效自动化、更广泛应用场景的方向发展。未来，智能物流设备将与制造业、农业、零售业等多个行业深度融合，形成更加紧密的供应链生态体系。尽管智能物流设备行业具有广阔的发展前景，但仍面临一些挑战。例如，技术更新速度快、市场竞争激烈、人才短缺等问题。这些挑战需要企业加强技术创新、服务优化、市场拓展等方面的工作，以应对市场的变化和竞争的压力。

4.4 智能测量设备

4.4.1 智能测量设备的概念

测量设备在制造业中用于产品检测、尺寸测量、形位公差检测等，是确保质量和精度的重要手段。智能化的测量设备集成了传感器技术、数据分析、自动控制等新技术，以实现更高的效率、精度和自动化。

智能测量设备是以工业传感器与仪器仪表为基础，围绕制造工艺实施、生产质量管控、设备运行管理、安全环境监测等智能测量需求，与制造工艺强耦合，具有融合感知、自主分析、实时反馈等智能特征，用来实现稳定生产运行、保障产品质量、提升制造效率、确保服役安全等目标的测量装备。在新一代信息技术、人工智能技术、先进制造技术、新材料技术等技术支持下，它能够完成智能化感知、分析、测量、计量、通信、计算、推理、决策和执行等工作。智能测量设备是智能制造领域的核心装备，是“工业六基”的重要组成和产业基础高级化的重要领域。

随着人工智能、物联网、5G 等新技术的发展，智能测量设备也逐渐兴起。这类设备结合了多传感器融合、机器学习、计算机视觉等前沿技术，能够对复杂的测量任务进行实时分析和预测。例如，基于计算机视觉的在线检测系统可以在生产线上对工件进行动态检测，识别微小的缺陷，并在质量异常时迅速反馈到生产控制系统。智能测量设备的研发与制造涉及光电信息工程、材料工程、机械工程、动力工程等多学科的交叉融合，其设计、研发与制造已成为衡量一个国家工业化水平的重要标志。在人工智能技术发展和工业互联网建设的牵引下，智能测量设备的创新设计呈现出与物联网、新材料、人工智能、动力机械智能化等前沿技术相结合的趋势。

4.4.2 智能测量设备的分类及应用

智能测量设备根据应用场景不同，可以分为通用智能测量设备、专用智能测量设备，如图 4-17 所示。每种类型的智能测量设备在制造流程中都扮演着不同的角色，以满足生产过程的各种需求。

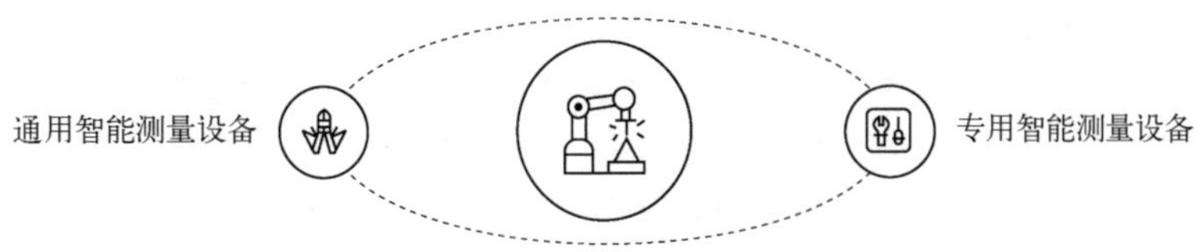

图 4-17　智能测量设备的分类

① 通用智能测量设备。此类设备应用广泛，能够适应不同场景中的常规测量需求。典型的通用智能测量设备包括数控坐标测量机、激光测距仪、三维扫描仪等。它们配备智能化的数据采集与分析功能，通过自动化软件和算法的支持，能够高效处理多种测量任务，并对数据进行快速反馈和实时显示。通用智能测量设备的优势在于其通用性和灵活性，使其能够在多个制造阶段应用，从而减少设备种类和使用成本。

② 专用智能测量设备。专用智能测量设备则是针对特定工艺或产品的需求而设计的。例如，在汽车制造中，用于检测发动机零件尺寸的专用测量设备或电子行业中的晶圆检测设备。这类设备往往结合了特定的测量技术和传感器配置，能够以高精度和高效率完成某一类特定的测量任务。专用智能测量设备通常拥有高度的定制化能力，其独特的结构和测量方法确保了关键生产环节的质量控制和一致性。

智能测量设备还可以根据测量方式划分为接触式测量设备和非接触式测量设备，这一划分基于设备在测量过程中是否需要与被测物体直接接触，如图 4-18 所示。

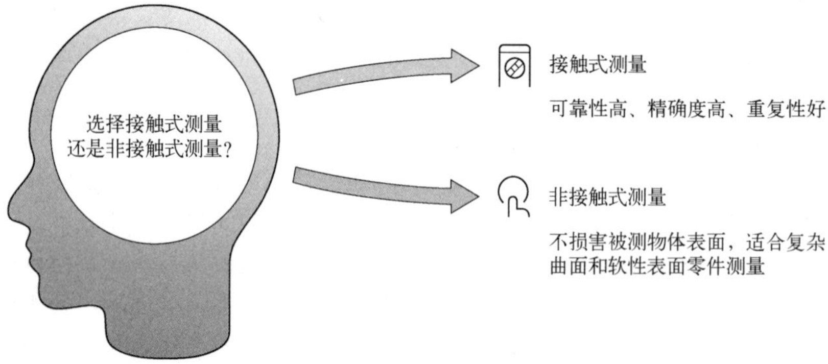

图 4-18　接触与非接触测量的特点

① 接触式测量设备。这类设备需要与被测物体表面直接接触，通过物理接触来获取物体的几何尺寸、形状和表面特性。比如触针沿工件表面运动并持续获取测量点数据，这个过程也称为扫描，通过扫描将采集到的形状数据转换为离散的几何点坐标数值，从而完成物体表面形状的建模。常见的接触式测量设备包括接触式影像测量仪、接触式探针测量仪、三坐标测量机（CMM）等。

其特点是测量的可靠性高、测量精确度高、重复性好，适用于对表面粗糙度要求较高的场景。接触式测量的缺点是测量速度较慢，测量的接触力可能会对测量器具和零件表面（如软性表面）造成变形，从而造成测量的不确定度，因此不适合测量易变形或表面敏感的材料。非接触式测量的重要性不断提高，然而时至今日尚未能替代接触式测量技术。

② 非接触式测量设备。非接触式测量设备则是测量器具的传感器与被测零件的表面不直接接触的测量方法，以光电、电磁、超声波等技术为基础，在仪器的感受元件不与被测物体表面接触的情况下，即可获取被测物体的各种外表或内在的数据特征。其类型有激光测距仪、光学扫描仪、三维激光扫描仪等。

非接触式测量采用相机探头传感器、激光传感器或 CT（计算机断层扫描）技术的形式，其优点是测量速度快，适用于大尺寸工件，不损害被测物体表面，尤其适合对复杂曲面和柔性表面的物体进行测量；但缺点是容易受到环境光、表面反射等因素的影响，测量精度可能不如接触式测量高。

4.4.3　智能测量设备的发展历程

智能测量设备的发展历史可以追溯到电子产业的早期阶段，随着电子技术的不断进步和应用领域的拓展，智能测量设备在推动科技进步和确保电子设备性能的过程中发挥了关键作用。以下是智能测量设备的发展历史中的一些关键阶段：

1820 年，德国物理学家 Johann Schweigger 发明了检流计，这是世界上第一台电子测试仪器，检流计可以用来测量电流强度。1887 年，爱迪生发明了真空管，这是智能测量设备技术发展的一个重要里程碑。真空管可以用来放大电信号，这使得电子测试仪器的测量精度和灵敏度得到了大幅提高。20 世纪初，智能测量设备进入了快速发展阶段。1920 年，美国的贝尔实验室发明了示波器，这是世界上第一台能够显示电信号波形的仪器。示波器的出现，极大地提高了智能测量的水平。20 世纪中叶，电子技术的快速发展，推动了智能测量设备的进一步发展。1956 年，美国的 Tektronix 公司发明了数字示波器，这是世界上第一台能够显示数字电信号的仪器。数字示波器的出现，使得智能测量技术更加精准和灵活。20 世纪 70 年代，集成电路技术的出现，使得智能测量设备更加小型化和低成本。1976 年，美国的 Agilent 公司推出了世界上第一台数字存储示波器，这是世界上第一台能够存储电信号波形的仪器。数字存储示波器的出现，使得智能测量技术更加便捷和高效。

随着技术应用的发展，智能测量设备在电子制造、电子设计、电子应用等领域的应用越来越广泛，智能测量设备在不同时期的发展与演变，促进了电子技术的关键性飞跃，如图 4-19 所示。

（1）半导体技术的崛起（20 世纪 50 年代—20 世纪 60 年代）

半导体技术的发展，尤其是集成电路（IC）的出现，为电子产业带来了革命性变化。复杂电路结构的出现大幅提升了测试测量的需求，从而推动了数字化测试技术的发展。示波器和逻辑分析仪等数字化测量设备在此期间逐步成为主流，帮助工程师测量和分析复杂信号的行为和特性。这一阶段的智能测量设备支持了集成电路的快速发展，为后续的计算机与电子技术发展打下基础。

（2）微处理器和计算机时代（20 世纪 70 年代—20 世纪 80 年代）

微处理器的普及促使电子测试测量设备日益依赖计算机控制和数据处理。自动测试设备（ATE）的发展帮助电子制造实现了快速、精准的批量检测，提高了测试效率和精度。例如，用于检测微处理器和数字电路的 ATE 设备可以在大批量生产中自动识别不合格品，保障了产品质量。此阶段的智能测量设备开始集成编程控制和数据处理功能，使测试过程更加高效，为消费电子、计算机设备的普及奠定了基础。

（3）高性能和高频率测试（20 世纪 90 年代）

随着通信技术的迅猛发展，高频率、高速信号的处理需求日益增加，特别是在无线通信和高速数字传输领域。射频（RF）测试、高速数字通信测试成为智能测量设备研发的焦点。高性能、高灵敏度的测量设备不断涌现，如矢量网络分析仪、频谱分析仪、数字信号示波器等，能够捕捉复杂的高频信号，满足了移动通信、卫星通信、光纤通信等应用的需求。这一时期的设备在精度、频率范围和数据处理速度方面达到了新的高度，进一步支持了电子行业的快速迭代与升级。

（4）物联网和 5G 时代（21 世纪至今）

随着物联网（IoT）和 5G 技术的崛起，电子测量的需求已经延展至更高频率、更大带宽和更强智能化的测试领域。尤其在无线通信中，5G 需要检测复杂的多频段信号，同时要求极低的延迟和高带宽，测量设备需具备超高精度和可靠性。智能测量设备集成了云端数据处理和大数据分析功能，使得数据处理和分析更为高效。智能测量系统不仅能处理庞大数据量，还能通过云平台实现全球范围内的设备监控和远程调试。这一阶段的智能测量设备为支持物联网、智能家居、智能城市、无人驾驶等新兴应用提供了不可或缺的保障。

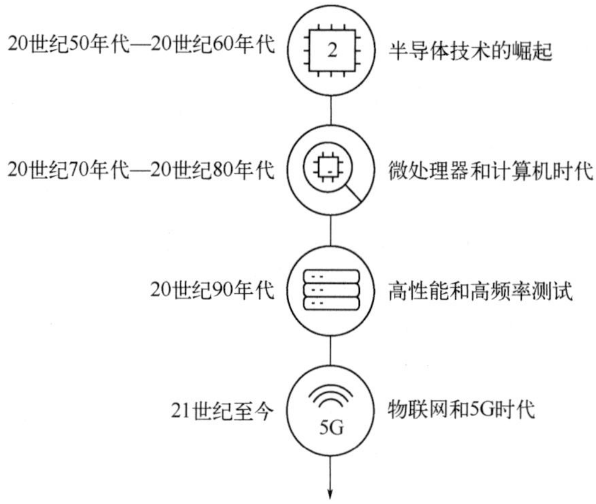

图 4-19 智能测量设备的发展历程

4.4.4 智能测量设备的发展趋势

随着智能制造、5G 通信、人工智能、量子计算、新型材料等技术的进步，全球及中国智能测量设备行业将呈现出以下三大发展趋势，以更好地适应智能制造的快速发展需求，如图 4-20 所示。

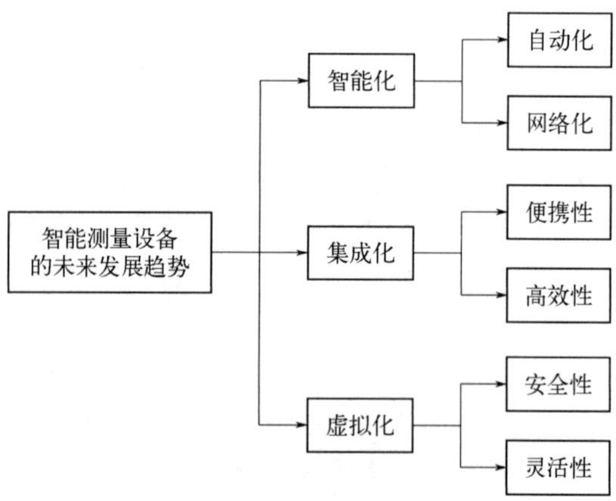

图 4-20 智能测量设备的未来发展趋势

（1）智能化

随着生产制造朝着智能化、自动化方向发展，智能测量设备也在不断进化，致力于提供更高效、更精准的测试。未来的智能化测量设备将拥有更强的自动化功能，能够自动识别和调整测量参数，减少人工干预，实现全流程自动化。网络化功能将使设备能够远程连接和监控，实现跨区域的实时数据采集和共享。同时，智能化测量设备还将具备更直观的可视化功能，通过 3D 可视化图形和数据分析图表，用户能够更直观地掌握测量结果，并迅速做出决策。借助人工智能和机器学习技术，智能测量设备将能够在复杂测试中不断学习和优化测量过程，进一步提升生产效率。

（2）集成化

随着工业制造向小型化、轻量化方向发展，智能测量设备将越来越多地走向集成化。集成化设备将多个测量功能集成到一个平台上，使得测试过程更加便捷、灵活。例如，将光学、电子和力学等多种传感器集成在同一设备中，能够一次性完成多种测量任务，减少了操作步骤，降低了设备成本。此外，集成化设计还将设备体积缩小、重量减轻，使其更便于在狭小空间或移动场景中使用。通过集成化，智能测量设备不仅能提高检测的全面性和效率，还能优化资源配置，满足智能制造对便捷、高效的需求。

（3）虚拟化

随着虚拟化和仿真技术的普及，智能测量设备将逐步向虚拟化方向发展，以满足工业制造中的虚拟仿真需求。虚拟化测量设备通过计算机仿真技术实现测试，能够在虚拟环境中进行多种极限场景的测量和模拟。例如，通过虚拟测量系统对设备进行虚拟调试，可以发现潜在的问题，并在实际测量前优化设计，减少对实际设备的损耗。虚拟化测量设备还能够实现更安全的测试，尤其是在高风险、高成本的操作中。未来，虚拟测量平台将能够与物联网、数字孪生技术深度结合，实时获取和分析设备状态数据，实现虚拟与现实的无缝对接，从而更灵活地服务于整个智能制造链条。

4.4.5　智能测量设备的应用案例

中航力源液压股份有限公司（501 厂）隶属于中国航空工业集团中航重机股份有限公司，根据智能制造线产品零件加工检测全过程无人工操作的要求，以及所加工零件的特性，公司在智能制造线上配置了英国雷尼绍公司的高精度比较仪。该仪器具备检测准确度高、测量速度快、环境适应力强、数据接口支持性强的特点，非常适合零件现场自动化检测。通过检测工装的设计制造、零件自动检测程序的编制、比较仪与机器人联机对话、检测数据自动上传总控系统等一系列过程，最终实现了检测过程全自动，为智能制造生产线（智能制造线）提供了有力的数据支撑。检测数据记录了产品的加工质量信息，同时还应用于刀具补偿计算中，精确计算刀具的补偿值并记录于数据库中，同时反馈给 CNC，提高了加工的准确度。通过自动化检测的策划，将事后检验变为过程控制，并对加工系统进行实时补偿，实现了对加工过程的闭环控制。这样加工过程能力可以得到有效保障，加工一致性得到了大幅的提升，对产品实物质量提升起到了很大的促进作用。同时，自动化检测的应用，消除了很多人为因素带来的质量风险。经过实际生产验证，该生产线比原生产模式生产效率提升 55%，能源利用率提升 15%，运营成本降低 43%，产品不良率降低 17%，检验效率提升 100%，检测方式和手段为各项指标的提升提供了有力的保证。

宸鸿科技（厦门）有限公司应用的非接触式扫描 3D 曲面玻璃智能测量系统，具有“面形扫描、一次可测量双面”的功能。它由左右两个高分辨率的工业 CCD 相机和中央光栅投影单元组成，根据三重扫描原理，投影头结合两个相机，实施相关操作。测量过程中，由光栅投影单元将一组具有相位信息的光栅投影条纹投影到测量工件的表面，左右两个相机进行同步的测量，利用立体相机测量原理，可以在 1 秒时间内准确获得 500 万到 800 万个高密度的三维数据点。借助自动识别参考点和自动拼接技术，将不同位置和角度的测量数据对齐在统一的坐标系，获得完整零件的扫描结果。利用高精度的软件完成与 CAD 数据的偏差色彩对比分析、截面分析，以及 GD&T（几何尺寸与公差）的分析等，并输出完整的检测报告，重复性精度维持在±5μm 以内，测量效率至少提高 3 倍。宸鸿科技（厦门）有限公司导入非接触式扫描 3D 曲面玻璃智能测量技术后，不仅解决了 3D 曲面轮廓尺寸测量难题，同时大大减少了内部成本。

量热仪是测定煤发热量的仪器，是国家规定的强制性计量检定仪器。长沙开元仪器有限公司通过采用独创的温升模型和 C 值校正算法，更快、更准地跟踪内外筒之间的热交换损失，保证了测试结果的稳定性和一致性，全面支持 GB/T 213、ISO 1928、ASTM D5865 等各种国内外发热量测试标准。公司通过采用先进的 CCD 摄像技术，将高温下的灰锥图像实时地传送到计算机内，通过智能模糊识别技术识别灰锥轮廓，然后根据轮廓判断灰锥的特征温度。采用智能控温系统，控制加热效率，实现升温速度的预设控制，并保证精度可达±1℃/min。煤质分析仪器的先进性使用煤企业操作员的工作更加简单和人性化、检测效率更高、结果更加精确、检测内容更加全面。

4.5 智能工厂与车间

4.5.1 智能工厂与车间的概念

智能工厂是一种先进的综合制造的模式，是数字化、网络化、智能化技术与制造技术的交叉融合，是以客户的产品数据、优化的制造工艺流程、协调的生产制造设备为核心，以数字化产品的设计、生产流程管理与调度的智能化及数字化、智能化制造设备与生产线自动化的物料配送装置为重点的系统的集成，实现面向产品的设计、加工、检测、设备的安全可靠保障、服务等各环节的动态优化与整合，旨在高效、优质地制造产品与服务用户。智能工厂由许多智能制造装备、控制和信息系统构成，智能制造装备由许多智能部件和其他相关基本部件构成，如图 4-21 所示。智能车间（Smart Workshop）是智能工厂的一个子集，通常指特定的生产区域或单元，集中在小规模、高灵活性的生产任务。

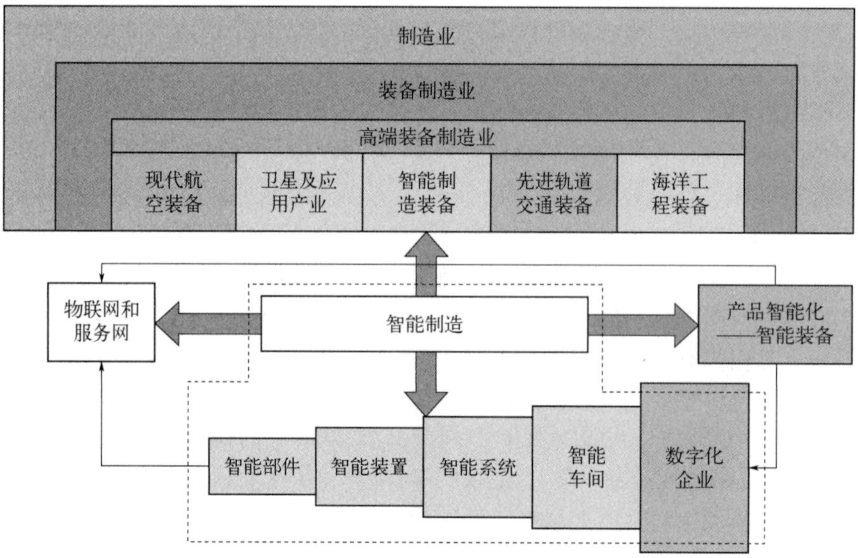

图 4-21　智能工厂的模型图

智能工厂将智能设备与信息技术在工厂层级完美融合，涵盖企业的生产、质量、物流等环节，是智能制造的典型代表，主要解决工厂、车间和生产线以及产品从设计到制造的转换过程。智能工厂将设计规划从经验和手工方式，转化为计算机辅助数字仿真与优化的精确可靠的规划设计，在管理层由 ERP 系统为企业层面的质量管理、生产绩效、依从性、产品总谱和生命周期管理等提供业务分析报告；在控制层由 MES 实现对生产状态的实时掌控，快速处理制造过程中物料短缺、设备故障、人员缺勤等各种异常情形；在执行层面由工业机器人、数控机床和其他智能制造装备系统完成自动化生产流程。数字化智能工厂能够减少试生产和工艺规划时间，缩短生产准备期，提高规划质量，提高产品数据统一性与变型生产效率，优化生产线的配置，降低设备和人员投入，实现制造过程智能化与绿色化。

智能工厂由虚拟空间中的虚拟数字工厂和物理系统中的实体工厂共同构成。其中，实体工厂部署有大量的车间、生产线、加工装备等，为制造过程提供硬件基础设施与制造资源，也是实际制造流程的最终载体；虚拟数字工厂则是在这些制造资源以及制造流程的数字化模型基础上，在实体工厂的生产之前，对整个制造流程进行全面的建模与验证。为了实现实体工厂与虚拟数字工厂之间的通信与融合，实体工厂的各制造单元中还配备有大量的智能元器件，用于制造过程中的工况感知与制造数据采集。在虚拟制造过程中，智能决策与管理系统对制造过程进行不断的迭代优化，使制造流程达到最优;在实际制造中，智能决策与管理系统则对制造过程进行实时的监控与调整，进而使得制造过程体现出自适应、自优化等智能化特征。

智能制造车间（智能车间）及生产线是产品制造的物理空间，其中的智能制造单元及制造装备提供实际的加工能力，各智能制造单元间的协作与管控由智能管控及驱动系统实现。智能制造车间基本构成如图 4-22 所示。

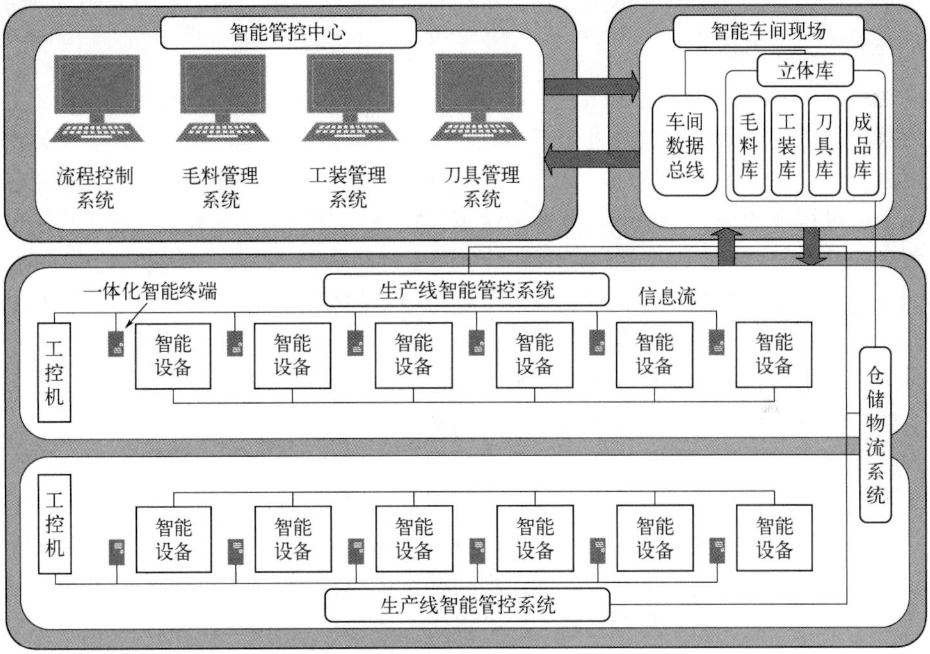

图 4-22 智能制造车间基本构成

智能工厂和智能车间作为智能制造的核心组成，通过集成信息物理系统（CPS)、工业物联网（IIoT)、数据分析等技术，实现高度自动化、灵活化和自适应的生产模式，将生产设备、人员和数据紧密连接起来，提升生产效率、质量和灵活性，推动制造业的数字化转型。

4.5.2 智能工厂与车间的发展历程

智能工厂根据工厂模式发展历程可以分为几个重要阶段，每个阶段都在推动制造业向更高效、更智能的方向发展。

（1）数字工厂

数字工厂是智能工厂演进的起点，深刻体现了工业化与信息化的深度融合。它依托先进的信息技术和数字化工具，通过集成、仿真、分析和控制等手段，为制造工厂的生产全过程提供全面的管控解决方案。数字工厂的概念不仅局限于虚拟环境的构建，更强调实际工厂的综合集成，涵盖多个环节，包括产品工程、工厂设计与优化、车间设备建设以及生产运作控制。通过这些环节的整合，数字工厂形成了一种系统性的生产模式。数字工厂通过创建数字化模型，使企业能够在设计阶段准确预测和优化生产过程。这种模型不仅反映了工厂的物理布局和设备配置，还能模拟生产流程，识别潜在瓶颈，帮助决策者进行实时调整，从而在实际生产中显著提高效率和灵活性。数字工厂利用大数据分析和物联网技术，实现设备状态的实时监控和故障预警。通过这些智能化手段，企业能够有效减少停机时间，提高设备利用率，并优化维护策略，降低生产成本。

数字工厂还促进了供应链的协同和资源的高效配置。通过实时数据共享，各个环节的参与者能够快速响应市场变化，实现灵活的生产调度和库存管理，从而增强企业的市场竞争力。这一创新的实践不仅提升了生产能力，还为企业在竞争激烈的市场环境中提供了强有力的支持与保障。数字工厂代表了未来制造业的发展方向，是实现智能制造的关键所在。随着技术的不断进步，数字工厂的理念和实践将继续深化，推动整个制造业向更高效、更智能的方向迈进。

（2）数字互联工厂

随着物联网（IoT）技术的迅猛发展，数字互联工厂应运而生，标志着制造业向更高效和智能化方向的转型。这一阶段强调通过传感器、智能设备和网络技术，实现工厂各个环节的全面互联，形成“人、机、料、法、环、测”的泛在感知能力。这种全面的感知能力使得工厂能够实时监控生产过程中的每一个细节，从而为决策提供强有力的支持。数字互联工厂不仅在内部实现了信息的共享与协同，还将互联范围扩展至供应链和客户，打破了传统制造中的时空限制。在这样的互联环境中，企业能够实时获取来自各个环节的数据，促进了“人-人”“人-机”“机-机”之间的信息流动。这种流动使得各个环节能够更加协调，形成一个高度集成的生产生态系统。通过实时数据的获取和分析，企业能够基于全面的状态数据做出数据驱动的决策。这种能力使得企业能够迅速识别生产过程中的瓶颈，调整生产策略，优化资源配置。例如，实时监测设备运行状态可以预警潜在的故障，减少停机时间，并提高设备的利用率。

这种前所未有的互联模式不仅提高了生产效率，还增强了企业对市场变化的反应能力，使企业能够更灵活地适应消费者需求的变化和市场竞争的加剧。数字互联工厂的实施为制造业的智能化转型奠定了坚实基础，推动了制造流程的精益化和智能化，成为未来制造业发展的核心动力。随着技术的不断演进，数字互联工厂必将进一步推动生产方式的创新，带来更广泛的社会和经济影响。

（3）智能工厂

在数字互联工厂的基础上，智能工厂作为新时代的制造模式，标志着信息化与工业化的深度融合。智能工厂不仅吸收了数字工厂和数字互联工厂的优势，更在关键环节引入了人工智能技术，极大地提升了制造过程的智能化水平。智能工厂具备自主感知、学习、分析、预测、决策和协调控制的能力，使得生产系统能够根据环境变化动态调整。这种能力使得智能工厂能够实时收集和分析生产数据，识别模式和趋势，从而进行更有效的决策。其目标不仅是提高生产效率，更是在质量、成本和能耗等方面实现全面优化。通过引入先进的智能算法和机器学习技术，智能工厂能够在复杂的生产环境中快速响应市场需求的变化。例如，当客户的需求发生变化时，智能工厂可以自动调整生产计划和资源分配，以保证快速交付。同时，机器学习能够持续改进生产过程，通过分析历史数据，优化操作参数，提升产品质量。

智能工厂在可持续发展方面也扮演着重要角色。通过智能化管理和优化资源使用，企业能够降低能耗和减少废物产生，实现更环保的生产方式。这不仅符合全球可持续发展的趋势，也提升了企业的社会责任感和品牌形象。这种新型制造模式不仅提升了企业的竞争力，还为实现可持续发展提供了重要支撑，预示着未来制造业的无限可能。智能工厂的推广将推动整个行业的创新与变革，使制造业在全球经济中占据更加重要的地位。

4.5.3　智能工厂与车间的系统架构

智能工厂的系统架构可以分为基础设施层、智能装备层、智能产线层、智能车间层和智能管控层五个层级，如图 4-23 所示。

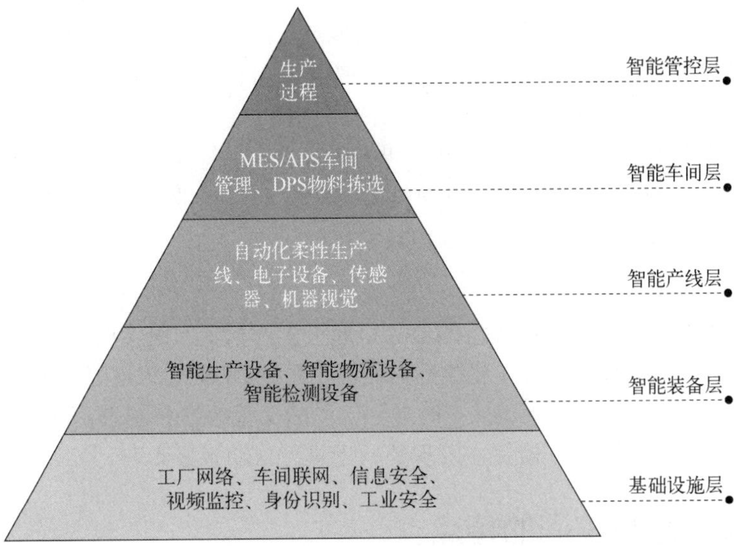

图 4-23　智能工厂的系统架构
APS—高级计划排程；DPS—数字化拣货系统

（1）基础设施层

基础设施层企业首先应当建立有线或者无线的工厂网络，实现生产指令的自动下达和设备与产线信息的自动采集；形成集成化的车间联网环境，解决不同通信协议的设备之间，以及 PLC、CNC、机器人、仪表/传感器和工控/IT 系统之间的联网问题；利用视频监控系统对车间的环境、人员行为进行监控、识别与报警。此外，工厂应当在温度、湿度、洁净度的控制和工业安全（包括工业自动化系统的安全、生产环境的安全和人员安全）等方面达到智能化水平。

（2）智能装备层

智能装备是智能工厂运作的重要手段和工具。智能装备主要包括智能生产设备、智能检测设备和智能物流设备。制造装备在经历了机械装备到数控装备后，目前正在逐步向智能装备发展。智能化的加工中心具有误差补偿、温度补偿等功能，能够实现边检测边加工。工业机器人通过集成视觉、力觉等传感器，能够准确识别工件，自主进行装配，自动避让人，实现人机协作。金属增材制造设备可以直接制造零件，DMG MORI 已开发出能够同时实现增材制造和切削加工的混合制造加工中心。智能物流设备则包括自动化立体仓库、智能夹具、AGV、桁架式机械手、悬挂式输送链等。例如，FANUC 工厂应用了自动化立体仓库作为智能加工单元之间的物料传递工具。

（3）智能产线层

智能产线的特点是：在生产和装配的过程中，能够通过传感器、数控系统或 RFID 自动进行生产、质量、能耗、设备绩效等数据采集，并通过电子看板显示实时的生产状态；通过安灯系统实现工序之间的协作；生产线能够通过快速换模，实现柔性自动化；能够支持多种相似产品的混线生产和装配，灵活调整工艺，适应小批量、多品种的生产模式；具有一定冗余，如果生产线上有设备出现故障，能够调整到其他设备生产；针对人工操作的工位，能够给予智能的提示。

（4）智能车间层

智能车间层要实现对生产过程进行有效管控，需要在设备联网的基础上，利用制造执行系统（MES）、高级计划排程、劳动力管理等软件进行高效的生产排程和合理的人员排班，提高设备利用率，实现生产过程的追溯，减少在制品库存；应用人机界面，以及工业平板等移动终端，实现生产过程的无纸化。另外，还可以利用数字映射技术将 MES 采集到的数据在虚拟的三维车间模型中实时地展现出来，不仅提供车间的 VR（虚拟现实）环境，而且还可以显示设备的实际状态，实现虚实融合。车间物流的智能化对于实现智能工厂至关重要，企业需要充分利用智能物流装备实现生产过程中所需物料的及时配送，企业可以用 DPS（Digital Picking System，数字化拣货系统）实现物料拣选的自动化。

（5）智能管控层

智能管控层主要是实现对生产过程的监控，通过生产指挥系统实时洞察工厂的运营，实现多工厂之间资源的有效调度。流程（连续）制造企业通过 DCS 或 PLC 控制系统进行生产监控，离散制造企业也开始建立中央控制室，实时显示工厂的运营数据和图表，展示设备的运行状态，并可以通过图像识别技术对视频监控中发现的问题进行自动报警。

4.5.4 智能工厂与车间的特点

（1）制造系统的集成化

作为一种高层级的智能制造系统，智能工厂展现出鲜明的系统工程特性。各技术环节和单元根据功能需求组成不同规模和层级的系统，系统内的所有元素彼此紧密关联。在智能工厂中，制造系统的集成主要体现在以下几个方面。

① 企业数字化平台的集成。在智能工厂中，产品设计、工艺设计、工装设计与制造、零部件加工与装配及检测等各个制造环节均实现数字化，各环节所需的软件系统整合于同一数字化平台之上。这种整合使整个制造流程完全基于单一模型驱动，有效避免了因平台不统一而导致的数据转换等问题。

② 虚拟工厂与真实制造现场的集成。基于全资源的虚拟工厂是智能工厂的重要组成部分。在产品生产之前，制造过程中的所有环节均在虚拟工厂中进行建模、仿真与验证。在实际制造过程中，虚拟工厂管控系统向制造现场传送制造指令，而制造现场则实时反馈加工数据至管控系统，从而形成对制造过程的闭环管控。

（2）决策过程的智能化

制造业自动化的核心在于将制造指令和逻辑判断转化为设备可识别的代码，使设备能够自动执行制造动作，从而有效节省人力成本。在这一过程中，传统上人类被视为唯一的决策主体，设备仅扮演执行者的角色，缺乏高级智能。

在智能工厂中，“机器”不仅具备感知和分析能力，还能够参与决策过程，与人类共同构成一个复合决策主体。人类输入决策规则后，“机器”能够依据这些规则和实时制造数据自主执行决策，显著减少人为决策失误的可能性。此外，决策过程中所生成的知识将用于后续的制造决策，进一步优化和扩展决策知识库，从而提升智能制造系统的整体智能化水平。这种人机协作的模式，预示着制造业的未来将更加高效和智能。

（3）加工过程的自动化

车间与生产线中的智能加工单元是产品制造的关键环节，所有加工指令在此得以实现。为了准确、高效地执行制造指令，智能加工单元需要具备数字化、自动化的特性。

智能加工单元中的各类设备（如加工、检验、装夹和储运设备）均基于统一的数字化模型进行驱动，这有效避免了传统加工中常见的数据不一致问题。车间内广泛采用条码、二维码、RFID 等识别技术，为每个实体赋予唯一身份，从而实现物料、设备和工具的自动装夹与传输，提升了整体工作效率。智能制造设备大量引入智能传感技术，通过嵌入各类传感器实时采集加工数据（如温度、振动、噪声等），并结合大数据分析技术来优化设备运行参数，确保设备始终处于最佳效能状态。例如，传统车间可能因地基沉降而导致加工精度的损失，但借助位置与应力传感器，可以实时检测沉降程度，并相应调整机床的地脚，以弥补精度损失。

通过对设备运行数据的采集与分析，可以总结出设备加工精度和性能的衰减规律，并深入分析各因素之间的耦合关系，从而预测异常情况并监控设备健康状态，实现故障预警。这一系列措施不仅提升了生产的可靠性，也为智能制造的持续优化奠定了坚实基础。

（4）服务过程的主动化

制造企业通过信息技术和网络化技术，实现服务过程的主动化。制造企业利用信息技术和网络化技术，能够提供多种智能化服务，如：通过实时聊天、视频通话等方式，为用户提供即时帮助；利用物联网技术监测设备状态，预测故障，从而安排及时的维护，减少停机时间；实施持续的设备状态监测，提供健康报告和性能分析，帮助用户优化设备使用。在智能工厂中，服务过程的主动化能够显著提升服务的效率和安全性：通过实时监测与数据分析，企业可以快速响应用户需求，缩短服务响应时间；在提供在线支持和数据交互时，企业需要实施严格的安全措施，以保护用户数据的隐私和安全。

面向服务的制造将成为未来工厂建设的重要趋势，行业物联网将集成广域服务资源，愈加智能化和专业化，企业间的协同合作将显著提升服务效率与安全性。这种转变不仅优化了用户体验，还为制造企业带来了新的竞争优势。随着技术的进步，服务过程的主动化将成为制造企业的重要竞争优势，预计未来更多制造企业将采用智能化服务，提升用户体验，基于主动服务的商业模式将逐渐增多，企业将能够更灵活地应对市场变化和用户需求。

4.5.5　智能工厂与车间的实例

随着信息技术、自动化技术、人工智能等前沿科技的深度融合与广泛应用，智能工厂与车间作为现代制造业的核心生产模式，正逐渐崭露头角并引领着行业的发展潮流。它们不仅代表着生产效率与质量的大幅提升，更是制造业迈向智能化、数字化、网络化的关键标志。接下来，我们将通过具体的实例，深入剖析智能工厂与车间在实际运行中的创新应用与显著成效。

“汽车界的苹果”特斯拉，在一定程度上已经与工业 4.0 的理念相匹配，它对自己所生产汽车的核心定位并非一辆电动车，而是一个大型可移动的智能终端，具有全新的人机交互方式，通过互联网终端把汽车做成了一个包含硬件、软件、内容和服务的体验工具。特斯拉的成功不仅体现在能源技术方面的突破，更在于其互联网思维融入了汽车制造，如图 4-24 所示。

图 4-24 特斯拉的“超级工厂”

车身中心的“多工机器人”只有一个巨型机械臂，却能执行多种不同任务，包括车身冲压、焊接、铆接、胶合等工作。它们可以先用钳子进行点焊，然后放开钳子拿起夹子，胶合车身板件。当车体组装好以后，位于车间上方的“运输机器人”能将整个车身吊起，运往位于另一栋建筑的喷漆区。在那里，拥有可弯曲机械臂的“喷漆手机器人”不仅能全方位、不留死角地为车身上漆，还能使用把手开关车门与车厢盖。送到组装中心后，“多工机器人”除了能连续安装车门、车顶外，还能将一个完整的座椅直接放入汽车内部。组装中心的“安装机器人”还是个“拍照达人”，因为在为 Model S 安装全景天窗时，它会先在正上方拍张车顶的照片，通过照片测量出天窗的精确方位，再把玻璃黏合上去。在车间里，车辆在不同环节间的运送基本由一款自动引导机器人来完成。工作人员提前在地面上用磁性材料设计好行走路线，该机器人就能按照路线的指引，载着 Model S 穿梭于工厂之间。

海尔互联工厂是顺应全球新工业革命以及互联网时代的潮流，由大规模定制转型，基于物联网和互联网的智能、智慧工厂。海尔互联工厂的前端是名为“众创汇”的用户交互定制平台，在这个平台上，海尔与用户能够零距离对话，用户可根据个人喜好自由选择空调的颜色、款式、性能、结构等。用户提交订单后，订单信息实时传到工厂，智能制造系统自动排产，并将信息自动传递给各个工序生产线及所有模块商、物流商，海尔生产线可以兼容不同模块同时生产。用户通过手机终端可以实时获取整个订单的生产情况，产品生产过程都在用户“掌握”中。此外，海尔还可以运用 3D 打印来支撑专属定制，用户可以把一些个性化的需求的图片上传，工厂通过 3D 打印的方式打印出来，通过模具注塑技术最终整合在一起，使产品品质更加精细，提升了用户的体验。

阳光中科 N 型 PERT（钝化发射极及背表面全扩散）双面太阳电池数字化车间横向集成了产品设计、制造、物流、销售及服务价值链全过程，并利用数字化、物联网、数据监控技术等智能手段构建管理服务框架，具有了自主能力，可采集、分析、判断、规划，以提高生产过程的可控性，减少生产制造过程人工干预，合理安排计划。在产品制造过程中，大量采用清洁新能源核心装备用于制绒、双面离子注入、高温回火、PECVD（等离子体增强化学气相沉积）镀膜、丝网印刷-测试分选-包装 5 大车间的建设，并通过整合车间、产线单元等不同工序上设备与工艺方面的应用系统，实现制造过程的先进控制和优化；在物流过程中，建立了智能物流和仓储装置，并实现对物流和仓储等区域数据的实时采集；在销售和服务过程中，可根据建立的产品信息、客户关系和供应链管理进行合理的计划和反馈处理，具体如图 4-25 所示。

阳光中科定制制造工艺设备，配合智能系统的建设，完成了工艺设备的高度自动化和集成化，实现了生产自动化；在各生产工艺中，通过连接设备和控制系统，并配备相应的数据采集系统，将采集的数据向上层系统进行有效集成，从而实现了有效的监控；建立了基于工业互联网的实时数据库平台，工业互联网已覆盖阳光中科整个工厂，并与过程控制和生产管理进行了深度集成，将设备、控制系统、监控系统以及信息系统进行了集成；实施了智能数字化车间的生产计划调度和过程控制的制造执行系统（MES），MES 与 ERP 的供应链管理模块进行集成，该公司和国内先进的信息系统供应商合作，已开展 ERP 和生产监控系统的实时上线，并在进行不断的扩展和升级。

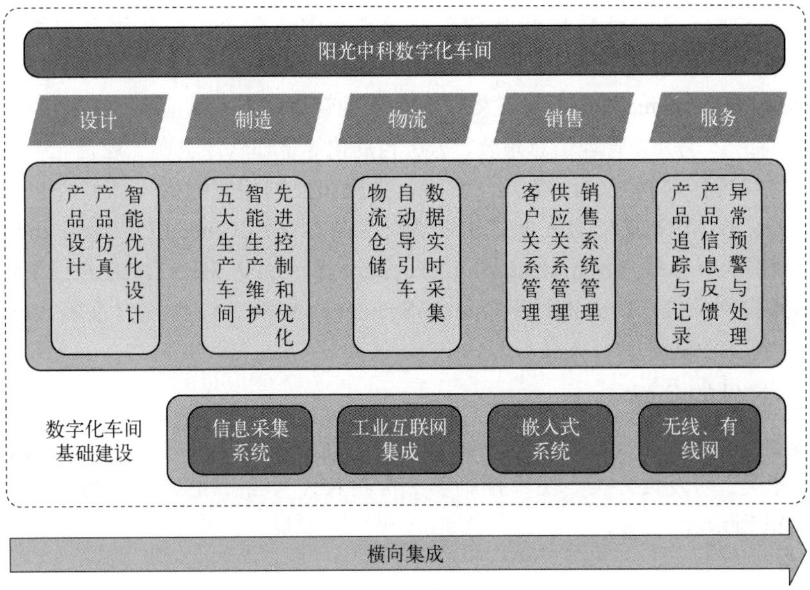

图 4-25　阳光中科数字化车间系统规划图

4.6 智能工业软件

4.6.1　智能工业软件的概述

（1）智能工业软件的定义

软件是按照特定顺序组织的一系列计算机数据和指令的集合，是有关计算机系统操作的程序、规程、规则以及相应的文件、文档及数据。专用或主要用于工业领域，指挥和驱动计算机实现相应功能的程序、规程、规则及其相关文档和数据就是工业软件。它可提高企业的研发、制造、生产、管理水平和工业装备性能，为制造系统赋予智能。如果说智能化的制造设备、工夹辅具、机械手和机器人、生产线等硬件是智能制造系统的身体和躯干，那工业软件就好比智能制造的大脑和神经。

（2）工业软件的由来与发展

工业软件伴生于计算机在生产制造过程和工厂管理中的运用，其雏形是机床等设备的控制程序以及一些用于记账、计算和做电子表格的程序系统。

随后，在产品研究开发和设计领域，研发出了计算机辅助绘图软件、计算机辅助设计（Computer Aided Design，CAD）系统、计算机辅助制造（Computer Aided Manufacture，CAM）系统、计算机辅助工程（Computer Aided Engineering，CAE）系统、计算机辅助工艺规划（Computer Aided Process Planning，CAPP）系统、产品数据管理（Product Data Management，PDM）系统等，还包括了可编程逻辑控制器（Programmable Logic Controller，PLC）等工业自动化控制系统。这些软件系统极大地提高了设计效率和精度，缩短了产品开发周期，优化了生产流程，提升了产品质量，是现代工业生产不可或缺的工具。

在企业管理方面，随着计算机开始在工业和制造中逐渐应用，从生产中的物料需求计划（Material Requirement Planning，MRP）发展出制造资源计划（MRPⅡ），到今天仍在广泛应用的企业资源计划（Enterprise Resource Planning，ERP）等。企业管理往上下游延伸，又有了供应链管理系统和客户关系管理系统。另外，管理信息系统、办公自动化等管理软件也在工业企业中被普遍运用。

在生产执行和过程控制方面，除了与设备本身操作控制相关的嵌入式软件以及 PLC、CNC 等程序系统以外，在 MRP 基础上还派生出高级计划排程（Advanced Planning and Scheduling，APS）系统和制造执行系统（Manufacturing Execution System，MES）。而流程工业的生产控制则依赖于分布式控制系统（Distributed Control System，DCS）、过程控制系统（Process Control System，PCS）等工业软件。

（3）工业软件的分类

现在国际上通常用“企业级软件”的概念来综合定义各类工业软件，一般按照应用场景和技术特征进行分类：研发设计类、生产控制类（含嵌入式）、经营管理类。各类工业软件及其相互关系如图 4-26 所示。

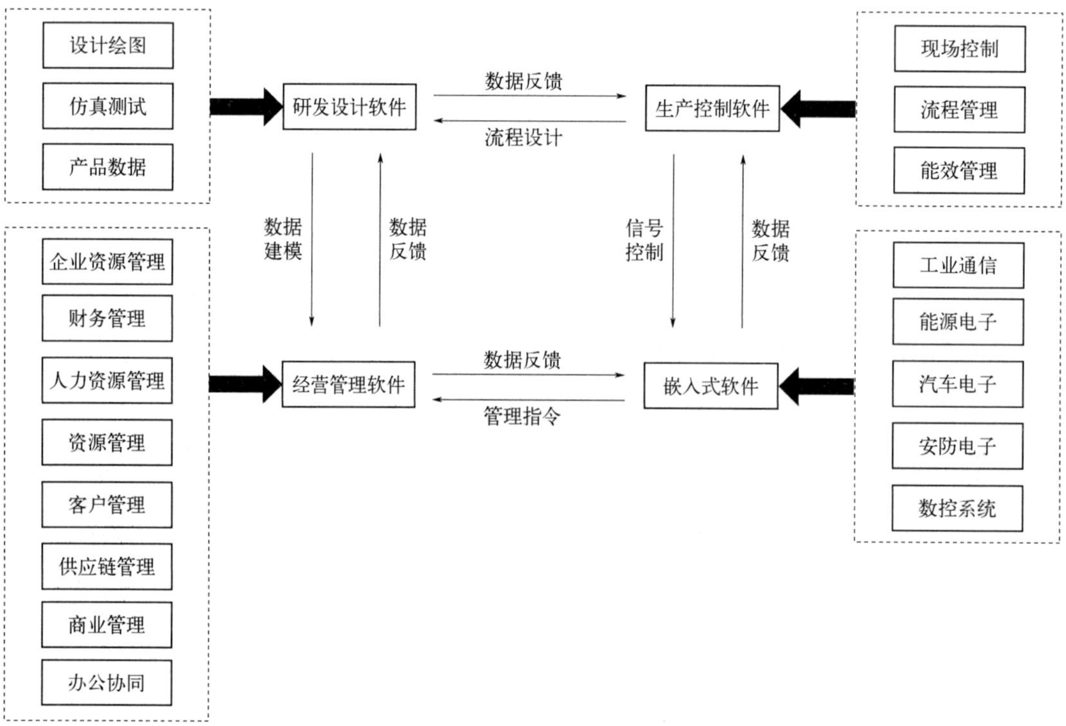

图 4-26　各类工业软件及其相互关系

在今天，工业领域中日益自动化、信息化的制造装备，生产过程的组织控制、产品的检验监测、企业经营管理、制造的协同等，都已离不开计算机的操控。而专用于工业领域，使得这些计算机操控得以实现的程序、规程、规则及其相关文档、数据就是工业软件。它专用或主要应用于制造和工业领域，就像大脑和神经一样。

（4）工业软件的应用

没有强大的工业软件，就没有强大的工业制造。在智能制造体系中，从互联网、物联网、增材制造、虚拟现实、信息安全等技术，到智能产品设计开发及服务，再到智能装备、生产线和智能工厂以及智能化的管理和决策，工业软件无处不在，具体如图 4-27 所示。

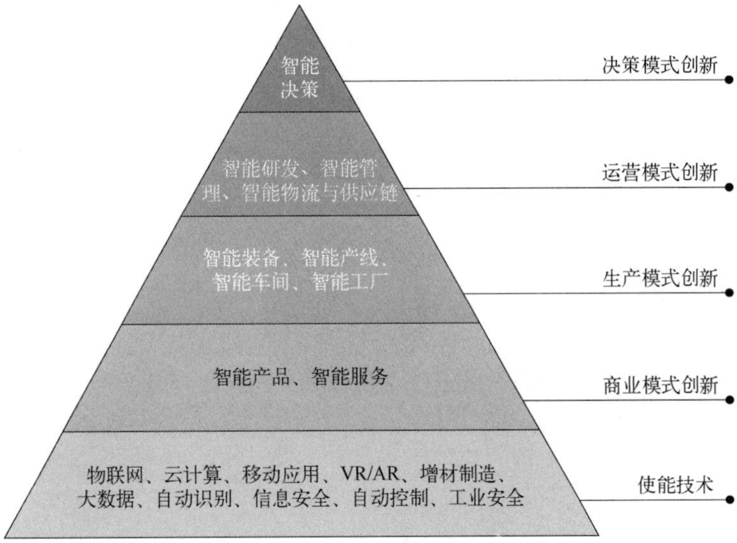

图 4-27　无处不在的工业软件

4.6.2　研发设计类工业软件

（1）数字化设计和制造的利器——CAD/CAM 系统

① 计算机辅助设计。CAD 在早期是英文 Computer Aided Drafting（计算机辅助绘图）的缩写，随着计算机软硬件技术的发展，人们逐步认识到单纯使用计算机绘图还不能称之为计算机辅助设计，真正的设计涉及整个产品，包括产品构思、功能设计、结构分析、加工制造等，于是 CAD 的缩写拓展为 Computer Aided Design（计算机辅助设计）。

② 计算机辅助制造。狭义的 CAM 概念就是计算机辅助数控编程，广义的 CAM 概念还包括 CAPP（计算机辅助工艺规划）等。CAM 系统主要涉及数控编程系统和数控加工设备，其中数控编程系统一般包括零件加工的轨迹定义、加工过程的仿真、生成数控代码（NC 代码）等功能；数控加工设备的任务是接收数控代码，并按照数控代码进行零件加工。

（2）图纸到产品的数字桥梁——CAPP 系统

工艺就是对各种原材料、半成品进行加工、装配或处理，使之成为产品的方法和过程。计算机辅助工艺规划（CAPP）就是利用计算机技术辅助工程师完成零件从毛坯到成品的设计和制造过程，是将产品的设计信息转化为制造信息的一种技术。通过向计算机输入被加工零件的几何信息（形状、尺寸等）和工艺信息（设备、工装等），计算机进行信息交互过程，如图 4-28 所示。这项工作需要有丰富生产经验的工程师进行复杂的规划，并借助计算机图形学、工程数据库以及专家系统等计算机科学技术来实现。计算机辅助工艺规划常是联结计算机辅助设计（CAD）到产品的桥梁。

计算机辅助工艺规划利用计算机来进行零件加工工艺过程的制订，把毛坯加工成工程图纸上所要求的零件。它是通过向计算机输入被加工零件的几何信息（形状、尺寸等）和工艺信息（材料、热处理、批量等），由计算机自动输出零件的工艺路线和工序内容等工艺文件的过程。在集成化的 CAD/CAPP/CAM 系统中，设计时在公共数据库中所建立的产品模型不仅仅包含了几何数据，也记录了有关工艺需要的数据，以供计算机辅助工艺规划利用。计算机辅助工艺规划的设计结果也存回公共数据库中，供 CAM 的数控编程使用。集成化的作用不仅仅在于节省了人工传递信息和数据的时间，更有利于产品生产的整体考虑。

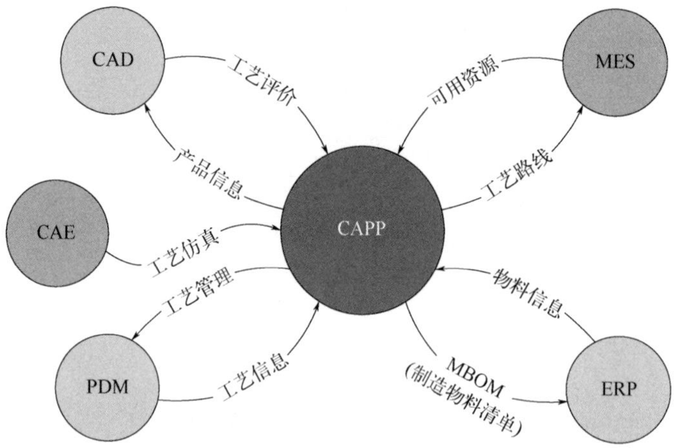

图 4-28　CAPP 信息交互过程

（3）产品辅助分析的好帮手——CAE 系统

计算机辅助工程（CAE）是对产品的静态强度、动态性能等在计算机上进行分析、模拟仿真的计算机系统。在产品设计阶段引入 CAE 可提前发现和修改设计错误。常见的工程分析包括：对产品和工艺系统的动态、静态特征的性能分析；以及对结构的应力、变形分析等。在计算机辅助工程分析所采用的技术中，有限元分析技术是最重要的工程分析技术之一，广泛应用于弹塑性力学、断裂力学、流体力学、热传导等领域，并产生了许多商用的有限元分析软件。

（4）生产系统仿真的模拟——Plant Simulation

Plant Simulation 软件是由 eM-Plant 发展而来的一款西门子公司旗下的软件，也就是一款面向对象的、图形化的、集成的集建模、仿真、动画制作和优化为一体的离散事件仿真软件。作为一款工厂、生产线及物流仿真软件，Plant Simulation 能够对车间布局、生产物流设计、产能等生产系统的其他方面进行定量的验证，并根据仿真结果找到优化的方向，从而能够在方案实施前对方案实施后的效果进行验证。

利用 Plant Simulation，可以对工厂和生产线的许多环节进行优化，比如：

① 工厂布局优化：实际中由于场地有限，或者由于地面不平整，工厂的生产难以实施。此时可以用 Plant Simulation 将工厂中设备和人员的位置进行合理安排，用最小的空间实现生产。

② 产线性能评估：工厂的设备不可能百分百运转，对产线的各项参数进行仿真动画测试，评估限制生产效率的原因，找到优化的解决方案。

③ 安排生产计划：工厂接到订单的多样性造就了生产的产品品种千变万化，可以在软件中合理安排生产计划，以便生产同批次产品耗时最短。

④ 仓储物流优化：生产完的产品需要储存到仓库中，如果仓库的周转不够迅速，即产品不能实时地送到客户手中，那么货物的堆积很可能会导致工厂停产，造成严重的设备资源浪费。可以通过这款软件优化产品的入库和出库时间，既可提高货物的周转率而使资源不被浪费，又可提高企业的服务水准。

⑤ 智能小车导航：传统工厂中用叉车搬运货物，可以设计智能导航系统让智能小车来搬运

货物，节省人力物力，提高产线的自动化和智能化水平。

Plant Simulation 还能解决提高资源利用率、优化物流供应链、找到工厂瓶颈工位等问题，通过分析工具［如 GA（遗传算法）、实验管理器、甘特图、桑基图、瓶颈分析器等仿真分析工具］找到模型的优化方向，并通过 HTML 汇报给出工艺排产和布局的最佳解决方案，可以通过与 Excel、数据库和 PLC 等常用软件进行交互，实现工业中的集成化、轻便化的生产，减少成本和时间，进而给公司和工厂带来巨大的利润。

（5）产品数据的大管家——PDM 系统

产品数据管理（PDM）系统是管理所有与产品相关的信息和过程的技术，使产品数据在其生命周期内保持版本一致，并能对产品设计流程和人员的权限进行统一管理。与产品有关的信息有 CAD/CAE/CAPP/CAM 的文件、物料清单（BOM）、产品订单、供应商信息等，与产品相关的过程有设计的审定与修改、图纸的变更与发放等流程。

PDM 的基本原理是，在逻辑上将各个 CAX 信息化孤岛集成起来，利用计算机系统控制整个产品的开发设计过程，通过逐步建立虚拟的产品模型，最终形成完整的产品描述、生产过程描述以及生产过程控制数据。技术信息系统和管理信息系统的有机集成，构成了支持整个产品形成过程的信息系统，同时也建立了 CIMS（计算机集成制造系统）的技术基础。通过建立虚拟的产品模型，PDM 系统可以有效、实时、完整地控制从产品规划到产品报废处理的整个产品生命周期中的各种复杂的数字化信息。

PDM 系统在企业中的应用如图 4-29 所示。PDM 系统通过制造过程数据文档管理，能够有效组织企业生产工艺过程卡片、零件蓝图、三维数模、刀具清单、质量文件和数控程序等生产作业文档，实现车间无纸化生产。通过实施 PDM，可以提高生产效率，有利于对产品的全生命周期进行管理，加强对于文档、图纸、数据的高效利用，使工作流程规范化。从数据来看，PDM 系统可帮助组织产品设计，完善产品结构修改，跟踪进展中的设计概念，及时方便地找出存档数据以及相关产品信息。从过程来看，PDM 系统可协调组织整个产品生命周期内的设计审查、批准、变更、工作流优化以及产品发布等过程事件。

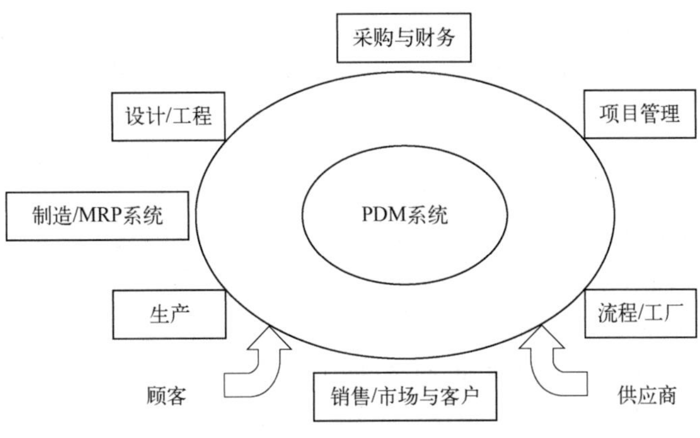

图 4-29　PDM 系统在企业中的应用

4.6.3　生产控制类工业软件

（1）用数据驱动生产运营——MES

制造执行系统（MES）是一套面向制造业企业车间执行层的生产信息化管理系统，有利于形成制造生产过程（从计划管理到实际生产）中的闭环反馈，增强企业生产过程中实时信息的交互，强化了生产决策的科学性和可行性。MES 主要功能模块包括：订单管理、物料管理、计划排程管理、生产调度管理、生产过程控制、质量管理、库存管理、成本管理等。MES 是 ERP 系统计划层与车间现场执行层之间的关键纽带，其主要作用是保障车间生产调度管理有效执行。车间智能化生产管理如图 4-30 所示。

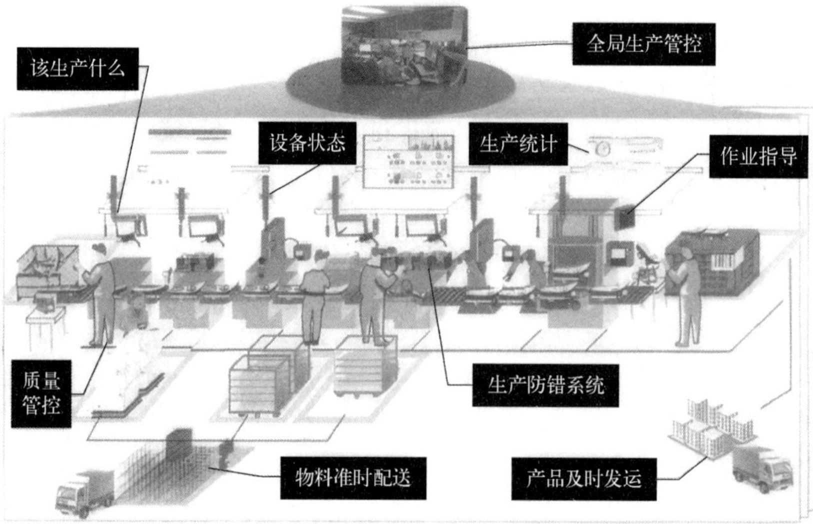

图 4-30　车间智能化生产管理

（2）工业控制的核心——DCS、SCADA、PLC 系统

① DCS——分布式控制系统。分布式控制系统（DCS）通过统一的通信协议将分布在不同区域工业现场的控制站、控制中心的操作员站和工程师站集成在一起，实现对现场生产设备的分散控制和集中操作等功能，这是在集中式控制系统基础上发展演变而来的。DCS 由硬件和软件两部分组成，通常采用模块化的方法进行开发，用搭积木的方式将各种系统基础模块按需求组合应用，这个过程被称为系统的组态，组态开发使 DCS 具有配置灵活、开发简洁的特点。DCS 的体系架构如图 4-31 所示，其中硬件包含各种控制设备、通信设备、各类终端显示器、操作站和工程师站等。

② SCADA——数据采集与监视控制系统。SCADA（Supervisory Control and Data Acquisition）指分布式的数据采集与监视控制系统，经常应用于测控点比较分散、分布范围非常广的生产过程。SCADA 系统与 DCS 之间的显著区别是分布范围方面，DCS 面向对象通常为单个工厂，设备分散在工厂的不同区域，全厂采用统一的通信协议和通信方式，主要应用于过程控制类行业，例如发电、炼油、食品和化工等；而 SCADA 的设备通常地理位置高度分散，主要利用广域网、卫星、电话网等各类远程通信技术将地理位置分散的远程测控站点进行集中监控，系统规模大，现场站点多，通常应用于远程监控行业，例如水处理厂、氯化、泵站、石油和天然气管道、电力电网、轨道交通运输系统等。

SCADA 系统基本架构由三部分组成，即调度控制中心、站场（现场）、通信系统。其中调度控制中心通过主端调度装置对各站场进行控制，各站场通过远程终端装置（RTU）接收和响应控制中心的命令，控制中心和站场通过通信系统进行连接。通过 SCADA 软件可对任意设施进行持续监测，也可对这些设施进行操作控制，相应的典型结构如图 4-32 所示。

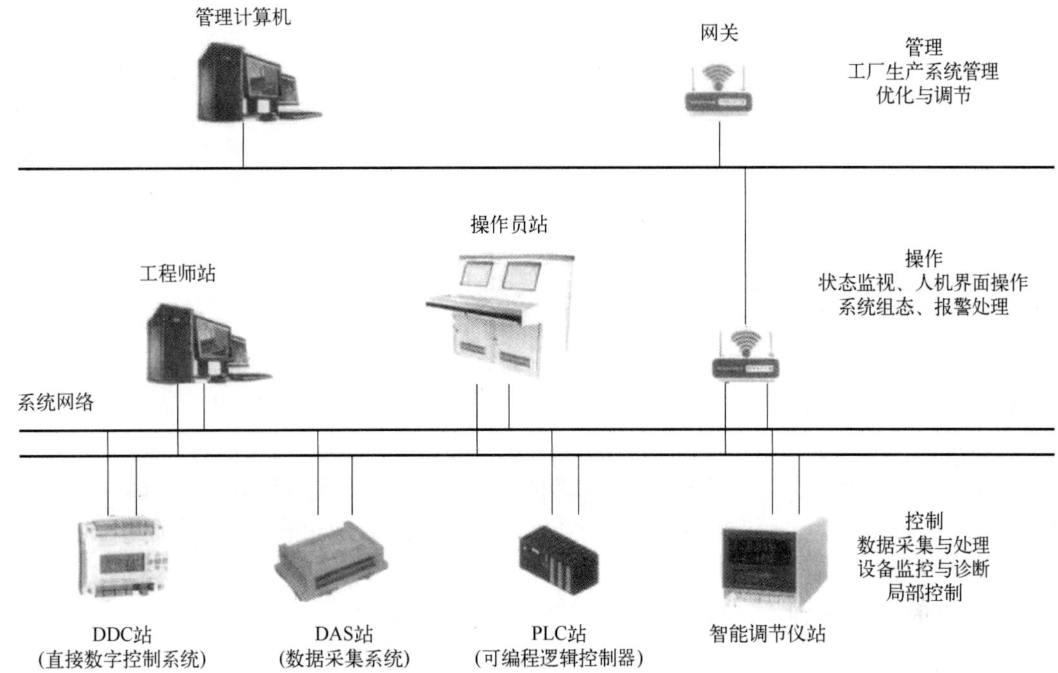

图 4-31　DCS 体系架构

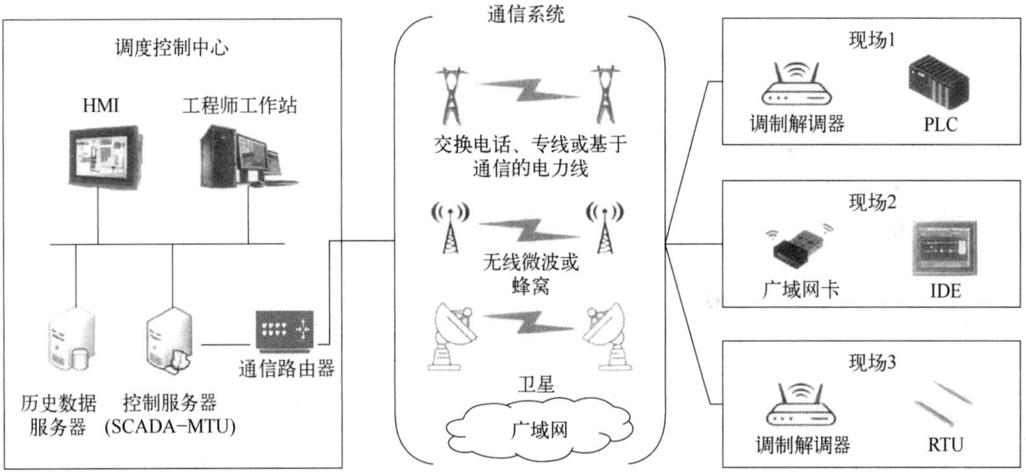

图 4-32　SCADA 系统典型结构
MTU—主终端单元；IDE—集成开发环境

SCADA 软件也是典型的组态软件，其组成部分包括人机接口（HMI）、监控组态、实时数据库、历史数据库、PLC 组态等，主要实现以下功能：图形监控、视频监控、数据展示、系统状态模拟、数据采集和分析、历史数据分析、报警、控制和保护、报表输出等。

③ PLC——可编程逻辑控制器（图 4-33）。可编程逻辑控制器（PLC）是为在工业环境中应用而设计的数字运算操作电子系统，其按照预先设置的逻辑计算功能对输入信号进行处理，执行计算程序后将结果转换成输出信号。在实际应用中，输入信号通常来自按钮、开关等操控器件以及温度、压力等各类传感器，输出信号则传递给各种执行元件。PLC 被大量应用在工业自动化系统中，主要承担了如 DCS、SCADA 等生产控制系统的底层控制站的过程控制任务。通常也把 PLC 称为下位机，而把用于管理的 PC 称为上位机。

PLC 是专为工业化运作设计生产的控制器件，具有可靠性强、功能丰富、使用简单、维护方便、编程容易等特点。目前全球有 200 多家 PLC 厂商，其中国外比较知名的包括西门子、罗克韦尔、三菱电机、施耐德、欧姆龙等，国产品牌有信捷电气、汇川技术、英威腾、南大傲拓等。

图 4-33　可编程逻辑控制器

4.6.4　经营管理类工业软件

以数为基础、以物为支撑、以境为场景、以人为本的智能管理，将通过广泛地应用人工智能专家系统、知识工程、模式识别、人工神经网络、数字仿真和虚拟现实等技术实现。目前的经营管理类工业软件还没有完全达到智能制造的要求，但已经成为现在制造企业运行和实现智能制造的基石，是采集和整合经营管理和战略决策的数据、流程、方法、知识，进而走向智能管理的基础。其中，被广泛应用的就是企业资源规划（ERP）软件以及延伸到上下游的供应链管理（SCM）和客户关系管理（CRM）系统。

（1）企业资源规划（计划）——ERP 系统

制造型企业通常以“职能体系”和“业务体系”来实行管理，具体包括生产管理、采购管理、营销管理、人力资源管理、财务管理、设备管理、行政管理等。ERP 系统就是为上述企业职能和业务管理充当大管家的工业软件，其功能结构（以 SAP S/4HANA 软件为例）如图 4-34 所示。

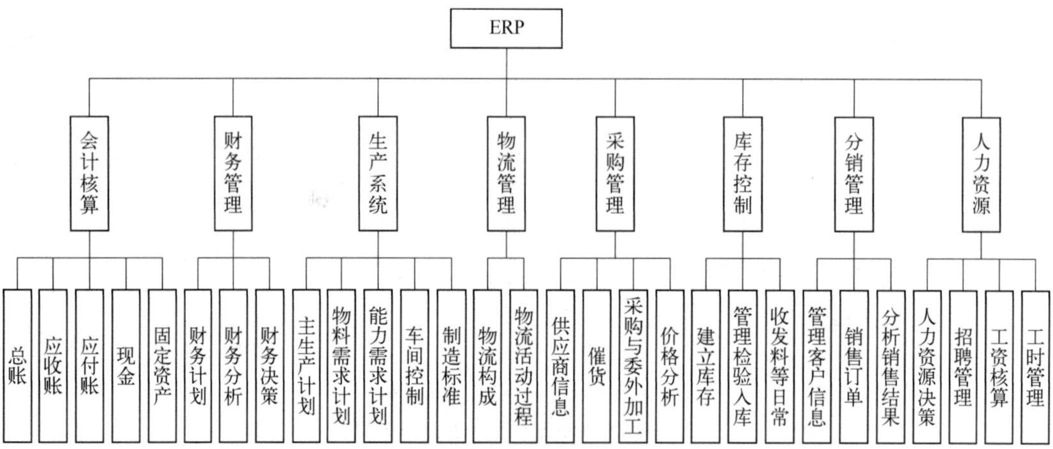

图 4-34　ERP 软件功能结构

国外的 ERP 软件起源于二十世纪六十年代提出的 MRP（Material Requirements Planning，物料需求计划）概念，其功能是保证物料及时送达生产现场。MRP 管好物料后，企业还需要管好设备，组织生产调度好资源，于是除了物料需求计划，还要考虑生产能力计划，这就形成了所谓的“闭环 MRP”。再后来，还需要考虑资金、人力资源等要素，衍生了新的 MRP，即“Manufacturing Resource Planning”（制造资源计划），并称为 MRP Ⅱ。二十世纪九十年代，MRP Ⅱ系统开始扩展到财务，再延伸至采购和销售，逐步涉及企业大部分管理职能，从而形成了覆盖全企业的管理信息化应用软件，命名为企业资源规划（Enterprise Resource Planning，ERP）系统。ERP 概念引入我国后，二十世纪八九十年代财政部推行会计电算化而研发推广的大量财务管理软件和国内早期的 MRPⅡ，均不断扩展到覆盖企业其他管理功能，并形成了国产 ERP 软件，逐步占领了我国低端管理软件的大部分市场，而至今高端的 ERP 软件市场仍以国外软件为主。

（2）制造的上下游之链——SCM 系统

互联网的发展和电子商务的兴起，使企业在 ERP 软件基础上，管理从内到外延伸到从生产到发货、从供应商到顾客的每一个环节，包括供应、需求、原材料采购、市场、生产、库存、订单、分销发货等的管理全链条，这就形成了供应链管理（Supply Chain Management，SCM）系统。供应链管理体现了对企业整个作业流程的优化，把企业制造过程、库存系统和供应商产生的数据合并在一起，从一个统一的视角展示产品制造过程的各种影响因素，整合并优化了供应商、制造商、零售商的业务效率，使商品以正确的数量、正确的品质，在正确的地点以正确的时间、最佳的成本进行生产和销售。常用 SCM 软件的功能如图 4-35 所示。

图 4-35　SCN 系统软件功能图

供应链管理运用互联网，通过建立供应商与制造商之间的战略合作关系，以中心制造厂商为核心将上游原材料及零配件供应商，下游经销商、物流运输商及产品服务商，以及往来银行进行整合，形成企业赖以生存的商业循环系统。SCM 是一种决策智能型软件，它的功能主要在于整合整个供应链信息并进行规划决策，以达到整个供应链的最优化，也就是在现有资源下努力实现最高客户价值。SCM 将单一企业的管理拓展到企业间的协同优化，可以提高预测的准确性；缩短工作流程周期，提高生产率，降低供应链成本；减少总体采购成本；缩短生产周期，加快市场响应速度；减少库存，提高发货供货能力等，进而实现企业对最终顾客和市场需求的更快速响应，提高企业产品的市场竞争力。

（3）企业联系客户的纽带——CRM 系统

在 ERP 的基础上，借助互联网和电子商务的发展派生出的另一个应用系统，就是客户关系管理（Customer Relationship Management，CRM）系统。最早提出 CRM 概念的美国技术咨询公司 Gartner Group 认为：CRM 是一项营商策略，通过对客户的主动选择和管理实现企业最大的长期价值；CRM 为填补企业在获取、增加和保留客户方面的缺口来发展和推广营商策略和支持科技，以改善包括客户和潜在客户基础的资产回报。CRM 的建立有助于对客户的全生命周期进行管理，感知客户的变化与需求，能够更加有效地进行精准服务，全方位提高客户的满意度。CRM 软件主要包括基础管理、营销管理、销售管理、决策支持与客户管理等主要功能，如图 4-36 所示。

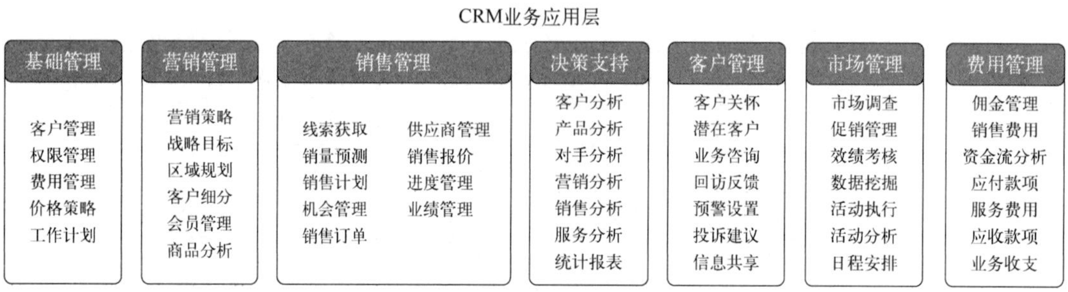

图 4-36　CRM 软件功能图

这些功能不是简单的数据记录和存储，而是能够提供客户的精准分类、辨识和评判，客户活动和状态追踪，销售线索和业务机会管理，销售预测、分析和成效评价，交易、竞争、报价、服务全过程管理等。通过这些实现提高客户满意度、降低客户流失率、增加销售成功率等目标。

4.6.5　智能工业软件的发展趋势

伴随机械和工业出现的制造业，迄今发展了约 300 年，历经传统制造、现代制造及智能制造相叠加发展的三个阶段。一直在持续发展着的传统制造范式是“零部件定义机器”；近 40 年来兴起，至今已逐渐成熟的现代制造范式是“软件成为机器零部件”，工业软件是制造的核心零件、部件、组件；当前乍现端倪的智能制造新范式则是“软件定义机器、软件定义制造、软件定义一切”。

（1）工业软件赋能现代制造

自 20 世纪 70 年代以来，由于计算机技术日益在工业和制造中发挥重要作用，工业软件成为现代制造中不可或缺的机器“零部件”或核心组成部分。工业软件通过“甩图纸”和“甩账本”走到企业产/供/销、人/财/物、研发设计、过程控制的信息、流程、价值集成，再到企业间、供应链、整个产业生态的协同和价值互联等，全面为现代制造赋能。

（2）工业软件定义智能制造

近年来，工业 4.0、工业互联网、信息物理系统、智能工厂、3D 打印、机器换人、无人车间等名词术语在工业界层出不穷，充分显示着工业体系开始从“软件成为机器零部件”的现代制造范式，向“软件定义机器、软件定义制造”的制造范式转型。众所周知，智能制造是基于新一代信息技术，贯穿产品设计、生产控制、经营管理、客户服务等制造活动的各个环节，具有控制精准自执行、信息深度自感知、智慧优化自决策功能的先进制造过程、系统和模式的总称。在集自动化、信息化、智能化为一体的智造模式中，产品结构、产品生命周期、产品运行状态、产品设备运维、设备数据采集、生产工艺、作业原理、制造场景、数字孪生等，无不为软件所定义和驱动。软件不仅定义了零件、材料、产品，也定义了工装、工艺、装配、产线流程、供应链，还定义了产品使用场景、维护与升级、客户、销售，更定义了企业，可以说工业软件定义了智能制造的一切。

（3）工业软件主导未来智造

未来工业软件将主导未来智造，产品研发设计将采用更先进的增强现实（AR）与虚拟现实（VR）技术，造型随意、调整实时、协同度高，传输的不是图纸而是全息的三维或四维数字模型。基于 CPS（信息物理系统）的智造模式为所有零部件和设备都附加了数字映射的数字虚体，所有车间的产品、设备和过程数据，在软件的驱动下，高速、有序且自动流动着。智造中软件运行着的所有工作过程是并行、立体、可多视图展示的，不确定性被有效削弱甚至消除。包括了个体的灵活动态的单元企业组织，边界日益模糊，流程重构，管理被自组织化。工业互联网和人工智能、制造技术的深度融合，并行、并发、一体化、智能化的制造，高速有序流动的数据，高度互动和协同的工作环节，优化和精准有效分配的生产资源，将使企业和整个智造生态以及全社会获得极高的运行效率，而工业软件正是这一切的使能技术和基本工具。

4.7 本章小结

本章围绕智能制造系统的核心单元展开，详细介绍了智能数控机床、智能工业机器人、智能物流设备、智能测量设备、智能工厂与车间及智能工业软件的关键内容，具体如下：

（1）智能数控机床

作为“工业母机”，其发展经历了从机械化到智能化的演进，具备人机协同性、自学习及其能力持续提高性等特征，通过智能传感、智能数控等技术实现高精度加工，在自动化刀具路径规划、实时误差纠正等场景中发挥核心作用，是智能制造装备的重要组成部分。

（2）智能工业机器人

定义为可编程序的多功能操作器，发展历程从示教再现到智能化，具有易用性高、生产效率与安全性高等特征，关键技术包括传感器技术、智能控制技术、路径规划技术等，在焊接、装配、协作作业等场景中广泛应用，显著提升了生产自动化与灵活性。

（3）智能物流设备

涵盖智能仓储、装卸搬运、分拣输送等设备，具有智能化、集成化、信息化、柔性化特征，依托自动识别、GIS、数据挖掘等技术，实现物流过程的自主决策与高效执行，推动物流系统从机械化、自动化向智能化升级。

（4）其他关键单元

智能测量设备通过接触式与非接触式技术实现精准检测；智能工厂与车间以数字化架构为

核心，具备柔性化、协同化特点；智能工业软件涵盖研发设计、生产控制等类别，是智能制造流程优化的重要支撑。

思考题

4-1 阐述智能数控机床的控制原理。

4-2 未来的智能机床是否可能完全取代人工决策？

4-3 当前智能数控机床面临的主要技术或产业瓶颈有哪些？

4-4 传统工业机器人与智能工业机器人的核心区别是什么？

4-5 智能工业机器人的关键技术有哪些？哪个对实现“人机协作”最为关键？

4-6 搜索相关资料，说明智能工业机器人的应用还有哪些。

4-7 智能物流设备的“智能化”特征体现在哪些具体功能上？

4-8 某冷链物流企业需要实时监控货物温湿度，你会推荐哪些智能设备与技术？

4-9 智能物流设备高度依赖无线通信，如果网络中断，如何保证系统可靠性？

4-10 智能测量设备根据应用场景不同，可以分为哪几类？

4-11 接触式测量设备和非接触式测量设备分别有什么特点？

4-12 智能测量设备的发展经历了哪几个阶段？

4-13 未来智能测量设备的发展趋势是什么？

4-14 什么是智能工厂和智能车间？

4-15 智能工厂经历了哪些发展历程？

4-16 智能工厂的系统框架可以分为哪几个层级？

4-17 智能工厂与车间的特点有哪些？

4-18 智能工业软件可以分为哪几类？

4-19 简述智能数控机床的发展历程，并说明我国在该领域的代表性成果。

4-20 智能数控机床的技术特征中，哪一项对实现“绿色制造”最为关键？

4-21 结合沈阳机床 i5 系统，说明智能控制技术如何提升加工效率和质量。

4-22 工业机器人的四大特征中，哪一个对中小企业最具吸引力，为什么？

4-23 列举工业机器人中常用的两种传感器（内部与外部），并说明其功能。

4-24 某电子厂计划引入 SCARA 机器人完成电路板组装，请从技术选型和生产流程角度，列出三项关键考量因素。

4-25 对比传统物流设备与智能物流设备的差异（技术、功能、应用场景等角度）。

4-26 AGV 机器人在智能仓储中的工作流程是什么？并说明其优势。

4-27 为什么说“信息化”是智能物流设备的基础特征？

4-28 智能测量设备与传统测量设备的主要区别是什么？

4-29 智能工厂与数字化工厂有哪些不同之处？

4-30 智能工业软件在智能制造中扮演了哪些角色？

4-31 智能测量设备的发展趋势如何影响制造业的未来？

4-32 智能工厂的系统架构中哪些层级最为关键，为什么？

4-33 智能工业软件的发展趋势对企业意味着什么？

4-34 智能工厂与车间的特点如何体现在实际生产中？

第 5 章

智能制造系统规划与调度

【本章内容思维导图】

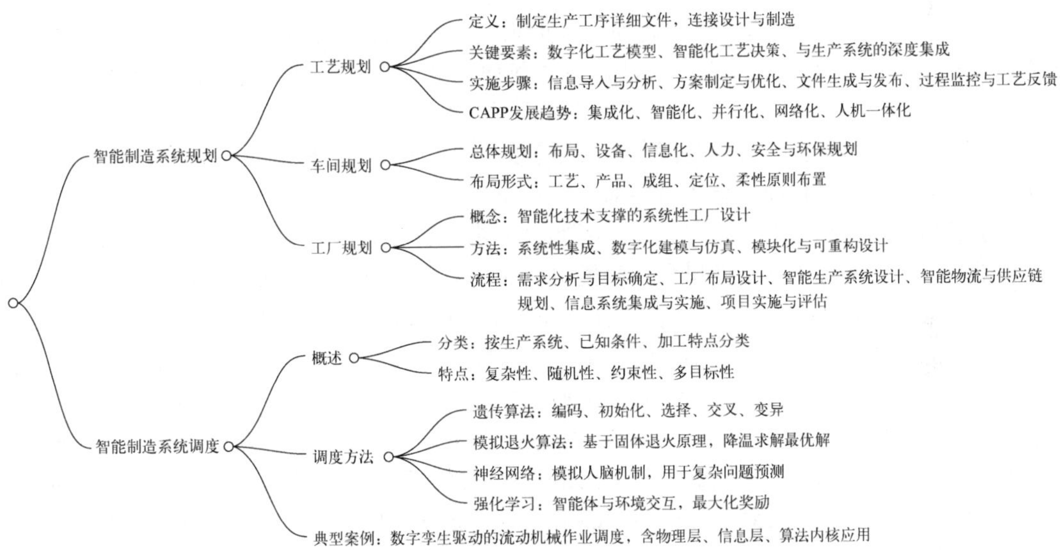

【学习目标】

1．掌握智能制造系统工艺规划、车间规划、工厂规划的概念，以及智能制造系统调度的概念。

2．掌握智能制造系统工艺规划实施步骤、智能制造系统车间布局规划和智能制造系统工厂规划方法，以及生产调度问题的特点。

3．熟悉 CAPP、智能制造系统工艺规划关键要素、智能制造系统工厂规划流程、智能制造系统调度方法。

4．了解智能制造系统车间总体规划和智能制造系统调度典型案例。

5.1 智能制造系统规划

5.1.1 智能制造系统工艺规划

（1）工艺规划概述

工艺规划是指在零件或产品生产时制定所需工序操作的详细文件的过程。它是产品设计与制造之间的纽带，是生产准备的首要工作。该过程常常以最小化生产成本和最大化生产效率为目标，在保证产品质量的前提下寻找生产加工的方案。工艺规划的具体作用如下：

① 确定最优工艺路线。通过工艺规划，企业可以确定产品加工的最优路线，优化生产流程，减少加工环节，提高生产效率。例如，对于某产品的生产，合理的工艺规划可以将复杂的工序融合，并减少人工干预。

② 确定加工设备和工具。工艺规划还包括确定所需的加工设备和工具。不同产品需要不同的设备和工具来完成加工过程，通过合理的规划，可以将不必要的设备和工具排除，降低成本。

③ 保证产品质量。工艺规划是保证产品质量的基础。通过规定具体的加工要求和工艺参数，可以确保产品在加工过程中符合质量要求。

为了提高工艺规划系统的响应速度，柔性的工艺规划系统为零件或产品生产提供了大量可执行的柔性工艺路线。工艺柔性包含三种类型：加工柔性（Process Flexibility, PF）、工序柔性（Operation Flexibility, OF）和加工次序柔性（Sequence Flexibility, SF）。PF 指的是零件或产品加工过程中同一个加工特征可以有不同的加工方案选择，如图 5-1 所示，工序层可以选择不同工序（工序 1 或工序 2）来完成特征层同一个加工特征 F1。在选择完工序后，OF 指的是每一道工序允许在部分机器资源上加工，如图 5-1 所示，工序层中工序 5 可以选择不同机器资源。换句话说，一台机器可以加工不同的工序，如果一台机器发生故障，那么系统就有机会在其他备选机器上继续完成原本分配到故障机器上的余下加工任务。SF 指的是工序之间在不违背优先关系约束的条件下可以交换次序，即可以按照不同的工序排列来完成所有的加工任务。三种类型的柔性特征为加工任务实现优化过程提供了更大的求解空间。

柔性工艺路线常用网状图（包含 AND/OR 结构）来表示。图 5-1 中工序层给出了一个完整的工艺网状图。网状图是一种非循环的单向图，展示了工序间的相互关系。网状图中节点分为两种类型，分别是实际节点和虚拟节点。使用数字记号的节点为实际节点，并且每个实际节点对应一道加工工序。有时工序所对应的可选机器资源信息会直接填写在网状图中节点所在位置上，但是在大多数的情况下由于填写的信息繁杂，所以每道工序对应的机器资源信息往往通过单独的列表集中展示。网状图中另一类节点是虚拟节点，它除了包括开始节点（S 节点）和结束节点（E 节点），还包括 OR 节点和 JOIN 节点。如图 5-1 所示，一个 OR 结构从 OR 节点开始到 JOIN 节点结束，包含多条由不同实际节点组成的支路。制造系统只需选择 OR 结构中的一条 OR 支路上的工序来完成加工任务。此外，不在 OR 结构中的分支结构称为 AND 结构，实际上在 OR 结构外的所有实际节点都没有可选择性，且都需要分配机器资源以实现最终产品的生产。网状图中节点间的箭头描述的是连线两端节点的优先关系，箭头指向的工序只有在另一端工序完工后才允许开始加工。由于优先关系具有传递性，网状图中全部工序间的优先关系限制都可以通过连续的箭头推导出来。

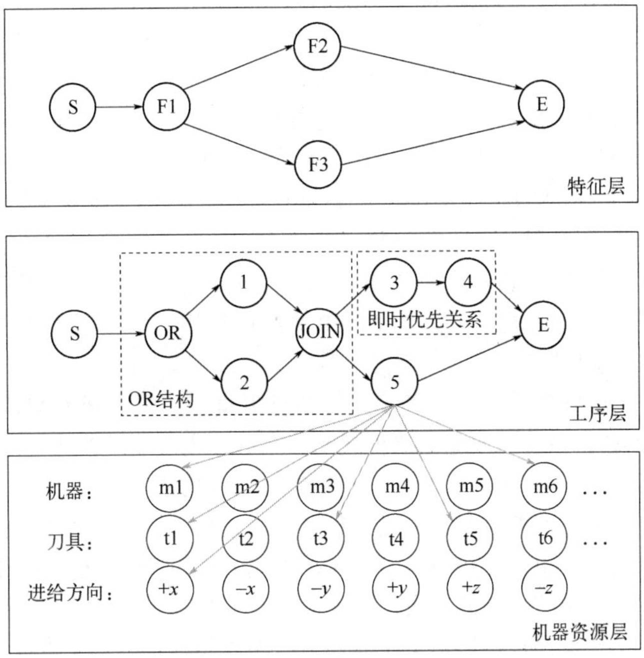

图 5-1　工艺柔性的类型及内涵

一个完整的工艺规划包括：前期的设计和选材，过程中的工序选择、排序和机器资源的选择，以及最后阶段预期指标的优化和生产计划的生成。工艺路线优化是工艺规划的核心，主要优化工艺规划的中后期决策。大量学者除了关注工艺路线的优化，还尝试将工艺规划与制造系统中车间调度结合，进行集成式研究。

（2）CAPP

① 概念与发展历程。传统的工艺规划依赖于人工经验，一方面因为市场上缺乏经验丰富的工艺设计人员，并且不同设计人员的经验判断具有差异性，所以企业制定的工艺路线常常表现出不规范、效率低、成本巨大等缺点；另一方面这种方式也会导致工艺路线固化，从而造成对实际车间环境的变化反应不及时的现象。自 20 世纪 60 年代开始，计算机辅助工艺规划（Computer Aided Process Planning, CAPP）逐步地应用于生产车间，它通过向计算机输入加工零件的原始数据信息，由计算机自动编码来解决问题，直到最后输出经过优化的工艺路线。CAPP 是计算机应用，它协助工艺设计人员执行工艺规划的功能，不仅减少了生成一致的工艺路线所需的时间和精力，而且一定程度上解决了传统人工工艺规划实践中缺少经验丰富的设计人员、规划效率低下以及输出结果不稳定等问题。CAPP 技术作为制造业信息化的重要组成部分，是产品制造信息的集成地，也是先进制造系统的重要支撑技术之一。CAPP 系统作为产品设计/制造一体化的桥梁，是 CAD/CAM 系统与 PDM、MRP、ERP 等其他企业管理软件实现集成的关键，是企业管理信息化的基础。近年来，随着计算机集成制造系统（CIMS）、并行工程（CE）、智能制造系统（IMS）、虚拟制造系统（VMS）、敏捷制造（AM）等先进制造系统的发展，对 CAPP 技术从应用的广度与深度上，都提出了更高、更新的要求。

在国外，经过十多年的努力，特别是以美国、法国为代表的西方制造厂商，如 Boeing、Airbus

等著名公司，在工艺与过程管理集成及优化方面，开发和集成了大量的CAPP工程应用软件和制造数据管理软件，建立了各类工程数据库、材料库、设计和制造特征数据库、典型工艺库、典型零件库等，初步解决了产品技术准备阶段的信息集成与共享问题（如CAD/CAPP/CAM集成），制定了相应的企业标准规范，并成功地应用于新型飞机的研制和型号技术改造中，大大提高了设计质量、缩短了研制周期、降低了开发成本。国内对CAPP的研究始于20世纪80年代初，发展很快，特别是在国家863计划CIMS专项的支持和指导下，近年来CAPP技术已取得了很大的成绩。在国内得到一定程度应用的CAPP系统有华中科技大学的开目CAPP、浙江大学的GS-CAPP、清华大学的TH-CAPP等。经过40多年的发展，CAPP经历了检索式、派生式、创成式的发展阶段，在生产原理、系统结构、决策方法等方面日趋合理、完善。但CAPP系统所涉及的问题具有复杂性和对企业应用环境具有依赖性，特别是近几年国内外对CAPP系统的研究过分追求决策自动化，使得所开发的CAPP系统的通用性和实用性较差。

② CAPP的发展趋势。

a．集成化。由于CAPP是CIMS各子系统信息汇集处，是实现CAD/CAM真正集成的关键环节，所以集成CAPP系统是发展的必然趋势。CAPP集成化的基础是CAPP的信息集成，开放式结构、分布式网络和数据库系统是CAPP集成化应用的支撑环境。集成化CAPP的研究主要包括两个方面：CAD/CAPP的集成，这种集成主要是系统信息的集成，它是克服CAPP系统信息输入困难的根本途径，也是CAD/CAPP/CAM集成成败的关键；CAPP/PPS（生产计划系统）的集成，这种集成主要是系统功能的集成，其实现方法主要有非线性工艺规划、动态工艺规划和准时工艺规划等，其实质就是根据制造系统底层的状态以及提供的信息生成适应性工艺路径。

b．智能化。智能化也是CAPP发展的一个趋势。CAPP的智能化，指的是人工智能（AI）技术和专家系统（ES）技术在CAPP中的应用。工艺设计是一个典型的复杂工程问题，在很大程度上依赖于具体制造资源和设计者的经验和技巧。专家系统技术可以灵活和有效地处理工艺决策和领域专家知识。专家系统采用独立的知识库，知识的扩充和修改与程序无关，使得CAPP系统可以灵活地适应各种具体场合，扩充功能。模糊理论和人工神经网络技术在CAPP中的应用受到越来越多的重视，它们与专家系统的有机结合，使得CAPP系统更具柔性，能处理更为复杂的工艺过程设计问题。

c．并行化。并行CAPP是以并行设计理论为指导，在集成化和智能化的基础之上进一步发展起来的，并行设计是并行工程（CE）的核心内容。在传统的串行模式中，工艺设计按照一个固定的串行次序来进行，完全根据设计之后的零件信息生成工艺规程，一旦在制造中发现产品设计或工艺设计上的缺陷，就必须重新返回来修改设计和工艺，这是一个设计上的“大循环”。而在并行设计模式中，工艺设计的各个子过程是并行工作的，它强调在产品设计的同时，考虑与制造相关的各种因素，尽早发现设计中存在的与制造相关的问题，一旦发现问题则及时反馈，以保证产品的可制造性。这样就可通过一个个串行的多次“小循环”来避免产生“大循环”，在不断的小循环中达到并行的效果，这正是并行设计的实质。

d．网络化。迅速发展的互联网技术给CAPP应用领域带来了新的活力，网络化CAPP正是在这种环境下提出来的，它着重强调的是数据交换和资源共享。随着计算机集成制造系统、敏捷制造和虚拟制造等新模式的出现，现代企业已越来越趋向于群体化、协作化和国际化。因此，开放式、分布式的CAPP系统体系结构、支持动态工艺设计的数据模型、支持开发工具的功能抽象方法和信息抽象方法、统一数据结构以及协同决策机制和评价体系、规范、方法等方面的研究已成为CAPP技术发展的主要趋势。

e．人机一体化。所谓人机一体化就是在人与计算机组成的系统中，采取以人为中心、人机一体的技术路线，人与计算机平等合作，各自完成自己最擅长的工作。人类智能与人工智能相互补充，以合理的代价实现较高的智能，进而达到甚至超过人的能力乃至智能的水平。人机一体化 CAPP 系统就是基于“以人为中心的人机一体化”的思想，将人工智能和人类智能结合起来，由此开发的 CAPP 系统。

（3）智能制造系统工艺规划关键要素

① 数字化工艺模型。数字化工艺模型堪称工艺规划的根基。它以先进的三维模型作为信息承载主体，不仅完整涵盖了产品的几何形状、尺寸公差、材料属性等基础设计信息，还深度融合了加工工艺、装配工艺等关键制造信息。借助功能强大的 CAPP 软件，工艺人员得以在高度逼真的虚拟环境中，对产品展开全面细致的工艺分析与规划工作。以汽车制造企业研发新车型为例，在项目启动阶段，工程师们借助数字化工艺模型，能够提前对发动机的装配流程进行模拟仿真。通过这种方式，他们可以精准规划各个零部件的装配顺序以及所需的工艺参数，在虚拟空间中提前发现并解决可能出现的装配干涉问题，有效避免了在实际生产过程中因装配问题导致的工期延误，从而大幅缩短了新车型的研发周期，降低了研发成本。

② 智能化工艺决策。智能制造系统依托人工智能、大数据等前沿技术，成功实现了工艺决策的智能化转型。系统通过对海量历史工艺数据以及生产过程中实时产生的数据进行深度挖掘与分析，能够精准提炼出不同产品特征与最优工艺方案之间隐藏的关联规则。当面对新的产品工艺规划任务时，基于先进机器学习算法构建的工艺决策模块，能够迅速在庞大的数据库中匹配相似案例，并自动推荐出最为合适的加工方法、刀具选型、切削用量等关键工艺参数。随后，系统还会利用仿真技术对推荐方案进行多维度优化验证，确保方案的科学性与可行性。以电子制造企业的电路板贴片工艺规划为例，企业运用深度学习算法对过往大量贴片质量数据进行分析，以此为依据智能调整贴片头的运动轨迹、吸嘴压力等关键参数，显著提升了贴片精度与生产效率，同时降低了次品率，增强了产品在市场中的竞争力。

③ 与生产系统的深度集成。工艺规划在智能制造系统中，需要与生产设备、物流系统、质量控制系统等各个子系统实现深度融合与无缝对接。在生产设备方面，工艺规划生成的精确加工指令能够直接驱动数控机床、工业机器人等自动化设备高效运行，确保生产过程严格按照预定工艺要求精准执行。同时，通过设备上搭载的各类传感器，实时采集设备的运行状态、故障信息等数据，并反馈至工艺规划系统。一旦系统监测到设备异常，能够迅速做出响应，动态调整工艺参数，最大程度保障生产的连续性与稳定性。

在物流系统协同上，工艺规划与物料配送系统紧密配合，依据精确的生产进度安排，精确规划原材料、零部件的配送时间与最优路径。通过这种方式，有效减少了库存积压现象，缩短了物料等待时间，提高了生产物流的整体效率。例如，在大型汽车总装车间，工艺规划系统与自动化物流配送系统协同工作，根据不同车型的生产节拍与装配工艺，准时将所需零部件配送至生产线旁，确保生产线的高效运转。

质量控制环节同样与工艺规划紧密相连。工艺规划系统实时关联质量检测数据，对生产过程中的关键工序质量指标进行严密监测与深度分析。一旦发现工艺偏差，系统能够及时发出预警，并迅速组织工艺人员、质量管控人员以及设备维护人员等相关人员共同进行原因分析与问题排查。必要时，对工艺方案进行及时调整与优化，形成完整的闭环质量控制体系，有力保障了产品质量的稳定性与一致性。

（4）智能制造系统工艺规划实施步骤

以 CAPP 系统为例，其详细的步骤流程如图 5-2 所示。

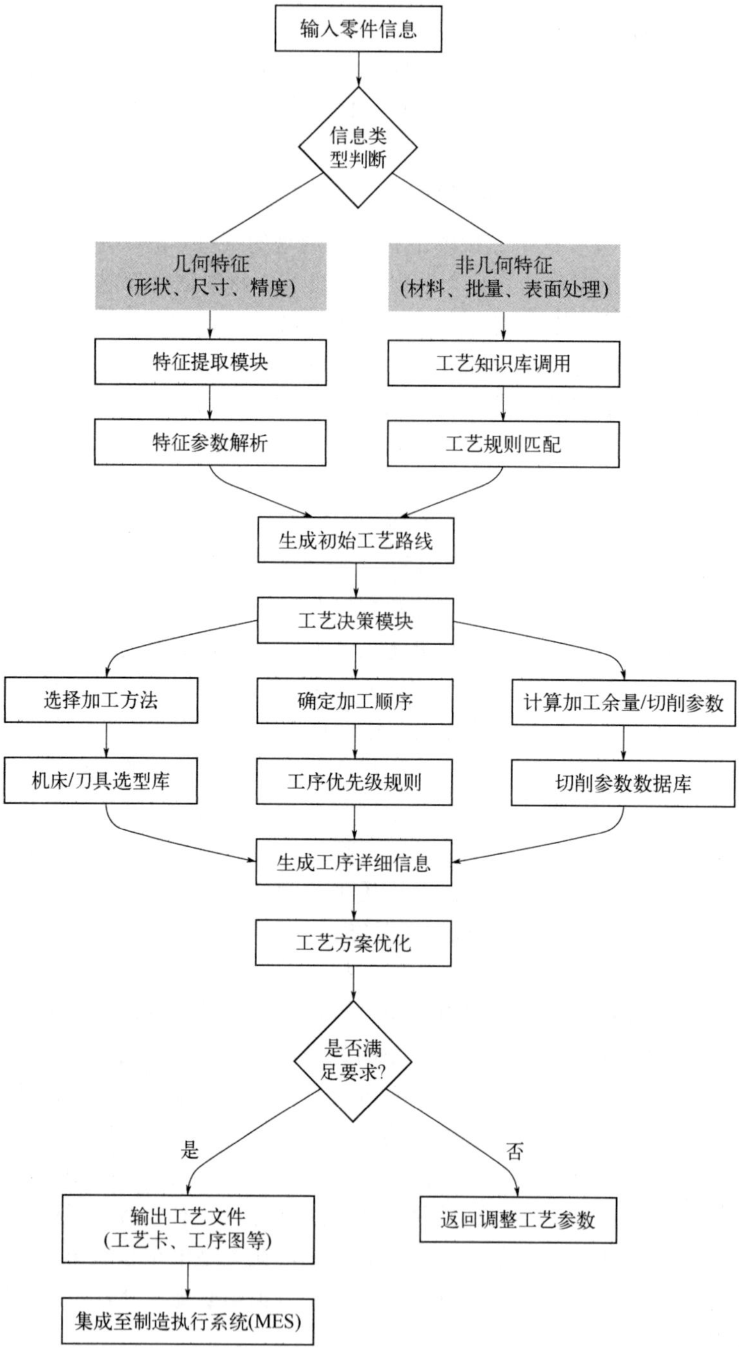

图 5-2　CAPP 方法详细步骤流程

其中关键环节说明如下。

① 产品信息导入与分析。在工艺规划工作启动之初，首先要将产品的三维设计模型以及相关技术文档完整无误地导入专业的工艺规划系统。系统具备强大的信息提取功能，能够自动识别并提取产品的各类特征信息，如形状特征、尺寸特征、精度特征等。同时，结合产品的设计要求以及预估的生产批量，对产品进行全面细致的工艺性审查。以机械制造企业承接新产品订单为例，工艺人员在接到产品设计图后，第一时间将其导入 CAPP 系统。系

统随即对零件结构展开深入分析，精准判断是否存在不利于加工的特殊特征，如深孔、薄壁等结构。一旦发现此类问题，系统会自动生成改进建议，为后续工艺规划工作的顺利开展奠定坚实基础。

② 工艺方案制定与优化。基于产品信息分析得出的结果，工艺人员充分借助工艺知识库以及智能化工艺决策工具，初步构思并制定出多种可行的工艺方案。这些方案涵盖了从加工方法的选择、加工顺序的编排，到工装夹具的适配等生产制造的各个关键环节。方案拟定后，紧接着运用先进的仿真技术，对每个方案进行虚拟加工模拟。在模拟过程中，系统能够精确分析加工过程中的切削力变化、温度场分布情况以及加工精度等核心指标，以此全面评估各个方案的优劣。通过多轮反复优化与对比分析，最终确定出最为科学合理的最优工艺方案。例如，在模具制造领域，企业通过仿真技术对模具加工工艺方案进行优化，有效减少了加工过程中的变形问题，显著提高了模具的使用寿命与产品质量。

③ 工艺文件生成与发布。在确定最终工艺方案后，工艺规划系统会依据既定的标准格式，自动生成详尽的工艺文件，其中包括工艺规程卡、工序卡、数控加工程序等核心文件。这些文件以电子形式存储于企业的工艺文件管理系统中，并进行规范化分类与管理。同时，借助企业完善的信息化管理平台，将生成的工艺文件迅速发布至生产现场。生产一线人员可以通过现场配备的终端设备，随时随地查阅所需工艺文件，确保在实际生产过程中，每一个操作环节都严格遵循既定工艺要求执行，保证生产过程的标准化与一致性。

④ 生产过程监控与工艺反馈。在产品实际生产过程中，通过构建覆盖生产现场的传感器网络，实时采集设备的运行状态、加工参数以及质量检测数据等关键信息，并将这些信息及时反馈至工艺规划系统。一旦系统监测到实际生产情况与预先规划的工艺方案出现偏差，例如因设备突发故障导致加工精度超出允许范围，系统会立即发出预警信号。同时，自动触发应急响应机制，组织工艺人员、设备维护人员以及质量管控人员等相关部门迅速开展联合分析。经过全面深入的问题排查与原因剖析，必要时对工艺方案进行针对性调整与优化，形成完整的闭环控制流程。通过这种持续的监控与反馈机制，不断提升工艺规划的科学性与实用性，进而提高企业的整体生产效率与产品质量。

工艺规划作为智能制造系统的核心环节，在数字化、智能化技术的有力支撑下，正不断进行创新与升级。它为企业提升生产柔性、保障产品质量、降低生产成本提供了坚实保障，助力企业在竞争激烈的市场环境中脱颖而出，占据领先地位。

5.1.2　智能制造系统车间规划

（1）智能制造系统车间总体规划

智能制造系统车间规划，是打造高效、智能生产空间的关键环节。合理规划车间，能够优化生产流程，提升设备利用率，增强企业的生产竞争力，适应智能制造时代对精细化、自动化、信息化生产的需求。智能制造系统车间总体规划思路如图 5-3 所示。

① 车间布局规划。智能制造车间布局需依据产品生产工艺与物流走向设计。采用成组技术布局，将工艺相似、物流关联紧密的零部件归为一组，对应设置生产单元。如汽车零部件制造车间，针对发动机缸体、变速器齿轮等不同零部件组，分别构建独立生产单元，各单元内设备按加工顺序紧凑排列，物料在单元内高效流转，大幅缩短物流路径。同时，引入自动化物料运输系统，如 AGV（自动导引车），结合车间物流通道规划，实现物料精准、快速配送，提升整体生产效率。

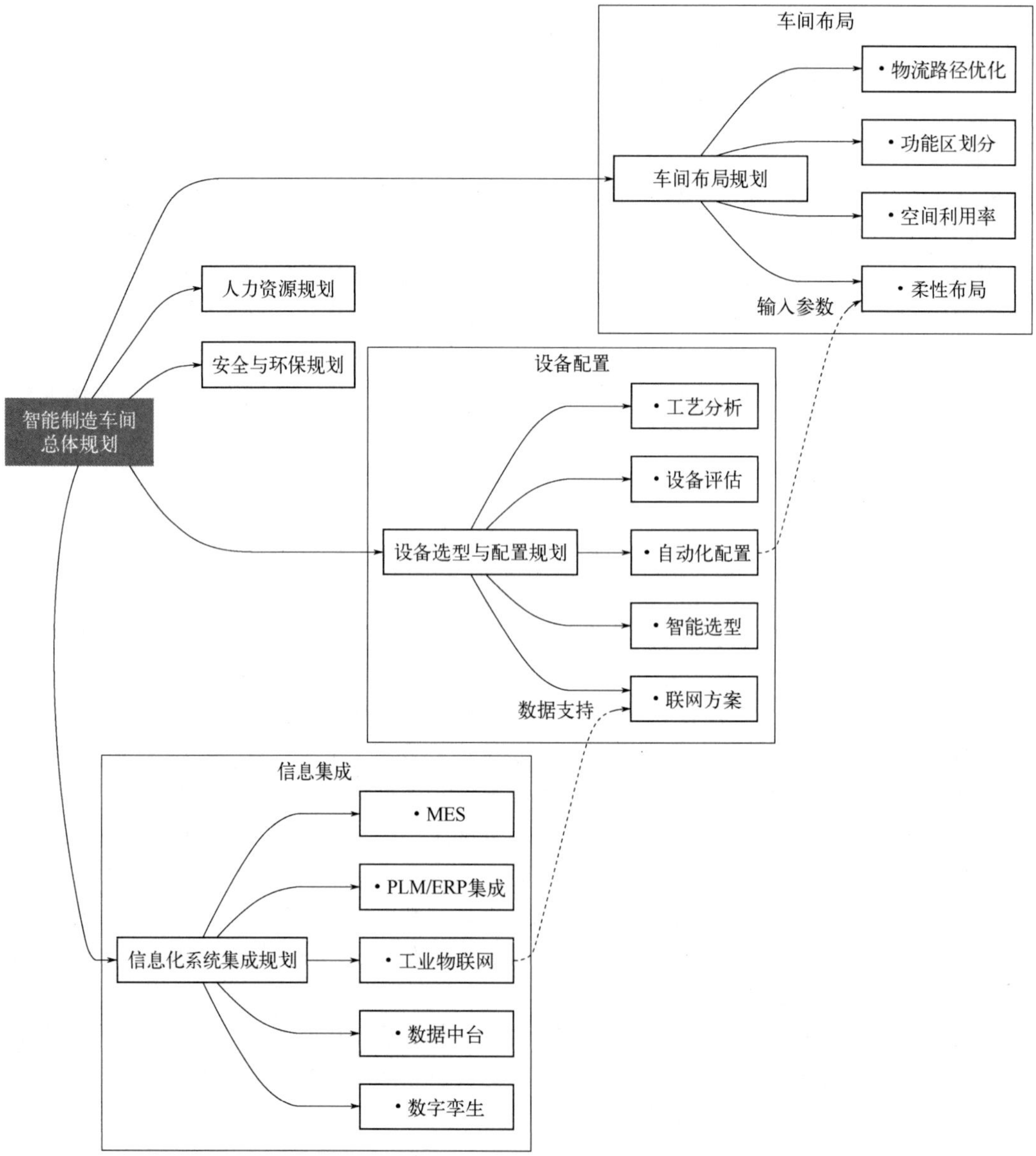

图 5-3　智能制造系统车间总体规划思路

② 设备选型与配置规划。在智能制造车间，设备选型要契合生产工艺与企业发展战略。对于高精度加工需求，如航空航天零部件制造，需选用具备高精密运动控制、智能补偿功能的数控机床，以保证产品加工精度。同时，设备应具备良好的互联互通性，支持工业以太网、OPC UA 等通信协议，能与车间管理系统无缝对接，实时上传设备运行数据，接收远程控制指令。例如，智能机器人选型时，需根据作业任务负载、精度、工作范围等参数匹配，且确保其可融入车间自动化生产线。

设备配置数量需综合生产规模、生产节拍、设备故障率等因素确定。运用生产线平衡技术，对各工序作业时间进行分析，合理分配设备资源，避免工序间产能失衡。如电子产品组装车间，通过精确计算每道组装工序时间，配置适量自动化组装设备，保证生产线流畅运行。此外，考虑设备维护与升级需求，预留必要的维护空间与升级接口，方便设备定期检修与技术改造，延长设备使用寿命，降低总体成本。

③ 信息化系统集成规划。智能制造车间依赖多种信息化系统协同运作。制造执行系统（MES）是核心，它负责生产计划排程、生产过程监控、质量追溯等关键功能。通过 MES，车间管理者可实时掌握订单进度、设备状态、人员绩效等信息，及时调整生产策略。企业资源计划（ERP）系统则侧重于企业整体资源管理，与 MES 集成，实现物料采购、库存管理、财务管理等环节与车间生产的无缝对接。产品生命周期管理（PLM）系统负责产品从设计到报废全生命周期数据管理，为车间生产提供产品设计、工艺文件等关键信息，确保生产与设计要求一致。

实现各信息化系统深度集成，需建立统一数据标准与接口规范。通过数据集成平台，打破信息孤岛，使 MES、ERP、PLM 等系统间数据顺畅流通。例如，ERP 根据市场订单生成生产计划，传递至 MES 进行排程细化；MES 将生产过程中的物料消耗、质量检测数据反馈给 ERP，用于库存管理与成本核算；PLM 的产品设计变更信息及时同步至 MES，指导车间生产工艺调整。同时，利用大数据、云计算技术，对集成后的海量生产数据进行存储、分析，挖掘数据价值，为企业决策提供数据支持，如通过分析设备运行数据预测故障，提前安排维护，保障生产连续性。

④ 人力资源规划。智能制造车间对人员技能要求与传统车间大不相同。操作人员不仅要掌握设备操作技能，还需具备一定编程、数据分析能力，以应对智能设备的调试、维护与生产数据监控分析。例如，数控机床操作人员需能读懂数控程序，对常见故障进行诊断排除。因此，企业要制定针对性人才培养计划，与高校、职业院校合作开展订单式人才培养，开设智能制造相关课程；同时，加强在职员工培训，定期组织智能设备操作、信息化系统应用等培训活动，提升员工综合素质。

依据智能制造车间生产流程，合理设置岗位。除传统设备操作岗位外，增设工艺工程师、系统管理员、数据分析师等岗位。工艺工程师负责制定、优化生产工艺，确保产品质量与生产效率；系统管理员保障车间信息化系统稳定运行，进行系统维护、权限管理；数据分析师对生产数据深度挖掘，为生产决策提供依据。明确各岗位工作职责与协作关系，构建高效团队，如工艺工程师与设备操作人员紧密配合，根据设备实际运行情况优化工艺参数，提升生产效能。

⑤ 安全与环保规划。智能制造车间存在电气、机械、自动化设备运行等多种安全风险，需构建完善的安全防护体系。在设备层面，安装安全光幕、急停按钮、漏电保护装置等，防止人员误操作引发事故。车间布局时，设置安全通道，保证人员疏散顺畅；划分危险区域，采用隔离栏等进行防护。同时，制定严格安全操作规程，加强员工安全培训，提高安全意识，定期进行安全演练，确保在突发情况下员工能正确应对。

注重生产过程环保，采用绿色制造工艺与设备。如选用节能型设备，降低能源消耗；在切削加工中，采用干式切削、微量润滑切削等绿色切削技术，减少切削液使用与环境污染。对生产过程中产生的废弃物，如金属屑、废切削液、废旧电池等，制定分类回收处理方案，与专业环保企业合作，实现废弃物资源化利用与无害化处理，践行企业社会责任，推动可持续发展。

（2）智能制造系统车间布局规划

车间设施布局的优劣直接影响生产系统的产能、物流、效率、成本和安全等各方面。在新建生产车间时需要进行车间布局设计，对原有车间重新设计和改造时也需要重构车间设施。制造型企业在面临内部生产条件改变或外部市场变化时，往往会对曾经设计的车间布局感到不满意，例如，车间采用重要的新技术和新生产工艺，而原有车间的布局设计不能满足这些要求，这时就需要重新对车间进行布局设计。

车间设施布局研究的内容是在某个已知的车间内部空间约束中，依据一定的原则，使车间各工作单位、机器设备等各类生产资源得到合理的分配与布置，使车间生产时能够达到某些预期的目标，如提高车间产能和生产效率等等。车间布局设计之初可以制定许多不同的目标，根据企业具体要求，可以着重对某些目标提出更高的要求。总的来说，车间布局设计的目标包括：①提高设备利用率。合理的车间设施布局可以显著提高机器设备的利用率，而不科学的设施布局会使得设备空闲，造成生产浪费。②提高生产效率。生产效率是制造企业追求的主要目标之一，合理的车间布局使人流和物流活动相对较少，加工过程较简化，生产资源可以快速有效地被利用。③降低物料搬运成本。物料搬运成本在车间生产总成本中占有很大的比重，各作业单位间的物料搬运距离短、物流通畅，没有物流回流、物流线交叉等情况是合理的布局方案所具备的特点。④提高空间利用率。空间浪费是生产浪费的一种，提高空间利用率是消除空间浪费的唯一途径。⑤达到产品生产工艺要求。车间布局设计是否符合产品生产工艺的要求，是判断布局优劣的一种标准。⑥生产环境安全便利。生产安全是车间设施布局的一个基本目标，安全舒适的生产环境能使得工人在工作时心情愉悦，从而提升工人的工作效率。

车间布局设计时需要遵守一些基本原则，主要包括：①整体综合原则。设计时应该全面考虑对车间设施布局有影响的因素，使设计方案更符合实际。②移动距离最小原则。物料搬运距离大小，不仅反映搬运费用高低，也反映物流通畅的程度。因此，应按照移动距离最小原则进行设计。③流动性原则。良好的车间设施布局应该使在制品在生产过程中流动顺畅，消除无谓的停滞，力求生产流程连续化。④空间利用原则。无论是车间的生产区域还是存储区域，都应该实现有较高空间利用率。⑤柔性原则。在进行生产布置前，应考虑各种因素变化可能带来的布置变化，以便以后更好地适应市场需求。⑥安全原则。考虑使工作人员有安全感，并感到方便和舒适。

车间布局的基本形式有工艺原则布置（工艺布置）、产品原则布置（产品布置）、成组原则布置（成组布置）、定位原则布置（固定式布置）和柔性原则布置（柔性布置），如图 5-4 所示。

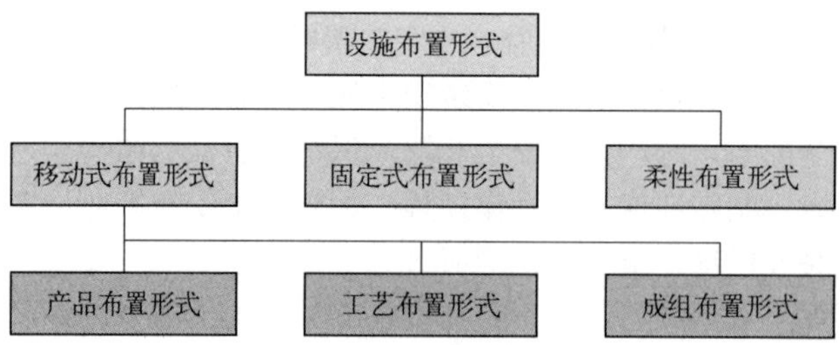

图 5-4　车间布局基本形式

① 工艺原则布置也称作工艺过程布置，这种布置形式在制造车间是最常见的一种，它用来对具有类似工艺流程的工作部门进行布置，如图 5-5 所示。而其布置形式特点是将同类机器布置在一起，由于这种形式的基本生产集中了完成相同工艺的设备和工人，因此无论是相同产品还是不同产品，只要它们具有相同工艺内容，都会集中完成加工。工艺原则布置形式适用于多品种小批量的生产方式，它的优点包括：各类机器的利用率较高，因此可适当减少机器设备的数量，使车间的设备成本相对较小；可使用通用的机器设备；柔性程度较高，产品品种和数量更换方便。工艺原则布置主要的缺点就是产品的生产周期较长，库存量较大。

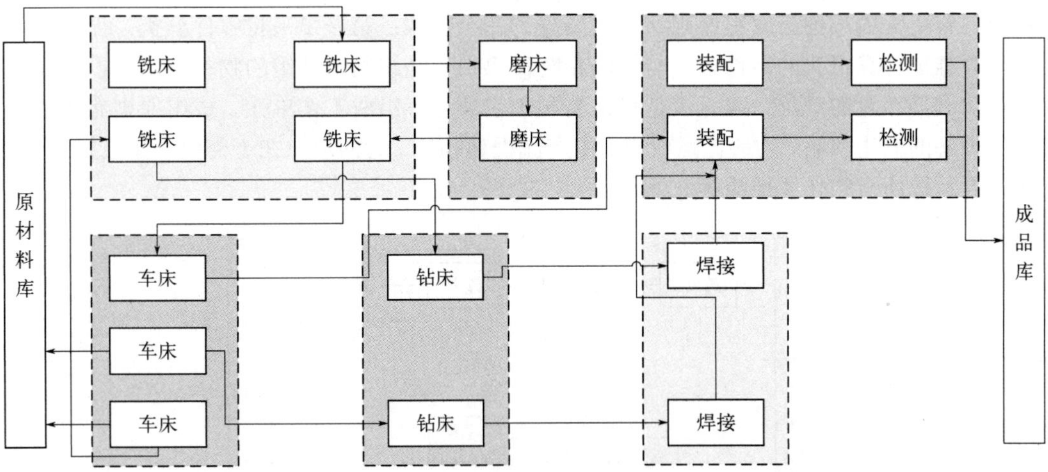

图 5-5　工艺原则布置车间示意图

② 产品原则布置也被称作装配线布置、产品专业化原则布置，如图 5-6 所示。这种布置形式是将生产同一产品所需要的机器设备、工作人员等生产资料集中在一起，完成产品的全部或者大部分生产环节，其典型代表就是流水线。其与工艺原则布置之间最基本的区别在于工作流程的路线不同。产品原则布置中，机器设备或是车间服务于专门的生产线，能避免物料迂回，实现物料的直线运动。这种布置形式适用于大批量小品种的生产方式。它的主要的优点有：产品生产周期短，在制品存储量相对较少;物流顺畅，物料搬运工作量少，物流成本较低;生产计划简单可控。而它的缺点有：产品设计或产品工艺流程的变化需要重新调整生产线布置;设备前期投资和后期维护费用较大；如果其中的设备发生故障，会对整条生产线带来生产中断等不良影响。

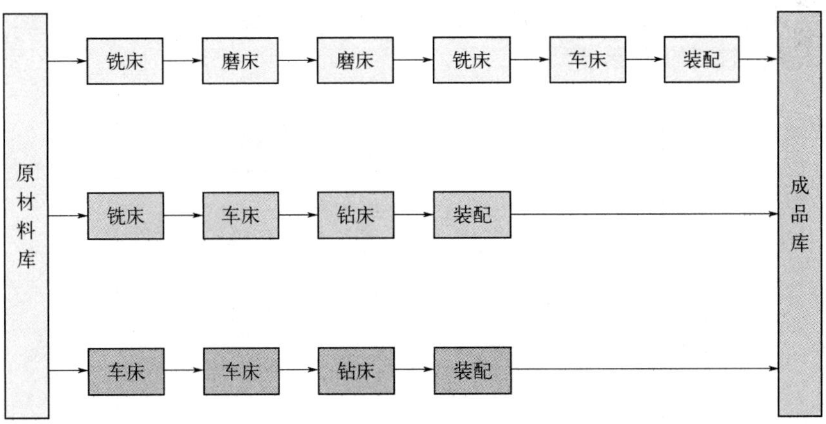

图 5-6　产品原则布置车间示意图

③ 成组原则布置也称作混合布置,它将不同的机器设备分成单元来生产具有相似形状和工艺要求的产品，如图 5-7 所示。这种布置形式的基本原理是依据一定的标准将结构和工艺相似的零件组成一个零件组，确定出零件组的典型工艺流程，再确定工艺流程的加工内容，选择相应的机器设备和操作人员，由这些设备和人员组成一个生产单元。实际上，在现场车间设施布置中，常将工艺原则布置以及产品原则布置结合，利用相互间的配合来弥补它们各自在设施布局中的不足，在一个单位内既有产品专业化单位，又有工艺专业化单位，而且这种混合布置使

得系统具有更大的柔性。成组原则布置主要分为三个步骤：第一步是将零件分类，而该步骤需要建立并维护计算机化的零件分类与编码系统；第二步是识别零件组的物料类型，以此作为工艺布置和机器布置的基础；第三步是将机器和工艺分组，组成工作单元。成组原则布置的优点有机器设备的利用率高、物料搬运较少、生产流程通畅等。它的缺点在于需要高生产控制水平、需要工人掌握所有的作业技能等。

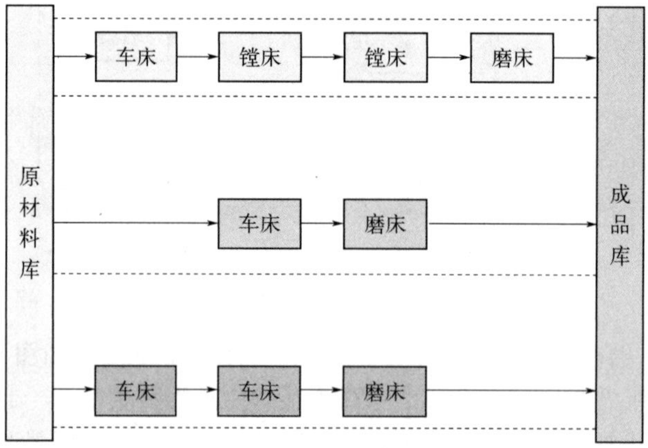

图 5-7　成组原则布置车间示意图

④ 定位原则布置主要是适用于大型产品的装配过程的一种布置形式，也叫作固定式原则布置，如图 5-8 所示。此类布置的车间生产大型产品，数量相对较少，往往将产品当作布置中心，机器设备、原材料和工作人员等生产资源均按照使用次序和移动的便利程度布置在产品的周围。在定位原则布置设计时，普遍按照作业的级别来安排机器设备等的顺序，依据先后工序决定生产阶段，依据物料的技术优先顺序来安排物料。这种布置形式的优点在于柔性高，能适应产品产量的变化，且物料搬运较少、作业连续性较高。其缺点主要有场地空间局限性、设备需要重复配置、工人需要较高的技能。

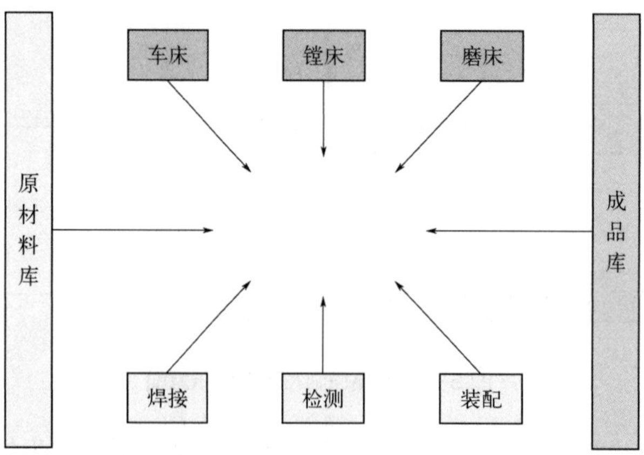

图 5-8　定位原则布置车间示意图

⑤ 柔性原则布置是一种为适应市场个性化需求而进行的生产布置设计的总称，此类布置车间生产柔性较高，通过灵活地应用工艺原则布置和产品原则布置，使得生产车间能根据市场变化进行快速的响应。这种布置形式是针对大规模生产弊端而提出的新型生产模式，以在生产过程中节约人力、物力，平衡生产线，提高生产效率。这种布置形式的优点在于能快速地适应市

场的变化，工序之间在制品储量较少。其缺点主要是产品成本相对较高，对设备和工人要求也较高。

5.1.3　智能制造系统工厂规划

（1）面向智能制造系统的工厂规划概念

随着科技的飞速发展，智能制造已成为现代制造业的核心发展方向。面向智能制造系统的工厂规划，是指在工厂建设或升级改造过程中，以智能化技术为支撑，对生产流程、设备布局、信息管理、人员组织、物流配送等各个环节进行系统性、前瞻性的设计与安排，旨在构建一个高效、灵活、智能、绿色且具有可持续发展能力的生产制造环境，以满足市场对于产品多样化、高品质、快速交付以及个性化定制的需求。

在这个概念中，智能化贯穿于整个工厂的生命周期。它不仅仅是引入先进的自动化设备和机器人，更重要的是通过工业物联网（IIoT）实现设备之间、设备与人、工厂与供应链上下游之间的互联互通，实时采集和传输生产数据。利用大数据分析技术挖掘数据价值，为生产决策提供精准依据，如预测设备故障、优化生产计划、改进产品质量等。同时，人工智能技术被应用于生产过程的优化控制、智能调度以及智能质量检测等方面，提高生产系统的自主性和适应性。智能制造工厂规划方法和流程如图 5-9 所示。

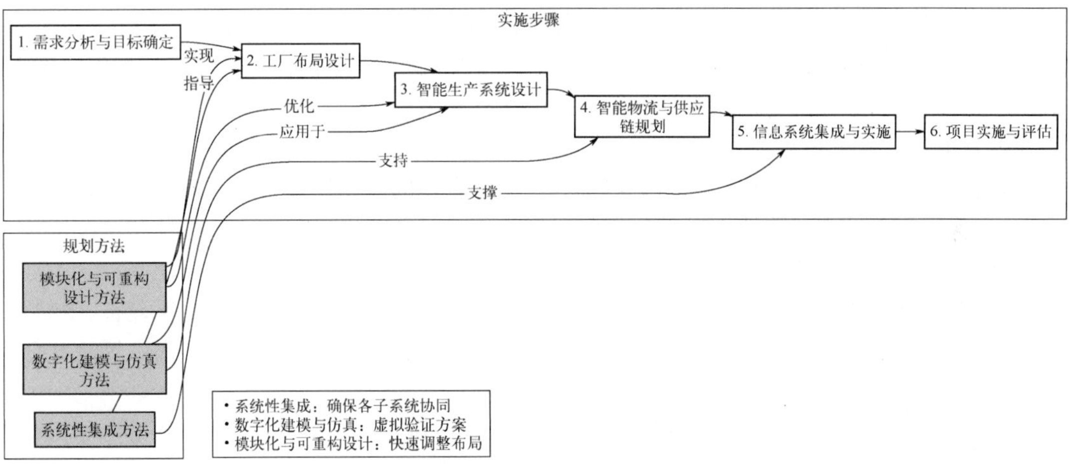

图 5-9　智能制造工厂规划方法和流程

（2）面向智能制造系统的工厂规划方法

① 系统性集成方法。将工厂视为一个复杂的系统，打破传统的部门和功能界限，对生产、物流、质量控制、设备维护、能源管理等子系统进行深度集成。通过统一的数据平台和通信标准，实现各子系统之间的信息共享和协同运作，确保整个工厂系统的高效运行。例如，在生产计划制定时，综合考虑设备状态、物料库存、人员技能和物流配送等因素，通过系统集成实现各环节的无缝对接，避免信息孤岛和生产瓶颈。

② 数字化建模与仿真方法。利用数字化技术对工厂的物理实体和生产过程进行建模，构建虚拟工厂。在虚拟环境中进行工厂布局优化、生产流程模拟、设备选型与配置验证等工作。通过仿真分析，可以提前发现设计缺陷和潜在问题，如生产线平衡率低、物流拥堵等，并进行针对性的改进，从而降低实际建设和运营成本，缩短项目周期，提高规划方案的可行性和

可靠性。

③ 模块化与可重构设计方法。采用模块化的设计理念，将生产设备、工艺模块、物流单元等设计成具有标准化接口的模块，便于根据市场需求的变化快速进行生产线的重组和扩展。当产品类型或产量发生变化时，能够迅速调整工厂的生产能力和工艺布局，实现多品种小批量生产与大规模定制生产的灵活切换，提高工厂对市场变化的响应速度和竞争力。

（3）面向智能制造系统的工厂规划流程和步骤

① 需求分析与目标确定。

市场调研：深入了解市场需求的趋势，包括产品类型、产量预测、质量标准、交付周期以及客户个性化需求等，为工厂规划提供市场导向。

企业战略评估：结合企业的发展战略和长期规划，明确工厂在企业整体布局中的定位和作用，确定工厂的生产规模、技术水平和智能化程度等目标。

现状评估：对现有工厂的生产能力、设备状况、工艺流程、人员结构、管理水平以及信息化程度等进行全面评估，找出存在的问题和瓶颈，为规划改进提供基础数据。

② 工厂布局设计。

功能区域划分：根据生产工艺流程和物流走向，将工厂划分为生产区、仓储区、物流配送区、质量检测区、设备维护区、办公区等功能区域，合理确定各区域的面积和位置关系，确保生产流程的顺畅和高效。

设备布局优化：基于生产工艺要求和设备的物理特性，采用系统布局规划（SLP）等方法，对生产设备进行布局设计，考虑设备之间的间距、物料搬运路径、操作人员的工作空间等因素，提高设备利用率和生产效率，减少物料搬运成本和缩短生产周期。

③ 智能生产系统设计。

自动化生产线设计：根据产品的工艺特点，选择合适的自动化设备和机器人，构建自动化生产线，实现生产过程的连续化、高速化和高精度化。同时，考虑生产线的柔性和可扩展性，以便能够快速适应产品的变化和升级。

工业物联网（IIoT）系统构建：在工厂内布置各类传感器和通信网络，实现设备、物料、产品等的互联互通和数据采集。建立统一的物联网平台，对采集到的数据进行集中管理和分析处理，为生产管理和决策提供实时数据支持。

生产管理系统集成：将企业资源计划（ERP）、制造执行系统（MES）、产品生命周期管理（PLM）等生产管理系统进行集成，实现生产计划的制定、执行、监控和反馈的闭环管理，优化生产资源配置，提高生产协同效率和管理水平。

④ 智能物流与供应链规划。

物流系统设计：规划工厂内部的物流路线和运输方式，选择合适的物流设备，如自动化立体仓库、自动导引车（AGV）、输送带等，实现物料的快速、准确配送和搬运，提高物流效率和响应速度，降低库存成本。

供应链协同管理：与供应商、合作伙伴建立紧密的信息共享和协同机制，通过供应链管理（SCM）系统实现供应链的可视化和协同运作，优化采购计划、库存管理和配送计划，提高供应链的整体效率和灵活性，确保原材料的及时供应和产品的按时交付。

⑤ 信息系统集成与实施。

系统选型与定制开发：根据工厂的需求和业务流程，选择合适的信息化软件和硬件系统，并进行定制化开发和配置，确保各系统能够满足工厂的特定要求和实现智能化功能。

数据集成与接口开发：建立统一的数据标准和接口规范，实现不同系统之间的数据集成和交互，确保数据的准确性、一致性和完整性，为工厂的智能化运营提供可靠的数据支持。

系统实施与培训：按照项目计划推进信息系统的安装、调试和上线运行，同时组织相关人员进行系统操作培训，确保员工能够熟练掌握和运用新的信息系统，提高工作效率和质量。

⑥ 项目实施与评估。

项目实施计划制定：制定详细的项目实施计划，明确各阶段的任务、责任人、时间节点和里程碑，确保工厂规划项目的顺利推进和按时完成。

项目执行与监控：按照实施计划组织项目实施，加强项目过程的监控和管理，及时解决项目实施过程中出现的问题和风险，确保项目质量和进度符合要求。

项目评估与优化：在项目完成后，对工厂的运行效果进行全面评估，包括生产效率、产品质量、成本控制、智能化水平等方面，与规划目标进行对比分析，找出存在的差距和不足之处，并提出针对性的优化措施和改进建议，持续提升工厂的智能制造水平和竞争力。

面向智能制造系统的工厂规划是一个复杂而系统的工程，需要综合运用多种先进的技术和方法，遵循科学的规划流程和步骤，从需求分析、布局设计、生产系统构建、物流规划到信息系统集成等各个方面进行全面、深入的规划和实施，才能打造出一个适应未来制造业发展需求的智能工厂，为企业的可持续发展奠定坚实的基础。在实际规划过程中，还需要充分考虑企业的实际情况和行业特点，灵活运用各种规划方法和工具，不断探索和创新，以实现工厂的智能化升级和转型发展。

5.2 智能制造系统调度

5.2.1 智能制造系统调度概述

（1）生产调度问题的概念和分类

生产调度指在生产中，通过状态反馈设备对生产计划实时监控，并及时减小偏差的过程。现在的制造企业存在生产过程的复杂性强、协作性强、连续性强等特点，若某一道工序没有如常运行，往往会影响整个生产系统的运行。因此在现代制造业中，生产调度是至关重要的，应实时把握生产进度，对有限的资源进行合理配置和优化，研究分析并解决可能影响生产的各种因素，实现工序间的协同生产。

车间生产调度工作要以生产计划为主线开展，更要快速准确地发现偏差，采取有效的应对调度策略，以保证生产过程顺利运行，在最大限度上满足客户的需求。生产调度问题非常复杂且不确定因素很多，从不同维度可分为以下几类。

① 从生产系统的简易维度，可将其分为下列几种类型。其中最常见的是作业车间调度，工序完成方式有多种选择，也不限制加工设备，但是每个设备每次最多只能加工一道工序。流水车间调度是指各加工任务的工序、操作和设备均一致的情况。单机调度指一台设备完成所有工序。多台并行机调度主要研究多台设备加工多个产品的情况。无论是单机调度还是多台并行机调度，均不考虑工序，只考虑加工任务的分配。

② 从已知条件的维度，分为下述两种调度。一种是确定性调度，即事先知晓生产过程中的

时间参数，然后根据参数进行调度安排。另一种是随机性调度，指生产任务中各工序的到达时间、加工时间等无法预先确定。

③ 从加工特点的维度，将其分为下述两种调度。静态调度指生产过程中无法根据实际情况对生产调度临时发起调整，只能按照预先设定的调度策略执行。而动态调度则可以实时调整调度策略，因其灵活度高的特点，被广泛应用于生产实践中。

(2)生产调度问题的形式化描述

① 生产调度基础模型：

定义生产系统：

$$\boldsymbol{P} = (J, M, \Omega, C)$$

其中，$J = \{j_1, \cdots, j_n\}$ 为生产任务集合（Jobs）；$M = \{m_1, \cdots, m_k\}$ 为设备集合（Machines）；Ω 为工序约束集（$j_i \to j_k$ 表示任务 i 必须在任务 k 之前）；C 为目标函数（通常为完工时间 $C_{\max}$ 或总延迟 $\sum T_j$）。

② 调度类型公式：

- 生产系统维度：

作业车间（Job Shop）调度：

$$\forall m \in M,\quad \sum_{j \in J} x_{jmt} \leqslant 1,\quad \forall t$$

其中，x_{jmt}=1 表示任务 j 在 t 时刻占用设备 m。

流水车间（Flow Shop）调度：

$$\pi : J \to \{1, \cdots, n\}$$

全任务共有同一工序序列。

并行机（Parallel Machines）调度：

$$\min \max_{m \in M} \sum_{j \in J_m} p_j$$

其中，J_m 为分配到设备 m 的任务子集；p_j 为加工时间。

- 已知条件维度：

确定性调度：p_j、r_j（加工时间、就绪时间）已知。

随机性调度：

$$p_j \sim F(\theta),\quad r_j \sim G(\phi)$$

其中，F、G 为概率分布；θ 和 ϕ 为相应分布的参数集合，如均值、方差等。

- 加工特点维度：

静态调度：

$$S(t) = S_0,\quad \forall t \in [0, T]$$

动态调度：

$$S(t) = \arg\min_{S} C(S \mid F_t)$$

其中，$S(t)$表示在时刻 t 所执行的调度方案，即对任务加工顺序、资源分配等的具体安排，在动态调度中该方案会随时间更新；S_0 表示初始调度方案，是在调度周期开始前（通常是 t=0 时刻）基于已知信息预先制定的固定方案；[0, T]是调度的完整时间周期（0 为起始时刻，T 为结束时刻）；F_t 为 t 时刻的系统状态反馈。

③ 实时调度控制模型：

偏差响应函数：

$$\Delta(t) = \| \boldsymbol{X}_{\text{plan}}(t) - \boldsymbol{X}_{\text{actual}}(t) \|_2$$

其中，$\boldsymbol{X}_{\text{plan}}(t)$ 表示 t 时刻计划生产状态向量；$\boldsymbol{X}_{\text{actual}}(t)$ 表示 t 时刻实际生产状态向量。当 $\Delta(t)$ 大于设定阈值时触发调度。

资源优化模型：

$$\min \sum_{j \in J} w_j T_j + \lambda \sum_{m \in M} \rho_m$$

其中，w_j 表示第 j 个任务的延迟权重（或单位延迟成本）；$T_j = \max\left(0, C_j - d_j\right)$ 为任务 j 的延迟；C_j 和 d_j 分别是任务 j 的实际完工时间和交货期（或计划完工时间）；ρ_m 为设备 m 的负载率；λ 为权重系数。

④ 协同生产约束：

工序间耦合约束：

$$C_j \leqslant S_k \quad \forall (j \to k) \in \Omega$$

其中，S_k 为任务 k 的开始时间。

设备冲突约束：

$$x_{jmt} + x_{kmt} \leqslant 1, \quad j \neq k, \quad \forall t$$

公式说明：

① 所有模型均采用离散时间表示。

② 动态调度引用马尔可夫决策过程（MDP）框架：

$$V(s) = \min_a \left[c(s,a) + \gamma \sum_{s'} P(s' | s,a) V(s') \right]$$

其中，s 表示系统的当前状态，是动态调度中“系统实时信息的集合”；a 表示在状态 s 下可采取的决策动作，是调度者的具体操作；$c(s,a)$表示在状态 s 下采取动作 a 的即时成本，反映该动作的直接代价；γ 是折扣因子，取值范围为 $0 \leqslant \gamma \leqslant 1$，用于衡量“未来成本”的现值；$P(s' | s, a)$表示状态转移概率，表示“在状态 s 下采取动作 a 后，系统从状态 s 转移到新状态 s'的概率”；$V(s)$表示状态 s 的最优价值，表示 “从状态 s 出发，采取最优动作策略后，未来所有即时成本的累积最小值（长期成本）”。

该公式体系完整覆盖各生产调度问题的数学描述，适用于智能制造环境下的生产调度分析。需要具体应用时，可根据实际场景选择子模型并参数化。

（3）生产调度问题的特点

生产调度问题具有下列四个特点。

① 复杂性。是指在调度过程中，不仅要考虑工件的加工时间、加工任务和加工顺序，还要

兼顾各个设备间的协同工作以及各种约束条件，而且车间中的工件以及各系统相互约束，所以车间调度问题本质上就是一种复杂组合优化的问题。

② 随机性。生产过程中可能存在的各种时间参数变化以及需求更改等情况，都加大了调度的随机性。

③ 约束性。主要指工艺路径的约束和资源的约束，还包括一些特殊需求的约束。

④ 多目标性。系统下发的各种加工任务会增加调度想要实现的目标，但是目标之间也会存在一些冲突。车间生产调度问题的多目标性特点就是要使得设计的调度方案能够尽可能地满足这些目标，做好协调工作，这个特点也是车间生产调度一直以来面临的难题之一。

其中，复杂性与多目标性是生产调度问题面临的核心难题，进一步阐释如下。

智能制造的生产环境复杂多变，给调度工作带来了诸多棘手难题。一方面，生产任务呈现出多样化、定制化的显著趋势，不同产品的型号、工艺路线千差万别，传统的固定调度模式在这种情况下显得捉襟见肘，难以灵活应对。以个性化定制家具生产为例，每一份订单的产品尺寸、样式、材质要求都不尽相同，这就要求调度系统能够迅速且灵活地调整设备的加工顺序与工艺参数，以满足客户的个性化需求。另一方面，设备故障、物料供应延迟等突发状况频繁干扰生产进程。一旦设备出现故障，调度系统必须在极短的时间内重新规划生产任务，及时调配备用设备或者巧妙调整生产流程，尽最大努力保障生产的连续性，将损失降到最低。此外，车间内多种设备、多类人员协同作业，信息交互极为频繁，如何高效收集、整理并处理这些海量信息，实现精准调度，成为摆在调度系统面前的一大挑战。

智能制造系统调度追求多维度的优化成果。其核心目标之一是大幅提升生产效率，通过精心规划生产任务的先后顺序，最大程度减少设备的闲置时长与等待时间，让生产线时刻保持高效运转的状态。以汽车制造行业为例，精准安排冲压、焊接、涂装、总装等工序的衔接时机，能够显著压缩整车的生产周期，使企业能够更快地将产品推向市场。保障产品质量也是调度工作的关键使命。依据不同产品的独特工艺要求，调度系统需精确调控设备参数与操作流程，从而有效降低次品率。在电子芯片制造领域，严格把控光刻、蚀刻等关键工序的设备运行参数与作业时间，对确保芯片的高性能与稳定性起着决定性作用。同时，调度过程还需兼顾成本控制这一重要维度。在实际生产中，要巧妙平衡设备使用成本、人力成本与库存成本，杜绝不必要的开支，全方位提升企业的经济效益。比如，合理安排设备的使用时长，避免过度使用导致高额维护成本，同时优化人力配置，减少人员闲置浪费，通过精准的物料调度减少库存积压，节省仓储成本。

（4）调度问题解决方法

在实际调度中，往往面临着求解规模较大、制约条件较多等难题，因此较难求得最优解。人工智能技术的广泛应用，使得生产调度能够在较短时间内找到问题的近似解。通过国内外大量学者的研究和探索实践，对于一般的调度问题已经找到了许多求解的方法，可分为排序调度、规则调度、离散分析调度和近年来热度较高的人工智能调度。其中，人工智能调度方法在实用性、准确性等方面都略胜一筹。

5.2.2 智能制造系统调度方法

不同智能制造场景对调度方法有不同要求。在生产流程相对固定、任务类型单一的场景，如标准化零部件流水线生产，简单规则驱动的调度方法足以满足需求，因其易于实施与维护。而在产品种类繁多、工艺复杂、订单变更频繁的场景，如定制化机械装备制造，启发式算法或人工智能算法更具优势，能应对复杂约束与动态变化，实现高效调度。企业需深入分析自身生产特点、设备资源、订单需求等因素，精准选择适配的调度方法。选定调度方法后，并非一劳永逸。企业应持续收集生产数据，评估调度效果，对调度方法进行优化改进。随着生产规模扩大、技术升级，应及时调整算法参数、改进模型结构。同时，注重调度方法与企业其他生产管理系统，如制造执行系统（MES）、企业资源计划（ERP）系统的协同集成。调度系统从 MES 获取实时生产进度、设备状态信息，为 ERP 提供准确的生产计划与资源需求反馈，实现企业生产运营全流程的高效协同，充分发挥调度方法在智能制造系统中的核心价值，助力企业提升竞争力，实现可持续发展。面向制造系统的常见智能调度方法主要有遗传算法、模拟退火算法、神经网络、强化学习等，下面将逐一介绍。

① 遗传算法。遗传算法是通过建立基于遗传学理论的数学模型以求解最优解的方法。在 1985 年，Davis 应用该方法求解生产调度的优化问题，并取得了较好的结果。遗传算法的应用流程见图 5-10。首先对问题进行编码操作并形成染色体（个体）。众多的个体组成了群体，在算法处理过程中，采用随机的方式生成初始种群。依据所求问题设计适应度函数，以其值（适应值）作为染色体去留的判断标尺，通过三种遗传操作（选择、交叉、变异）不断迭代，逐渐逼近最优解。

② 模拟退火算法。模拟退火算法同理于固体的退火原理，当粒子在高温（高内能）时运动无规律，常温时运动规律，即处于最优状态。在算法应用中，将所求问题比拟为内能 E，变量即温度 T。模拟退火算法的基本流程如图 5-11 所示。

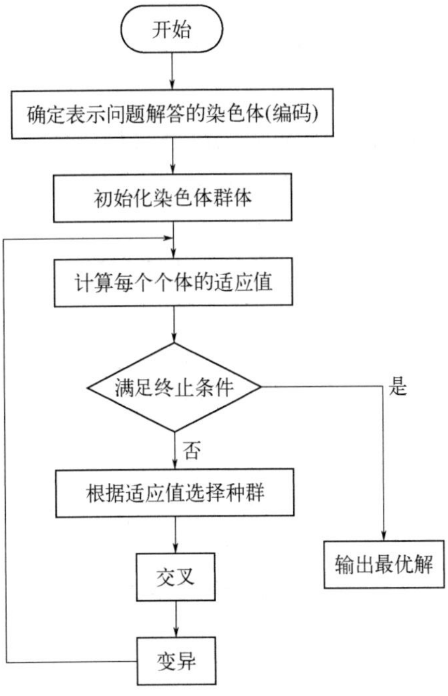

图 5-10　遗传算法流程图

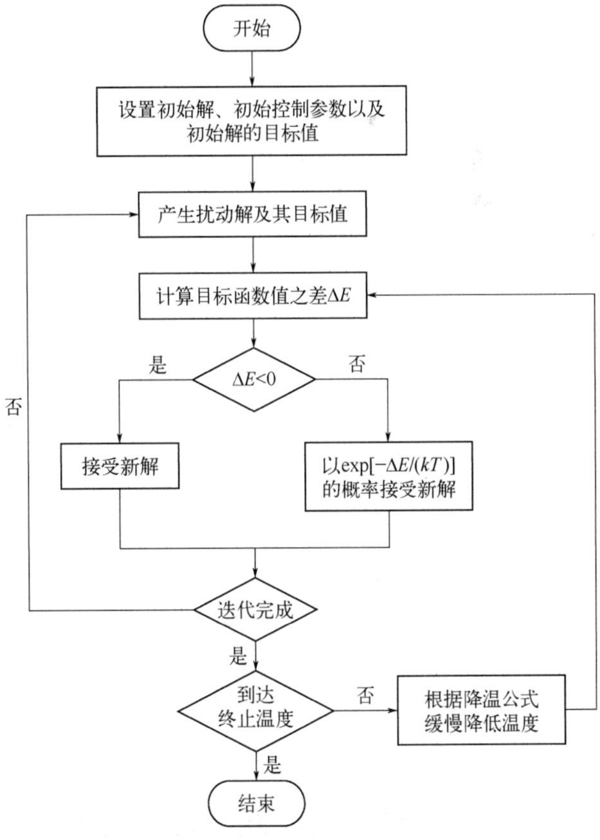

图 5-11　模拟退火算法流程图

k—玻尔兹曼常数

在计算过程中，较为常用的降温公式有以下两种：

$$T(t)=\frac{T(0)}{\ln(1+t)}$$

$$T(t)=\frac{T(0)}{1+t}$$

式中，$T(0)$为初始温度；t为时间。当满足终止条件时得到最优解。

③ 神经网络。神经网络基于人脑处理机制，常被应用于求解和预测复杂问题。神经网络由数亿个神经元细胞构成，通过感觉器官和神经接收外部信号，传递至中枢神经系统，通过运动神经发出控制电信号，从而协调身体的各项机能活动。神经网络最早出现于 20 世纪 40 年代，直至 1988 年，相关学者首次提出用一种循环神经网络求解组合优化问题，并取得了较好的结果。此外,Remus W.等人提出了将 BP（反向传播）神经网络应用于车间调度，通过大量的数据训练学习模型，并反向调节算法的相关参数，使用快速下降法得到最小的网格误差，最终得到问题最优解。BP 神经网络算法的计算过程可总结为下列四个公式：

$$\delta_i^{(l)}=-\left(y_i-a_i^{(l)}\right)f'\left(z_i^{(l)}\right)$$

$$\frac{\partial E}{\partial W_{ij}^{(l)}}=\delta_i^{(l)}a_j^{(l-1)}$$

$$\delta_i^{(l)}=\left(\sum_{j=1}^{n_l+1}\delta_j^{(l+1)}W_{ji}^{(l+1)}\right)f'\left(z_i^{(l)}\right)$$

$$\frac{\partial E}{\partial b_i^{(l)}}=\delta_i^{(l)}$$

其中，$\delta_i^{(l)}$是第 l 层神经元 i 的误差项（敏感度）；y_i为目标；$a_i^{(l)}=f\left(z_i^{(l)}\right)$为激活函数输出；$f'(\cdot)$为激活函数的导数；$E$ 为总误差；$W_{ij}^{(l)}$为第 l 层神经元 i 与第 l−1 层（输入层或前一隐藏层）神经元 j 之间的连接权重；$b_i^{(l)}$为第 l 层（输出层）神经元 i 的偏置参数。

四个公式分别表示：更新输出层的权重参数；更新隐藏层的权重参数；BP 神经网络的重要公式，利用下一层神经元的权重参数偏导计算该层的参数偏导；更新输出层和隐藏层的偏置参数。利用上述公式训练出函数模型，从而求得最优解。

④ 强化学习。强化学习（Reinforcement Learning，RL）讨论的问题是智能体（Agent）怎么在复杂、不确定的环境（Environment）中最大化它能获得的奖励。如图 5-12 所示，强化学习由两部分组成：智能体和环境。在强化学习过程中，智能体与环境一直在交互。智能体在环境中获取某个状态后，它会利用该状态输出一个动作（Action），这个动作也称为决策（Decision）。然后这个动作会在环境中被执行，环境会根据智能体采取的动作，输出下一个状态以及当前这个动作带来的奖励。智能体的目的就是尽可能多地从环境中获取奖励。

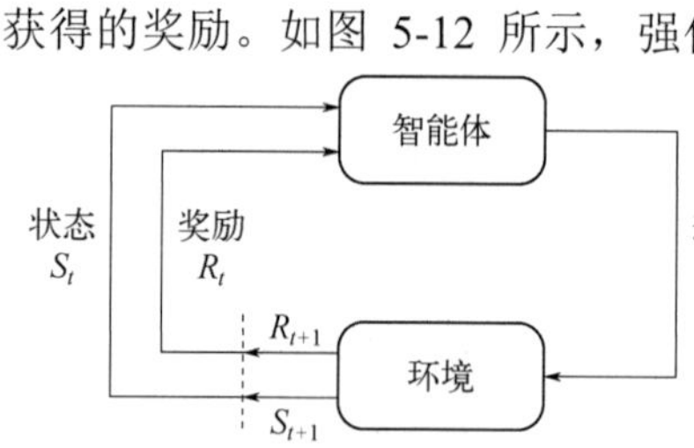

图 5-12 强化学习模型基本结构

5.2.3 智能制造系统调度典型案例

流动机械是作业调度过程中的核心单元，是调度过程中的关键物理实体。本节以某企业流动机械调度作为案例，建立了基于数字孪生的流动机械作业调度框架，实现了基于数字孪生的算法内核驱动，在多任务配送请求情况下搜索出合理的配送方案。

（1）数字孪生驱动的作业调度框架

数字孪生旨在将物理实体及过程进行数字化表现，通过孪生数据驱动实现物理与信息世界的融合，借助孪生数据模拟物理实体在现实情况下的运作流程。目前工厂流动机械的运行存在大量未使用的数据，为数字孪生技术在流动机械作业调度中的使用奠定了一定的基础。基于数字孪生的流动机械作业调度基础架构如图 5-13 所示。

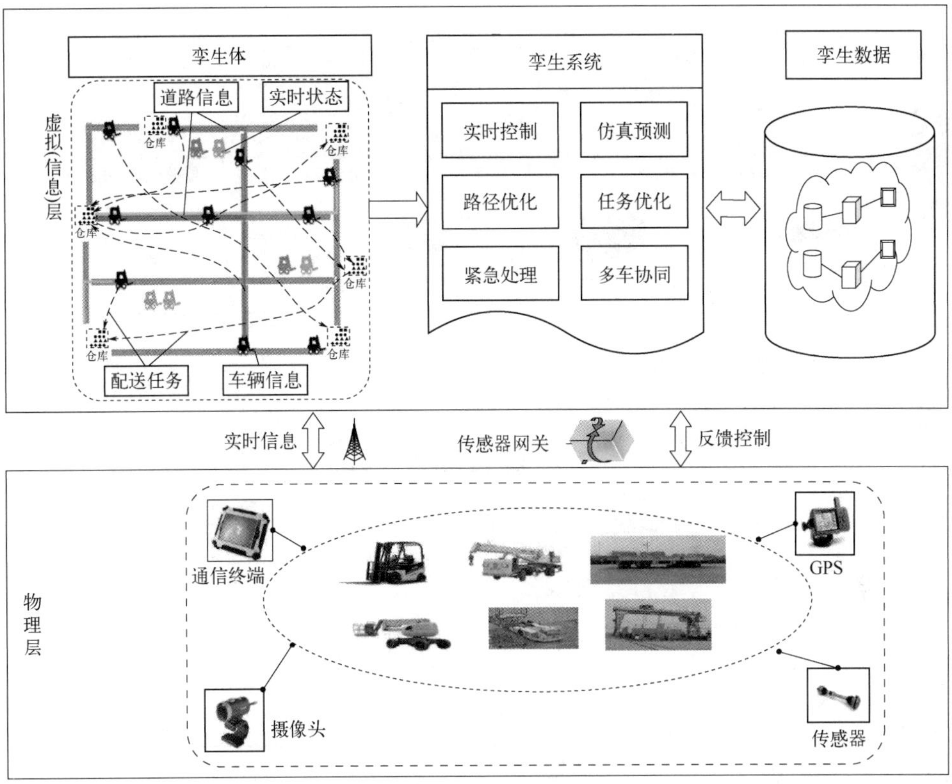

图 5-13　基于数字孪生的流动机械作业调度基础架构

流动机械作业调度基础架构主要包括 2 层，从最下层至最上层分别为物理层和虚拟（信息）层。

① 物理层。基于数字孪生驱动的流动机械作业调度系统物理层需要物理实体（即配送车辆）具备决策和通信能力，配送过程由传统的“黑箱”模式转换为配送过程中配送车辆状态、人员状态和构件状态等实时状态的透明化，实现配送的实时跟踪和监控，从而满足生产物流精准配送的要求。对各种流动机械以及路况等各个部分的实时信息进行采集，采集的主要内容包括流动机械的位置信息、速度状态、发动机状态、驾驶人员操作规范和工厂内的路况条件等关键参数信息。

针对需要采集的不同类型参数信息，所需要的感知技术可以分为以下几类：

a．传感器模块：传感器用于测量物体某些特定的物理量或者化学性质。在流动机械配送过程中，为了获取流动机械的发动机信息和驾驶员的操作信息，使用传感器和摄像头可以对车辆发动机信息进行实时感知和对驾驶员操作进行实时监控，并且通过无线传感模块实现数据的实时上传。传感器的应用和发展已经十分先进，足够流动机械配送过程中信息采集的使用。

b．卫星导航（即全球定位系统，GPS）模块：使用 GPS 实现对流动机械具体位置信息、速度信息和行驶路线的监控，同时结合 GIS（地理信息系统）将地图和地理两种信息结合。

c．无线射频识别技术：无线射频识别（RFID）技术是一种以唯一标志识别目标对象的技术，在配送取货和配送到达堆场后可以使用无线射频识别技术来确认配送构件的准确性。RFID 技术具有快速识别、能在恶劣环境工作以及成本低的特点，很适合在海工产品工厂流动机械调度任务中使用。

如图 5-14 是流动机械作业调度的系统网络架构图。通过 GPS、传感器、摄像头和手持客户端同时收集用户端和配送端的相关信息，收集到的信息通过 Wi-Fi 增强模块和 2G/3G/4G 模块上传至网络平台，其中 Wi-Fi 增强模块和 4G 模块极大地提高了联网的速度。

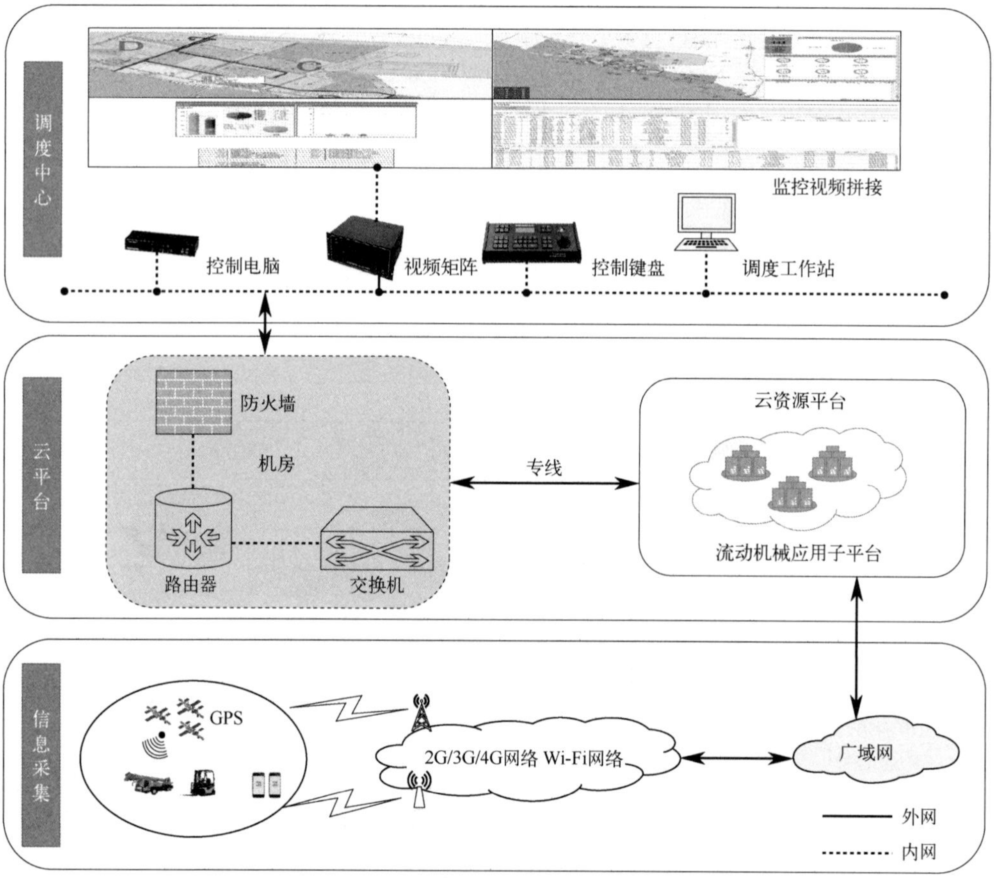

图 5-14　系统的网络架构图

② 虚拟（信息）层。虚拟（信息）层是整个数字孪生驱动的流动机械作业调度系统基础架构中最为关键的一个层次，虚拟（信息）层是以底层物理层采集的数据为基础，为系统应用层提供各种所需求的信息服务的一层，简而言之就是数据的存储、运算和决策这三个主要服务部分。如图 5-13 所示的作业调度系统基础架构，虚拟（信息）层主要包括 3 个组成部分：

a．孪生体模块：主要指的是虚拟空间下工厂流动机械作业调度过程中所进行的虚拟作业调度活动，包括虚拟作业调度空间中流动机械多维度信息模型，其中主要是流动机械的实时状态、配送任务、道路和车辆信息等，主要是为虚拟空间下作业调度活动的仿真、分析、优化和决策等提供支持。

b．孪生数据模块：主要指的是流动机械作业调度中的孪生数据服务平台，主要任务是为数字孪生驱动的流动机械作业调度的物理调度空间和虚拟调度空间以及工厂作业调度服务系统运行提供数据支撑服务。此外，孪生数据模块还应负责作业调度活动中孪生体模型孪生数据的生成、处理、集成和相互融合等，从而具备整个作业调度过程中数据全周期管理和处理的功能。

c. 孪生系统模块：在孪生系统部分主要依靠智能算法进行孪生数据的处理、预测和实时的交互反馈，从而改变传统中央系统分配作业调度任务的决策方式，实现生产配送的透明化。

虚拟（信息）层主要是为开展具体作业调度中涉及的精准配送、过程控制和路径规划提供决策支撑，实现作业调度过程中的有序安全管理，使配送过程更加透明化、合理化。虚拟（信息）层是基于云计算平台而搭建的，摒除了反应缓慢不及时的应用数据中心以及信息发布中心等。基于云计算平台的虚拟（信息）层数据的存储、数据的处理全部由计算中心完成，云计算分布式处理的工作方式可以将数据以最直接的方式呈现在用户的面前。

（2）算法内核应用分析

数字孪生驱动下的流动机械作业调度系统的算法内核应用如图5-15所示，该系统等同于在原有的作业调度系统基础上添加了一个虚拟层面的作业调度系统。在虚拟和物理空间之间，算法内核起到了迭代优化的作用，算法内核的应用如下：

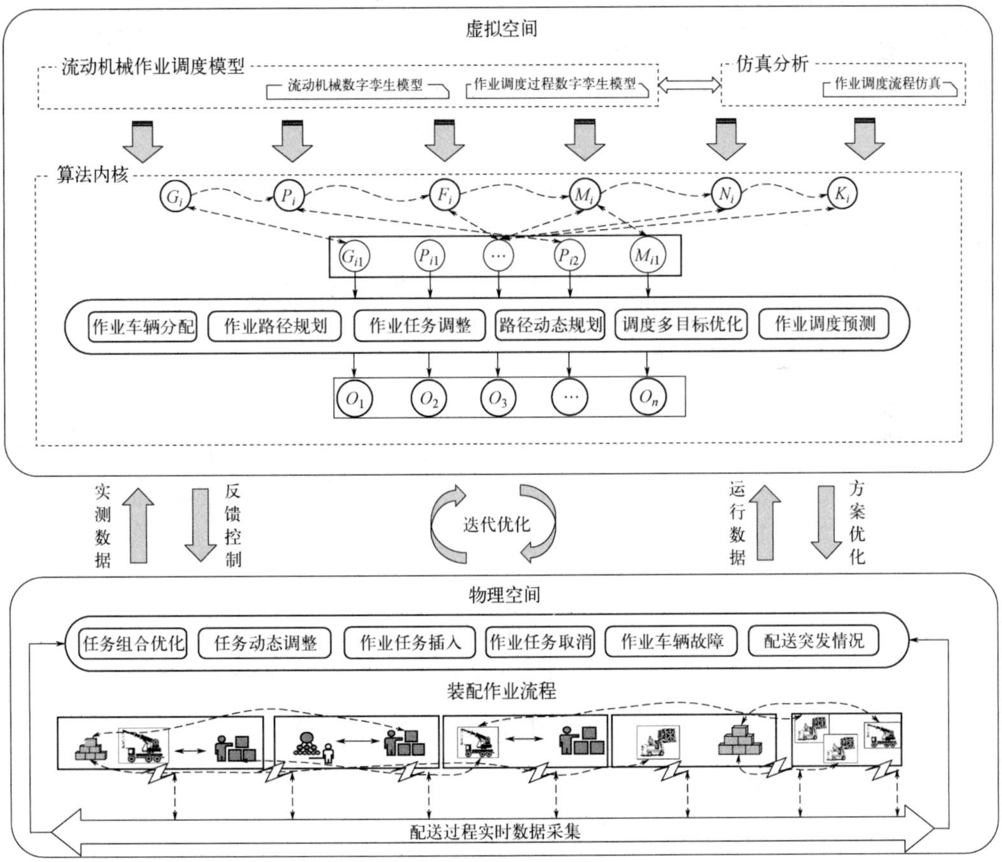

图5-15 算法内核应用示意图

① 多任务组合优化。配送订单确定的情况下，调度系统可以由算法内核根据任务订单自动生成车辆作业调度安排和车辆路径规划。

② 作业调度动态调整。在车辆作业调度的时候难免会出现各种突发情况，主要的状况如下：

a. 插单：车辆正常调度时出现新的配送订单需要；

b. 缺单：安排好的配送任务由于各种原因不能正常被执行，需要重新进行此任务的作业调度安排；

c．车辆故障：由于车辆故障原因，正在执行或者未被执行的任务不能正常执行，需要进行动态调整；

d．道路状况：作业过程中道路状况可能会导致某一路段不能正常通行，制定好的作业调度中经过此条路径的任务不能够被正常执行，需要重新进行路径规划；

e．操作规范：由于人工操作原因，车辆未能按照规定的路线进行行驶，发现后需要重新制定最优路径。

以上情况下，需要算法内核根据实时反馈的物理信息以及结合孪生数据对作业调度安排进行实时动态调整，从而使整个生产配送流程不断优化。

此案例一方面对整个流动机械作业调度过程进行实时的监控，另一方面通过数据的循环反馈和算法内核迭代优化达到对整个作业调度过程的持续调整和不断优化。

5.3 本章小结

本章聚焦智能制造系统的规划与调度环节，核心内容如下：

（1）智能制造系统规划

涵盖工艺规划、车间规划与工厂规划，针对传统制造中工艺设计效率低、布局不合理等问题，应用建模仿真、物流仿真等技术，实现从工艺路线优化到工厂整体布局的数字化设计与交付，缩短建设周期，提升资源配置效率。

（2）智能制造系统调度

包括生产计划优化与智能排产调度，通过多目标多约束求解、多约束排产建模等技术，解决订单交付周期长、资源利用率低等问题，实现生产计划的动态调整与资源的高效调度，缩短生产周期，保障订单准时交付。

（3）核心价值

通过规划与调度的协同，构建了从工艺设计到生产执行的闭环管理体系，结合精益管理与数智技术，实现生产要素的精准管控，为智能制造系统的高效运行提供了流程保障。

思考题

5-1　工艺规划的定义是什么？

5-2　智能制造系统工艺规划关键要素有哪些？

5-3　智能制造系统工艺规划实施步骤是什么？

5-4　智能制造系统车间总体规划思路是什么？

5-5　智能制造系统车间布局方式有哪些？

5-6　智能制造工厂规划方法和流程是什么？

5-7　生产调度问题的概念和分类是什么？

5-8　生产调度问题的特点是什么？

5-9　智能制造系统调度方法有哪些？

第6章

智能制造系统建模方法与工具

【本章内容思维导图】

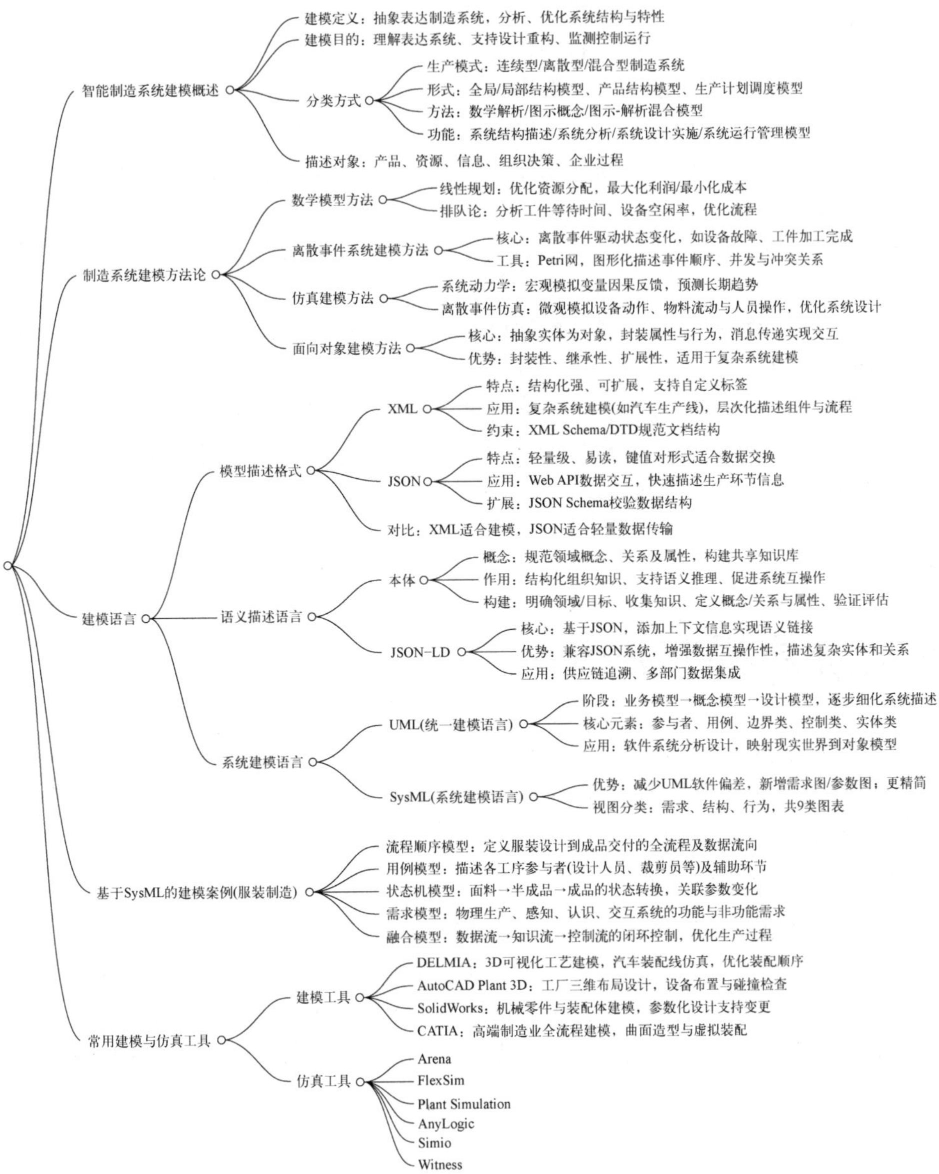

【学习目标】

1．掌握智能制造系统建模概念；掌握制造系统建模方法论、模型描述格式；掌握常用的建模工具、仿真工具的基本功能。

2．熟悉智能制造系统建模的分类方法；熟悉智能制造系统建模语义描述语言、系统建模语言；熟悉基于 SysML 的制造系统建模流程。

3．了解智能制造系统建模和仿真工具的使用方法。

6.1 智能制造系统建模概述

制造系统建模是运用适当的建模方法将制造系统抽象地表达出来，通过研究系统的结构和特性，对制造系统进行分析、综合及优化。

用模型化的方法研究制造系统的目的：更好地理解和表达系统，以支持对系统的分析和综合；支持新系统的设计或支持现有系统的重构；支持对系统运行的监测和控制。

智能制造系统的建模十分复杂，按不同的方式可以有不同的分类法。

按生产模式分：连续型制造系统（如化工系统）、离散型制造系统（如机械制造系统）、混合型制造系统。

按形式分：全局系统结构模型、局部系统结构模型（如 FMS 模型）、产品结构模型、生产计划调度模型。

按方法分：数学解析模型（如状态空间模型）、图示概念模型（如 FMS 模型）、图示-解析混合模型（如 Petri 网模型）。

按功能分：系统结构描述模型、系统分析模型、系统设计实施模型、系统运行管理模型。

制造系统中需要用模型加以描述的对象包括：产品、资源、信息、组织和决策、企业过程。制造系统的任何建模方法或模型都是以上述一个或几个方面为重点，包罗万象的模型是不存在的。

6.2 制造系统建模方法论

制造系统建模是指对制造系统进行各个方面的分析和描述，以便更好地理解和优化制造系统的运作。制造系统建模方法的选择和应用对于提高制造系统的效率和质量非常重要。制造系统建模方法论体系如图 6-1 所示。

（1）基于数学模型的方法

数学模型通过方程、函数等数学表达式描述制造系统行为。例如，运用线性规划模型优化生产资源分配，在满足设备产能、物料供应、订单需求等约束条件下，以最大化利润或最小化成本为目标函数，求解最佳生产计划。排队论模型常用于分析生产线上工件等待加工时间、设备空闲率等，通过建立排队系统数学模型，优化设备布局与生产流程，减少工件排队时间，提高整体生产效率。数学模型具有严谨性与精确性，能为确定性问题提供量化解决方案，但对复杂制造系统中存在的不确定性、模糊性因素处理能力有限。

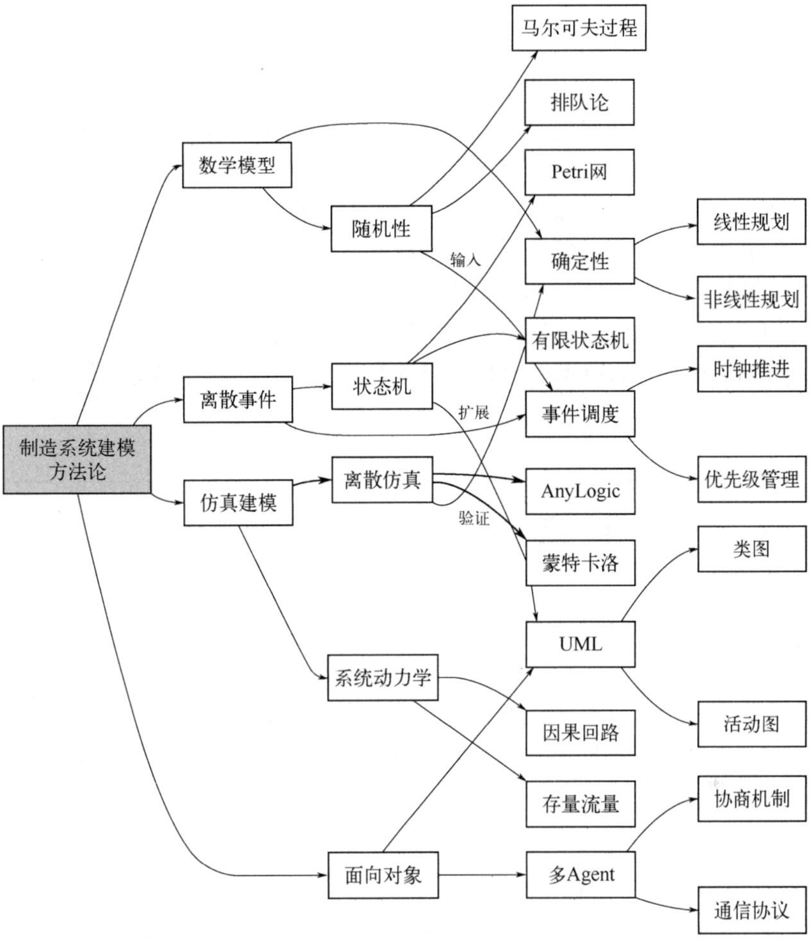

图 6-1　制造系统建模方法论体系

（2）离散事件系统建模方法

制造系统多为离散事件系统，其状态变化由离散事件驱动，如设备故障、工件到达与完成加工等。离散事件系统建模通过定义事件、状态与活动规则，模拟系统动态行为。Petri 网是典型的离散事件建模工具，以图形化方式描述系统中的事件顺序、并发与冲突关系。在半导体芯片制造车间调度建模中，利用 Petri 网清晰呈现各工序间逻辑关系，分析不同调度策略下系统运行性能，为优化调度方案提供直观依据。这种建模方法能有效处理系统中的异步、并发与不确定性问题，贴合制造系统实际运行特点。

（3）基于仿真的建模方法

仿真建模借助计算机模拟技术，构建虚拟制造系统模型，对系统运行进行动态演示与分析。系统动力学模型从宏观角度模拟制造系统中各变量间的因果反馈关系，如生产能力、库存水平、市场需求间相互影响，通过建立微分方程描述变量随时间变化的规律，预测系统长期发展趋势，为企业战略规划提供参考。而离散事件仿真软件，如 FlexSim、Arena 等，可对制造系统进行微观层面详细建模，精确模拟设备动作、物料流动与人员操作，评估不同系统设计与运营策略效果，在新工厂规划、生产线布局优化等方面应用广泛，帮助企业在实际实施前发现问题、优化方案，降低试错成本。

(4) 面向对象的建模方法

面向对象建模将制造系统中的实体，如设备、工件、人员等，抽象为对象，每个对象封装自身属性与行为，对象间通过消息传递实现交互，构成复杂系统模型。在智能工厂建模中，将机器人、AGV、加工中心等设备定义为不同对象，每个对象具有各自的位置、运行状态、操作方法等属性与行为。通过建立对象间协作关系，如 AGV 为加工中心配送物料，能直观反映制造系统结构与运行逻辑。这种建模方法具有良好的封装性、继承性与扩展性，便于模型构建、维护与复用，尤其适用于大型、复杂制造系统建模。

综上所述，制造系统建模方法因其适用的场景和目的的不同而有多种选择。在实际应用中，可以根据系统的特点和需求选择合适的建模方法，以提高制造系统的运作效率和质量。此外，还可以结合不同的建模方法进行综合分析，以获得更全面和准确的描述和优化结果。

6.3 制造系统建模语言

6.3.1 模型描述格式

在智能制造系统建模的技术体系里，XML（可扩展标记语言） 和 JSON 作为关键的数据描述与交换语言，为搭建高效且灵活的模型架构贡献卓越力量，凭借各自鲜明特性，在多样化应用场景中扮演着不可或缺的角色。

(1) XML

XML 是一种用于存储和传输数据的强大工具。它是一种简单而灵活的文本格式，旨在帮助组织和描述信息，使其易于理解和处理。1998 年 2 月，XML 成为 W3C（万维网联盟）的推荐标准。XML 不仅被设计用来结构化、存储以及传输信息，而且也被用来进行模型描述。XML 的优势之一是它的可扩展性，这意味着可以根据需要定义自己的标签和结构，以适应不同的应用场景和数据类型。凭借强大的结构化能力与出色的可扩展性，XML 在复杂制造系统模型构建中占据重要地位。它允许用户自定义标签，借此能够条理清晰地界定制造系统内各类组件、工艺流程以及它们之间千丝万缕的关系。

以大型汽车制造工厂的生产线建模为例，整个生产线涵盖冲压、焊接、涂装、总装等多个复杂环节，涉及大量不同类型的设备、工装夹具以及物料流转路径。运用 XML 进行建模时，首先创建<ProductionLine>标签作为生产线的顶层标识；在其内部，通过<StampingProcess>标签详细描述冲压环节，包括冲压设备的型号、冲压模具的规格、每次冲压的压力与行程等参数，以精准呈现冲压工艺细节；<WeldingStation>标签则用于界定焊接工位，其中再细分<WeldingRobot>子标签，描述焊接机器人的品牌、焊接速度、焊接电流/电压等关键信息，以及<WeldingSequence>子标签来明确不同焊点的焊接先后顺序；对于涂装工艺，利用<PaintingProcess>标签，记录涂料类型、喷涂方式、烘干温度与时间等内容；在总装环节，通过<AssemblyArea>标签，配合<AssemblyTask>子标签定义各项装配任务，以及<PartSupply>子标签说明零部件的供应来源与配送时间。如此一来，便能构建出一个层次分明、逻辑严谨的模型结构，将汽车制造生产线系统的复杂细节完整且有序地呈现出来，如下所示：

```
<ProductionLine>
    <!-- 冲压环节 -->
    <StampingProcess>
        <EquipmentModel>冲压设备型号</EquipmentModel>
        <DieSpecification>冲压模具规格</DieSpecification>
        <PressingPressure>每次冲压压力</PressingPressure>
        <PressingStroke>每次冲压行程</PressingStroke>
    </StampingProcess>
    <!-- 焊接工位 -->
    <WeldingStation>
        <WeldingRobot>
            <RobotBrand>焊接机器人品牌</RobotBrand>
            <WeldingSpeed>焊接速度</WeldingSpeed>
            <WeldingCurrent>焊接电流</WeldingCurrent>
            <WeldingVoltage>焊接电压</WeldingVoltage>
        </WeldingRobot>
        <WeldingSequence>
            <WeldingPoint1>焊点 1 顺序</WeldingPoint1>
            <WeldingPoint2>焊点 2 顺序</WeldingPoint2>
            <!-- 更多焊点顺序 -->
        </WeldingSequence>
    </WeldingStation>
    <!-- 涂装工艺 -->
    <PaintingProcess>
        <PaintType>涂料类型</PaintType>
        <SprayingMethod>喷涂方式</SprayingMethod>
        <DryingTemperature>烘干温度</DryingTemperature>
        <DryingTime>烘干时间</DryingTime>
    </PaintingProcess>
    <!-- 总装环节 -->
    <AssemblyArea>
        <AssemblyTask>
            <Task1>装配任务 1</Task1>
            <Task2>装配任务 2</Task2>
            <!-- 更多装配任务 -->
        </AssemblyTask>
        <PartSupply>
            <Part1Source>零部件 1 供应来源</Part1Source>
            <Part1DeliveryTime>零部件 1 配送时间</Part1DeliveryTime>
            <Part2Source>零部件 2 供应来源</Part2Source>
            <Part2DeliveryTime>零部件 2 配送时间</Part2DeliveryTime>
            <!-- 更多零部件供应信息 -->
        </PartSupply>
    </AssemblyArea>
</ProductionLine>
```

XML 是定义完善的强大语言，要约束和规范化 XML 的内容，可以使用 XML Schema（XSD，XML 模式）或 Document Type Definition（DTD，文档类型定义）这两种方法之一。

① XML Schema（XSD）：XML Schema 是一种 XML 的约束语言，它定义了 XML 文档的结构、数据类型和约束规则。通过创建一个 XSD 文件，可以定义 XML 文档中允许的元素、属性、数据类型以及它们之间的关系。XSD 可以确保 XML 文档符合特定的规范，使其更具可读性和一致性。比如约束订单数量必须是整数，其格式：

```
<xs:element name="quantity" type="xs:integer"/>
```

② Document Type Definition（DTD）：DTD 是 XML 的另一种约束语言，它定义了 XML 文档的结构和约束规则。DTD 使用一组规则来描述元素的内容、元素的属性以及它们之间的关系。DTD 文件可以在 XML 文档中引用，以确保文档的结构和内容符合规范。

（2）JSON

JSON (JavaScript Object Notation，JavaScript 对象表示法) 是一种轻量级的数据交换格式，是 ECMA-404 标准。JSON 对象是一个无序的"'名称/值'对"集合。一个对象以{(左括号)开始，}(右括号)结束。如下为 JSON 使用键值对的形式来对汽车生产线建模的内容，每个键是一个字符串，值可以是字符串、数字、布尔值、数组或对象。

```
{
    "ProductionLine": {
        "StampingProcess": {
            "EquipmentModel": "冲压设备型号",
            "DieSpecification": "冲压模具规格",
            "PressingPressure": "每次冲压压力",
            "PressingStroke": "每次冲压行程"
        },
        "WeldingStation": {
            "WeldingRobot": {
                "RobotBrand": "焊接机器人品牌",
                "WeldingSpeed": "焊接速度",
                "WeldingCurrent": "焊接电流",
                "WeldingVoltage": "焊接电压"
            },
            "WeldingSequence": {
                "WeldingPoint1": "焊点 1 顺序",
                "WeldingPoint2": "焊点 2 顺序"
            }
        },
        "PaintingProcess": {
            "PaintType": "涂料类型",
            "SprayingMethod": "喷涂方式",
            "DryingTemperature": "烘干温度",
            "DryingTime": "烘干时间"
        },
        "AssemblyArea": {
            "AssemblyTask": {
                "Task1": "装配任务 1",
                "Task2": "装配任务 2"
            },
            "PartSupply": {
                "Part1Source": "零部件 1 供应来源",
                "Part1DeliveryTime": "零部件 1 配送时间",
                "Part2Source": "零部件 2 供应来源",
                "Part2DeliveryTime": "零部件 2 配送时间"
            }
        }
    }
}
```

此 JSON 文件构建了一个单一的顶级对象，其键为"ProductionLine"，该键对应的值是另一个对象，这个对象涵盖了汽车制造生产线各个环节的详细信息。StampingProcess 是 ProductionLine 对象下的一个子对象，用于描述冲压环节的相关信息。该子对象包含以下键值对：EquipmentModel，值为“冲压设备型号”，表示冲压环节所使用设备的具体型号；DieSpecification，值为“冲压模具规格”，指的是冲压环节用到的模具规格；PressingPressure，值为“每次冲压压力”，代表每次冲压操作时设备施加的压力；PressingStroke，值为“每次冲压行程”，意味着每次冲压过程中设备的行程距离。WeldingStation 对象用于描述焊接工位的信息，包含两个子对象。WeldingRobot 包含焊接机器人的相关信息：RobotBrand，值为“焊接机器人品牌”，表示焊接所使用机器人的品牌；WeldingSpeed，值为“焊接速度”，代表焊接机器人的工作速度；WeldingCurrent，值为“焊接电流”，是焊接过程中所使用的电流大小；WeldingVoltage，值为“焊接电压”，即焊接时的电压。WeldingSequence 包含焊接顺序的相关信息：WeldingPoint1，值为“焊点 1 顺序”，表示第一个焊点的焊接顺序；WeldingPoint2，值为“焊点 2 顺序”，表示第二个焊点的焊接顺序。PaintingProcess 对象描述了涂装工艺的相关信息，包含以下键值对：PaintType，值为“涂料类型”，指的是涂装时所使用的涂料种类；SprayingMethod，值为“喷涂方式”，表示涂料的喷涂方法；DryingTemperature：值为“烘干温度”，是涂装后烘干操作的温度；DryingTime，值为“烘干时间”，即烘干操作所需的时间。AssemblyArea 对象用于描述总装环节的信息，包含两个子对象。AssemblyTask 包含装配任务的相关信息：Task1，值为“装配任务 1”，表示第一个装配任务；Task2，值为“装配任务 2”，表示第二个装配任务。PartSupply 包含零部件供应的相关信息：Part1Source，值为“零部件 1 供应来源”，表示第一个零部件的供应方；Part1DeliveryTime，值为“零部件 1 配送时间”，指的是第一个零部件的配送时间；Part2Source，值为“零部件 2 供应来源”，表示第二个零部件的供应方；Part2DeliveryTime，值为“零部件 2 配送时间”，指的是第二个零部件的配送时间。

JSON 的简洁性和直观性使得数据的读取和处理更加方便，特别适用于 Web API（应用程序接口）的数据交换和前端开发。和 XML Schema 类似，JSON Schema 基于 JSON 格式，用于定义 JSON 数据结构以及校验 JSON 数据内容。

XML 和 JSON 都使用结构化方法来标记数据，JSON 简单的语法格式和清晰的层次结构明显要比 XML 容易阅读，并且在数据交换方面，由于 JSON 所使用的字符要比 XML 少得多，可以大大地节约传输数据所占用的带宽。然而，XML 是自描述的，XML 的巨大优势是它可以处理注释、元数据和名称空间，支持各种数据类型（例如图像和图表），而 JSON 仅支持字符串、对象、数字和布尔数组。因此 XML 作为建模语言是非常合适的，网络本体语言（OWL）、RDF（Resource Description Framework，资源描述框架）等都是基于 XML 进行建模的。另外，不少控制系统的数据交互标准也是基于 XML 进行建模的，比如 AutomationML、PLCOpen XML、PackML 等。

6.3.2 语义描述语言

在智能制造系统的宏大图景中，语义描述语言扮演着举足轻重的角色，它是实现设备、系统与人员之间高效信息交互与协同工作的关键纽带。随着智能制造的不断推进，生产系统的复杂性与日俱增，涉及大量不同类型的数据、设备和工艺流程。这些元素来自不同的供应商，遵循不同的标准，若缺乏统一的语义描述，信息的准确理解与共享将成为巨大难题。

语义描述语言通过定义清晰的概念、关系和规则，为智能制造系统中的各种实体和现象赋予明确的语义含义。它使得不同来源的数据能够以一种统一、可理解的方式进行表达和交流，打破了信息孤岛，促进了系统间的互操作性。例如，在一个由多个厂商设备组成的智能工厂中，不同设备可能采用不同的术语来描述相同的操作或状态。使用语义描述语言可以将这些术语统一到一个共同的语义框架下，使得设备之间能够准确理解彼此的指令和反馈，实现无缝协作。

此外，语义描述语言还为智能制造系统的智能化决策提供了基础。通过对数据进行语义标注和分析，系统能够深入理解数据背后的含义，挖掘潜在的知识和规律，从而做出更加智能、准确的决策。比如，利用语义描述语言对生产过程中的质量数据进行分析，可以快速定位质量问题的根源，及时采取改进措施，提高产品质量和生产效率。

（1）本体

① 本体的概念与作用。本体是语义描述语言的核心组成部分，它是对特定领域内概念、概念之间的关系以及概念的属性和约束的明确规范。在智能制造系统中，本体可以看作是一个共享的知识库，它定义了系统中各种实体的类型、特征和相互关系，为信息的语义表达和推理提供了基础。

本体的作用主要体现在以下几个方面：

首先，它为信息的组织和管理提供了一种结构化的方式。通过定义概念的层次结构和关系，本体能够将复杂的智能制造系统知识进行分类和整合，使得信息更加有序、易于查找和理解。例如，在一个机械制造本体中，可以将 “机床” 作为一个概念，其下又可以细分出“车床”“铣床”“磨床”等子概念，同时定义这些概念之间的继承、关联等关系。

其次，本体支持语义推理。基于本体中定义的规则和关系，系统可以进行自动推理，得出新的知识和结论。例如，如果本体中定义了 “零件 A 需要经过工序 B 加工才能得到零件 C”，并且已知当前有零件 A，那么系统可以推理出需要进行工序 B 的加工。这种推理能力对于智能制造系统的自动化决策和优化具有重要意义。

最后，本体促进了不同系统之间的互操作性。由于本体提供了一个统一的语义模型，不同的智能制造系统可以基于这个模型进行信息交换和共享，避免了语义差异导致的信息误解和冲突。

② 智能制造领域的本体构建。在智能制造领域，构建本体需要考虑多个方面的因素：

首先，要明确本体的应用领域和目标。不同的智能制造场景可能需要不同的本体，例如生产调度本体、质量控制本体等。在确定了应用领域和目标后，需要收集和整理相关的领域知识，包括行业标准、专家经验、历史数据等。

然后，使用合适的本体描述语言（如 OWL、RDF 等）来定义本体的概念、关系和属性。在定义概念时，要确保概念的清晰性和唯一性，避免歧义。例如，对于“设备”这个概念，要明确其定义和范围，以及与其他相关概念（如“工具”“物料”等）的区别。在定义关系时，要考虑关系的类型（如继承关系、因果关系等）和约束条件。例如，“加工”关系可以定义为一个设备对一个物料进行的操作，并且可以设置加工时间、加工精度等约束条件。

最后，对构建好的本体进行评估和验证。评估本体的质量可以从多个方面进行，如概念的完整性、关系的合理性、推理的准确性等。验证本体可以通过实际应用案例来进行，检查本体是否能够满足智能制造系统的需求。

（2）语义描述

① 语义描述的基本原理。语义描述是指使用语义描述语言对智能制造系统中的各种实体和现象进行精确的描述和表达。其基本原理是通过定义概念、属性和关系，将实体的特征和行为以一种形式化的方式表示出来。

在语义描述中，概念是对实体的抽象表示，它代表了一类具有共同特征的实体。例如，“机器人”是一个概念，它代表了所有具有一定自动化功能的机械设备。属性用来描述概念的特征或性质，例如“机器人”的属性可以包括“负载能力”“工作范围”“重复定位精度”等。关系则用来描述概念之间的联系，例如“机器人”与“工件”之间可能存在“加工”关系。

通过将概念、属性和关系组合起来，可以构建出复杂的语义描述模型。例如，对于一个智能制造系统中的生产任务，可以使用语义描述语言描述其任务名称、任务目标、所需设备、加工工艺、时间要求等信息，以及这些信息之间的关系。这样的语义描述模型可以被计算机系统理解和处理，为智能制造系统的自动化运行和决策提供支持。

② 语义描述在智能制造中的应用。语义描述在智能制造中有广泛的应用。在生产计划与调度方面，语义描述可以帮助系统准确理解生产任务的要求和约束条件，从而制定更加合理的生产计划。例如，通过对订单任务进行语义描述，系统可以分析出任务的优先级、所需资源和时间要求，结合设备的状态和能力，进行优化调度，提高生产效率和资源利用率。

在质量控制方面，语义描述可以用于对产品质量数据进行标注和分析。通过定义质量相关的概念和属性，如“缺陷类型”“缺陷位置”“质量标准”等，系统可以对生产过程中的质量数据进行语义化处理，快速定位质量问题的根源，采取针对性的改进措施。

在设备管理方面，语义描述可以用于描述设备的状态、性能和维护信息。例如，通过对设备的运行参数、故障历史、维护计划等进行语义描述，系统可以实现对设备的实时监测和预测性维护，减少设备故障停机时间，提高设备的可靠性和使用寿命。

（3）JSON-LD

① JSON-LD 的基本概念。JSON-LD（JSON for Linked Data，关联数据的 JSON 格式）是一种基于 JSON 的语义描述语言，它结合了 JSON 的简洁性和 Linked Data（关联数据）的语义表达能力。JSON 是一种广泛使用的数据交换格式，具有简单、易读、易于解析和生成的特点。而 Linked Data 则强调数据的互联性和语义化，通过使用统一资源标识符（URI）来标识实体和关系，使得数据可以在不同的系统之间进行共享和链接。

JSON - LD 通过在 JSON 数据中添加额外的上下文信息（Context），将 JSON 数据转换为具有语义含义的 Linked Data。上下文信息定义了 JSON 数据中各个键的语义映射，将其关联到具体的本体概念和属性上。例如，一个简单的 JSON 对象{"name": "John", "age": 30}在添加了 JSON-LD 上下文信息后，可以被赋予明确的语义，如 name 表示“人的姓名”，age 表示“人的年龄”。

② JSON-LD 的优势与应用案例。JSON - LD 在智能制造系统中具有诸多优势：

首先，它与 JSON 的兼容性使得它可以很容易地集成到现有的 JSON 基础系统中，无需对系统进行大规模的改造。对于已经使用 JSON 进行数据交换的智能制造系统来说，引入 JSON-LD 可以在不影响原有系统功能的前提下，为数据添加语义信息，提高数据的可理解性和互操作性。

其次，JSON-LD 的语义表达能力使得它能够更好地描述智能制造系统中的复杂实体和关系。例如，在描述一个智能工厂的生产流程时，可以使用 JSON-LD 来表示设备之间的协作关系、物料的流转路径、生产任务的依赖关系等。通过这种方式，系统可以更加准确地理解生产流程，进行优化和决策。

在实际应用中，JSON-LD 可以用于智能制造系统中的数据集成和共享。例如，不同的生产部门可能使用不同的系统来管理生产数据，这些系统的数据格式和语义可能存在差异。通过使用 JSON-LD，可以将这些数据统一转换为具有相同语义的格式，实现数据的集成和共享。另外，在智能制造的供应链管理中，JSON-LD 可以用于描述产品的追溯信息，包括原材料来源、生产过程、运输环节等，使得产品的整个生命周期信息可以被准确记录和查询，提高供应链的透明度和可靠性。

与普通的 JSON 和 XML 相比，JSON-LD 具有以下特点和异同之处：

- 数据表达形式：JSON-LD 与 JSON 具有相似的数据表达形式，都使用键值对的形式来表示数据。它们都使用了 JavaScript 对象的语法，使得数据易于理解和处理。相比之下，XML 使用封闭标签和标记来表示数据，语法相对冗长。
- 语义链接：JSON-LD 通过使用特定的语法来嵌入语义链接数据。它使用@context 关键字来定义所使用的词汇表或本体，并使用@type 关键字来指定实体的类型。这样可以使得数据在不同的上下文中具有一致的语义解释，促进数据的互操作性和语义链接。

- 可扩展性：JSON-LD 具有良好的可扩展性，可以方便地在数据中添加自定义的词汇和扩展内容。通过使用自定义的@context 或引用外部的词汇表，可以定义和使用特定领域的术语和属性，这使得 JSON-LD 适用于复杂的数据模型和语义建模。
- 可读性：JSON-LD 相对于 XML 来说，具有更简洁和可读的语法。它使用了更少的标记和封闭元素，使得数据在文本形式下更易于理解和编写。
- Web 语义：JSON-LD 是为了支持 Web 语义而设计的，它与 RDF 和 Linked Data 原则紧密相关。JSON-LD 的语法和结构可以与 RDF 进行互操作，并且可以与 Linked Data 的实践相结合，从而实现数据的广泛共享和链接。

6.3.3 系统建模语言

智能制造系统建模的需求包括对系统进行统一和标准化的描述、提供可视化和图形化的表示方式，以及支持高层次抽象和系统级视角。当前主要有两种主流建模语言：UML（Unified Modeling Language，统一建模语言）和 SysML（系统建模语言）。

（1）UML

UML 被称为统一建模语言，其中的“统一”意味着形成了一种标准。UML 本身是一套符号规范，描述了软件模型中各个元素及其之间的关系，例如类、接口、实现、泛化、依赖、组合、聚合等。UML 既可以描述某个问题领域，也可以表达对软件设计的构思，甚至可以描述已经完成的软件实现。主要分为以下几个阶段：

第一个阶段是通过建模将现实世界转为业务模型。业务模型真实映射了参与者（业务活动的驱动者）在现实世界的行为。从图 6-2 中可以看出，现实世界在映射到业务模型后，使用参与者和用例这两个 UML 的核心元素来表达相关信息。参与者充当特定事件的驱动者，而用例描述了该驱动者的业务目标。

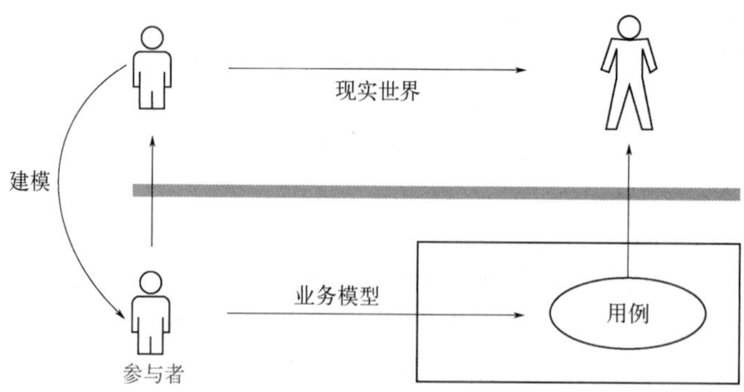

图 6-2　从现实到业务模型

第二个阶段是对业务模型进行概念化，建立适合计算机理解和实现的模型，也就是概念模型或分析模型。概念模型或分析模型帮助更深入地理解业务需求，并为软件实现提供了一个高层次的抽象。它是需求分析和设计的中间产物，既不同于原始需求，也不同于最终的软件实现。通过这一阶段的建模，可以更好地定义系统的功能、结构和行为，为后续的详细设计和开发奠定基础，如图 6-3。

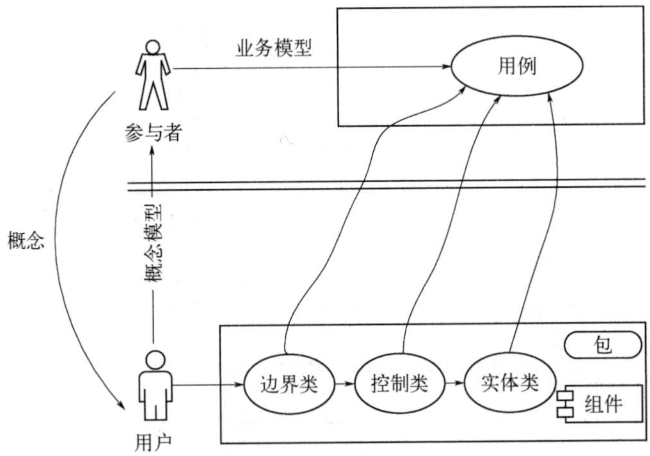

图 6-3　从业务到概念模型

现实世界中存在着各种千差万别的业务，可以使用边界、控制和实体等几个核心元素来描述它们。此外，为了更好地组织模型，UML 还引入了包和组件等概念，虽然它们与现实世界可能没有直接关联。

在建模过程中的第三个阶段，对概念模型进行实例化，从而得到相对详细的设计模型，如图 6-4 所示。这一阶段的目的是将概念模型进一步细化，以满足具体的技术平台和实现需求。在实例化过程中需要考虑软件架构、模块划分、接口设计等方面的内容。设计模型包括更加详细的类图、序列图和状态图等，用于描述系统的静态结构和动态行为。

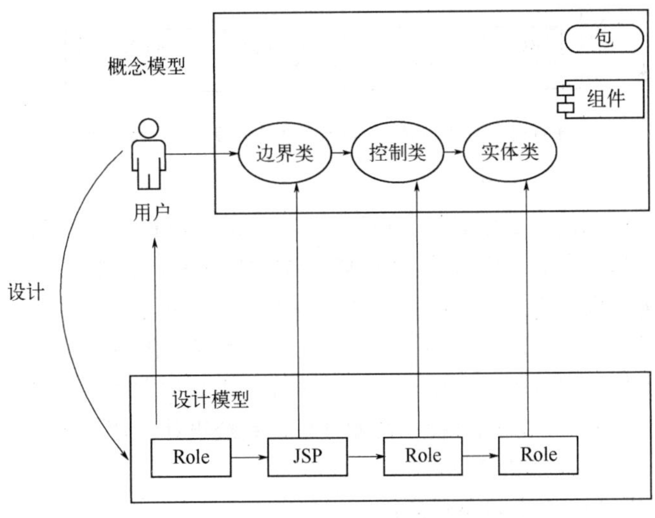

图 6-4　从概念模型到设计模型

在设计模型中，可以将概念模型中的边界类转化为操作界面或系统接口，用于与外部交互。控制类可以被转换为计算程序或控制程序，例如工作流或算法体，用于实现业务逻辑的控制和处理。实体类则可以转化为数据库表、XML 文档或其他具有持久化特征的类，以便将数据存储和管理起来。然而，在这个过程中需要注意的是，“边界”“控制”和“实体”这些对象化的概念并不是真正的对象实例，尽管计算机可以理解它们。因此，可以将设计模型视为概念模型在特定环境和条件下的实例化，通过实例化后的对象来执行概念模型所描述的信息。图 6-5 展示了面向对象分析设计的完整过程，它表达了现实世界如何通过 UML 映射到对象世界的过程。

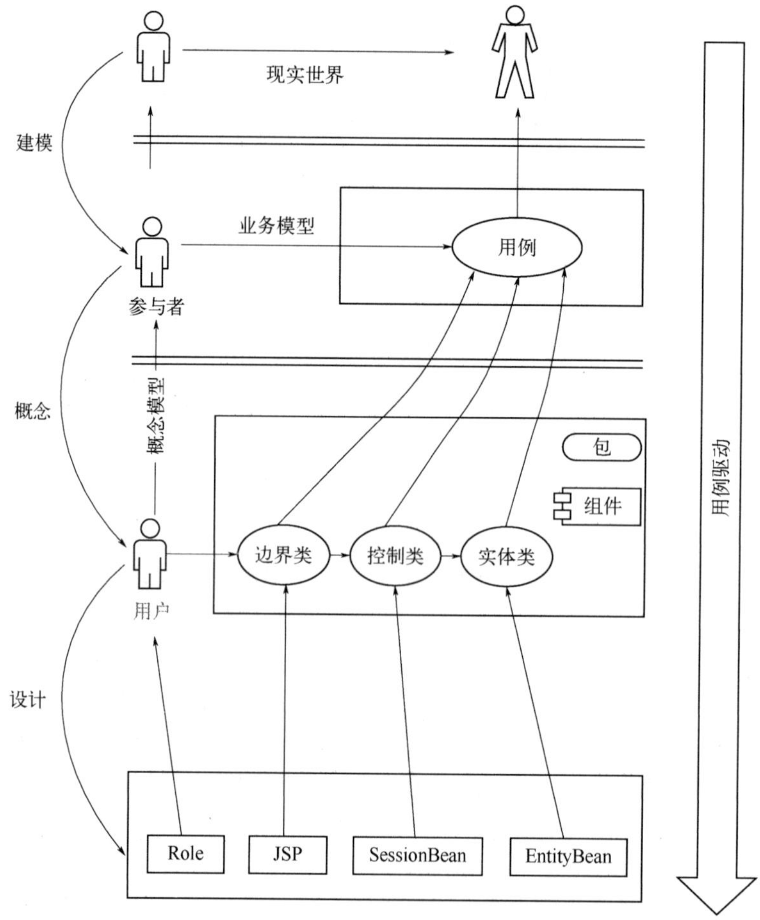

图 6-5 基于 UML 的面向对象分析设计的完整过程

(2) SysML

系统建模语言（SysML）是由对象管理组织（OMG）和国际系统工程委员会（INCOSE）联合开发的，是从 UML 中演化而来的。SysML 已经成为基于模型的系统工程（MBSE）应用程序的标准系统架构建模语言，它扩展了软件密集型应用程序的统一建模语言（UML）的标准，并成功应用于系统工程应用程序。提到 SysML 就不得不提 MBSE，即基于模型的系统工程。MBSE 是一种系统工程过程规范，强调在整个系统开发生命周期中严格遵守体系结构建模原则和最佳实践，包括需求分析、功能分析、性能分析、系统设计、贸易研究、系统架构规范以及验证和确认（V&V）等系统工程活动。

与 UML 相比，SysML 具有以下优点：

① 更好地表达系统工程语义（符号解释）：SysML 减少了 UML 的软件偏差，并引入了两种新的图表类型，即需求图和参数图，以更精确地表达系统工程的语义，帮助系统工程师进行需求管理和性能分析。

② 更小、更易学：相较于 UML，SysML 更为精简，删除了许多与软件开发相关的构造。这使得 SysML 整体语言的规模更小，更易于学习和掌握。

如图 6-6 所示，目前的 SysML 包含 9 类视图，它们可以分为 3 类：需求（Requirements）、结构（Structure）和行为（Behavior）。从名称上可以看出，它们分别用来描述系统要满足的要求、结构和行为方式。

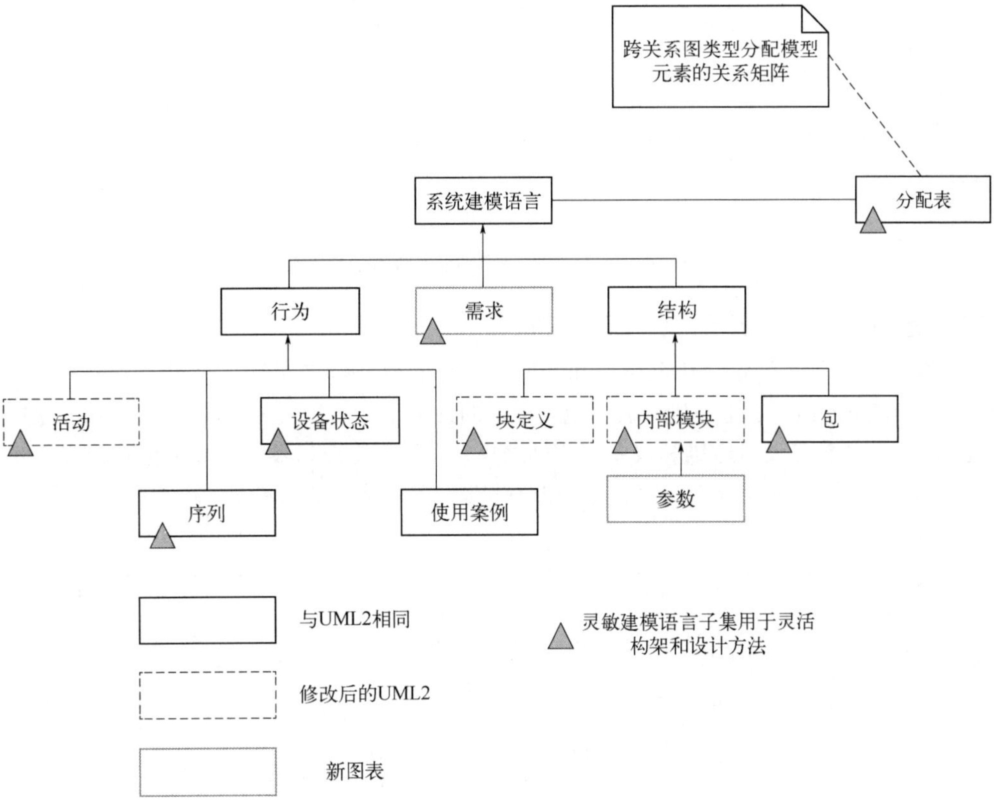

图 6-6　SysML 模型图

6.4 基于 SysML 的制造系统建模案例

基于数字孪生单元的定制化服装认知制造系统存在复杂的数据分析、虚实交互和迭代优化。因此，完成基于数字孪生单元的定制化服装认知制造系统的建模具有较大的挑战。基于模型的系统工程（Model Based System Engineering, MBSE）方法具有易表达、易交互、易复用和覆盖全等优点，因此本节采用它进行建模。对于 MBSE 的建模语言的选用，采用其常用的建模语言 SysML。由于本节研究的是定制化服装生产流程的优化，因此本节从流程顺序建模、用例建模等方面对生产流程进行全覆盖建模。

（1）定制化服装认知制造系统流程顺序模型

首先需要对定制化服装生产过程中通用的制作流程进行分析，从而能够确定生产过程具体步骤，方便后续的流程分析与优化，其模型图如图 6-7 所示。

图 6-7 详细地给出了服装定制的具体流程，从最初的服装设计、个性化量体、填写物流信息到最后的企业或者用户拿到产品，该流程明确了生产流程中各个环节之间的关系以及数据走向。已知生产流程，接下来需要明确每个流程的行为，将系统的行为传递给用户和操作者。

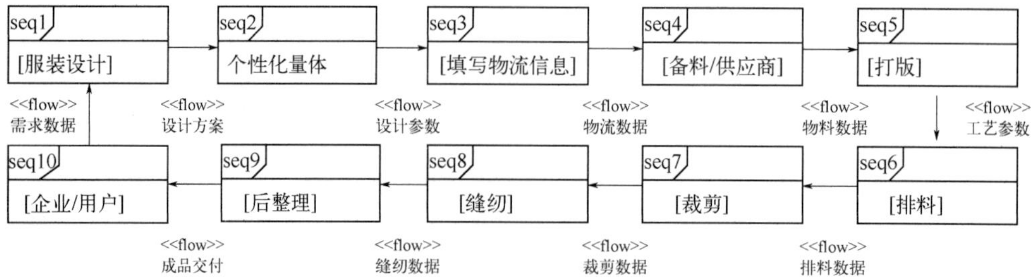

图 6-7 定制化服装认知制造系统流程顺序图

（2）定制化服装认知制造系统用例模型

基于数字孪生单元的定制化服装认知制造系统用例模型是贯穿整个定制化服装生产流程的一条主线，如图 6-8 所示。定制化服装制造过程中的各类工序都涉及相应的质量检测、资源分配、方案设计、工序调整、设备运维和设备调整辅助环节。每个工序以及辅助环节会有相应的专业员工进行操作与控制，例如设计人员进行服装方案设计，裁剪人员进行裁剪，车工进行打版和缝纫。

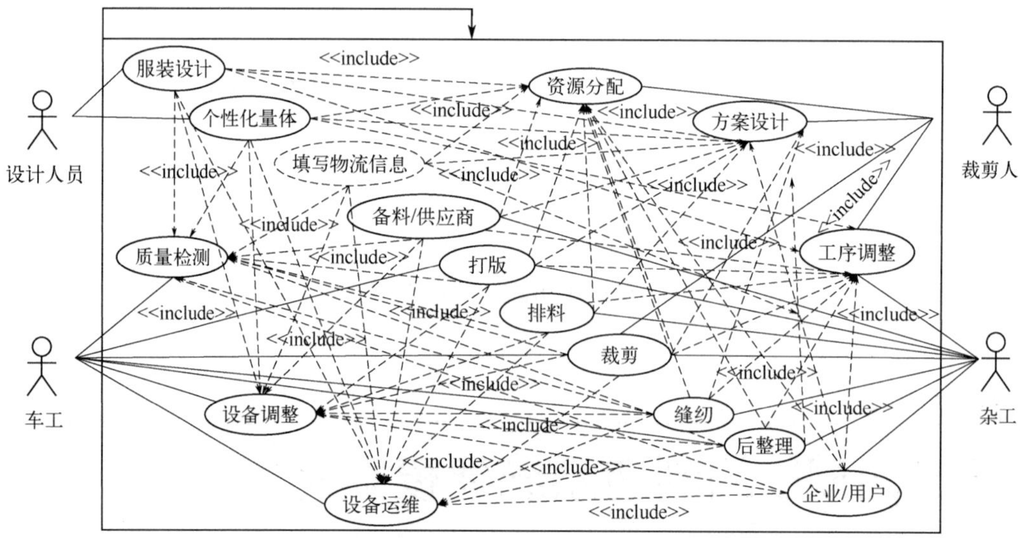

图 6-8 定制化服装认知制造系统用例模型

（3）定制化服装认知制造系统状态机模型

状态机模型能够精确地表示某个实体对象在一定的时间内状态的转换过程，因此它能够形象地表达出来实体对象与其他实体对象交互转换的过程。本节提出的状态机模型主要表示的是服装定制过程中服装的状态的变换，从最初的各种面料通过裁剪和打版等措施形成相应的半成品，最后通过缝纫和后整理等措施形成相应的成品，如图 6-9 所示。在面料状态转换的过程中，相应涉及的参数也在同步转换。面料主要的参数是面料的色牢度、缩水率和耐热度等；半成品主要的参数是尺寸、时间和成本等；成品的参数主要有瑕疵率等。

（4）定制化服装认知制造系统需求模型

上述对定制化服装生产过程涉及的流程环节进行了多角度和多维度的建模。流程分析需要明确各个流程环节的需求，需求模型能够明确系统各个组成部分的需求属性。本节提出的需求建模主要是对整个系统相应的子系统进行分析，主要包括物理生产系统、感知系统、认知系统和交互系统涉及的需求。需求主要包括功能性需求和非功能性需求，如图 6-10 所示。

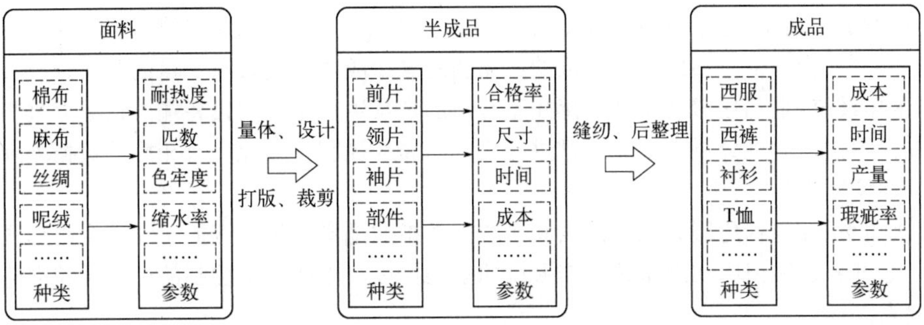

图 6-9　定制化服装认知制造系统状态机模型

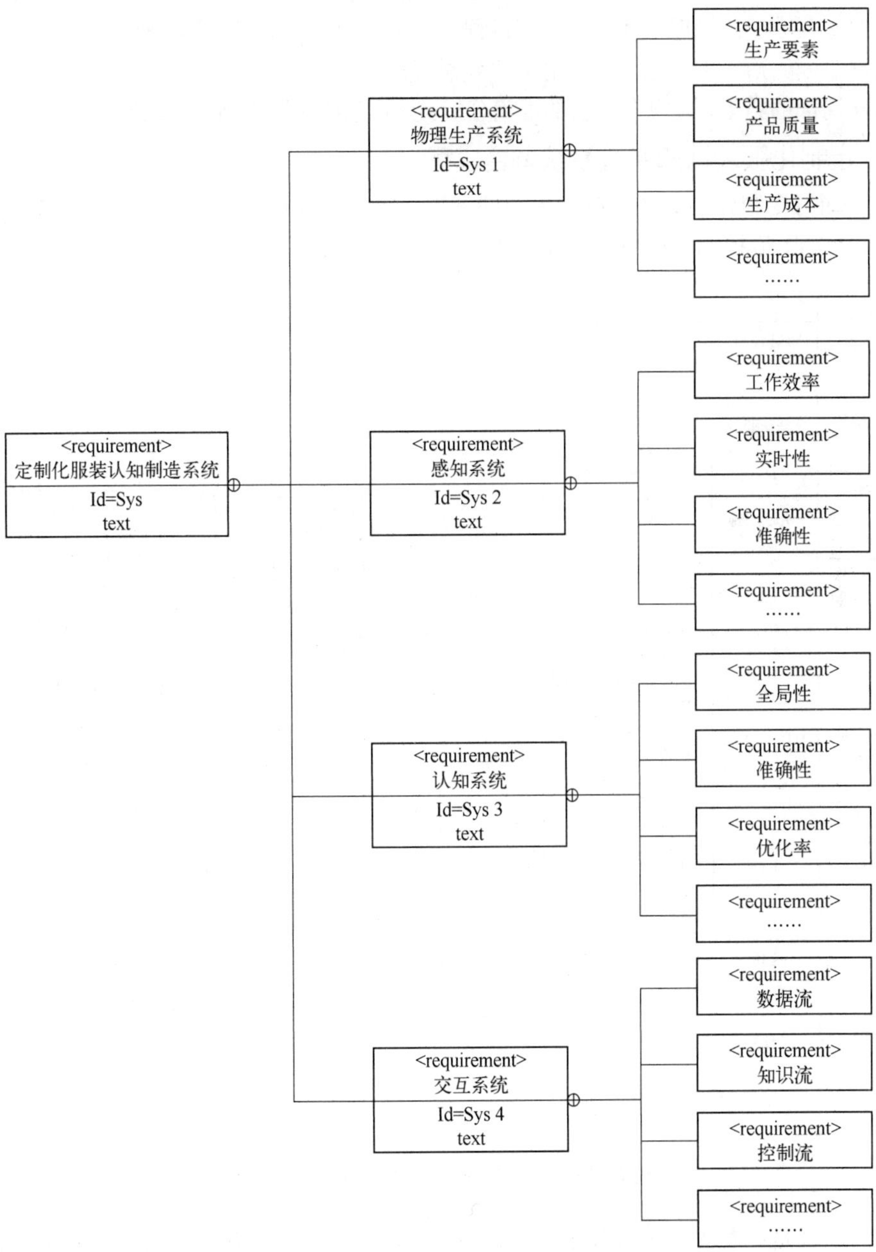

图 6-10　定制化服装认知制造系统需求模型

① 物理生产系统：包括定制化服装生产过程中所涉及的生产设备、物料资源和生产员工等物理生产要素，物理生产系统对于形成的产品的质量和成本等要素有一定的要求。

② 感知系统：定制化服装生产的感知系统指的是从生产系统的设备端进行数据采集形成相应的子知识图谱，通过分析子知识图谱进行设备的局部控制，因此具有相应的数据处理的实时性和准确性等要求。

③ 认知系统：定制化服装生产的认知系统主要指的是集成边缘端的子知识图谱形成系统的知识库，通过分析知识库实现服装生产系统的全局控制，因此对于控制的全局性和准确性具有一定的要求。

④ 交互系统：交互系统主要由物理车间与虚拟车间的交互和认知系统与感知系统的交互组成。前者的交互原理：物理车间提供生产过程中产生的数据，虚拟车间进行数据分析并将结果反作用于物理车间。后者的交互原理：感知系统进行局部直觉分析，认知系统进行全局认知分析，通过全局和局部的结果，实现全覆盖的准确分析。交互系统对数据流、知识流等具有一定的要求。

（5）定制化服装认知制造系统融合模型

基于前面对定制化服装认知制造系统的流程与需求的分析，建立了定制化服装认知制造系统的数据流-知识流-控制流的融合模型，如图 6-11 所示。

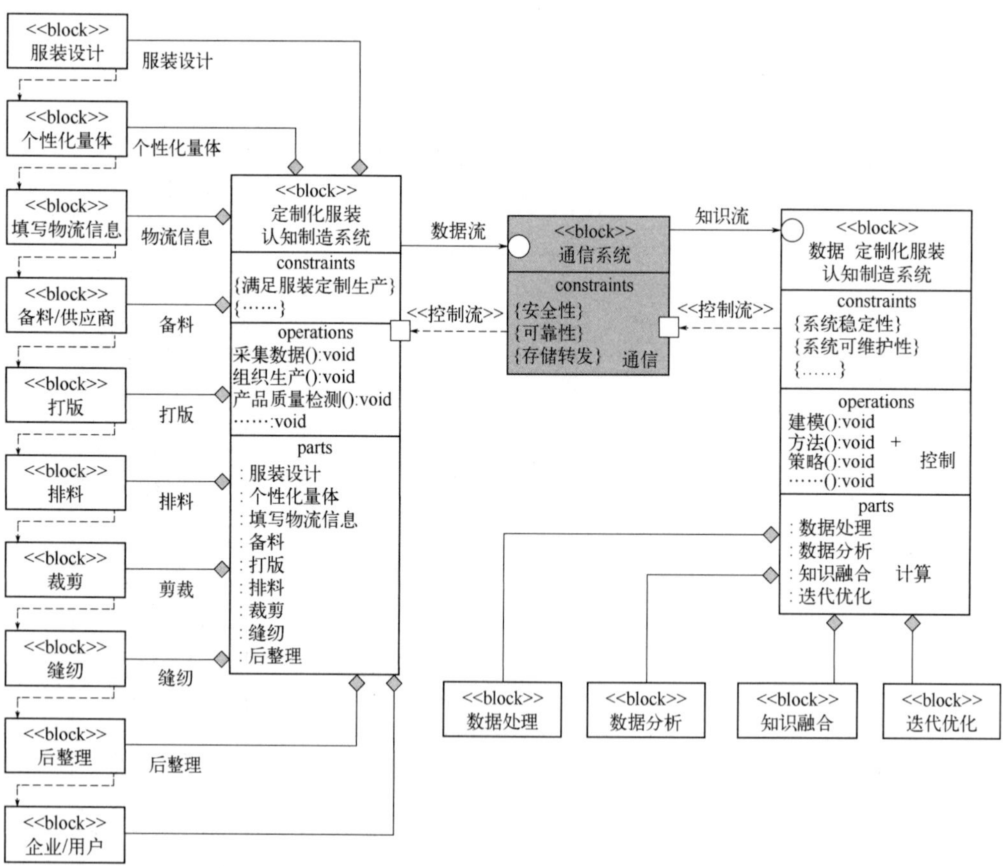

图 6-11　数据流-知识流-控制流的融合模型

控制的原理是：首先分析采集于定制化服装生产各个环节中各类数据形成的相应数据流；然后通过对数据流进行处理，转换成相应的知识流；最后对知识流进行分析，形成控制流，对定制化生产过程进行精准控制。

（6）定制化服装认知制造系统控制指令序列图

图 6-12 给出了定制化服装认知制造系统的控制指令序列。首先，服装生产物理车间在生产制造过程中会产生各类数据传输至数据平台；然后，数据平台将数据传输到虚拟空间，由虚拟空间的感知系统与认知系统通过数据的分析形成控制指令；最后，控制指令反作用于生产物理车间，形成闭环控制回路。

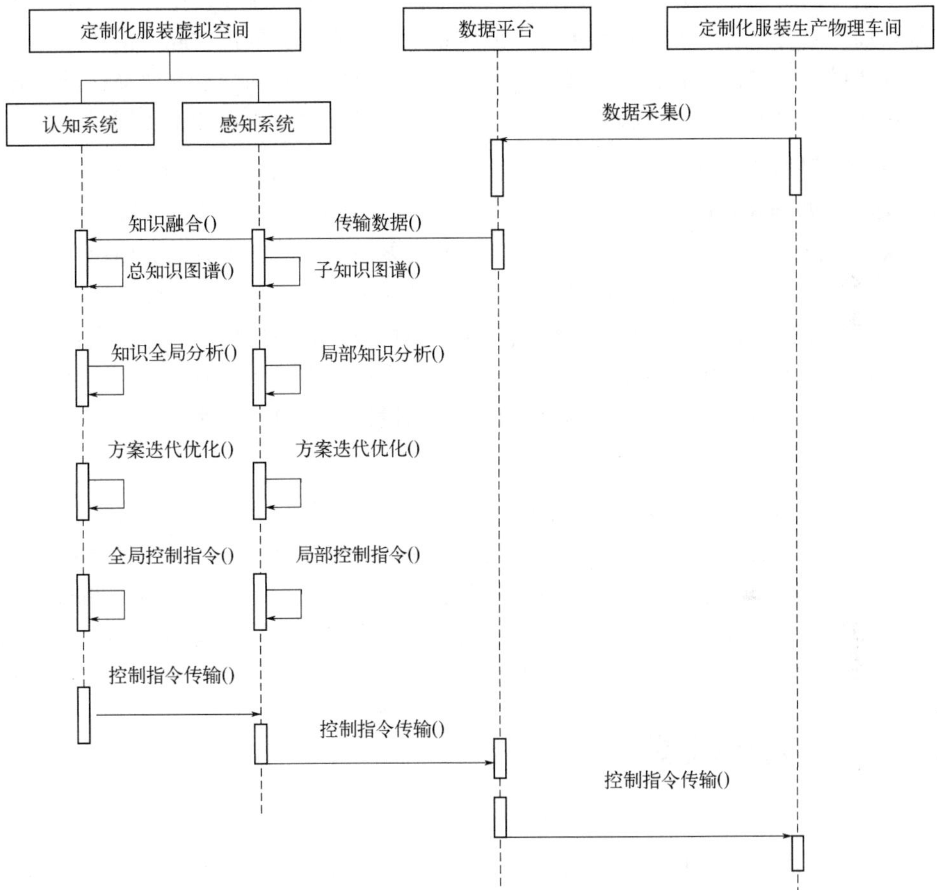

图 6-12　定制化服装认知制造系统的控制指令序列

6.5 常用建模与仿真工具

6.5.1　常用的建模工具

（1）DELMIA

DELMIA 是一款数字化企业的互动制造应用软件，专注于数字化制造工艺规划与生产流程建模，能够基于 3D 模型进行工厂布局、生产线设计、工艺仿真等工作。在汽车制造等行业，可利用 DELMIA 对汽车装配生产线进行详细的工艺建模，精确模拟零部件的装配顺序、装配路径以及装配工具的使用，提前发现潜在的工艺问题，如装配干涉、操作空间不足等，并进行优化。该工具的优势在于其强大的 3D 可视化效果和工艺细节处理能力，让非技术人员也能直观地理解生产流程；但软件成本较高，对硬件配置要求也较为苛刻，限制了其在一些中小企业的应用。

（2）AutoCAD Plant 3D

这是一款专门用于工厂设计的三维建模软件，在智能制造系统建模中，可用于创建工厂的精确三维布局，包括设备布置、管道系统、通风系统等。它能够依据实际的工厂尺寸和设备规格进行精准建模，生成直观的三维模型，方便工程师进行空间布局规划和碰撞检查，确保各设备和系统在物理空间上的合理性和兼容性，有效避免施工过程中的设计变更和资源浪费，提高工厂建设的效率和质量。

（3）SolidWorks

SolidWorks 以其强大的机械设计功能在智能制造系统的产品建模方面表现出色。它能够创建复杂的三维零件和装配体模型，对于智能制造中的各类机械设备、工装夹具等的设计和建模具有重要作用。通过参数化设计功能，可以快速修改模型尺寸和形状，满足产品设计变更的需求。同时，其提供的仿真插件还能对零件的强度、运动学等进行初步分析，为产品的优化设计提供依据，帮助企业缩短产品研发周期，提高产品的设计质量和可靠性。

（4）CATIA

CATIA 是一款高端的 CAD/CAM/CAE 一体化软件，广泛应用于航空航天、汽车制造等高端制造业领域的智能制造系统建模。它具备强大的曲面造型能力，能够创建复杂的产品外形和结构，在汽车车身设计、飞机机翼设计等方面具有独特优势。同时，其涵盖了从产品概念设计到制造过程的全流程建模功能，支持虚拟装配、人机工程学分析、模具设计等多个环节，为智能制造系统提供了全面、精确的建模解决方案，助力企业打造高品质、高性能的智能制造产品和系统。

6.5.2 常用的仿真工具

（1）Arena

Arena 是一款基于离散事件系统仿真原理的工具，适用于智能制造系统中的生产调度、物流配送、资源配置等方面的仿真分析。例如，在电子制造企业中，可以通过 Arena 对电子产品的组装生产线进行建模与仿真，模拟不同产品型号的混合生产过程，分析生产线的设备利用率、产量、生产周期等性能指标，评估不同生产调度策略（如先到先服务、最短加工时间优先等）对生产效率的影响，从而优化生产计划和资源分配，提高生产线的整体性能。其优点是建模灵活性高，能够方便地处理复杂的生产逻辑和随机事件；缺点是对于大规模复杂系统的仿真计算时间可能较长，且在 3D 可视化效果上相对较弱。

（2）FlexSim

FlexSim 以其强大的 3D 建模与仿真能力在智能制造系统仿真领域得到广泛应用，可用于工厂布局优化、物流系统仿真、生产过程模拟等。在物流仓储中心的设计中，FlexSim 能够构建出逼真的 3D 模型，包括仓库货架布局、搬运设备的运行路径、货物的出入库流程等，通过仿真直观地展示物流系统的运行状况，如货物的拥堵情况、设备的闲置时间、订单的处理效率等，并进行优化调整。该工具的优势在于出色的 3D 可视化效果，便于用户直观地观察和理解系统的运行情况；但对于初学者来说，其操作难度相对较大，需要一定的学习成本。

（3）Plant Simulation

Plant Simulation 是西门子公司开发的一款面向制造业和物流行业的仿真软件，具备丰富的建模元素和分析功能，可对生产系统、物流系统以及供应链进行全面的仿真评估。例如，在汽车零部件制造工厂中，可以利用 Plant Simulation 对整个工厂的生产物流系统进行建模，对从原材料采购、零部件加工、产品装配到成品出厂的全过程进行模拟，分析供应链中的库存水平、生产能力瓶颈、物流成本等关键指标，帮助企业制定合理的生产计划、采购策略和物流配送方案，提升供应链的整体效益。其优点是与西门子的其他工业软件具有良好的集成性，能够方便地获取实际生产数据进行仿真分析；缺点是软件价格较高，且在某些特定行业的定制化功能上可能不如一些专业的小众仿真工具。

（4）AnyLogic

AnyLogic 是一款功能强大的多方法建模与仿真工具，支持离散事件、系统动力学和智能体等多种建模方法，适用于智能制造系统中的复杂系统行为模拟。例如，在智能供应链仿真中，可以运用智能体建模方法，将供应商、制造商、分销商、零售商以及客户等供应链成员视为具有自主决策能力的智能体，通过定义他们之间的交互规则和行为逻辑，模拟供应链在市场需求变化、供应中断、价格波动等复杂情况下的动态响应和整体性能，帮助企业优化供应链策略，增强供应链的韧性和竞争力。其优势在于能够结合多种建模方法解决复杂的实际问题，但其对建模人员的技术要求较高，需要掌握多种建模技术和编程知识。

（5）Simio

Simio 提供了直观的建模环境和丰富的对象库，可用于快速构建智能制造系统的仿真模型，涵盖生产制造、物流配送、医疗保健等多个领域。它支持 3D 可视化仿真，能够生动地展示系统的运行过程和性能指标变化。例如，在制药企业的生产车间仿真中，Simio 可以对药品的生产流程、设备故障、人员排班、物料运输等进行详细建模和仿真分析，通过改变模型参数来评估不同方案对生产效率、产品质量和成本的影响，从而为企业提供决策支持，助力企业提高生产运营管理水平，确保药品生产的高效性和稳定性。

（6）Witness

Witness 具有简洁易用的特点，在智能制造系统的生产流程优化、资源配置分析等方面应用广泛。它提供了多种建模元素和分析工具，能够对生产线的平衡、设备利用率、库存水平等关键指标进行仿真计算和分析。以食品加工企业为例，可利用 Witness 对食品生产流水线进行建模，分析不同生产工艺、设备配置和生产批量下的系统性能，帮助企业找出生产过程中的瓶颈环节，优化生产流程和资源分配，提高生产效率和产品质量，同时降低生产成本和减少资源浪费。

6.6 本章小结

本章围绕智能制造系统的建模方法与工具展开，主要内容如下：

（1）智能制造系统建模

基于制造系统建模方法论，利用多种建模语言，包括模型描述格式、语义描述语言、系统建模语言等，实现制造系统的规范化建模，为系统分析与优化提供基础。

（2）常用建模与仿真工具

分为建模工具与仿真工具两类，可支撑从系统设计到运行优化的全流程建模与仿真，帮助企业在虚拟环境中验证系统可行性，减少物理试错成本，提升系统设计与运行效率。

（3）应用价值

通过标准化的建模方法与工具，实现了智能制造系统从概念设计到实际运行的数字化映射，为系统的分析、优化与集成提供了科学手段，助力企业提升智能制造系统的设计质量与运行效能。

思考题

6-1　智能制造系统建模有哪些类别？

6-2　智能制造系统建模语言模型描述格式有哪些？

6-3　JSON 格式的特点是什么？

6-4　本体的概念和作用是什么？

6-5　UML 建模的内涵是什么，建模阶段有哪些？

6-6　SysML 建模优点是什么？

6-7　常用的建模工具有哪些？

6-8　常用的仿真工具有哪些？

第7章

智能制造系统控制

【本章内容思维导图】

- 智能制造系统控制单元
  - 传感器
    - 定义：感知生产数据并传输，如温度、压力、位移传感器
    - 作用：实时采集物理量和状态信息，为控制提供数据基础
  - 控制器
    - PLC：核心控制设备，含CPU、存储器、I/O接口
    - 工业计算机(IPC)：集中监控管理，抗干扰能力强
    - 嵌入式控制器：体积小、可靠性高，用于智能设备
  - 执行器
    - 电动执行器：电机驱动，如电磁阀、伺服电机
    - 液动执行器：液压缸、液压马达，适用于大负载
    - 气动执行器：气缸、气动马达，响应快、污染小
    - 电磁执行器：基于电磁原理，控制流体流动
  - 通信技术
    - 工业以太网：高速可靠，支持Profinet、Ethernet/IP协议
    - 现场总线：PROFIBUS、Modbus，适合工业现场通信
    - 无线通信：Wi-Fi、蓝牙，灵活适应移动设备
  - 控制算法
    - PID控制：经典算法，用于稳定系统输出
    - 模糊控制：处理非线性系统，无需精确模型
    - 神经网络控制：自学习适应复杂系统
- 工业电气控制原理
  - 电气控制系统
    - 定义：管理调节电气设备，含PLC、工业以太网、现场总线等
    - 传统系统：基于硬线逻辑和自动化设备，灵活性低
    - 智能制造系统：集成信息化技术，支持远程监控和智能决策
  - 电气控制基础
    - 控制系统图：原理图、布置图、接线图，遵循国家标准
    - 图形符号：GB/T 4728、GB/T 5465定义电气元件符号
  - 核心控制单元：PLC
    - 工作原理：信号输入、逻辑运算、指令输出、执行任务
    - 编程语言：梯形图、指令列表、功能块图
    - 技术优势：可编程性强、故障诊断便捷、稳定性强、适应性强
  - 现场总线与通信协议
    - 现场总线：PROFIBUS、DeviceNet等，支持分布式控制
    - 通信协议：Profinet用于实时性要求高的场景
- 智能制造系统控制方法
  - 反馈控制
    - 原理：利用反馈误差调整控制量
    - 应用：生产线质量监控，实时调整加工参数
  - 补偿控制
    - 前馈补偿：按控制量或扰动量补偿，克服滞后和干扰
    - 反馈补偿：在反馈回路中增加控制器，改善系统性能
    - 串联补偿：将补偿器与主控制器串联
  - 自适应控制
    - 基本思想：自动调节控制参数以适应环境变化
    - 应用：机器人控制，实时调整运动参数
  - 智能控制
    - 模糊控制：基于模糊规则，适用于温度、压力控制
    - 神经网络控制：学习复杂模型，用于机器人运动控制
    - 专家系统控制：基于知识库，用于故障诊断和维修建议
- 企业/车间级智能制造系统控制
  - 系统框架
    - 企业层：ERP系统，负责资源规划和战略决策
    - 车间层：MES，执行生产调度和过程监控
    - 产线层：PCS，控制工艺参数
    - 装备层：CNC系统，精准控制设备
  - 关键控制元素
    - 生产计划、订单、物料、人员、设备、财务等
  - 系统控制传输与流程
    - 数据流：从装备层到企业层，实时反馈生产数据
    - 物质流：优化物料流转
    - 控制流程：物理系统与信息系统协同，实现闭环控制
- 生产计划与控制
  - ERP功能：生产控制、供应链、财务管理
  - MES功能：资源分配、生产调度、详细计划、产品跟踪，以及质量、维护、人员、过程管理
  - 集成控制：ERP与MES数据互通，优化生产流程
- 典型应用
  - 生产资源计划与优化
    - 动态调度：根据订单和设备状态实时调整资源分配
    - 案例：汽车制造业，智能分配设备和物料
  - 实时监控与反馈控制
    - 功能：设备状态报警、工艺参数自动调整
    - 案例：食品生产，实时监控温度并调整冷却系统
  - 柔性化生产
    - 订单驱动：快速切换生产任务，适应小批量、多品种生产
    - 案例：电子制造，自动调整生产线参数
  - 库存管理与物流优化
    - AGV和RFID技术，实现“零库存”
  - 数据驱动的决策支持
    - 预测与优化生产过程、提供决策支持
- 综合案例
  - 西门子的数字化建设、法士特智慧工厂建设

【学习目标】

1．学习智能制造系统控制单元组成。

2．熟悉智能制造系统中的电气控制原理。

3．了解智能制造系统控制方法。

4．了解企业/车间级智能制造系统控制的基本概念、层次结构及其在生产管理中的核心地位。

5．掌握生产计划与控制在智能制造系统中的关键功能、数据流传递及实时调度优化方法。

6．掌握 ERP 与 MES 的主要模块、功能特点和集成控制，及其结合智能化技术手段在智能制造中的应用。

7.1 单元/工作站级智能制造系统概述

在当今快速发展的工业时代，科技的进步不断推动着制造业的变革。随着市场竞争的日益激烈以及消费者对产品个性化、高质量的需求不断提升，传统的制造模式已经难以满足要求。智能制造系统应运而生，成为了工业发展的必然趋势。单元/工作站级智能制造系统在智能制造中占据着关键地位，它是整个智能制造体系的基础单元，如同大厦的基石，直接影响着产品的生产质量和效率。在这个层级上实现智能化控制，能够精准地管理和优化生产过程中的每一个环节，为企业带来更高的竞争力和经济效益。

7.1.1 定义与范围

单元/工作站级智能制造系统是指在一个相对独立的生产单元或工作站内，通过集成先进的电气控制、传感器、执行器和通信网络等技术，实现对生产过程的智能化管理和控制。它通常涵盖了一个特定的生产任务或工艺流程，如汽车组装中的某个工位、电子制造中的贴片工作站等。

与其他层级智能制造系统相比，单元/工作站级更加注重局部的精细化控制和实时响应。它是连接设备层和车间层、企业层的重要纽带，向上为更高层级的系统提供实时数据和执行反馈，向下直接控制生产设备的运行。

7.1.2 智能制造系统控制单元

（1）传感器

传感器是智能制造系统的感知部分，负责收集各种数据信息并进行信息传递。我国国家标准 GB/T 7665—2005 对传感器（Transducer/Sensor）的定义是：能感受被测量并按照一定的规律转换成可用输出信号的器件或装置。也就是说，传感器是一种以一定的精确度把被测量转换为与之有确定对应关系的、便于应用的某种物理量的测量装置。传感器是各种机械和电子设备的感觉器官，称为“机电五官”，用于感知外界信息。电子计算机对这些信息进行处理后作出反应，控制各类执行器（如自动化机械及智能机器人等）。由此可以看出人与机器的机能对应关系，如图 7-1 所示，称为“机电五官”的传感器对应人类的感官，用于感知外界信息；控制器对应人类的大脑，用于分析和处理信息；而各种执行器则对应人类的肢体，完成各种操作和动作。

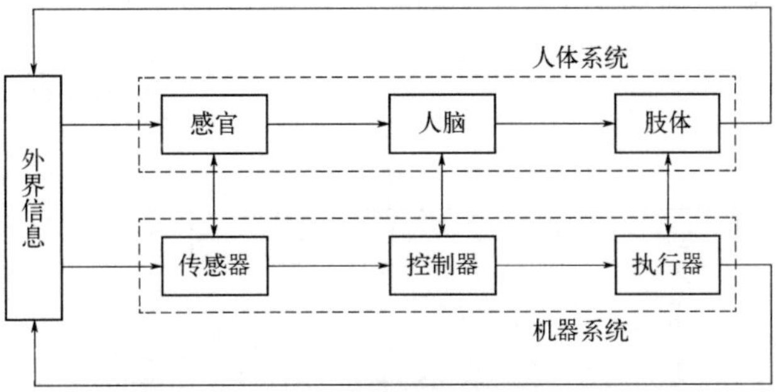

图 7-1　人与机器系统的机能对应关系

安装在生产设备、生产线以及环境中的各类传感器，如温度传感器、压力传感器、位移传感器等，能够实时采集生产过程中的物理量和状态信息。例如，温度传感器可以监测设备运行时的温度变化，压力传感器可以检测液压系统的压力值。然后传感器再将采集到的数据以电信号或数字信号的形式传输给控制器。

（2）控制器

控制器是智能制造系统的核心，负责对传感器采集的数据进行处理和分析，并根据控制算法生成控制指令发送给执行器。首先，控制器接收传感器传来的数据，对数据进行滤波、放大、模数转换等处理，以去除噪声和干扰，提高数据的准确性和可靠性。接着，控制器运行控制算法，根据预设的控制目标和生产工艺要求，对数据进行分析和计算，生成控制指令。最后，控制器将控制指令发送给执行器，实现对生产过程的精确控制。控制器通常采用微处理器、可编程逻辑控制器（PLC）等硬件设备，并配备相应的软件系统进行控制。以下介绍几种智能制造系统中常用的控制器。

① 可编程逻辑控制器（PLC）。可编程逻辑控制器（Programmable Logic Controller）简称可编程控制器（PLC），国际电工委员会（IEC）于 1985 年对可编程控制器作了如下定义：可编程控制器是一种数字运算操作的电子系统，专为在工业环境下应用而设计。它采用可编程序的存储器，用来在其内部存储执行逻辑运算、顺序控制、定时、计数和算术运算等操作的指令，并通过数字、模拟的输入和输出，控制各种类型的机械或生产过程。可编程控制器及其有关设备，都应按易于与工业控制系统连成一个整体，易于扩充功能的原则设计。

图 7-2 为 SIMATIC S7-1200 系列 PLC。

图 7-2　SIMATIC S7-1200 系列 PLC

可编程控制器种类繁多，但其基本结构和工作原理相同。可编程控制器的功能结构由CPU（中央处理器）、存储器和输入/输出模块（接口）三部分组成，如图7-3所示。

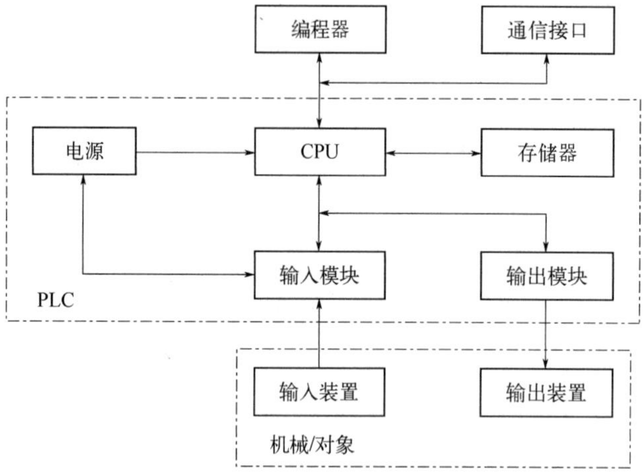

图7-3 可编程控制器结构框图

a．CPU（中央处理器）。CPU的功能是完成PLC内所有的控制和监视操作。中央处理器一般由控制器、运算器和寄存器组成。CPU通过数据总线、地址总线和控制总线与存储器、输入/输出（I/O）接口电路连接。

b．存储器。在PLC中使用两种类型的存储器：一种是只读类型的存储器，如EPROM（可擦可编程只读存储器）和EEPROM（电擦除可编程只读存储器）；另一种是可读/写的随机存储器（RAM）。PLC的存储器分为5个区域，如图7-4所示。

c．输入/输出接口（模块）。PLC的输入和输出信号可以是开关量或模拟量。输入/输出接口是PLC内部弱电（Low Power）信号和工业现场强电（High Power）信号联系的桥梁。输入/输出接口主要有两个作用：一是利用内部的电隔离电路将工业现场和PLC内部进行隔离，起保护作用；二是调理信号，可以把不同的信号（如强电、弱电信号）调理成CPU可以处理的信号（5V、3.3V或2.7V等），如图7-5所示。

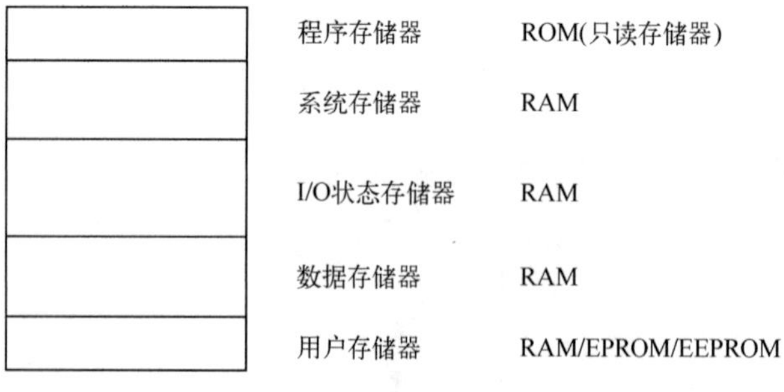

图7-4 存储器的区域划分

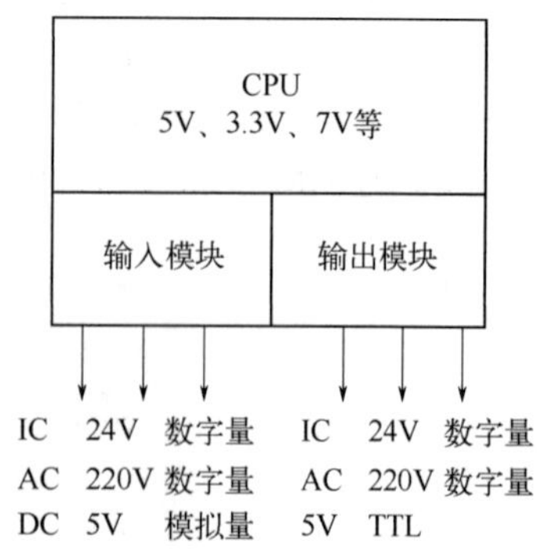

图7-5 输入/输出接口

IC—集成电路；AC—交流电；DC—直流电；
TTL—晶体管-晶体管逻辑

输入/输出接口（模块）是PLC系统中最大的部分，输入/输出接口（模块）通常需要电源，输入电路的电源可以由外部提供，对于模块化的PLC还需要背板（安装机架）。

② 工业计算机（IPC）。具备强大的计算能力和丰富的接口资源，能够运行复杂的控制算法和软件。工业计算机通常用于对整个智能制造系统进行集中监控和管理。

工业计算机的用途和普通计算机的用途不同，它主要用于工业控制、测试等方面。一个工业计算机的典型应用是通过标准的串行口（RS-232/RS-485 等）获得外部的数据，通过计算机内部的微处理器计算，最后通过显示屏或者串行口输出。这样，在工业计算机上就实现了一个计算的过程。很明显，这和普通计算机的娱乐、办公和编程方面的应用是完全不同的。工业计算机的软件系统和普通计算机的软件系统有所不同。工业计算机的软件系统比较单一，主要实现一个特定的功能，而且由于工业计算机通常采用速度不是非常快的处理器，所以程序的编写要求比较高。工业计算机通常采用仿真环境来开发程序，并采用脱机运行的方式；而普通计算机拥有大量的通用应用程序，处理器的速度非常快，软件的开发系统也完全在机器上，无须其他环境的支持。

工业计算机的主要结构包括：

a．全钢机箱。IPC 的全钢机箱是按标准设计的，可以抗冲击、抗振动以及抗电磁干扰，内部可安装同 PC-bus 兼容的无源底板。

b．无源底板。无源底板的插槽由 ISA（工业标准架构）和 PCI（外围组件互连）总线的多个插槽组成，ISA 或 PCI 插槽的数量和位置根据需要有一定选择。该板为四层结构，中间两层分别为地层和电源层，这种结构方式可以减弱板上逻辑信号的相互干扰和降低电源阻抗。底板可插接各种板卡，包括 CPU 卡、显示卡、控制卡以及 I/O 卡等。

c．工业电源。工业电源为 AT（先进技术）开关电源，平均无故障运行时间达到 250000 小时。

d. CPU 卡。IPC 的 CPU 卡有多种，根据尺寸可分为长卡和半长卡，根据处理器可分为 386、486586、PⅠ和 PⅡ主板，用户可视自己的需要任意选配。其主要特点是：工作温度为 0～60℃；装有“看门狗”计时器；低功耗，最大为 5V/2.5A。

e．其他配件。IPC 的其他配件基本上都与 PC 兼容，主要有内存、显卡、硬盘、软驱、键盘、鼠标、光驱和显示器等。

工业计算机（IPC）的类型主要有台式 IPC、盘装式 IPC、IPC 工作站、嵌入式 IPC、平板式 IPC。

③ 嵌入式控制器。嵌入式控制器是随着现代科技的进步、计算机技术的飞速发展而出现的。它是专门为特定应用设计的小型控制器，具有体积小、功耗低、可靠性高等优点。嵌入式控制器在智能设备、物联网终端等领域得到广泛应用。

嵌入式控制器可以包括计算机的各个组成部分，如 CPU、RAM、ROM、I/O 等。它可简单地分为两类：

一类是传统的微控制器，即单片机，如 Intel 公司推出的 MCS-48、MCS-51、MCS-96 等。其特点是片内一般设有 RAM 和 ROM，并且外部可寻址程序存储器和数据存储器空间相对比较小，工作速度也较低，主要适合于时序控制和小系统闭环控制，如在游戏机、家用电器、电机控制、仪器仪表、计算机外设、过程控制等场合大量采用。

另一类是新型高级嵌入式处理器，如 Intel 公司生产的 16 位芯片 80186/80188 及 32 位芯片 80960、80376 等。其特点是一般片内无 RAM 和 ROM，而外部可寻址程序存储器和数据存储器则很大，并且有很高的速度和很强的浮点运算能力，主要适用于对大量数据的实时处理，因而在高级通信系统、工业上的复杂实时控制、高级机器人、局部网络、网络服务器等场合大量采用。

(3)执行器

执行器通常是指在自动控制系统中，接收控制器的控制信号，通过改变操纵变量，使生产过程按预定要求运行的装置。

执行器接收来自控制器的控制信号，这些信号可以是模拟信号或数字信号，具体取决于执行器的类型和控制系统的设计。根据控制信号，执行器可以对生产设备或生产线进行操作，如控制电机的转速、调节阀门的开度、驱动机械臂的运动等。此外，执行器的动作精度和响应速度将直接影响到智能制造系统的性能。

下面介绍几种在智能制造系统中常用的执行器：

① 电动执行器：自动控制系统中，执行器起具体控制作用，控制器运算的结果依靠执行器完成控制过程。电动执行器本身是个小闭环系统，它具有广泛含义，包括轧钢大电机、打印机驱动步进电机等，它也有检测和比较环节。

最简单的电动执行器是开关电磁阀，它利用电磁铁的吸合和释放对小口径阀门做通、断两种状态的控制。由于结构简单、价格低廉，常和两位式简易控制器组成简单的自动控制系统，在生产中有一定的应用。除电磁阀外，其他连续动作的电动执行器都是使用电动机作为动力元件，将控制器送来的信号转变为阀的开度。

电动执行器一般采用随动系统的控制方式，因为它的输入信号，即控制器的输出信号，对于执行机构来讲是未知的时间函数。图 7-6 是它的原理图。

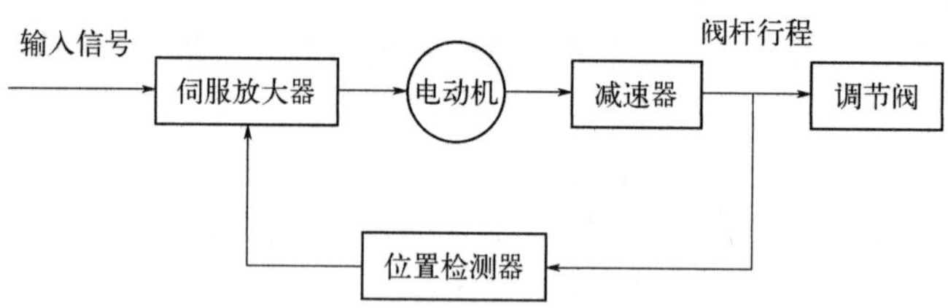

图 7-6 电动执行器的原理图

从控制器来的信号通过伺服放大器驱动电动机，经减速器带动调节阀，同时经位置检测器将阀杆行程（转角）反馈给伺服放大器，组成位置随动系统。依靠位置负反馈，保证输入信号准确地转换为阀杆的行程。

电动执行器中的减速器常在整个机构中占很大体积，这是因为电动机大都是高转速、小力矩输出，必须经过近千倍的减速才能推动各种调节机构。目前电动执行器中，常用的减速器有行星齿轮和蜗轮蜗杆两种。

② 液动执行器：液动执行器是一种以液体压力为动力源来驱动执行机构动作的装置。常见的液动执行器有液压缸、液压马达等。

a．液压缸：液压缸是将油液的压力能转为机械能，实现往复直线运动或摆动的能量转换装置。

液压缸按运动形式不同，可分为直线液压缸和摆动液压缸。其中，直线液压缸可以分为活塞缸和柱塞缸两类，直线液压缸输入为压力和流量，输出为推力和线速度；摆动液压缸输入为压力和流量，输出为扭矩和角速度，图 7-7 为一种摆动液压缸的外部结构。

b．液压马达：液压马达是输出连续回转运动的执行元件，它把输入的液压能转变为机械能输出。图 7-8 为一种液压马达的外形结构。

液压马达按其排量是否可以调节，可分为定量马达和变量马达。定量马达包括齿轮马达、双作用叶片马达、螺杆马达和某些径向柱塞马达；变量马达包括单作用叶片马达、轴向柱塞马达和某些径向柱塞马达。要注意，轴向柱塞马达中也有定量马达。按其输油方式，可分为单向液压马达和双向液压马达。按其结构类型，可分为齿轮马达、叶片马达和柱塞马达等。液压马达按其额定转速分为高速和低速两大类，高速马达的额定转速高于 500r/min，低速马达的额定转速低于 500r/min。

图 7-7　摆动液压缸

图 7-8　插装紧凑型定量液压马达

③ 气动执行器：气动执行器是将压缩空气的压力能转换为机械能的能量转换装置，包括气缸和气动马达。

a．气缸：气缸用于提供直线往复运动或摆动，输出力和直线速度或摆动角位移。与液压缸相比，它具有结构简单、制造成本低、污染小、便于维修、动作迅速等优点，但推力小，适用于负载较小的场合。如图 7-9 为某种类型气缸的外部结构图。

气缸种类很多，结构各异，分类方法也很多。按压缩空气对活塞端面作用力方向的不同，分为单作用气缸和双作用气缸。单作用气缸只有一个方向的运动是气压传动，活塞的复位靠弹簧力或自重和其他外力。而双作用气缸的往返运动全靠压缩空气来完成。按结构特点不同，可分为活塞式气缸、薄膜式气缸、柱塞式气缸和摆动式气缸等。按安装方式不同，可分为法兰式气缸、轴销式气缸、凸缘式气缸、耳座式气缸、嵌入式气缸和回转式气缸等。按功能不同，可分为普通气缸和特殊气缸。普通气缸包括单作用和双作用气缸，常用于无特殊要求的场合。而特殊气缸是根据不同的工作需要，在普通气缸的基础上进行设计开发的。

b．气动马达：气动马达用于提供连续回转运动，输出转矩和转速。气动马达是一种做连续旋转运动的气动执行元件，是一种把压缩空气的压力能转换成回转机械能的能量转换装置，其作用相当于电动机或液压马达，它输出转矩、驱动执行机构做旋转运动，在自动化机械设备上应用较为广泛。气动马达的结构形式多种多样，其中最常用的气动马达主要有叶片式、活塞式和齿轮式三种。图 7-10 为活塞式气动马达外部结构。

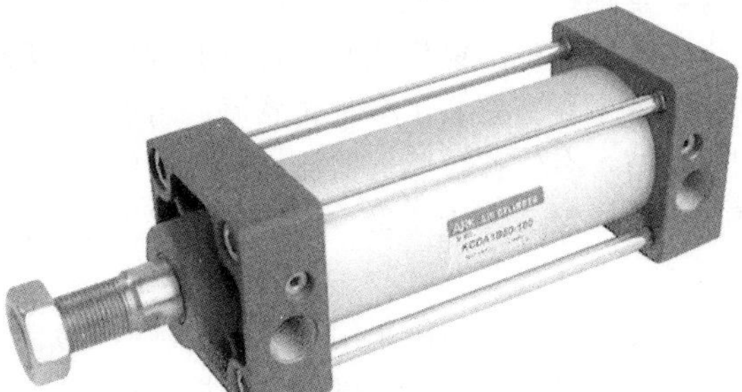

图 7-9　KCA1 系列气缸

图 7-10　活塞式气动马达

气动马达与液压马达或电动机相比，工作安全可靠；不受振动、高温、电磁、辐射等影响，适用于恶劣的工作环境，在易燃、易爆、潮湿、粉尘等不利条件下均能正常工作；可以实现无级调速，只要控制节流阀的开度，即可控制压缩空气的流量，从而达到调节马达转速的目的；具有过载保护作用，不会因过载发生故障，过载时，气动马达转速降低或停止，过载解除后即可重新正常运转；功率范围及转速范围较宽，功率小到几百瓦，大到几万瓦，转速为0～10000r/min；具有较高的起动扭矩，可直接带动负载起动，起停迅速，且可长时间满载运行，温升较小；具有结构简单、体积小、质量小、动力大、操作方便、维护检修较容易等优点。

④ 电磁执行器：基于电磁原理进行能量转换的执行器称为电磁执行器，它主要是将电能和机械能相互转换。能量转换发生在所谓的气隙中，该气隙将执行器的静止元件（定子或固定触点）和移动元件（转子或动触点）分开。支配电磁执行器的基本原理是法拉第电磁感应定律、洛伦兹电磁力定律和 Biot-Savart 定律。电磁执行器通过控制电磁线圈的通断来控制流体的流动方向和流量。电磁执行器在工业中的应用领域广泛，常见的包括自动化生产线、机床、汽车、航空航天等，可用于控制阀门、推动装置、机械手臂等的运动，实现自动化生产和精密控制。

（4）通信技术

工业以太网：提供高速、可靠的数据传输，实现设备之间的互联互通。工业以太网支持多种通信协议，如 Profinet、Ethernet/IP 等，可以满足智能制造系统中不同设备的通信需求。

现场总线：如 PROFIBUS、Modbus 等，是一种用于工业现场设备之间通信的专用网络。现场总线具有开放性、互操作性和分散控制等特点，能够提高系统的灵活性和可靠性。

无线通信技术：包括 Wi-Fi、蓝牙、ZigBee 等，适用于一些不便布线或需要移动设备的场合。无线通信技术可以实现设备的无线连接和数据传输，为智能制造系统带来更大的灵活性。

（5）控制算法

比例-积分-微分（PID）控制：是一种经典的控制算法，广泛应用于各种工业控制系统中。PID 控制通过对误差信号进行比例、积分和微分运算，调整控制量，使系统输出稳定在设定值附近。

模糊控制：基于模糊逻辑的控制算法，适用于处理复杂的非线性系统。模糊控制不需要精确的数学模型，而是通过模糊规则和模糊推理来实现对系统的控制。

神经网络控制：利用人工神经网络的学习和自适应能力，对复杂系统进行控制。神经网络控制可以通过训练学习系统的输入/输出关系，实现对系统的智能控制。

（6）举例：中冶钢构智能生产线

该生产线占地 5400m^2，建设周期 12 个月，是钢构行业内领先的智能型钢生产线，涵盖了型钢生产的全自动化流程及小件全自动化加工，能满足中冶钢构 85% 以上的产品生产需求。

传感器方面：在生产过程中，型钢生产线的各个环节安装了多种传感器，用于实时采集生产设备的运行状态、加工参数等数据。在切割环节，有位移传感器监测切割头的位置，确保切割精度；在焊接环节，有温度传感器监测焊接温度，保证焊接质量。这些传感器为系统提供了精确的感知数据，以便进行后续的分析和控制。

控制器方面：生产线由中控系统进行全自动控制。中控系统采用了多种控制器，如可编程逻辑控制器（PLC）。PLC 可用于对生产线上各个设备的逻辑控制，确保设备按照预定的顺序和工艺要求运行。例如，控制智能程控行车的运动、钢板打磨工作站的打磨动作、H 型钢组装焊接及矫正工作站的协同工作等。同时，工业计算机（IPC）也被应用于对整个生产线的集中监控和管理，实时显示生产状态，接收并处理来自各个传感器的数据，并根据预设的控制算法生成控制指令，发送给执行器。

执行器方面：生产线中的执行器众多，智能程控行车是重要的执行器之一，它根据中控系统的指令，精确地完成钢板、型钢等物料的搬运和定位工作。在钢板大件全自动打磨工作站、H 型钢组装/焊接及矫正为一体的高效执行工作站中，也有各种电动、气动或液动执行器，如电机驱动的打磨装置、液压驱动的焊接头移动装置、气动的夹具等，它们分别负责完成打磨、焊接、矫正等具体的生产操作，实现对产品的加工和成型。

通信技术方面：生产线通过工业以太网实现设备之间的互联互通。TEKLA 模型驱动智能制造管理系统、MES、中控系统以及各个智能装备之间，采用 Profinet 等通信协议进行数据传输，确保生产计划、加工信息等能够在不同系统和设备之间快速、准确地传递，实现协同工作。

控制算法方面：在生产过程中，运用了多种控制算法。在型钢的尺寸控制、焊接质量控制等方面，采用了比例-积分-微分（PID）控制算法，通过对实际生产数据与预设值的误差进行计算和调整，使生产过程稳定在设定的精度范围内。对于一些复杂的生产工艺，根据不同的型钢规格和材质调整焊接参数、打磨力度等，运用模糊控制或神经网络控制算法，适应不同的生产条件，提高产品质量和生产效率。

7.2 工业电气控制原理

7.2.1 电气控制系统

（1）电气控制系统的定义

电气控制系统是用于管理、调节电气设备及操作的综合系统，通过各类电气元件，如继电器、接触器、开关、控制器、执行机构，实现对电机与其他电力设备的精确控制。系统设计旨在优化设备的运行效率，保证生产过程的安全与可靠性，从而实现能源的有效利用。在智能制造环境中，电气控制系统不仅是简单的开关控制，而且融合了先进的信息化、自动化技术，如可编程逻辑控制器（PLC）、工业以太网、现场总线等。这些技术整合使电气控制系统能实现更高级的数据收集、处理、反馈功能，支持远程监控、故障诊断，提高生产过程的自动化程度与智能化水平。电气控制系统在智能制造车间中的应用，不仅可增强系统的操作灵活性与响应速度，也能提升生产效率与维护便捷性，是实现智能化生产的关键技术。

（2）传统车间电气控制系统

传统车间电气控制系统（传统系统）主要基于硬线逻辑和简单的自动化设备，如继电器、定时器、接触器，通过物理线路和硬件配置直接控制机械设备的启动、停止、运行。该控制方式在早期工业生产中广泛应用，因结构简单、稳定可靠而受到认可，但通常缺乏灵活性与可扩展性，难以适应快速变化的生产需求。传统系统修改、升级涉及复杂的线路重构与物理设备的更换，不仅耗时耗力，还增加了生产停滞风险。传统系统信息化程度低，难以实现数据的实时采集与分析，限制着生产过程中的决策制定。随着市场对生产灵活性、效率要求的提升，传统系统逐渐显露出局限性，推动着系统向更高级的自动化与信息化技术转型，为智能制造车间中现代电气控制系统的发展奠定了基础。

（3）智能制造电气控制系统

智能制造对电气控制系统提出了更高技术要求，强调系统必须具备高度的自动化、灵活性、互联性、智能化。首先，系统要能够通过集成先进的传感技术与执行机构，实现对生产过程的精准控制与实时监测。电气控制系统应支持模块化、可配置的设计，便于根据生产需求快速调整与扩展。互联性也是智能制造中不可或缺的一环，电气控制系统能无缝集成到工业互联网平台，实现数据的即时交换共享，支持远程监控与管理。智能化是智能制造的核心，电气控制系统需融合人工智能、机器学习技术，通过自学习、优化算法不断提升操作效率与自动化水平。最终，电气控制系统应当具备自我诊断与自我修复的能力，减少人工干预，提高系统的可靠性、维护效率。通过高级功能的实现，智能制造的电气控制系统能适应未来工业环境中复杂且多变的生产任务，驱动生产效率的持续提升。

7.2.2 电气控制基础

（1）电气控制系统图的定义

为了表达生产机械电气控制系统的结构和原理，便于电气控制系统的安装、调试、使用和维修，将组成电气控制系统的各种元器件和连接关系用一定的图形表示出来，这就是电气控制系统图。图中用国家电气制图标准规定的图形符号、文字符号以及规定的画法，用工程图的形式来表示电气控制系统中的电气元件及其连接关系。

（2）常用电气设备的图形符号和文字符号

电气控制系统图是电气工程技术的通用语言，图中各种电气元件的图形符号和文字符号必须符合统一的国家标准。为了便于与国际的交流与沟通，国家标准化管理委员会参照国际电工委员会（IEC）和国际标准化组织（ISO）所颁布的标准，制定了我国电气设备符号的有关标准——GB/T 4728《电气简图用图形符号》和 GB/T 5465《电气设备用图形符号》。

（3）电气控制系统图分类

电气控制系统图一般有 3 种类型：电气原理图、电气元件布置图和电气安装接线图。

① 电气原理图。用规定的图形符号和文字符号，按主电路和辅助电路相互分开并依据各电气元件动作顺序等原则所绘制的线路图，称为电气原理图。它包括所有电气元件的导电部件和接线端点，表示电路中各个电气元件的连接关系和电气工作原理，它并不反映电气元件的实际大小和安装位置。它结构简单、层次分明，是电气控制系统的设计核心。图 7-11 是按钮、接触器互锁的电动机正反转控制电气原理图。

② 电气元件布置图。电气元件布置图用来表明电气设备或系统中所有电气元件的实际位置，为制造、装配、维修提供必要的档案资料。电气元件布置图可按电气设备或系统的复杂程度集中绘制或单独绘制，元器件轮廓用细实线或点画线表示。如有需要，也可以用粗实线绘制简单的外形轮廓。

③ 电气安装接线图。电气安装接线图是基于电气设备和电气元件的实际安装位置和布局绘制的。它主要关注电气设备和电气元件的位置信息、配线方式以及具体的接线方法，而不直接展示电路的工作原理。电气安装接线图在电气设备的安装、线路的检修以及故障排查中起着至关重要的指导作用。如图 7-12 所示为点动及长动控制线路图。

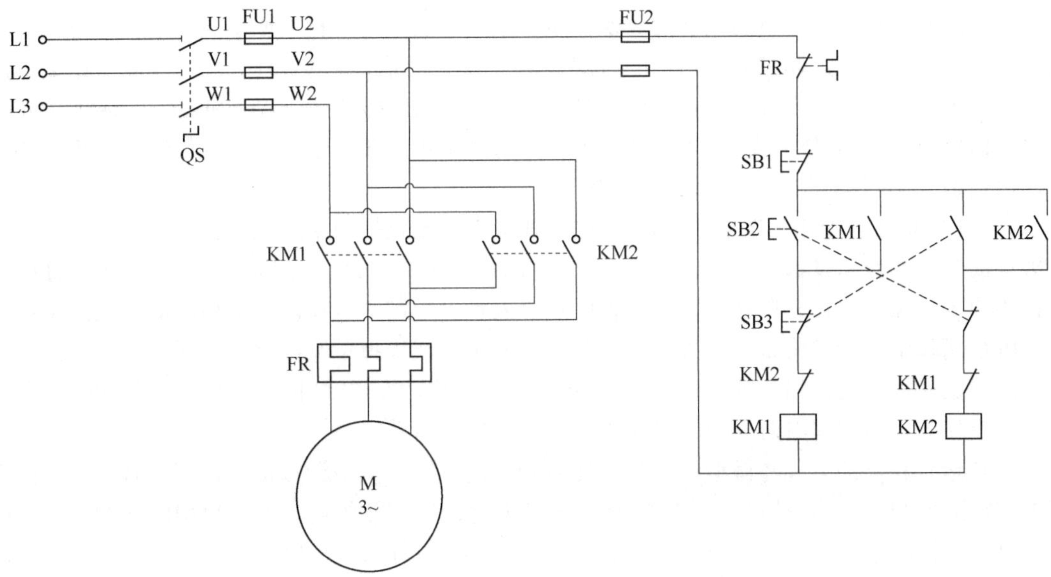

图 7-11　按钮、接触器互锁的电动机正反转控制电气原理图

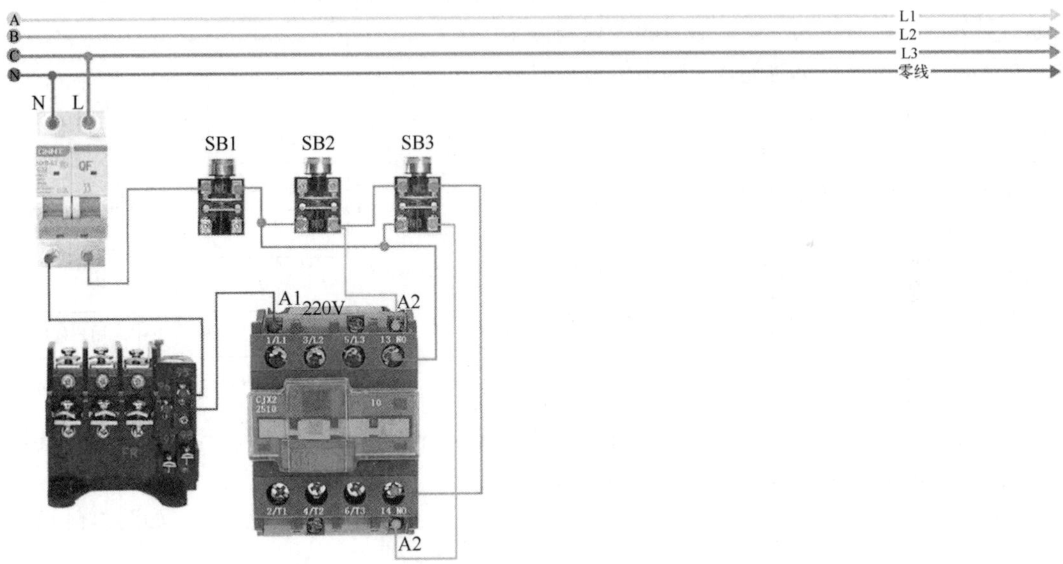

图 7-12　点动及长动控制线路图

7.2.3　电气控制的核心控制单元

电气控制的核心控制单元是电气控制系统的关键组成部分，它负责接收来自系统中各种传感器、开关等输入设备的信号，按照预先设定的控制策略和逻辑规则进行处理和运算，输出相应的控制信号，驱动接触器、继电器、电机驱动器等执行元件，实现对电气设备或生产过程的精确控制。

电气控制常见的核心控制单元包括可编程逻辑控制器（PLC）、单片机、工业计算机等，下面主要介绍可编程逻辑控制器（PLC）。

（1）PLC 的基本概念和工作原理

① PLC 的定义及组成。可编程逻辑控制器（Programmable Logic Controller，简称“PLC”）

是一种专用于工业生产环境的数字运算操作电子系统，它采用一种类似于电脑的操作方式，以指令语句为程序依据，通过循环扫描的方式对输入量进行逻辑运算处理，然后将处理结果输出到被控对象，实现对生产过程的自动化控制。PLC 主要由中央处理器（CPU）、存储器、输入/输出（I/O）接口等部分组成。CPU 负责执行控制程序和处理指令，存储器存储用户程序和数据，I/O 接口与被控对象连接以实现信号传输。

② PLC 的工作原理。PLC 控制系统的工作原理主要包括四个步骤：首先，经由输入接口将现场的工艺参数和设备状态以开关量或模拟量的形式输入 PLC 控制系统；其次，PLC 的 CPU 根据用户预先编写并存储在存储器中的程序对输入量进行逻辑运算，产生相应的输出结果；然后，PLC 通过输出接口将输出结果转化为相应的开关量或模拟量输出到控制对象；最后，现场的控制对象（如电机、阀门等）按 PLC 的控制指令工作，在 PLC 的自动化控制下实现预期的工艺生产任务。该过程周而复始，形成一个反馈闭环控制系统。

PLC 运行程序的方式与微型计算机相比有较大的不同：微型计算机运行程序时，一旦执行到 END 指令，程序运行结束；而 PLC 从 0 号存储地址所存放的第一条用户程序开始，在无中断或跳转的情况下，按存储地址号递增的方向顺序逐条执行用户程序，直到 END 指令结束，然后再从头开始执行，并周而复始地重复，直到停机或从运行（RUN）切换到停止（STOP）工作状态。把 PLC 这种执行程序的方式称为扫描工作方式，每扫描完一次程序就构成一个扫描周期。另外，PLC 对输入、输出信号的处理与微型计算机不同。微型计算机对输入、输出信号实时处理，而 PLC 对输入、输出信号采用集中批处理。其信号处理示意如图 7-13 所示。

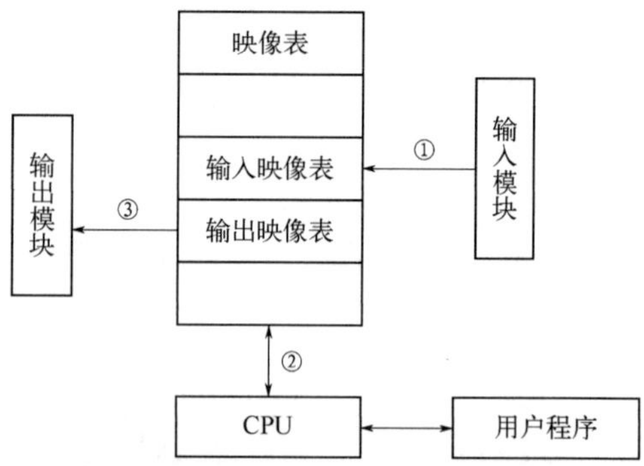

图 7-13 PLC 信号处理示意图

图中①为输入采样（把外部输入读入输入映像表）；②为程序执行（基于映像表运算，更新输出映像表）；③为输出刷新（把输出映像表数据送到外部）。这三个步骤构成 PLC 的一次循环扫描，持续重复以实现信号处理与控制。

③ PLC 编程语言。PLC 编程语言是完成 PLC 控制程序编写的专用语言，主要有梯形图（Ladder Diagram, LAD）、指令列表（Instruction List）、功能块图（Function Block Diagram, FBD）等几种标准语言。

在梯形图中常用的图形符号有：常开触点、常闭触点、线圈和盒子或功能块，如图 7-14 所示。

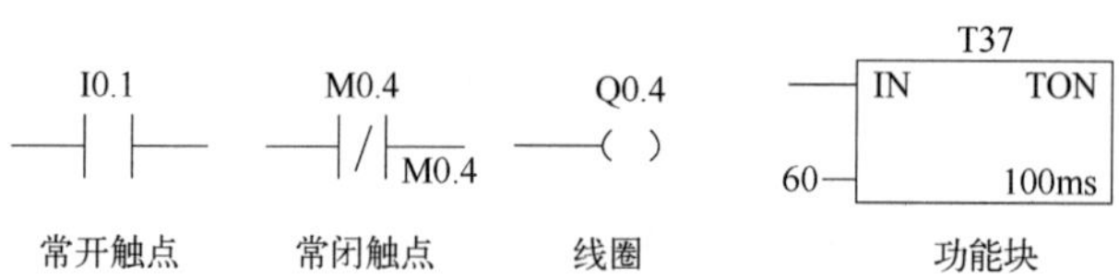

图 7-14 梯形图中常用的图形符号

（2）PLC 技术

① PLC 技术类型。PLC 技术主要有 FCS（总线控制系统）、DCS 等技术类型，具体的技术内容如下。

a. FCS 技术。FCS 技术属于现场总线型控制系统，主要起到连接作用，将现场智能设备和自动设备进行连接，实现数据和信息双向传输，形成完善通信网卡，生成总线式数据通信系统。同时，FCS 技术在使用期间，利用最底层控制网、各个控制节点等，在现场进行组网，并且以分布式控制结构为基础，对机械电气控制装置进行严格控制。

b. DCS技术。DCS也叫作集散型（分布式）控制系统，实现信息高度集中模式，并且对整个生产过程进行全面优化和调度，确保稳定生产。同时，DCS技术包含控制技术、通信技术，以及计算机技术等方面，并且与现场控制站、监测站等进行连接，从而实现分散控制模式。另外，DCS技术将控制与显示部分进行连接，对各个方面进行分散控制，对生产情况和数据进行集中显示和管理。

② PLC技术优势。PLC技术与传统控制技术有着很大不同，具有可编程性强、故障诊断便捷、稳定性强、适应性强等优势。下面针对这几点优势，展开了分析和阐述。

a. 可编程性强。PLC技术以编程程序为主，根据机械电气控制装置运行状态，输出控制信号，控制整个装置运动状态。由此来说，PLC技术具有可编程性强的优势，结合实际情况、要求等进行编程，完成控制工作，这样也体现出PLC技术灵活性较高的优势。

b. 故障诊断便捷。PLC技术还具有故障诊断便捷的优势，在机械电气控制装置中，可以时刻记录设备运行状态，根据运行状态分析故障信息。一旦发生故障，可以及时进行故障诊断，查找故障原因和位置，有针对性地进行维护。

c. 稳定性强。PLC技术通过利用数字电路，实现机械装置控制功能，所以稳定性和可靠性较强。

d. 适应性强。PLC技术具有较强适应性，可以适用于各种生产环境，例如，温度较高、湿度较高、干扰性较强等环境，确保良好的控制效果。

（3）PLC的应用

① PLC在热变形控制中的应用。在数控机床热变形控制中，PLC技术应用主要集中在实时监测、精确控制和动态调整润滑系统，以有效管理和减少热变形对加工精度的影响。数控机床在高速运转和长时间工作过程中会产生大量热量，如若不及时散发，会导致机床各部件发生热膨胀，进而影响加工精度。PLC技术通过智能化控制手段，实现对热变形的有效管理。

首先，PLC技术通过传感器实时监测机床温度变化，特别是主轴、导轨和加工区域温度。温度传感器将采集到的数据传输给PLC，PLC根据预设控制逻辑和阈值进行判断和处理。当温度超过设定安全范围时，PLC会自动启动冷却系统或调整润滑系统工作状态，以降低温度。

其次，PLC技术在润滑系统应用中，通过编程实现润滑油精确控制。PLC可以设定润滑电动机启动和停止时间，并根据实际工作情况动态调整润滑频率和润滑量。例如，通过编程使润滑电动机每隔一定时间运行15s，然后停止25min后再次启动。通过以上间歇性润滑方式，既能确保润滑油充分利用，又能避免润滑油过多导致油温升高问题，进而控制机床温度。

PLC还可根据加工任务不同调整润滑策略，在高负荷或连续加工任务时，PLC增加润滑频率和量，以迅速带走因高速切削产生的热量；在低负荷或间歇加工时，减少润滑频率和量，避免不必要油耗和温升。借助多点温度传感器的布置，在机床关键部位，如主轴和导轨，实时监测温度，并根据各点温度变化情况，进行分区域润滑和冷却控制。以上控制方式，使得每个部件都能得到最佳温度管理，有效防止局部过热导致热变形。

② PLC在分散控制中的应用。PLC技术在分散控制系统中的具体应用涵盖多个方面，包括数据采集与处理、控制逻辑实现、系统通信、扩展能力以及抗干扰和可靠性保障。

在数据采集与处理方面，PLC通过连接各种类型传感器，如温度传感器、压力传感器和流量计，实时采集生产现场关键参数。高速I/O模块与PLC连接，数据以毫秒级速度传输到PLC处理器。PLC内部处理器具备强大计算能力，能快速处理数据，基于内置滤波和校正算法，传递精准度高的稳定数据。

控制逻辑实现是PLC系统核心环节，设计环节已根据生产工艺具体要求给出详细控制策略和流程图。借助PLC编程软件，将逻辑流程图转化为PLC可执行程序代码。经程序调试，依据模拟信号或实际数据验证程序准确性和稳定性，确保能够满足生产需求。

在系统通信方面，PLC利用标准工业通信协议（如Modbus、PROFIBUS和Ethernet/IP）实现与上位机、其他PLC以及远程控制终端无缝连接。上位机通常通过SCADA系统进行实时监控和管理，获取各子系统运行状态和生产数据。PLC与上位机之间双向通信，上传数据，进而远程控制并调整参数，提高系统灵活性和管理效率。实际应用中，PLC可将采集到的实时数据发送到上位机，供操作人员监控，同时接收上位机下达的控制命令，调整生产参数。

PLC系统扩展能力是其在分散控制系统中广泛应用的重要原因之一：通过增加I/O模块，PLC系统将控制范围拓展，以适应不同规模和复杂度的控制需求。实际应用中，PLC通过扩展模块连接多个远程I/O站点，每个站点负责采集和控制一个特定生产区域。I/O站点以现场总线为介质与PLC主站连接，形成控制网络系统。主站集中处理各站点数据和控制指令，保证整个系统协调运行。

PLC技术在分散控制中的应用体现出强大的抗干扰能力和可靠性，例如：在电源管理方面，PLC技术应用于隔离变压器和电源滤波器中，解决了外界电磁干扰影响系统正常运行的切实问题，并在信号传输过程中，采用屏蔽电缆和接地保护措施，进一步提高机电系统的抗干扰能力。由于PLC程序包含冗余和故障处理机制，如关键控制环节设置双PLC冗余配置，当主PLC发生故障时，备用PLC能够自动接管控制任务，确保系统连续运行。

PLC技术在分散控制系统中应用，通过高效数据采集与处理、精确控制逻辑实现、灵活系统通信和扩展能力，以及强大抗干扰和可靠性保障，显著提高工业控制系统自动化水平和运行效率，确保生产过程高效、安全和稳定。

③ PLC在集成控制中的应用。在大型机械电气控制装置中，PLC技术通过其强大处理能力和灵活的编程方式，实现高效的集成控制。集成控制的核心在于将多个独立的子系统通过PLC技术进行统一的协调、控制和管理，从而形成一个整体、高效的控制系统。

7.2.4 现场总线与通信协议

（1）常见的现场总线类型

按照IEC（国际电工委员会）对现场总线一词的定义，现场总线是一种应用于生产现场，并在现场设备之间、现场设备与控制装置之间实行双向、串行、多节点数字通信的技术。现场总线作为工业数据通信网络的基础，建立了生产过程现场级控制设备之间及其与更高控制管理层之间的联系。它不仅是一个基层网络，还是一种开放式、新型全分布式控制系统。这项以智能传感、控制、计算机、数据通信为主要内容的综合技术，因受到世界范围的关注而成为自动化技术发展的热点，并将引导自动化系统结构与设备的深刻变革。

数字技术的发展完全不同于模拟技术，数字技术标准的制定往往早于产品的开发标准。国际电工委员会（IEC）和国际标准协会（ISA）自1984年起着手现场总线标准的制定工作，但统一的标准至今仍未完成。IEC/TC 65（负责工业测量和控制的第65标准化技术委员会）于1999年底通过的现场总线标准是IEC 61158最早的国际标准。现场总线在IEC 61158中采用了8种协议类型以及其他一些现场总线。每种现场总线都有其产生的背景和应用领域。现场总线是为了满足自动化发展的需求而产生的，由于不同领域的自动化需求各有其特点，因此在某个领域中产生的现场总线技术一般对这一特定领域的满足度高一些，应用多一些，适用性好一些。随着时间的推移，占有市场 80%左右的现场总线有六七种，而且其应用领域比较明确，如 FF、PROFIBUS-PA 适用于冶金、石油、化工、医药等流程行业的过程控制，PROFIBUS-DP、DeviceNet 适用于加工制造业，LonWorks、PROFIBUS-FMS、DeviceNet 适用于楼宇、交通运输、农业。但这种划分又不是绝对的，相互之间又有渗透。图 7-15 为 PROFIBUS 现场总线。

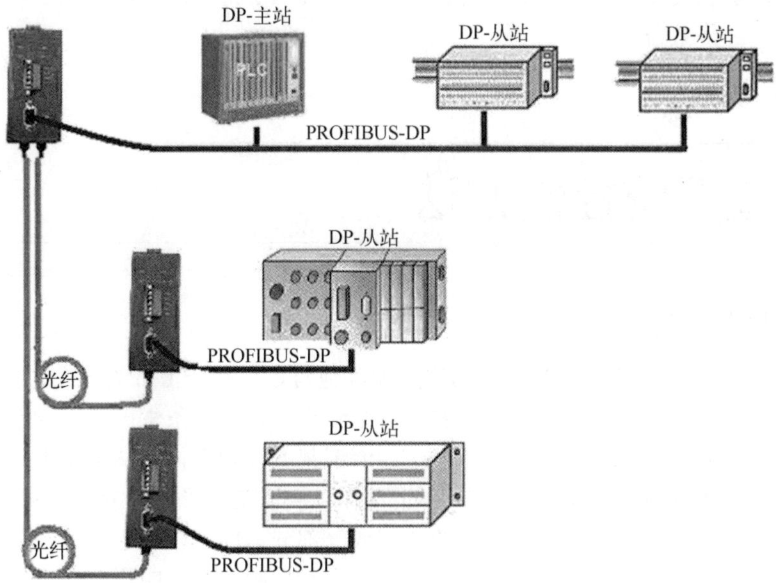

图 7-15　PROFIBUS 现场总线

（2）通信协议

通信协议是规定设备之间数据传输格式和规则的标准，它的作用是确保不同设备之间能够正确地进行数据交换和通信。在选择通信协议时，需要考虑设备的兼容性、通信速度、可靠性等因素。例如，对于实时性要求高的应用场景，可以选择 Profinet 通信协议。

在汽车制造工厂的生产线上，有众多的自动化设备协同工作，包括机器人、输送线、焊接设备、检测仪器等。这些设备需要实时、准确地进行数据交互和协同工作，确保生产过程的高效、稳定和产品质量的一致性，对通信的实时性、可靠性要求极高。Profinet 通信协议因其具有高速的数据传输能力、精确的时钟同步机制和强大的实时性保障，被选为该生产线的通信协议。它能够满足大量设备之间频繁、快速的数据交换需求，确保各个设备的动作协调一致，实现高效的生产流程。

通过 Profinet 网络，机器人可以实时接收来自控制器的指令，精确地完成焊接、装配等操作；输送线能够根据生产节奏自动调整速度，确保零部件在各个工位之间的准确传递；检测仪器可以将检测数据及时上传至中央控制系统，以便对产品质量进行实时监控和分析。例如，在车身焊接环节，多个焊接机器人通过 Profinet 网络与 PLC 相连，PLC 根据预先编写的程序向机器人发送动作指令，机器人按照指令精确地完成焊接任务，同时将自身的工作状态和故障信息反馈给 PLC，实现了设备之间的双向、实时通信。

借助 Profinet 协议，工程师可以在中央控制室通过监控系统远程获取生产线上各设备的运行状态、故障信息等数据。一旦出现设备故障，系统能够迅速定位故障位置，并及时发出警报。工程师可以根据这些信息快速进行故障诊断和修复，减少停机时间，提高生产效率。例如，当某台机器人出现故障时，其故障代码会通过 Profinet 网络立即传输到中央控制系统，工程师可以远程查看故障详细信息，提前准备维修工具和备件，可以通过远程控制功能对机器人进行一些简单的调试和修复操作。

采用 Profinet 通信协议后，汽车制造生产线的自动化程度和生产效率得到了显著提高，设备之间的通信更加稳定、可靠，数据传输延迟大幅降低，生产过程中的错误明显减少。远程监控和故障诊断功能也使得设备维护更加便捷、高效，降低了维护成本和缩短了停机时间，为企业带来了可观的经济效益。

7.3 智能制造系统控制方法

7.3.1 反馈控制

在控制系统中，“控制”是指某一行为主体使其他对象按照一定目的（给定的运动规律）来动作。所谓其他对象，可以是一台生产机械、一个生产过程（一条生产线）乃至一个大型生产系统（车间或工厂），一般统称为“受控对象”。所谓某一行为主体，从根本上说是指人，或是代替人的机构，一般统称为“控制机构”。所谓动作，一般是指受控对象运动状态的变化。

在控制系统中，把受控对象的输出量的全部或一部分送回到控制机构的输入端与给定的输入量（目标值）进行比较，利用比较后产生的误差进行控制的方法叫作反馈控制。

图 7-16 所示为典型反馈控制系统的组成。一个系统主反馈回路（或通道）只有一个，而局部反馈可能有几个（图中画出一个）。各种功能不同的元件从整体上构成一个系统来完成一定的任务。

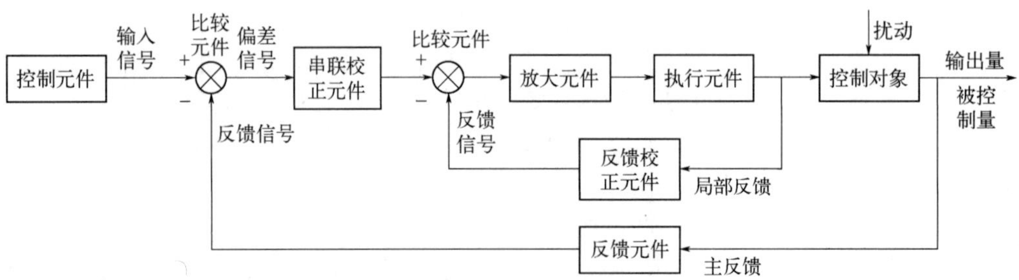

图 7-16 典型反馈控制系统的组成

图 7-16 中各组成部分的作用如下。

① 控制元件：用于产生系统的给定信号或输入信号。

② 反馈元件：检测被控制量或系统输出量，并产生反馈信号。反馈元件一般用检测元件，若在主反馈通道中不设反馈元件，即主反馈信号为输出信号时，称为单位反馈。

③ 比较元件：用来比较输入与反馈信号，并得出二者的偏差信号。

④ 放大元件：把弱的信号放大以推动执行元件动作。放大元件有电气类、机械类、液压类及气动类等。

⑤ 执行元件：根据输入信号的要求直接对控制对象进行操作，例如液压缸、液压马达及电动机等。

⑥ 控制（受控）对象：控制系统所要操纵的对象，它的输出量即为系统的被控制量，例如发动机、恒温炉等。

⑦ 校正元件：作用是改善系统的控制性能。

以上介绍了典型反馈控制系统的基本组成，系统各组成部分之间通过信号或变量相联系。这些信号主要有以下类别。

① 输入信号（输入量、控制量、给定量）：广义上指输入系统中的各种信号，包括对输出控制有害的扰动信号。

② 输出信号（输出量、被控制量、被调节量）：输出是输入的结果。输出信号的变化规律应与输入信号之间保持确定的关系。

③ 反馈信号：输出信号经反馈元件变换后加到输入端的信号称反馈信号。若反馈信号的符号与输入信号相同，称为正反馈；反之，称为负反馈。主反馈一般是负反馈，否则偏差越来越大，系统将会失控。系统中的局部反馈，主要用来对系统进行校正等，以满足某些控制性能的要求。

④ 偏差信号：输入信号与主反馈信号之差。

⑤ 误差信号：输出量实际值与希望值之差。希望值通常是系统的输入量。

⑥ 扰动信号：偶然的无法加以人为控制的信号，称为扰动信号或干扰信号。根据产生的部位不同，分为内扰与外扰。扰动也是一种输入量，一般对系统的输出量将产生不利的影响。

在智能制造系统中，反馈控制通常通过传感器实时监测系统的输出，如产品质量、生产进度、设备状态等，并将这些信息反馈给控制器。控制器根据反馈信息与期望输出之间的偏差，计算出控制信号，调整系统的输入，如生产参数、设备操作等，以减小偏差，使系统的输出逐渐接近期望输出。

例如，在自动化生产线上，通过安装传感器实时监测产品的尺寸、形状、表面质量等参数，并将这些参数反馈给控制器。控制器根据反馈信息与预设的产品质量标准之间的偏差，调整生产设备的加工参数，如刀具进给速度、切削深度、加工温度等，以保证产品质量的稳定性。

7.3.2 补偿控制

生产过程工艺的发展及技术的进步，对自动控制系统提出了更高的要求。虽然以反馈控制为基础的各种控制方法、技术能够满足大多数被控（受控）对象的要求，但当被控对象的特性表现出大滞后、干扰频繁时，在控制系统的设计中，采用常规的反馈控制系统有时很难获得良好的控制质量。这是因为反馈控制系统的调节依据于控制偏差，当系统存在干扰时，需要经过一段时间才能表现在被控制量的波动上，此时反馈控制系统的作用已经表现出滞后性，从而导致控制不及时，使得衡量控制效果的性能指标不太理想。但是，若能依据被控对象的特性求出满足性能指标的控制律，即寻求一种不同于反馈控制系统的设计方法，就可以避免大滞后或干扰频繁所带来的控制效果不理想的问题。本节讨论的方法就是在控制系统中增加“补偿控制器”，这种补偿控制装置可以改变控制器的响应，从而有可能使得整个控制系统获得期望的性能指标。补偿控制主要有前馈补偿、反馈补偿、串联补偿。

（1）前馈补偿

① 按控制量补偿（图 7-17）：将控制输入量 $R(s)$经过 $G_c(s)$处理后，直接向前传递，并与主控制器的输出进行叠加。控制信号直接作用到被控对象，构成开环控制的补偿。

② 按扰动量补偿（图 7-18）：将系统的扰动输入量 $D(s)$经过 $G_c(s)$处理后向前传递，与主控制器的输出进行叠加。增加扰动信号的前向通道，利用双通道原理来补偿干扰。

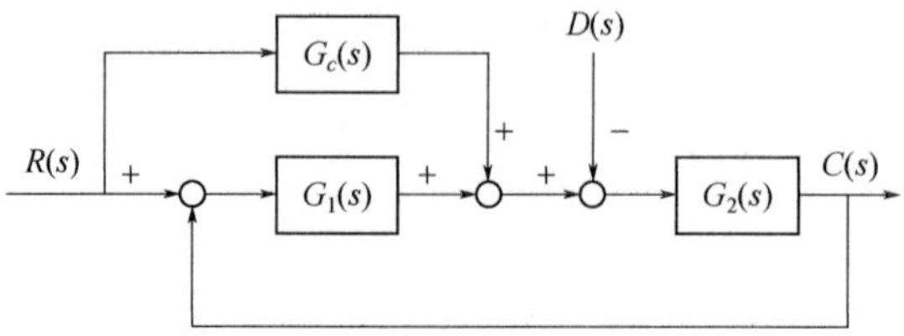

图 7-17　按控制量补偿

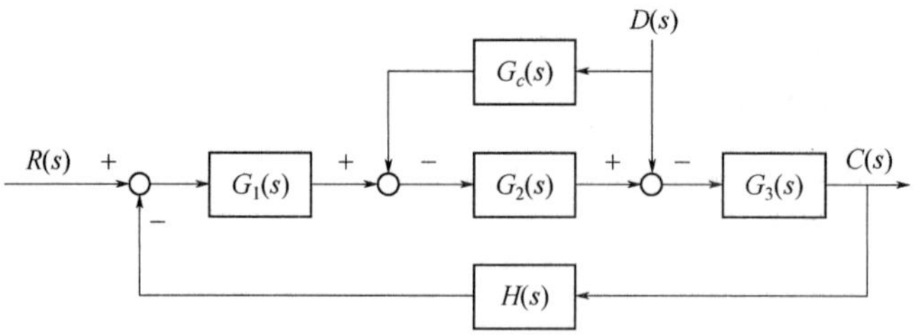

图 7-18　按扰动量补偿

（2）反馈补偿（图 7-19）

即反馈校正，在主控制器反馈回路中增加一个控制器。

（3）串联补偿（图 7-20）

即串联校正，将补偿器与主控制器串联起来。

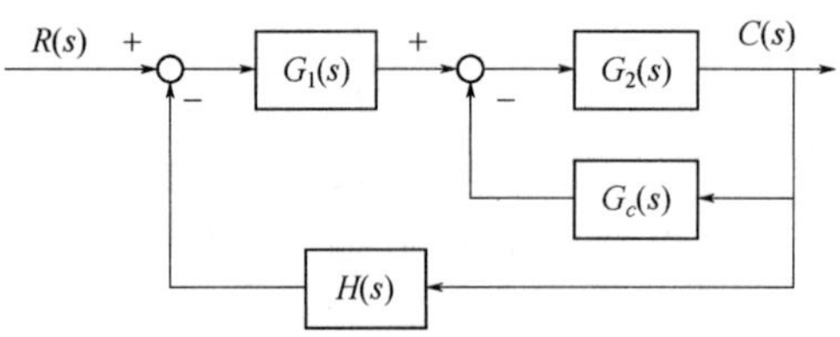

图 7-19　反馈补偿

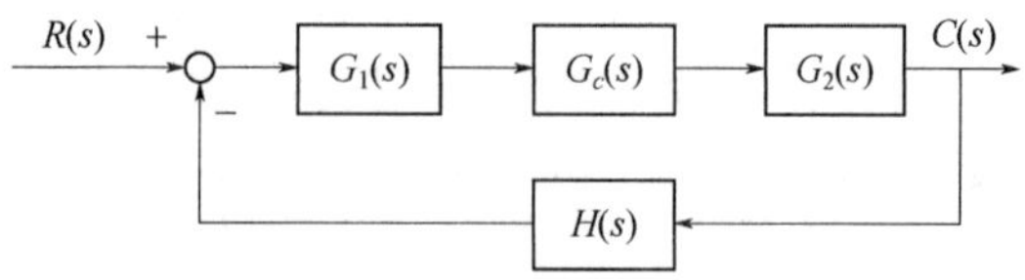

图 7-20　串联补偿

被控对象往往伴有大量的干扰因素，有的表现频繁而强烈，这就给控制系统的设计提出了新的要求。为了适应控制系统中存在的这些干扰，在控制理论中提出了不变性原理并得到了充分的应用与发展。不变性原理就是指控制系统的被控变量（被控制量）与干扰量（扰动量）的变化无关，可以是绝对无关，也可以是基本无关，干扰量的存在并不会改变被控变量的控制效果。基于这种不变性原理构成的控制系统称为前馈控制系统，它可以实现控制系统对全部干扰或者部分干扰的不变性，实质上这是一种按扰动进行补偿的开环控制方式，可以消除或降低干扰对被控对象的不利影响。如果被控对象存在着大滞后特性，也可以采用补偿控制的原理进行系统设计，首先对被控对象的动态特性进行测试，然后在此基础上设计一个补偿器，从而克服大滞后特性对控制系统的影响，以满足更高的控制要求。按前述基本原理与方法进行设计的系统就是补偿控制系统。

7.3.3 自适应控制

自适应控制系统是能自动适时地调节系统本身控制规律的参数，以适应外界环境变化、系统本身参数变化、外界干扰等的影响，使整个系统能按某一性能指标运行在最佳状态的系统。自适应控制系统主要含有两个关键点：一是参数可调；二是有可以调节参数的机制。

自适应控制的基本思想是：在控制系统的运行过程中，系统本身不断地测量被控系统的状态、性能和参数，从而“认识”或“掌握”系统当前的运行指标并与期望的指标相比较，进而作出决策，来改变控制器的结构、参数，或根据自适应规律来改变控制作用，以保证系统运行在某种意义下的最优或次优状态。

实际上，从控制理论的发展来说，反馈控制、补偿控制、最优控制以及鲁棒控制等，都是为了克服或降低系统受外来干扰或内部参数变化所带来的控制品质恶化的影响。这些在一定范围或某个侧面上亦能克服或抑制某些不确定性变化或干扰的传统控制方法，与自适应控制的区别在于：

自适应控制是主动去适应这些系统或环境的变化；而其他控制方法是被动地、以不变应万变地靠系统本身设计时所考虑的稳定裕量或鲁棒性，克服或降低这些变化所带来的对系统稳定性和性能指标的影响。好的自适应控制方法能在一定程度上适应被控系统的参数的大范围变化，使控制系统不仅能稳定运行，而且能保持某种意义下的最优或接近最优；而其他控制方法只能适应小范围的变化或扰动，在一定范围保持系统稳定，伴随而来的是系统性能指标的降低。

自适应控制也是一种基于模型的方法，与基于完全模型的控制方法相比，它所依赖的关于模型和扰动的先验知识比较少，自适应控制策略可以在运行过程中不断提取有关模型的信息，自动地使模型逐渐完善。

自适应控制系统的基本组成如图 7-21 所示。

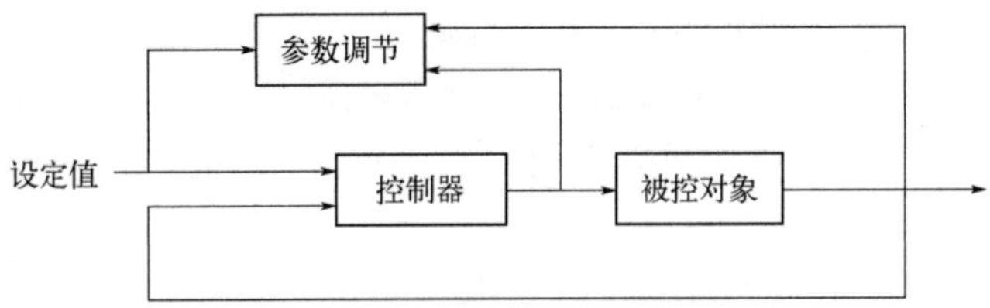

图 7-21　自适应控制系统的基本组成

从图 7-21 中可以看出，设定值输入控制器中，控制器输出控制信号给被控对象，根据被控对象的输入/输出进行分析，对控制器参数进行调整。在图 7-21 中给出了自适应控制的两个回路：一个回路是原有的一般反馈系统的回路，另一个是自适应控制系统独有的控制器参数调节回路。与传统的控制方法相比，自适应控制方法最显著的特点是不但能控制一个已知系统，而且还能控制一个完全未知或部分未知的系统。传统的控制方法，例如 PID 控制、反馈控制、最优控制等，其控制对象只能是一个已知系统，即参数已知、状态已知，它的控制策略、控制规律往往是建立在已知系统的基础之上的。而自适应控制的控制策略、控制规律是建立在未知系统的基础之上的，它不但能抑制外界干扰、环境变化、系统本身参数变化的影响，在某种程度上，还能有效消除模型化误差等的影响。自适应控制的目的是通过设计一个自适应控制器，使被控对象的输出满足其动态性能的要求或使某个目标函数最小。从这个意义上讲，自适应控制范围更加广泛，控制程度更加深入，更有实际应用价值。一个理想的自适应控制系统应该具有下列能力：

① 有适应环境变化和系统要求的能力。

② 有学习的能力。

③ 在变化的环境中能逐渐形成所需的控制策略。

④ 在内部参数失效时有自行恢复的能力。

⑤ 应具有良好的鲁棒性，从而使控制系统的性能对环境变化、过程参数变化和建模误差等不敏感。

例如，在机器人控制系统中，通过安装传感器实时监测机器人的位置、速度、加速度等参数，并将这些参数反馈给控制器。控制器根据反馈信息和预设的控制目标，自动调整控制算法的参数，如比例系数、积分时间、微分时间等，以提高机器人的运动精度和稳定性。

7.3.4 智能控制

智能控制是一种利用人工智能技术实现的控制方法，包括模糊控制、神经网络控制、专家系统控制等。在智能制造系统中，智能控制通常通过模拟人类的智能行为，如学习、推理、决策等，实现对复杂系统的智能控制。

（1）模糊控制

模糊控制借助模糊数学模拟人的思维方法，将技术人员的经验加以总结，运用语言变量和模糊逻辑理论进行推理和决策，对复杂对象进行控制。模糊控制既不是指被控过程是模糊的，也不意味着控制器是不确定的，它是表示知识和概念上的模糊性，它完成的工作是完全确定的。1974 年，英国工程师 E.H.Mamdani 首次把 Fuzzy（模糊）集合理论用于锅炉和蒸汽机的控制，开辟了 Fuzzy 控制的新领域，特别是对于大时滞、非线性等难以建立精确数学模型的复杂系统，通过计算机实现模糊控制往往能取得很好的结果。例如，在温度控制系统中，通过将人类专家的经验和知识转化为模糊规则，如“如果温度过高，则减小加热功率；如果温度过低，则增大加热功率”等，利用模糊推理来实现对温度的控制，不需要精确的数学模型，能够适应温度变化的不确定性和复杂性。

模糊控制的类型有如下几种。

① 基本模糊控制器：一旦模糊控制表确定，控制规则就固定不变了。

② 自适应模糊控制器：在运行中自动修改、完善和调整规则，使被控过程的控制效果不断提高，达到预期的效果。

③ 智能模糊控制器：它把人、人工智能和神经网络三者联系起来，实现综合信息处理，使系统既具有灵活的推理机制、启发性知识与产生式规则表示，又具有多种层次、多种类型的控制规律选择。

模糊控制的特点是不需要精确的数学模型，鲁棒性强，控制效果好，容易克服非线性因素的影响，控制方法易于掌握。

模糊控制有待进一步研究的问题：模糊控制系统的功能、稳定性、最优化问题的评价；非线性复杂系统的模糊建模、模糊规则的建立和模糊推理算法的研究；找出可遵循的一般设计原则。

（2）神经网络控制

神经网络是由所谓神经元的简单单元按并行结构，经过可调的连接权重构成的网络。神经网络的种类很多，控制中常用的有多层前向 BP 网络、RBF 网络、Hopfield 网络以及自适应共振理论模型（ART）等。

神经网络控制就是利用神经网络这种工具从机理上对人脑进行简单结构模拟的新型控制和辨识方法。例如，在机器人控制系统中，通过训练神经网络来学习机器人的运动学和动力学模型，利用训练好的神经网络来实现对机器人的运动控制。神经网络控制能够适应机器人运动的不确定性和复杂性，提高机器人的运动精度和稳定性。

神经网络在控制系统中可充当对象的模型，还可充当控制器。常见的神经网络控制结构有：

① 参数估计自适应控制系统；

② 内模控制系统；

③ 预测控制系统；

④ 模型参考自适应系统；

⑤ 变结构控制系统。

神经网络控制的主要特点是：可以描述任意非线性系统，用于非线性系统的辨识和估计；对于复杂不确定性问题具有自适应能力；具有快速优化计算能力；具有分布式存储能力，可实现在线、离线学习。

有人提出以 Hopfield 网络实现一种多分辨率体视协同算法，该算法以逐级融合的方式自动完成由粗到细，直至全分辨率的匹配建立。又有人提出一种网络自组织控制器，将变斜率的最快梯度下降学习算法应用在非线性跟踪控制中。今后需进一步探讨的问题是提高网络的学习速度，提出新的网络结构，创造出更适用于控制的专用神经网络。

（3）专家系统控制

专家系统是一个具有大量专门知识和经验的程序系统，它应用人工智能技术，根据某个领域一个或多个人类专家提供的知识和经验进行推理和判断，模拟人类专家的决策过程，以解决那些需要专家决定的复杂问题。专家系统和传统的计算机程序最本质的区别在于：专家系统所要解决的问题一般没有算法解，并且往往要在不完全、不精确或不确定的信息基础上得出结论。实时专家系统应用模糊逻辑控制和神经网络理论，将其融进专家系统自适应地管理一个客体或过程的全面行为，自动采集生产过程变量，解释控制系统的当前状况，预测过程的未来行为，诊断可能发生的问题，不断修正和执行控制计划。实时专家系统具有启发性、透明性、灵活性等特点，目前已经在航天试验指挥、工业炉窑的控制、高炉炉热诊断中得到广泛应用。目前需要进一步研究的问题是如何用简洁语言来描述人类长期积累的经验知识，提高联想化记忆和自学习能力。图 7-22 为专家系统结构图。

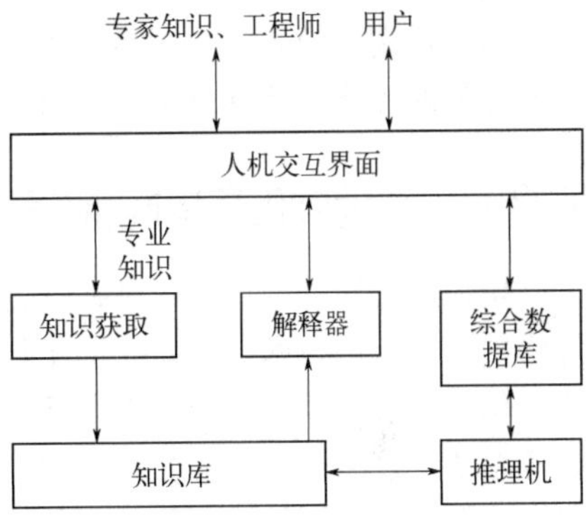

图 7-22　专家系统结构图

例如，在故障诊断系统中，通过将人类专家的经验和知识存储在知识库中，利用推理机根据设备的当前状态和知识库中的知识进行推理，得出故障诊断结果和维修建议。专家系统控制能够提高故障诊断的准确性和效率，减少设备停机时间和维修成本。

7.3.5　专家控制系统在水泥生产优化控制中的应用

某企业拥有两条产能为 2500t/d 的熟料生产线，窑型 Φ4m×60m，配备两台型号为 180cm×140cm 的生料辊压机、两台型号为 Φ3.4m×(6m+3m)的煤管磨、两台带 160cm×140cm 辊压机的 4m×13m 水泥磨、一套 9MW 纯低温余热发电 DCS，B 线配套 20000t/a 危险废弃物处置线。熟料生产线 DCS 采用 Honeywell 的 PKS R430 版本，余热发电 DCS 采用西门子 PCS 7 软件，窑尾五级出口气体分析仪采用雪迪龙 1080 仪表，使用情况良好。生产线其他工艺采样数据、控制过程均接入中控监控，各环节温度、压力、阀门开度、变频器输出频率及电流等数据监控良好，可以有效反馈现场工艺实时参数。该项目实施前整个生产控制只有脱硝上线专家控制系统，其他工艺环节基本无自动控制回路，主要依靠操作员个人经验进行相关操作调整。由于操作员的技能水平及操作习惯不能完全统一，生产过程易受操作水平的影响，产生较大的波动。

如图 7-23 所示，该企业的专家控制系统硬件部分配置双向隔离安全网闸（工业安全网闸）、防火墙，配备专用 OPC 服务器，通过 OPC 通信采集 DCS 实时数据、能源管理系统和在线元素分析仪的相关数据。其专家控制系统控制策略包括生料磨系统控制、窑系统控制、煤磨系统控制、水泥磨系统控制、余热发电系统控制。

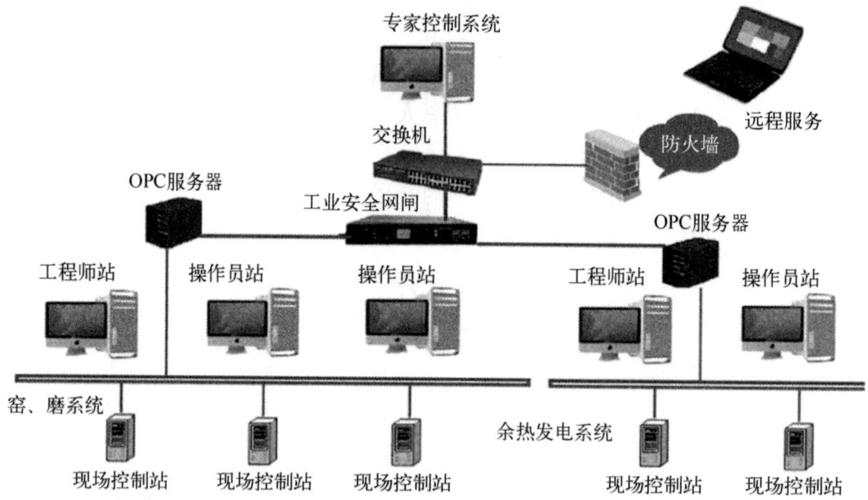

图 7-23　专家控制系统网络拓扑图

该项目实施的专家控制系统能够与现有脱硝专家控制系统无缝对接，能够利用神经网络进行多变量的控制，且具有更强的自适应能力，适合于水泥生产的工艺特性。

7.3.6　切削加工智能制造单元的控制

切削加工智能制造单元是在智能制造相关先进技术的基础上设计的，应用了网络通信技术、传感技术、检测技术、自动化加工技术及人工智能技术等智能制造技术，通过智能控制技术和数字化生产管理软件实现加工单元的自动化运行。切削加工智能制造单元是用于加工零件的多设备系统，数控车床、立式加工中心、固定机器人、翻转机构、清洁装置等是其主要的执行器，主控系统是其主要的控制器，此外该制造单元还包括生产线监控系统。

数控车床配有 FANUC 0i-TF PLUS 数控系统的 NL201HA 滚动导轨型卧式结构，具有 45°整体斜床身，导轨刚性高，易排屑。车床配备高精度主轴，跳动小，主轴最高转速可达 $6000\mathrm{r \cdot min^{-1}}$。车床刀架为液压刀架，工作平稳，转位速度快，可靠性高。

立式加工中心采用 FANUC 0i-MF PLUS 数控系统的高效型立式结构，加工中心配备高速主轴单元，主轴温升小，热变形小，加工精度高。立式加工中心还配备第四转台，可完成第四轴加工。

上料接驳料架接收自动导引车运输的毛坯并暂时存储，供工业机器人取料及加工。下料接驳料架通过传送带将成品装载到自动导引车上，可暂时存放成品。机器人采用 FANUC 关节型固定机器人，总控轴数为 6 轴。工业机器人采用底座安装方式固定在切削加工单元的固定位置，配有双手爪，用于工件的拾取，实现整个单元系统的机床上下料动作。工业机器人手爪上安装有摄像头，并配有视觉系统。摄像头及视觉处理软件主要完成视觉数据采集、图像处理和特征识别。该视觉系统可实现机器人对无夹具定位工件的自动柔性搬运。

主控系统采用西门子 S7-1200 的可编程逻辑控制器（Programmable Logic Controller，PLC），通过人机界面监控整个系统的运行状态。主控系统装载了制造执行系统，从接收订单到完成成品，通过与上层业务计划层和底层过程控制层的信息交互，安排并优化生产过程。图 7-24 为该切削加工智能制造单元的主控系统运行流程。

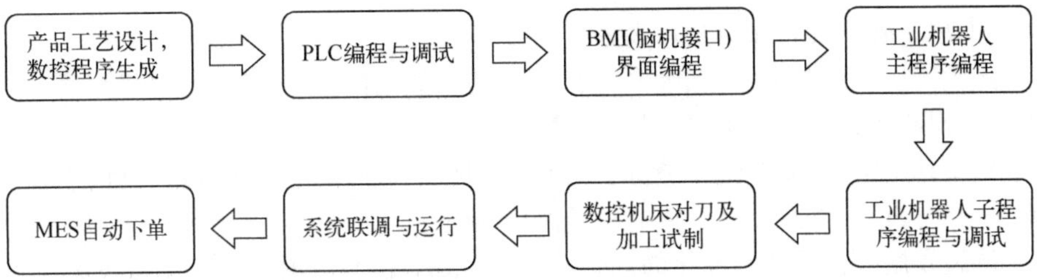

图 7-24　主控系统运行流程

7.4 企业/车间级智能制造系统控制概述

7.4.1　企业/车间级智能制造系统控制的概念和地位

企业/车间级智能制造系统控制是指在制造环境中，运用先进的信息技术和自动化手段，对生产过程进行系统化管理与优化。该系统的核心在于生产计划与控制，通过对生产需求、资源可用性和生产能力的综合分析，制定科学合理的生产计划，并在执行过程中实现实时监控和调度，以此来提升生产效率、资源利用率和市场响应能力。

在智能制造系统中，企业/车间级控制系统承担着连接战略规划与生产执行的核心职能，形成了从全局管理到生产现场的闭环控制体系。企业/车间级控制系统不仅调度生产资源、优化生产流程，还将实时数据流入决策层，以支撑灵活的生产管理和动态的资源配置，实现快速、高效、智能的制造体系。

企业/车间级控制系统的地位体现在其对生产系统的全方位覆盖和实时响应能力上。作为智能制造的“神经中枢”，该系统负责整合生产计划与过程控制，通过信息化平台和工业互联网技术将市场需求、生产资源、设备状态、产品质量等多维度信息进行实时采集、分析和反馈，从而保障系统的协同性与高效性。这种高度集成的信息网络使企业/车间级控制系统可以精准识别生产环境的变化，实现自动调节与优化，为智能制造系统提供全面支持。

7.4.2　生产计划与控制在智能制造系统中的角色和意义

生产计划与控制是企业/车间级智能制造系统控制的核心功能，通过合理的资源分配和实时过程管理，实现高效、准时的生产运作。企业资源计划（ERP）系统负责制定整体生产策略和资源安排，是执行与控制的先决条件；而制造执行系统（MES）则负责落实具体的生产任务，对生产计划的具体执行情况进行跟踪、检查、调整，实时监控生产过程。

在企业/车间级智能制造系统中，生产计划与控制的核心作用包括：

① 优化资源配置：通过科学的生产计划，确保人力、物料和设备等资源得到合理分配，提高资源利用效率，降低生产成本。

② 提升生产效率：有效的控制机制可以实现生产过程的无缝衔接，减少待料时间和停机时间，确保生产线的高效运转。

③ 响应市场需求：在动态的市场环境中，生产计划与控制能够快速调整生产策略，灵活应

对市场需求变化，确保及时交付，提高客户满意度。

④ 保障生产质量：通过制定详细的生产计划和控制流程，能够在生产各个环节中进行质量监控，及时发现和纠正问题，确保产品质量稳定。

⑤ 数据驱动决策：智能制造系统中的生产计划与控制依赖于实时数据分析，利用数据驱动决策，优化生产流程，提升生产决策的科学性和准确性。

⑥ 可持续发展：在推动智能化的同时，生产计划与控制有助于减轻资源浪费和环境影响，支持企业的可持续发展目标。

7.5 企业/车间级智能制造系统控制的基本原理

7.5.1 智能制造系统控制的框架

智能制造系统控制框架可分为四个层面，分别对应企业不同的管理和控制需求。如图 7-25 所示，第一层是企业层面，主要由企业资源计划（ERP）系统构成，负责对企业的整体资源进行规划与管理，涵盖财务、人力、物流等多个方面，支持决策层制定战略性经营计划。第二层是车间层面，主要由制造执行系统（MES）构成，MES 在企业层面的指导下，负责车间的生产调度、工艺执行与生产过程的实时监控，确保生产计划的准确执行。第三层是产线层面，由过程控制系统（PCS）控制，PCS 通过实时监测和调节生产过程中各项工艺参数，保证产品质量和生产效率。最后，第四层是装备层面，计算机数控（CNC）系统在这一层发挥作用，控制具体的生产设备和自动化加工过程，实现精准的工件加工与操作。四个层面的系统各自独立又相互集成，实现了智能制造的整体控制与高效管理，形成了从企业战略到生产执行的完整控制体系。

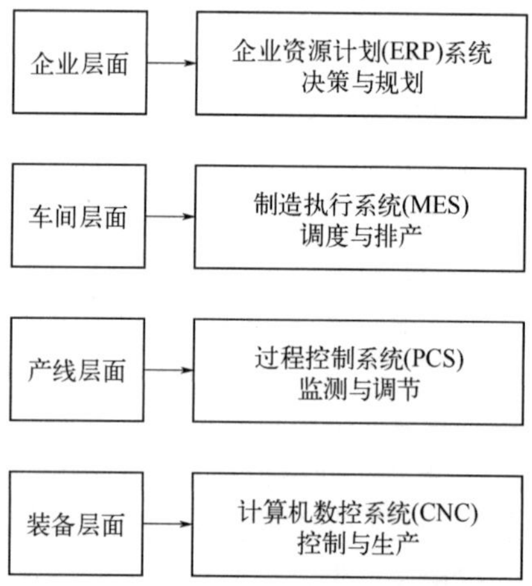

图 7-25 智能制造系统控制框架图

7.5.2 关键控制元素及其关系

在智能制造系统中，生产计划、订单、财务、物料、人员、设备、生产数据等各类生产资料之间的联系和控制逻辑是确保高效生产、精准执行的关键。通过各个层面之间系统的集成，这些生产资料在不同层面实现了流动与控制，从而保障了整个生产过程的协调与顺畅。

生产计划和订单管理是生产系统的核心。企业层面的 ERP 系统根据市场需求和战略规划生成生产计划，并通过订单管理系统将需求转化为具体的生产任务。这些订单信息通过 ERP 系统传递给 MES，MES 负责根据生产计划和订单要求安排车间的生产调度。

物料管理在整个控制系统中起着至关重要的作用。ERP 系统通过库存管理和物料需求计划（MRP）确保物料的及时供应，而 MES 则根据生产进度与实际需求动态调整物料的使用，避免物料浪费或短缺。通过物料与生产计划的紧密结合，确保生产线的持续运转。

财务和人员管理与生产过程紧密相连。ERP 系统在企业层面负责财务数据的实时更新与统计，为企业提供准确的财务状况与成本控制信息。与此同时，人员管理系统通过调度和培训计划，确保车间和生产线配备足够且合适的人员。MES 根据生产需要，动态调整人员配置和工作任务，确保生产效率。

设备管理是实际生产过程中的重要环节。CNC 系统在装备层面负责精准控制各类生产设备，确保产品加工质量。而 PCS 通过实时监控和调整生产过程中的工艺参数，确保设备的运行状态与生产要求匹配。设备故障、维修和保养计划也通过 ERP 和 MES 的协同来进行管理，确保设备的正常运行和生产计划的顺利执行。

生产数据为贯穿整个生产过程中的信息流，连接了各个控制层面。MES 实时收集车间生产数据，包括设备状态、工艺参数、生产进度等，并将其反馈至 ERP 系统，用于财务结算、成本核算及生产决策。而 ERP 系统则根据这些数据调整生产计划和订单，确保生产与市场需求之间的动态匹配。

综上，智能制造系统中的生产资料，如生产计划、订单、物料、人员、设备、财务与生产数据等，在不同层次的系统中实现了有机的结合与流动，形成了一个高度协同、动态调整的生产控制逻辑。这种逻辑不仅优化了资源配置，还提升了生产效率和管理水平，确保了企业在快速变化的市场环境中具备灵活应对的能力。

7.5.3　系统控制的传输与流程

在智能制造系统控制中，控制体系根据其属性分为物理系统与信息系统。数据（信息）流与物质流的设计围绕物理系统和信息系统的协同展开，通过多层级的架构，实现了生产过程的高效管理与控制。在该架构中，数据流与物质流从装备层、产线层、车间层到企业层逐步递进（图 7-26），确保生产的顺畅运行。

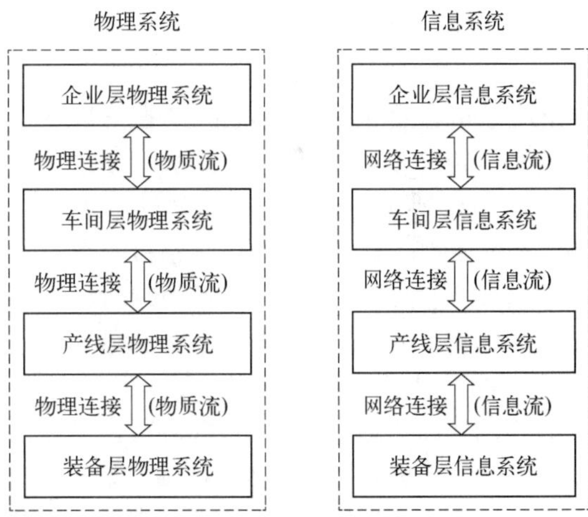

图 7-26　数据流在各层级间的传递

在物理系统部分，各层级通过物理连接实现物质流的连续传递。装备层物理系统负责控制主加工设备、辅助工艺设备及传输设备的运行，确保工件在产线上的顺利流动。产线级和车间级的物理系统则在更大范围内对物料的转移与调配进行管理，最终汇集至企业级物理系统，实现整个生产流程中的物料协调。各层级的物质流在逐级传递与整合中，形成了完整的物质流控制流程。

在信息系统部分，各层级通过网络连接实现数据流的双向传递。在装备层，CNC 系统采集设备状态及生产数据，将其传递给产线级的过程控制系统（PCS），然后传递到车间级的制造执行系统（MES）。MES 对各产线的数据进行汇总，并将信息传递至企业资源计划（ERP）系统。ERP 系统根据这些数据进行分析与处理，为生产计划和资源分配提供实时决策支持。通过层层的信息传递，企业可以动态监控并调整生产活动，实现从企业资源到设备层级的全面信息流。

物理系统和信息系统的协同联动构成了统一的控制流程。信息流提供了反馈机制，将生产中的实际情况反馈给上层系统，确保生产计划与车间执行的实际生产进度一致。同时，物质流保证了物料的高效传输，使生产过程得以顺利进行。这种双向集成的数据流与物质流为各层级提供了实时监控和灵活调整的能力，确保了生产系统的整体协同和资源优化。

7.6 生产计划与控制的方法及软件手段

7.6.1 企业资源计划（ERP）

企业资源计划（ERP，Enterprise Resource Planning）是一种基于信息技术的集成化企业管理系统，为制造行业设计，用以整合和优化企业的物质、资金和信息等多种资源。ERP 通过数据库、图形用户界面、第四代查询语言、客户服务器结构、计算机辅助开发工具和可移植的开放系统等技术手段，对企业资源进行了系统化的集成。该系统旨在帮助企业对生产控制（如计划和制造）、供应链管理以及财务管理（如会计核算和成本管理）等方面实现一体化管理。ERP 系统通过数据积累和应用深度，可以快速响应经济和企业环境的变化，为管理层提供全面、实时的数据支持，助力决策、计划、控制与绩效评估，实现对物质流、资金流和信息流的全面一体化管理。

ERP 的发展大体经历了如图 7-27 的三个阶段：MRP（Material Requirement Planning，物料需求计划）阶段、MRPⅡ（Manufacturing Resource Planning，制造资源计划）阶段和 ERP 阶段。最初，MRP 系统主要解决生产管理中的物料计划问题，通过计算产品需求倒推所需物料的数量和时间，确保生产车间在合适的时间获得所需物料，减少库存持有成本并保持生产流畅性。然而，MRP 系统缺乏对生产执行后的反馈信息，未能形成闭环。为了弥补这一不足，MRPⅡ系统应运而生，不仅包括物料需求计划，还整合了生产能力计划、车间作业计划和采购作业计划，通过协调来自各方面的反馈信息，形成了封闭式的信息管理系统。随着企业对全面资源管理需求的增加，ERP 系统进一步扩展了管理范围，不仅涵盖了制造资源计划内容，还包括订单管理、质量控制、运输服务和售后维护等供应链上的所有环节，促进了各个部门的数据和流程集成，优化了资源利用和管理效益，提升了企业的整体运营效率和决策能力。

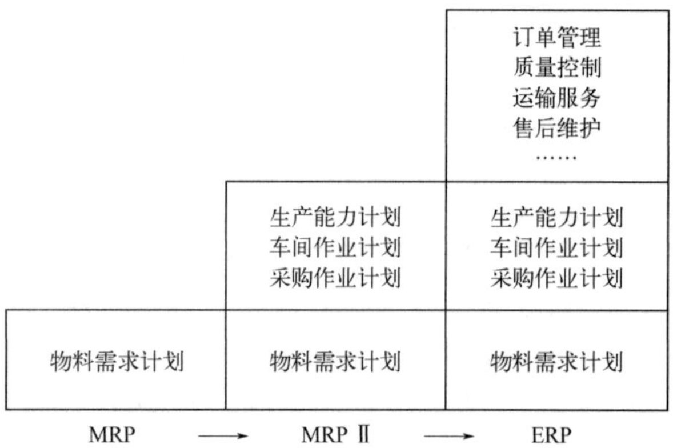

图 7-27 ERP 发展历程

ERP 的系统特点：

① 集成性。ERP 将相关信息系统整合，比传统单一的系统更具功能性。ERP 系统通常根据公司内部的工作流和业务流进行生产、分销和财务等不同部分的集成，改进企业的经营运作方式，完善企业的现有业务流程和工作规范。

② 先进性。ERP 系统的技术基础为计算机技术，具体涉及的计算机技术包括图形用户界面技术、客户机/服务器分布式结构、分布式数据处理系统等，可以预见 ERP 系统还会整合人工智能、数据仓库等前沿的信息技术。

③ 个性化。ERP 系统是对企业所有资源的整合、分配等决策提供依据，而不同公司的具体情况千差万别，这就要求 ERP 系统具有很强的个性化，以适应不同企业的具体情况，帮助不同生产管理模式和不同业务活动的企业进行更贴合自身的决策。

ERP 系统的功能模块主要包括生产控制管理、供应链管理和财务管理三个部分，如图 7-28 所示。在智能制造体系中，ERP 的功能模块通过与工业互联网、人工智能（AI）、区块链等技术的深度融合，实现了从“流程驱动”到“数据驱动”的质变，以及生产、采购、销售、财务等环节的自动化、优化和智能决策支持。各个功能模块及其智能化应用情况如下：

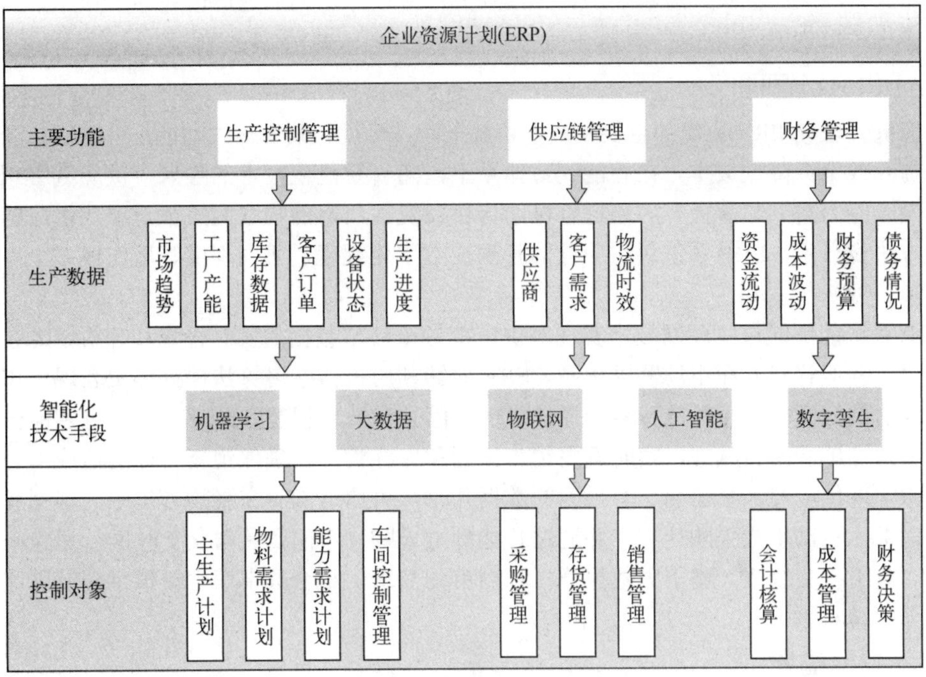

图 7-28　ERP 的功能模块

（1）生产控制管理

生产控制管理是 ERP 系统中的核心功能，旨在通过整合生产各环节，实现产销平衡与库存优化。其主要包括主生产计划（MPS）、物料需求计划（MRP）、能力需求计划（CRP）及车间控制管理四大模块。传统模式下的生产控制管理基于历史数据与人工经验制定生产计划，缺乏灵活性和实时性，难以应对市场需求波动或供应链中断。物料需求是基于物料清单（BOM）的静态计算，未考虑动态库存波动与供应商风险，且车间状态反馈存在滞后，致使处理效率低。在智能制造环境下，通过 AI、数字孪生、工业大数据等技术的生产计划赋能、车间控制、物料与能力需求计划的制定与执行，实现了全局优化与动态协同。

① 主生产计划模块通过机器学习分析市场趋势、客户订单、季节性波动，生成动态需求预测，并与供应链上下游共享预测数据，结合物料供应与设备负荷能力，优化整体生产计划。

② 物料需求计划模块以 MPS 为基础，通过 RFID/IoT 技术实时获取库存数据，规划原材料采购与零部件供应，触发动态补货，确保生产所需物资的及时获取，同时平衡系统负荷，优化采购与制造时间线。

③ 能力需求计划模块通过历史数据分析设备综合效率，构建能力预测模型，评估各工作中心的负荷与能力，确保生产计划的可行性。

④ 车间控制管理模块则负责生产任务的分配与执行，动态调整作业计划，监控生产进度，通过传感器实时采集设备状态、在制品位置等数据，并将生产信息反馈至管理系统，为企业决策提供数据支持。

借助机器学习、优化算法等技术，生产控制管理模块可以对海量的生产数据进行深入分析，发现隐藏的规律和异常模式。通过实时生产数据和市场需求分析，ERP 系统能够动态调整生产排程，优化生产资源的分配，缩短生产周期和减少库存积压。基于生产线负荷、设备状态、物料供应等多维度数据，ERP 能够实时调整生产计划，确保生产线的高效运作。生产控制管理模块旨在通过合理调度和资源管理，确保生产计划与实际需求的高效匹配。这一模块的智能化应用提升了生产过程的效率与灵活性。

（2）供应链管理

供应链管理是 ERP 系统的重要模块，涵盖采购、存货和销售三大功能，旨在优化企业运营流程，提升效率并降低成本。在智能制造体系下，随着智能化技术的融入，供应链管理模块的效率和响应能力得到显著提升。通过有机结合日益发展成熟的物联网技术与现代供应链管理的理论、方法和技术，ERP 系统对供应链的管理在数字化程度、协同程度、运作模式上有了很大的提升。

ERP 系统能够通过物联网技术实现对供应链各个环节数据的实时采集和分析，为企业提供准确的供应链运行状态和市场需求预测。ERP 能够利用机器学习算法根据历史表现和市场需求预测，评估供应商的可靠性，智能选择最优供应商。在销售管理方面，ERP 通过智能分析市场需求、销售订单和库存状态，实时调整销售计划和库存管理，确保销售目标的达成，并通过区块链技术实现供应商、物流商、客户间的数据共享与可信追溯。在采购管理中，根据库存水平和生产需求，自动生成采购计划，并通过智能预测采购物料的数量与交货时间，避免采购过剩或短缺。对于存货管理，基于大数据分析预测市场需求，结合数字孪生模拟供应链网络，动态调整安全库存水平。

（3）财务管理

财务管理涵盖会计核算、成本管理与财务决策三大核心功能。ERP 系统能够实时生成财务报表，自动进行数据分析，预测资金流动和财务状况，通过 API 集成业务与财务系统，实时同步数据，结合 AI 分析现金流与成本波动，为管理层提供决策支持。基于历史数据和市场趋势分析，ERP 系统能够及时识别潜在的财务风险（如现金流不足、应收账款过多等），并提供相应的调整建议。通过自动核算账目，结合历史数据分析成本结构，为企业提供精确的财务状况报告，并基于机器学习、大数据分析历史数据，生成动态预算模型。财务管理模块提供智能化的财务预测、预算分析、现金流监控等决策支持功能，帮助企业实时调整财务策略。智能化的财务管理不仅提高了财务数据处理的效率，还能实时识别财务风险并提供预警。

智能化的 ERP 系统不仅优化了传统的生产控制管理、供应链管理、财务管理等功能模块，还通过先进技术（如 AI、大数据、物联网等）的融入，提升了每个模块的自动化水平、响应速度和决策支持能力。智能化的 ERP 系统帮助企业提升运营效率、优化资源配置、增强市场竞争力，为企业的数字化转型奠定了坚实基础。

7.6.2 制造执行系统（MES）

制造执行系统（Manufacturing Execution System，MES）是面向车间生产执行层的信息集

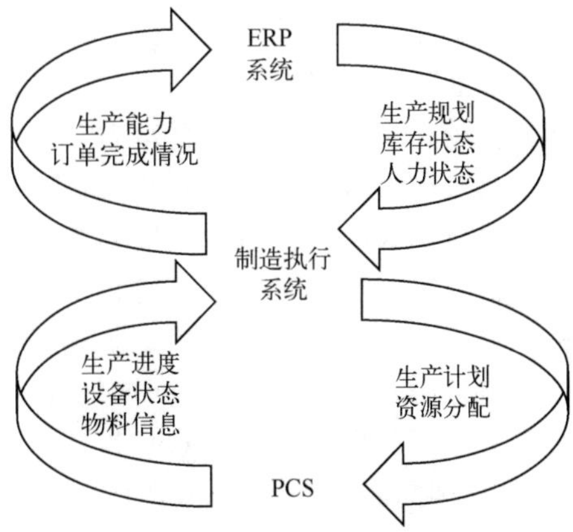

图 7-29　MES 的传递作用

成系统。在一个制造业信息化系统架构中处于中间层的位置，起着承上启下的作用，是实现企业上层决策、计划信息管理与下层实际生产状态、进度信息集成的上传下达、沟通交互的信息桥梁，发挥着集成与传递作用（图 7-29）。MES 进行生产计划安排编制与具体细化生产任务下达的依据，来源于上层 ERP 系统的销售订单、生产主计划等数据信息。而实际生产活动中 MES 所需的各种参数则来源于下层的 PCS。MES 通过对各类生产管理系统进行集成，不仅能够实现各个功能模块之间的信息集成和数据交换，同时也能够实现企业不同信息系统之间的信息集成、交互和共享。MES 通过对业务或生产中相关信息和数据的收集、汇总、共享与集成，实现指导业务或生产过程以及分析生产现场的相关数据并进行反馈的管理目标。MES 能使企业的生产制造环境趋向过程精细化和反应快速化，在成本控制、生产周期、产品质量和服务质量等方面提升企业管理效率和经营效果。MES 的适应性很强，不仅为进行单一大批量生产的制造企业提供良好的信息管理服务，而且还能服务于既有多品种小批量生产又有大批量生产的混合型制造企业。

例如，无锡贝斯特 MES 改善项目，主要面向企业车间执行层建立了生产信息化管理系统，该系统可以完整地记录、存取、处理生产数据，检查维护与维修数据，及时传递设备运行与维护的状态信息，为生产和各项工作安排提供数据信息支持，成为企业打通计划层与控制层最有效的信息化手段。

MES 的基本逻辑：

① 制订的生产作业计划应最大限度地符合生产实际，实现这一点要建立在大量历史数据分析的基础上，从中发现统计规律，使其对未来生产环境的预测尽可能准确。

② 能够实现车间工序级生产调度，这是 MES 与 MRP、ERP 系统的根本区别，而且能够根据生产环境的变化迅速调整原先的生产作业计划，使车间发生的任何变化都在可控制的范围内。

③ 保证产品基础数据的准确性。任何管理都依赖于准确的数据，在车间管理中，产品数据更加复杂，在很多企业中产品数据管理还比较混乱，管理的难度更大。MES 要能够适应这种情况，特别是在产品数据转换上要准确和高效。

④ 对生产进度安排和资源利用的优化。由于车间系统的复杂性，靠人工去优化是不可想象的，必须采用一些优化算法和智能推理方法。

在智能制造环境下，MES（制造执行系统）通过高度集成和智能化的技术，实现对生产过程的全面监控与优化。它不仅负责从产品定义、生产资源管理、生产计划和调度到生产执行的全流程管理，还利用实时数据采集和反馈机制，确保生产活动的顺利进行。结合物联网（IoT）、人工智能（AI）和大数据技术，MES 能够将生产现场的实时信息转换为可操作的数据，并通过报表或其他方式即时传递给管理人员，实现精准决策。MES 有如下智能化功能模块（图 7-30）：

① 资源分配（Resource Allocation）：资源分配的基本功能为管理和动态调整各生产实体（如机床、操作员工、工艺文件、原材料、数控加工程序等）之间的资源分配，以保证生产活动的正常运行。实时更新资源的使用情况，支持生产任务的高效管理。在传统制造环境中，资源分配主要依赖人工经验和静态规则，设备、物料、能源等资源的调度往往缺乏灵活性，难以应对生产过程中的突发变化。资源分配的效率较低，容易造成资源浪费或瓶颈问题。

在智能制造体系中，资源分配通过工业互联网、AI算法和数字孪生技术的赋能，实现了从静态到动态、从被动到主动的转变。通过物联网（IoT）和传感器技术，MES能够实时监控生产资源（如设备、工人、原材料等）的状态，并根据生产需求和资源利用率，利用强化学习算法动态调整资源分配方案，确保资源的高效配置。AI算法能够预测订单波动与供应链风险，提前触发物料采购与设备维护计划，提前调整生产计划和任务分配，避免资源浪费和生产延误。

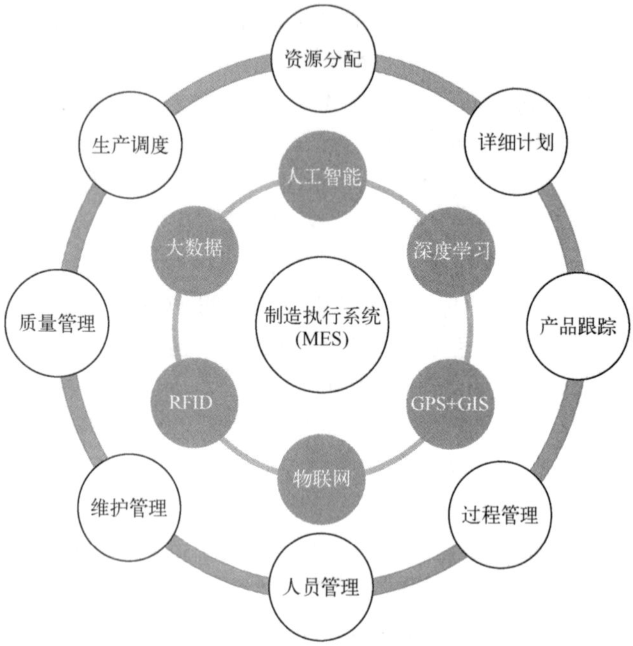

图7-30 MES功能图

② 详细计划（Detailed Plan）：以资源和能力有限为前提，在具体生产单元的操作过程中，依照相关的生产需求和优先级，提供精确的作业排程功能，实时调整生产计划，适应不断变化的生产环境和需求。传统MES的详细计划主要依赖ERP输出的固定排程表，缺乏灵活性，难以应对生产过程中的突发变更，如设备故障或订单调整。

在智能制造环境下，详细计划通过实时数据处理和多目标优化算法，实现了从“静态排程”到“动态优化”的跨越。基于生产任务的优先级、资源特性和生产进度，MES能够自动生成详细的生产计划，并通过物联网技术实现生产设备、传感器、控制系统等的连接，实时采集生产现场的数据，根据实时生产情况进行调整，优化作业准备时间和设备利用率。基于边缘计算技术，MES能够实时处理产线异常事件（如设备故障），并利用混合整数规划（MIP）模型生成新的排产方案。MES综合考虑能耗、碳排放、交付准时率等多个指标，通过NSGA-Ⅱ（非支配排序遗传算法Ⅱ）等多目标遗传算法生成Pareto最优解集，确保生产计划在多个维度上达到平衡。通过AI优化算法，MES能够识别生产任务中的重叠性、并行性和替代性操作，动态调整生产计划，最大化减少非增值时间。

③ 生产调度（Product Scheduling）：该功能是指该系统可通过作业、订单、批量等形式管理各个生产单元的工作流，处理相关信息用于安排作业顺序，并在生产车间出现事件时进行动态调整。传统的生产调度主要依赖工单优先级和人工派工，缺乏实时动态调整能力，容易导致生产瓶颈或资源闲置。

在智能制造体系中，生产调度通过数字孪生、5G通信和AI算法的赋能，实现了从“被动响应”到“主动优化”的转变。生产调度问题的本质是资源分配与任务排序的最优化问题。任务数量与设备数量增加，调度方案数量便会呈指数级增长，同时需要满足设备容量、交货期、工艺顺序等约束，以及生产过程中可能面临的设备故障、物料短缺等问题加剧了调度的不确定性。传统的调度方法无法应对工业级规模，并且难以处理实时扰动。MES通过元启发式算法、强化学习、数字孪生等技术的融合，能够实现“近似最优解”快速求解与“动态扰动”实时响应，使企业能够根据需求变化快速调整生产计划，优化设备的使用时间与人力资源配置。这不仅减少了因人工调度可能产生的错误，还提高了生产效率。

④ 人员管理：该模块为企业进行成本核算提供了数据基础，并帮助管理人员合理安排作业

人员的工作等。传统的人员管理主要依赖考勤与工时统计，技能管理较为粗放，难以实现人效的最大化。

在智能制造环境下，人员管理通过数字员工画像、AR 辅助作业和人效数字孪生技术，实现了从“粗放管理”到“精细化管理”的转变。通过分析历史数据、生产计划和员工能力，MES 能够构建员工的技能图谱，实现精准的技能匹配，调度生产任务到合适的操作人员，确保最佳的人员配置，提升生产效率。基于计算机视觉的 AR 技术能够为工人提供实时操作指导，提升作业的准确性和效率。通过集成物联网（IoT）技术，MES 能够实时采集生产现场的人员工作状态和出勤情况，并根据生产需求进行动态调整。通过构建人效数字孪生模型，MES 能够模拟不同班组配置下的产能表现，优化人员调度策略。

⑤ 质量管理（Quality Management）：质量管理模块通过动态分析生产过程中收集的数据，跟踪和分析各加工过程的质量，并针对质量问题进行反馈纠正。传统的质量管理主要依赖抽样检测，质量问题追溯周期长，难以实现全流程的质量控制。

在智能制造体系中，质量管理通过全流程质量追溯、AI 视觉检测和质量预测控制技术，实现了从“事后检测”到“事前预防”的转变。通过计算机视觉和深度学习技术，MES 能够处理更高维度的数据，实现高精度的质量检测。根据历史数据和工艺参数，MES 还能够预测质量波动趋势，对质量偏移进行预警，显著降低了不良品率。同时，MES 能够结合生产数据和质量控制信息，自动推荐纠正措施，优化生产工艺，确保产品质量稳定。

⑥ 过程管理（Process Management）：过程管理模块通过监督生产过程和自动纠错功能辅助进行管理决策，提高生产效率，同时监控设备作业流程，及时反馈超标误差，提升生产质量。模块还能通过数据采集接口与制造执行系统连接，实时收集物料、工序和人员信息，生成所需的生产参数资料。但传统的过程管理主要依赖固定参数，缺乏自适应能力，难以应对复杂多变的生产环境。

在智能制造环境下，过程管理通过自优化工艺参数、数字线程和虚实融合调试技术，实现了从“固定参数”到“自适应优化”的转变。通过强化学习算法，MES 能够动态调整加工参数，实现工艺的持续优化。利用传感器、数据采集接口和 AI 分析，MES 可以实时监控生产过程中每个环节的操作质量，自动调整超出误差范围的操作，减少人为错误，提升生产效率。当过程出现异常时，MES 能够及时向操作人员反馈问题并提供决策支持，确保生产过程顺利进行。利用虚实融合调试技术，在虚拟环境中验证新工艺方案，MES 能够显著降低工艺调试的成本和风险。

⑦ 维护管理：对生产作业活动进行监控与指导，对生产设备和生产工具进行定期检查和维护，以保证机器设备等的正常运转。同时，对突发状况做出响应，并根据储存的维护管理相关的历史记录对突发问题进行分析与处理。传统的维护管理主要依赖定期预防性维护，存在过度维护或故障漏检的问题，维护成本较高。

在智能制造体系中，维护管理通过故障预测与健康管理（PHM）、维护知识图谱和无人机自动巡检技术，实现了从“预防性维护”到“预测性维护”的转变。基于振动频谱分析和大数据技术，MES 能够预测设备的剩余寿命，提前触发维护计划。通过构建故障树与维修案例的语义网络，MES 能够实现智能诊断。搭载红外热像仪的无人机集群能够自动执行高危区域检测，显著降低了人工巡检的风险。MES 结合物联网技术和机器学习，能够实时监控设备运行状态，预测设备可能的故障并及时进行维护，避免生产中断。当设备出现故障或需定期检修时，MES 能够自动生成维护任务，并根据历史维护记录进行故障诊断。

⑧ 产品跟踪（Product Tracking）：通过对工件的持续监视，获取各个时刻的工件位置和工

件状态数据，包括所有产品和所有组件的加工工序和加工结果的相关信息，实现从原材料到成品的全生命周期数据采集、记录与追溯。通过 RFID、NFC（近场通信）等技术，MES 能够实时跟踪工件位置和加工状态，确保每个生产环节的信息都能被精确记录，供后续分析和追溯使用。MES 利用大数据分析，跟踪所有组件的加工工序和加工结果，帮助管理人员快速追溯产品质量问题的根源。通过 GPS+GIS（地理信息系统）技术，MES 能够监控物流路径，优化全球供应链。

7.6.3 ERP 与 MES 的集成控制

制造业可分为生产部门和业务部门两大类，其中生产部门受制造执行系统（MES）控制，而业务部门由企业资源计划（ERP）系统管理。ERP 系统的主要职能定位在企业的上层管理和运营，负责指导企业生产和发展方向的决策；MES 则介于上层计划管理与底层生产控制之间，专注于车间管理的执行。两个系统在职责上是相互独立的模块：ERP 负责宏观决策，MES 则在车间层面执行和控制生产过程。然而，在整个控制系统中二者又紧密结合。例如，在实际生产中，如果出现与原计划不符的情况，MES 会根据实时生产情况进行调整，并将相关信息反馈给 ERP 系统，以确保公司在决策层面的统计数据与生产实际保持一致。通过这种双向数据流动，实现了 ERP 与 MES 之间的集成。只有二者的有效集成，才能完成数据的沟通与互补，助力企业实现整体信息化目标。

因为 ERP 系统很难对底层控制系统进行管理和控制，这才促使了 MES 的诞生，开发人员在 MES 形成之初便考虑过其与 ERP 系统的集成。为实现两个系统之间的信息共享，要采用平行集成的方式，综合考虑两个系统的特征对系统集成进行设计与实施。ERP 系统和 MES 的集成应该是个性化的，即根据企业的生产环境和经营目标确定具体的集成方案。为保证系统集成后信息交换和信息共享的有效性，系统集成还要对企业的生产模式、业务流程和经营目标进行全面剖析。

系统集成的具体方法是将与生产活动相关的业务流程进行梳理并优化，在 ERP 系统和 MES 基础上设计系统间的接口，通过流程将两个系统集成到一起。ERP 系统与 MES 集成后将形成具备计划、调整、反馈和控制功能的完整闭环系统，通过系统间的接口实现计划、指令等信息的传递和共享，使生产计划、控制指令、执行情况等信息在集成系统中动态更新。

ERP 与 MES 在智能制造控制系统中的集成应用，使生产计划以动态数据为依据，能够更全面、准确地反映企业的生产状况。这种系统集成是对企业信息技术基础设施的有效改进，显著简化了物质流与信息流的统一管理，减少了人工调整系统的繁琐工作。同时，集成系统可对财务数据和管理报表进行即时更新与统计，实现当日结账的工作目标。借助供应链管理（SCM）系统的配合，集成系统还有效降低了供应链管理成本，提升了对客户需求的响应速度，优化了产品和服务，从而提高企业整体效益。此外，这一集成改进了现有的操作流程，实现了企业层与车间层的标准化、一体化运作，更有效地缩短了产品周期。

MES 与 ERP 系统的集成，不仅可充分发挥它们各自的优势，同时可使 MES 的生产计划更合理，使 ERP 系统的数据更及时有效，工作效率更高。通过集成，可以减少信息传递的中间环节，节省时间，提高效率，减少手工传递带来的人为错误。企业通过集成，能使信息系统更加完善，使资源得到充分共享，发挥整体效益，实现集中、高效、便利的管理，可以将各个分离的子系统连接成一个完整、可靠和有效的整体。总之，ERP 系统与 MES 的集成，对于制造业信息化的发展是一个必不可少的阶段，大大提高了企业的管理自动化水平。

浪潮集团有限公司是全球领先的计算机服务器制造企业，近年来积极推动智能制造转型，建设了具备国际先进水平的智能生产基地。该工厂在智能化发展中注重数字化系统的深度集成，集成应用 ERP（企业资源计划）、MES（制造执行系统）、WMS（仓储管理系统）等六大核心信息系统，构建了统一协同的信息化管理平台。其中，ERP 系统在订单管理与资源调度方面发挥了关键作用，帮助企业实现生产计划的优化与快速响应；MES 则紧密连接车间现场与计划系统，实现从物料准备、生产调度到过程监控与质量追溯的闭环控制。两大系统之间的数据互通确保了管理与执行环节的高效协同，是工厂实现柔性化、精益化生产的重要支撑。在生产现场，浪潮广泛应用云计算、大数据、物联网与自动控制技术，实现设备、物料与人员的全面互联互通，推动智能排产、智能仓储、智能运输和产品追踪等能力建设。通过系统协同与技术融合，工厂整体交付周期从原来的 15 天缩短至 3～7 天，生产效率提升约 30%，产能扩大至原来的 4 倍，产品质量与定制化服务能力显著增强。

7.7 企业/车间级智能制造系统控制的应用

7.7.1 生产资源计划与优化

生产资源计划与优化是企业高效运营的基础，智能制造系统通过集成 ERP 与 MES 实现了生产资源的动态调度和实时调整。系统根据生产订单、需求预测以及实时数据分析，精确计算物料需求，智能优化库存管理，从而避免库存过多或短缺的情况。通过集成物联网（IoT）和人工智能（AI），系统能够实时监控每条生产线的状态，包括设备的运行情况、人员的工作效率和物料使用情况，实现生产资源的最优分配。生产计划排程模块则帮助企业根据实时订单、设备产能和工艺要求的智能分析，动态调整生产排程，提高资源利用率，缩短交货周期，确保生产过程的高效流畅。

在汽车制造业中，企业应用生产资源优化系统，实时监控每条生产线的物料需求，自动分配人力和机器资源，确保生产计划按照预定进度执行。例如，在车身焊接生产线，系统根据不同车型的生产需求，智能计算所需物料，如不同类型的钢板、焊接材料及零部件，并通过 RFID 技术实时监控材料库存。MES 根据生产任务的优先级和生产工艺要求，自动调度焊接机器人、激光切割机、传送带系统等设备，确保各生产环节按照预定进度顺利进行。

在这个过程中，生产资源优化系统不仅能够实时监控各工位的生产状态，如车身焊接、涂装、总装等工艺，还能根据数据反馈自动调整生产进度。例如，在涂装车间，系统能够根据每个订单的车身数量和涂装颜色需求，调整涂料使用量，并合理配置涂装设备的运行负荷，确保生产任务的高效执行。在总装车间，系统通过动态优化生产排程，避免了设备和工位的闲置，并对可能的瓶颈环节进行预测和调整，以实现灵活、高效的生产过程。

通过这种智能化的动态调整，企业能够显著缩短汽车装配线的生产周期，减少设备闲置时间，同时提升生产线的响应能力和灵活性。此外，基于大数据和人工智能技术，生产资源优化系统能够及时预判生产瓶颈，并对生产计划进行适时调整，以防止生产延误和资源浪费。

综上所述，智能化生产资源计划与优化不仅提升了汽车制造企业的生产效率，还使得企业能够更好地应对快速变化的市场需求，进行实时调整和优化，最终实现高效的生产管理和资源利用，从而增强企业的市场竞争力。

7.7.2 实时监控与反馈控制

在智能制造系统中，实时监控与反馈控制是确保生产过程稳定性和产品质量一致性的重要手段。通过 MES，企业能够通过集成物联网（IoT）、传感器和大数据分析技术，实时采集生产线上的关键数据，监测设备运行状态，并通过数据处理平台进行分析，对偏离标准的工艺参数进行快速反馈调整，确保高质高效生产。除了自动调整，实时监控与反馈控制系统还具有设备状态报警功能，能够迅速检测设备异常并通知相关人员进行处理。通过这种方式，系统能够及时识别并消除潜在的设备故障，避免因设备停机而造成的生产中断。此类智能化的实时监控与反馈控制系统有效减少了停机时间，提升了生产线的整体效率。

例如，在食品生产过程中，通过部署监控系统，实时采集温度、湿度和机器运行状态的数据。当检测到温度超出规定范围时，系统会自动调整冷却系统，以确保食品的品质一致性。通过实时监控和智能反馈控制，企业能够提高生产线的稳定性，降低不合格品率，确保每一批次产品都符合标准。智能化技术的应用不仅优化了生产过程，还大大提高了生产线的灵活性和响应速度，为企业在竞争激烈的市场中提供了强有力的保障。

7.7.3 柔性化生产

智能制造系统的柔性化生产功能使企业能够快速响应市场需求的变化和客户的个性化要求。系统通过 ERP 和 MES 的集成，实现了订单驱动的生产模式，企业可根据客户需求动态调整生产任务，从而满足小批量、多品种的生产需求。因此柔性制造的一大关键在于对不同需求任务的快速响应、灵活调整。MES 借助工业互联网、机器人、智能传感、微电子等技术和手段增强对生产过程的管控能力，实现生产方案的信息化、数字化、可视化和联动化，使生产线可以快速切换任务，提高响应速度。

例如，电子制造公司采用柔性生产系统，支持小批量、多品种生产。通过 ERP 系统接收客户订单，并将订单需求传递给 MES，生产线根据产品类型自动调整参数和资源分配。该系统不仅可以满足客户对产品多样化的需求，还可以缩短将近一半的生产准备时间，有效提升了生产响应速度。

7.7.4 库存管理与物流优化

在现代企业的库存管理与物流优化中，精细化管理与智能化技术的深度融合，实现了库存和物流的动态优化，显著降低了库存成本，并确保了物料的及时供应。通过 ERP（企业资源计划）和 MES（制造执行系统）的协同作用，企业能够实时监控库存水平，结合生产需求进行动态调整，达到“零库存”或最小库存的管理目标。

ERP 系统不仅能够实时跟踪库存数据，还能借助大数据分析与机器学习算法对未来需求进行精准预测。通过对历史销售数据、生产进度以及市场趋势的分析，系统能够智能预测未来的物料需求，自动调整采购和库存策略，避免过多的积压或短缺，提升库存周转率。

同时，MES 通过物联网技术对车间内物料的流动进行精准追踪，实时记录物料的入库、出库及存储位置等信息，确保数据的准确性并提高工作效率。系统还能够利用 RFID 标签与传感器自动识别物料，提高仓储管理的精度，减少人为操作错误。

自动化仓储方面，智能设备［如 AGV（自动导引车）和机器人］被广泛应用于物料搬运和分配，如图 7-31 所示。这些自动化设备与智能物流调度系统紧密结合，实现了物料的自动搬运、路径规划和配送，从而提升了物料流转效率，降低了人工成本，并确保物料按时送达生产线。

图 7-31　德马泰克智能化仓储物流

此外，智能化的采购管理系统在库存达到预设阈值时，能够自动生成采购订单，并与供应商进行无缝对接，确保生产过程中物料的充足供应。系统还能够根据实时库存数据和生产需求自动调整采购计划，保持“零库存”生产模式，从而最大程度减少库存占用和管理成本。

综上所述，通过智能化技术的运用，企业不仅实现了精细化的库存管理和物流调度，还大幅提升了供应链的效率和响应速度，进一步推动了企业的数字化转型和智能决策能力的提升。

7.7.5　数据驱动的决策支持

智能制造系统的核心优势之一在于其数据驱动的决策支持。通过集成企业资源计划（ERP）系统与制造执行系统（MES），智能制造系统使得管理层能够实时获取生产、库存、物流等各个环节的全面数据。这些数据经过深度分析后，可为决策者提供科学依据，从而优化决策过程，提升企业运营效率。

在智能制造环境中，系统还通过动态监控关键绩效指标（KPI），确保生产进度与质量目标得以实现。这种智能化的监控手段可以帮助管理者快速识别潜在问题，并做出及时调整，从而确保企业在激烈的市场竞争中始终处于有利位置。

此外，随着人工智能（AI）和大数据技术的引入，智能制造系统可以对生产过程进行预测与优化。借助先进的机器学习算法和数据挖掘技术，系统能够对生产过程中的各类参数进行分析，预测未来可能出现的问题，并提前进行干预。例如，某些重型机械制造企业利用智能制造控制系统，对生产线效率、资源使用率等进行实时分析，从中识别出效率低下的环节，进而优化生产流程。这一过程中，数据驱动的决策支持不仅提高了生产效率，还降低了运营成本。

通过智能化技术，企业不仅可以提升产能，还能增强应对市场变化的灵活性。无论是预测性维护、生产过程优化，还是资源配置的智能调度，数据驱动的决策支持系统都为智能制造的高效运行提供了强有力的保障。因此，企业在应用智能制造系统时，不仅能提升生产效率，还能在全球化市场中占据有利位置，保持长远的竞争力。

7.8 综合案例

7.8.1　西门子的数字化建设

德国西门子公司是全球领先的技术企业之一，业务涵盖制造、能源和医疗等多个领域。近年来，西门子积极推动工业数字化转型，特别是在数字化工厂建设方面。通过提供全面的数字化解决方案，助力制造业实现更高效、灵活和可持续的生产模式。在数字化工厂建设中，西门子专注于生产流程的自动化、数据集成和智能化决策支持。其核心产品包括 Simatic IT MES、数字孪生技术。通过这些技术，西门子为企业提供了完整的数字化转型解决方案，推动制造业向智能化、互联化和服务化方向发展。

（1）Simatic IT MES

Simatic IT MES 是西门子公司推出的一款高效的制造执行系统，旨在通过数字化手段优化生产流程，提高生产透明性与资源利用率。作为西门子数字化工厂解决方案的关键组成部分，Simatic IT MES 集成了实时数据采集、生产调度、质量管理等多项功能，帮助企业实现精细化管理，提升整体生产能力。图 7-32 为 Simatic IT MES 的核心功能。

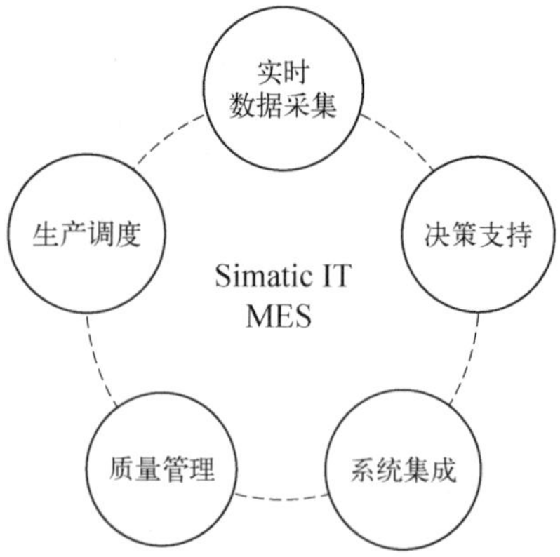

图 7-32 Simatic IT MES 功能图

① 实时数据采集。Simatic IT MES 通过传感器和物联网技术，实时采集并监控生产过程中的各类数据，确保生产过程的全面透明化。企业管理人员可以在任何时间获取生产状态，实时识别瓶颈并做出调整决策，提升整体生产效率。

② 生产调度。系统能够根据订单需求、设备状况、人员配备等多个因素，智能地进行生产调度。通过优化生产计划，Simatic IT MES 帮助企业减少空闲时间，提高资源利用率，缩短交货周期，从而增强市场响应能力。

③ 质量管理。质量管理是 Simatic IT MES 的一大亮点。系统能实时跟踪每一批次、每一件产品的质量数据，通过统计分析保证产品质量始终符合标准。一旦出现质量偏差，系统会及时发出警报并采取相应措施，避免不合格产品流入市场。

④ 系统集成。Simatic IT MES 能够与其他企业信息系统（如 ERP、PLM 等）无缝对接，促进数据的流通和共享。

⑤ 决策支持。通过集成的智能数据分析工具，Simatic IT MES 能对生产过程中的海量数据进行深入分析，为企业管理层提供决策支持。这些分析结果不仅帮助企业优化生产流程，还能在未来预测生产趋势，提前应对潜在的生产问题。

西门子 Simatic IT MES 凭借其强大的功能，成功推动了数字化工厂的建设，帮助企业提升了生产效率、优化了资源配置并确保了产品质量。作为数字化转型的重要工具，Simatic IT MES 为制造业提供了从生产计划到质量管理的全方位解决方案，是行业智能化升级的重要驱动力。

（2）数字孪生技术

数字孪生（Digital Twin）作为一种新兴的技术，通过虚拟模型与现实世界相结合，为工业企业提供了一种全新的方式来优化设计、生产和运营。如图 7-33 所示，西门子的数字孪生技术结合了物联网、大数据、人工智能等先进技术，使得虚拟世界与现实世界无缝对接，融入智能制造和数字化工厂的建设中，从而实现对产品生命周期的全面监控与优化。

① 西门子数字孪生的核心组成：

a. 物理对象与虚拟模型的融合。西门子的数字孪生技术将物理设备、产品或生产系统的详细信息转化为数字（虚拟）模型。这些数字模型不仅包括设备的几何信息，还涵盖了它们的性能数据、工作环境和历史运行记录。通过不断采集实时数据，数字孪生能够动态更新，确保虚拟模型与物理对象始终保持一致。

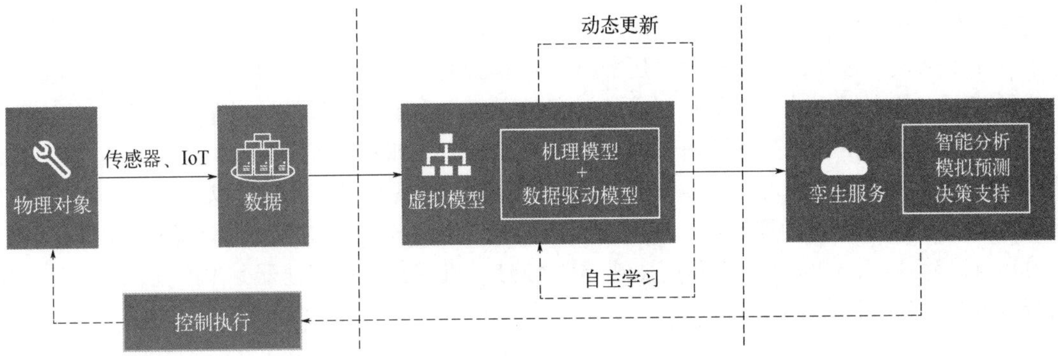

图 7-33　西门子的数字孪生技术

b. 数据采集与实时反馈。数字孪生的关键在于数据的实时采集与反馈。西门子利用传感器、物联网技术和自动化系统，实时监控生产设备、产品以及生产过程中的各项参数。数据从现场设备中采集后，通过云平台或本地服务器传输至数字模型中，实现对生产过程、设备状态和产品质量的全面掌控。

c. 分析与优化。西门子的数字孪生技术不仅仅是一个虚拟模型的展示，它通过智能数据分析与机器学习算法，帮助企业进行预测性维护、流程优化和生产决策支持。例如，通过分析设备的运行数据，数字孪生能够预测设备可能出现的故障，提前进行维修安排，避免生产停滞，降低维护成本。

d. 虚拟仿真与测试。数字孪生还能够用于产品设计与测试阶段，通过虚拟仿真技术对产品或生产线进行多种方案的模拟与验证，减少物理原型的需求，加速研发过程。设计师和工程师可以在虚拟环境中进行不同操作条件下的测试，确保产品的性能和可靠性。

② 西门子数字孪生技术的优势：

a. 提高生产效率与灵活性。西门子的数字孪生技术通过实时监控和数据分析，帮助企业发现生产过程中的瓶颈和问题，快速进行调整，提升生产效率。同时，数字孪生还支持生产过程的灵活配置，能够根据订单需求动态调整生产计划，实现生产资源的最优利用。

b. 优化产品质量与减少缺陷。通过数字孪生技术，企业能够在产品设计、生产和维护过程中实时监控产品的质量。通过实时数据反馈，企业能够及时发现质量问题，进行早期干预，从而减少产品缺陷和返工，确保产品质量稳定。

c. 降低维护成本与延长设备生命周期。数字孪生通过预测性维护帮助企业降低突发故障的发生率。系统能够根据设备的实时数据和历史数据，预测设备的故障模式和发生概率，并提前安排维护工作，避免不必要的停机和维修，提高设备的使用寿命。

d. 支持可持续发展。数字孪生技术通过优化资源使用和生产过程，帮助企业提高能源效率、减轻浪费，进而实现更高效、更可持续的生产。同时，通过减少材料和能耗，数字孪生有助于企业减少碳排放，支持环境保护和绿色制造。

西门子的数字孪生技术通过精准的虚拟建模与实时数据分析，帮助企业全面提升生产效率、优化产品质量并降低运营成本。作为数字化转型的重要工具，数字孪生技术不仅为制造业带来了显著的效益，也为其他行业提供了可持续发展的新途径。西门子的成功应用为全球企业提供了数字孪生技术的典范，成为推动工业 4.0 进程的重要引擎。

7.8.2　法士特智慧工厂建设

陕西法士特汽车传动集团有限责任公司（简称“法士特”）是商用车变速器生产基地和世界

高品质汽车传动系统供应商。法士特作为大型离散制造企业，生产经营环节的智能制造水平决定了企业未来发展水平。在市场经济压力下，企业面临的问题愈发明显，对产品质量、成本要求愈发苛刻，越来越多的个性化定制产品对交付周期产生了巨大挑战，对于制造模式、工艺组织、生产柔性都提出了更高的要求。因此，以智能制造为抓手，推动企业数字化转型，是法士特由传统制造向先进制造迈进，实现企业高质量发展的可行路径。法士特以“工业 4.0”和“中国制造 2025”核心理念为指导，开展高端商用车先进制造与信息技术融合的智能（智慧）工厂建设项目，建成年产 20 万台 S 系列变速器、AMT（机械式自动变速器）生产基地——法士特高智新智慧工厂（图 7-34）。

图 7-34 法士特高智新智慧工厂生产线

（1）建设内容

① 数字化工厂。在高智新智慧工厂建设中，通过多个系统的互联互通，实现了全生产要素数字化和业务流程数字化的工厂全面数字化，包括 MES（制造执行系统）、ERP（企业资源计划）系统、QMS（质量管理系统）、MDC（生产数据中心）、DNC（分布式数字控制）程序管理系统、EAM（企业资产管理）系统、PLM（产品生命周期管理）系统、WMS（仓储管理系统）、BI（数字运营中心）等。着力于打通上下游数据壁垒，以软件定义制造，将订单-物流-制造-交付的环节用信息化系统进行流程化的打通，实现各个业务数据的互联互通，使生产过程更透明，支撑全过程业务数字化，为生产赋能。

a. 生产管理数字化。构建以 MES 为核心的智慧生产管理平台，实现工艺协同数字化、生产调度管理数字化、生产过程管理智能化、现场物料和在制品管理数字化、生产运营监控可视化、过程质量管理数字化、车间异常管理数字化和人员绩效管理数字化。

b. 物流管理数字化。通过将 SRM（供应商关系管理）、ERP、WMS 高效集成，打通上下游企业的数据，实现采购供应可视化。智能 AGV 应用 SLAM+5G 等先进技术，实现路径自动优化的 24 小时持续作业，结合高密度仓储，实现生产物流智能化。将 OTD（订单到交付）、ERP、MES、WMS 等系统深度集成，实现销售物流端到端的客户订单管理实时追踪。从入厂物流、厂内物流、出厂物流三方面构建 C2M（客户到制造）模式下物流与信息高效协同的全流程透明化管控模式，提升供应链效能和可靠性。

c. 设备管理数字化。依托 EAM 系统建设数字化设备管理平台，实现设备全生命周期管理。

将设备的点检、维修、保养三大模块紧密连接，形成故障的发现-解决-提高的闭环管理。同时基于故障分级实现设备自动预警、工单自动推送，并对关键设备的健康状态进行在线故障诊断，实现预防性维护。同时，针对备品/备件做到安全库存管理、备品/备件追溯和备件消耗管理，实现设备透明化管理。

d. 质量管理数字化。对生产过程中的人、机、料、法、测、能数据进行采集，建立总成质量档案，提出基于大数据分析的全流程质量追溯方法。通过构建大数据信息平台，抽取、计算、存储各系统中数据，打通各信息系统壁垒。通过追溯查询条件定义，实现齿轴类零件制造加工过程正向、逆向的全流程质量追溯管理。

② 智能化工厂。

a. 数字孪生。采用数字孪生并行建厂的思路，实现智能化工厂全生命周期建设新模式。从方案规划到投产运行的工厂建设全生命周期中，应用七大数字孪生技术，实现了基于工厂建设的全要素三维建模及仿真，通过物理工厂和虚拟工厂的虚实映射，指导工厂全生命周期建设、调试和生产运行。

b. 万物互联。在法士特高智新智慧工厂，通过采集生产现场的各种必要数据，实现了“人、机、料、法、环、测、能”全要素数据采集；通过应用大数据分析等数据应用技术，建立了产线加工效率计算、产线节拍和产能均衡、环境因子监测、能耗分析等多种数据分析模型，用于现场持续分析改进。

c. 黑灯生产。在法士特高智新智慧工厂，借助大数据、云计算等数字化技术，实现自学习、自适应和自决策等 AI 技术支撑的智能场景和生产系统超级自动化，在金属切削加工领域创新实现真正的黑灯生产。在生产现场，构建自动化、稳定化、柔性化和数字化的生产系统，并针对关键加工过程实时采集敏感参数，通过引入诸多 AI 算法，对生产过程实时在线判断是否异常，做到全程无人干预。

d. 智能决策。通过将制造过程中工业知识、数据、算法、方法论等提炼为工业技术，依托大数据湖，采用人工智能、机理分析和大数据分析等手段支撑关键业务的智能决策，打造生产、维保、运营、管理四大方向的多类智能场景，实现了工厂的智能化。

（2）建设成效

在诸多创新技术的加持下，在高智新智慧工厂构建了虚实融合、知识驱动、动态优化、安全高效、绿色低碳的智能制造系统。从规划到投产的时间相较于传统工厂建设周期缩短 15%，生产效率提高 72%，能源消耗降低 14%，交付周期缩短 20%，出厂合格率 100%，同时相较传统生产模式人均产值提高 5.2 倍。

7.9 本章小结

本章围绕智能制造系统的控制体系展开，从单元/工作站级到企业/车间级，系统阐述了控制原理、方法及应用，核心内容如下：

（1）单元/工作站级控制

聚焦智能制造系统控制单元的组成与工业电气控制原理，涵盖电气控制系统、现场总线与通信协议（如汽车制造中的 Profinet 协议），通过反馈控制、补偿控制、自适应控制等方法，实现对单机或工作站的精准控制，例如切削加工智能制造单元的控制优化。

（2）企业/车间级控制

强调生产计划与控制在智能制造中的核心角色，以 ERP（企业资源计划）和 MES（制造执行系统）为核心，通过二者的集成控制，实现生产资源的优化配置、实时监控与反馈、柔性化生产与定制化管理等。典型案例包括西门子数字化建设和法士特智慧工厂，展示了企业级控制如何提升整体运营效率。

（3）控制技术的价值

从底层设备控制到顶层生产决策，构建了“感知-分析-决策-执行”的闭环控制架构，结合智能控制技术（如专家控制系统在水泥生产中的应用），解决了传统生产中效率低、质量管控难等问题，为智能制造的高效协同提供了保障。

思考题

7-1 请说明智能制造系统控制单元的组成。

7-2 为什么说控制器是智能制造系统的核心控制设备？

7-3 可编程逻辑控制器的功能结构有哪些？

7-4 智能制造系统中常用的通信技术有哪些？

7-5 智能制造电气控制系统相比于传统车间电气控制系统有什么区别？

7-6 常用的智能制造系统控制方法有哪些？

7-7 补偿控制的目标是什么？

7-8 简述自适应控制的基本思想。

7-9 企业/车间级智能制造控制系统的基本框架由哪些部分组成？

7-10 ERP 系统和 MES 分别负责哪些生产管理工作？

7-11 实时监控与反馈控制在智能制造系统中起到了怎样的作用？

7-12 智能制造技术如何帮助企业更好地适应市场变化？

7-13 在智能制造系统中，当面临复杂多变的生产环境、不确定的对象特性以及对高质量产品的严格要求时，一般采用什么控制方法？

7-14 传感器可以按照哪些方式分类，又分为哪几类？

7-15 PLC 的应用场景有哪些？

7-16 如何在实际生产中实现 ERP 系统与 MES 的高效集成，以确保生产计划与执行的无缝对接？

7-17 数字孪生技术如何助力企业实现生产流程的优化和设备的预测性维护？

7-18 在智能制造系统的应用中，如何利用数据驱动的决策支持提升资源配置和生产效率？

下篇：应用案例解析

第 8 章

纺织行业西服生产系统的智能调度案例

【本章内容思维导图】

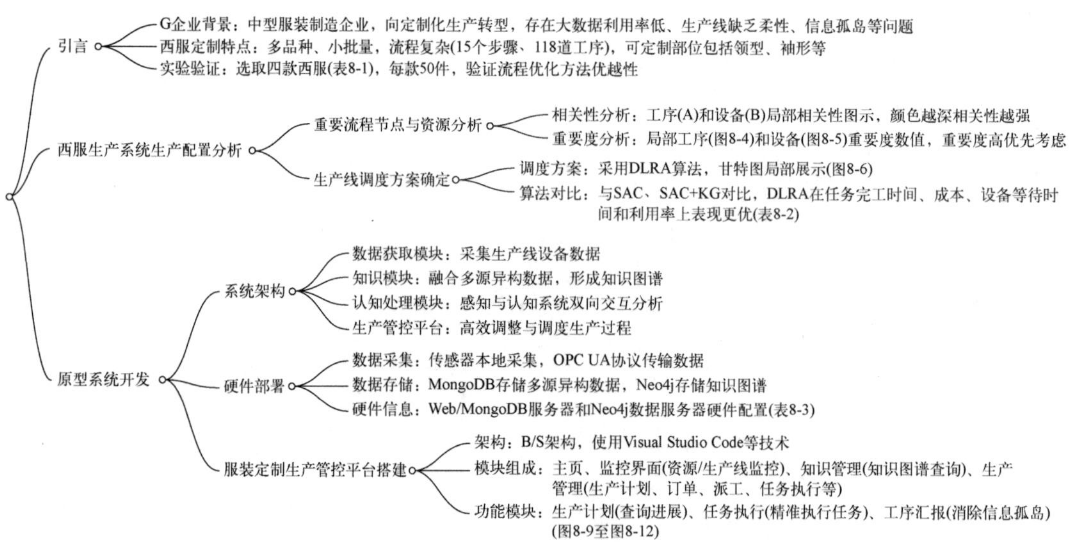

【学习目标】

1．了解西服生产工艺流程，掌握西服生产资源调度流程，熟悉西服生产管控平台组成及使用流程。

2．了解西服生产调度方案需要考虑的因素及优化目标。

3．了解西服定制系统需要采集的数据类型，熟悉领域知识图谱的构建流程。

8.1 引言

由于西服本身的特性与相应的应用场合的特点，要求产品非常适合应用场景、客户气质以及客户的体型，因此每个客户的要求多样。传统的西服的定制流程有试穿款式、量体、选择面料、制作四个主体部分，制作最为复杂，包括黏合、毛衬处理、缝纫、裁剪、熨斗推拔、打线钉、打版、手缝毛壳、修改等步骤。因此，定制化西服的订单具有多品种、小批量的特征，制作流程具有工序复杂多样的特征。为了保证生产效益与效率，需要实现多产品混线生产。生产线针对不同的输入能够快速组合与调配资源，从而实现最小成本与最短完工时间。

本章内容是在科技部研发计划——纺织服装产业链协同制造模式下进行实验研究的，因此本章案例分析主要在项目的合作单位 G 企业进行实验验证。G 企业是一家中型服装制造企业，其中西服是其生产的主要服装产品之一，实际的生产车间局部示意图如图 8-1 所示。

(a) 生产车间　　(b) 吊挂车间

图 8-1 G 公司生产车间局部示意图

基于目前市场需求，G 企业（公司）正在向定制化生产转型。虽然 G 企业生产车间具有一定的自动化能力，目前已经引入了智能化硬件设备，例如自动门襟锁眼机、自动粘衬机和自动开袋机等自动化设备，但是目前 G 公司对车间产生的大数据利用率低，以及存在生产线缺乏柔性和生产车间存在信息孤岛等一系列问题，导致生产定制化服装产品时效率低。

G 公司的西服生产主要的流程如图 8-2 所示，从最初的前身片生产、后身片生产、挂面生产到最后的成品检查，总共 15 个步骤，每个步骤需要一定的工序来完成，总共工序有 118 道。

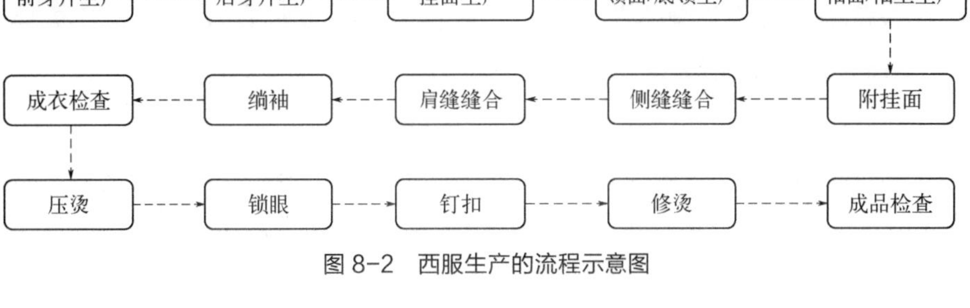

图 8-2 西服生产的流程示意图

G 公司针对西服定制的策略采取的是在基础的款上，用户可以根据自己的偏好与个性对西服各个部件进行选择与设计。G 公司可以进行定制的部位有领型、领台、袖形、门襟、口袋、后背和袖窿等。因此客户可以针对这些部件提出相应的个性化要求，从而实现西服的个性化定制。为了验证下文提出的流程优化方法的优越性，本章选择西服的款式的差异较大，工艺路径较为不同，具体款式的类型如表 8-1 所示。本章定制的产品是表 8-1 所示的四款西服，每款西服定制 50 件。

表 8-1　西服款式类型

款式代号	版型	领型	袖形	口袋	袖窿
#1	欧版	尖领	袖头软衬	无口袋	袖窿无明线
#2	英版	温莎领	袖头标准衬布	左口袋	袖窿明线
#3	美版	立领	袖头厚衬	右口袋	袖窿双明线
#4	日版	方领	袖头标准衬布	左右口袋	袖窿明线

8.2 西服生产系统的生产配置分析

（1）重要流程节点与资源分析

在完成各类款式的西服过程中会涉及工序、设备以及物料，因此需要对构建的知识库进行分析处理。本节主要对生产过程中相应的工序以及设备的相关性和重要度进行计算分析。为了方便后续的描述与表达，相应的工序用代号 A 表示，设备用代号 B 表示，接下来对于每个数据的特征主要是根据相应的代号进行表达。由于西服定制过程的工序有很多，同时涉及的设备也比较多，因此为了清楚明晰地展示，选取了设备与工序各 30 个进行局部展示。首先分析 30 道工序以及对应的设备之间的相关性，如图 8-3 所示。

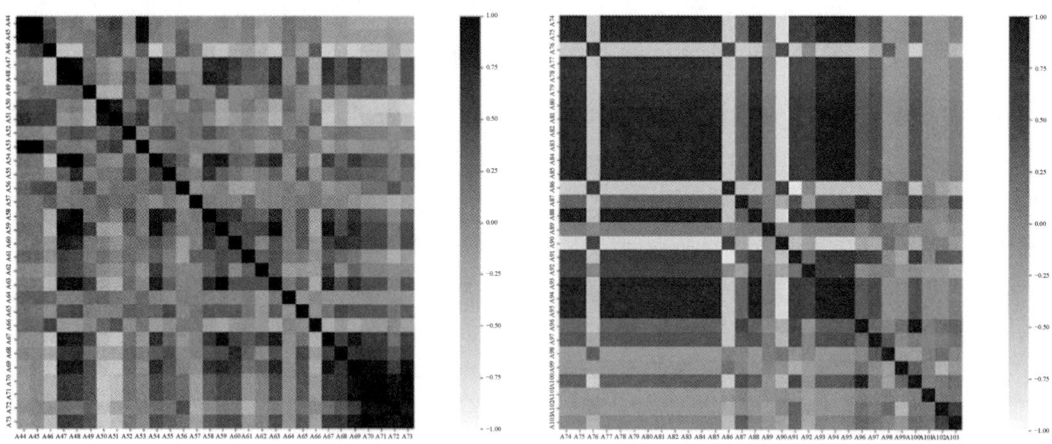

(a) 工序相关性局部示意图　(b) 设备相关性局部示意图

图 8-3　参数相关性局部示意图

图 8-3（a）和（b）中颜色越深表示两者的相关性越强。两个工序或者设备之间相关性越强，表明它们之间的关系越密切，可能它们在生产线上是先后的关系。因此在进行设备分配以及工序调度时需要着重关注相关性强的对象。

完成相应参数之间的相关性的计算之后，再对相应的参数的重要度进行计算。为了方便展示，同样主要展示 30 道工序以及相对应的设备的重要度数值，如图 8-4、图 8-5。

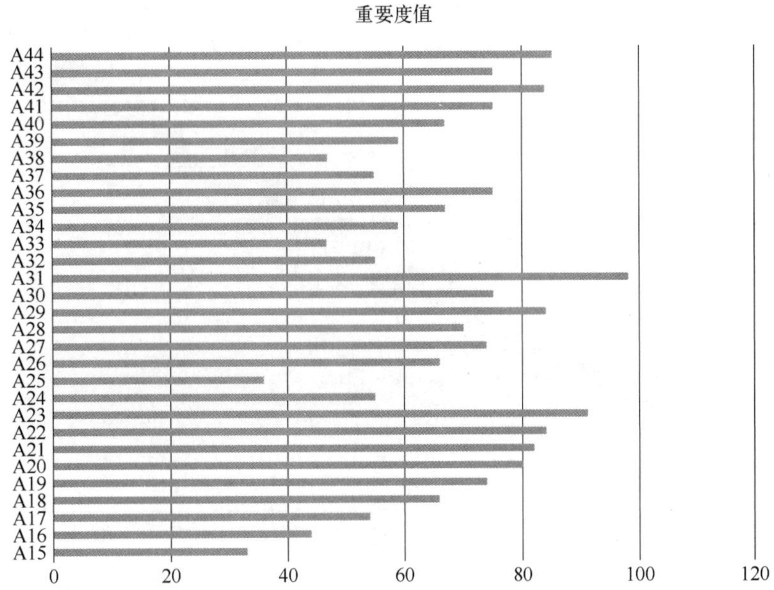

图 8-4　局部工序的重要度示意图

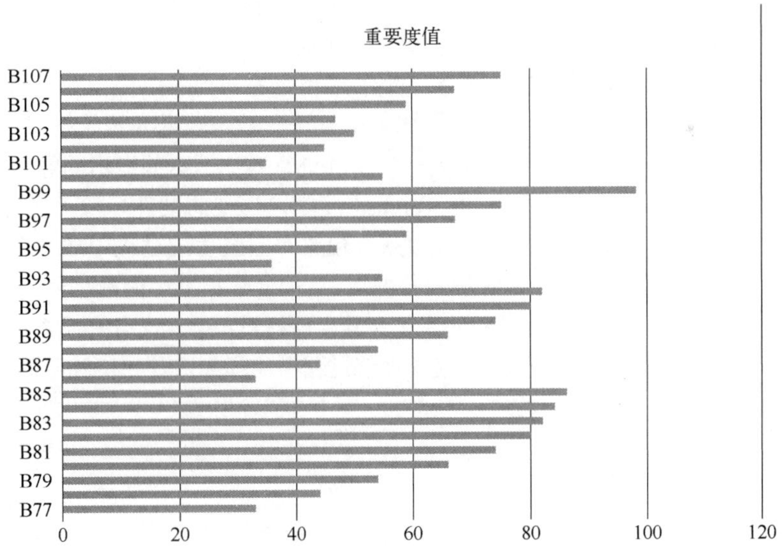

图 8-5　局部设备的重要度示意图

由图 8-4 和图 8-5 可知，每个参数的重要度都不同，重要度高的参数表明在西服定制过程中该类工序和设备占有重要的地位，是在流程优化与资源配置的过程中优先考虑的对象。

（2）生产线调度方案的确定

G 公司的生产线主要用来处理具有少品种和大批量特点的这类产品，因此无法高效地处理多品种、小批量的产品。因此本节需要对定制的四款西服进行生产线调度方案的确定，从而实现混合生产，提高效率与产能。调度方案主要是根据生产要求以及生产车间的实时情况，确定工位以及相对应设备的配置方案，本节主要是采用 DLRA（动态低秩适应）算法来确定四款西服的最终的方案。为了清晰明确地表达出方案，本节采用甘特图的方式进行局部展示，如图 8-6。

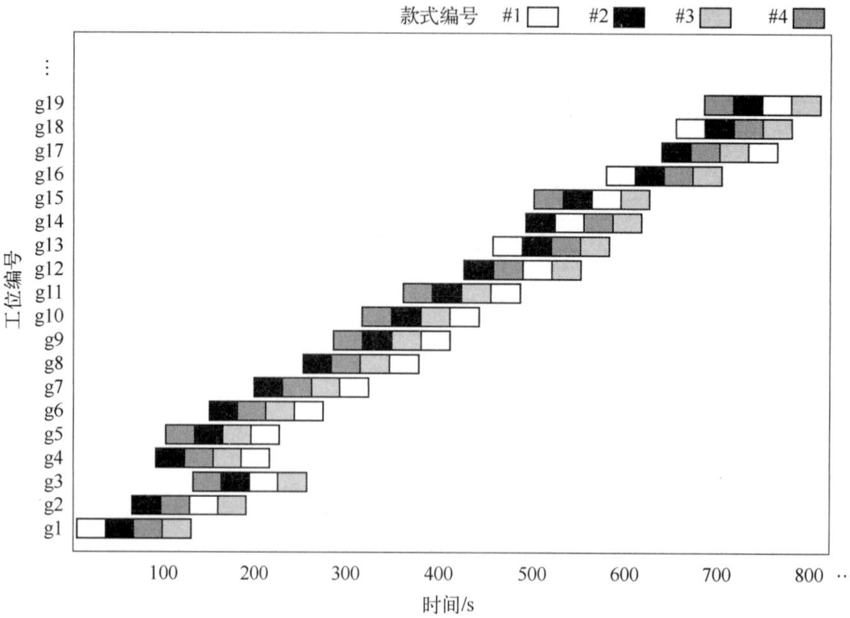

图 8-6　西服定制生产线调度方案

为了验证 DLRA 算法的有效性与优越性，本节将其与其他算法进行对比分析。本节提出的 DLRA 算法基于 SAC（柔性行动者-评论家）算法，因此选择 SAC 作为对比算法。给 SAC 输入的训练数据分为两类：一类是传统数据格式，不形成相应的知识库；另一类是将数据集转换为知识图谱的形式，形成知识库。因此本节将 DLRA 算法、输入数据为传统格式的 SAC 和输入数据为知识图谱（KG）的 SAC（SAC+KG）三种情况进行对比。本节提出的算法在 Windows10 操作系统、GTX 1060 显卡、6GB 显存、PyTorch 深度学习框架的硬件环境下进行模拟。

本节所提出的强化学习的目标是通过参数组合使整个服装生成过程中成本和完工时间达到最小化。服装生成过程产生的数据会实时加入数据集中，因此该模型中的数据集是个动态数据集，该数据集主要包括服装制造（生成）过程的工艺参数、原材料参数和工作相关参数。通过智能体与动态数据集不停地交互，实现模型收敛。模型训练过程中的损失函数和奖励函数如图 8-7 所示。

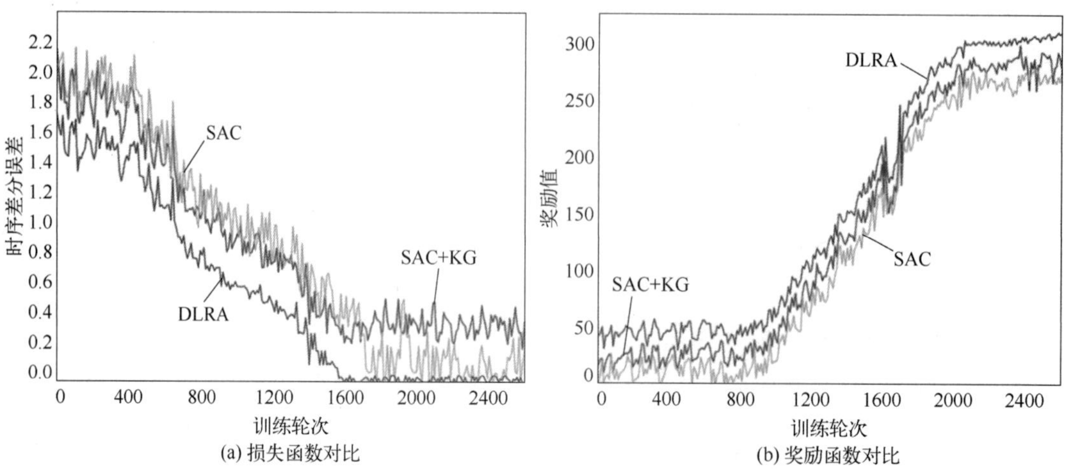

图 8-7　模型性能对比

不同生产方案的性能对比如表 8-2 所示。

表 8-2　生产方案性能对比

性能指标	机制类型			
	DLRA	SAC	SAC+KG	传统
任务完工时间/s	342589	582567	494373	874321
任务完工成本/元	9789	13698	11431	15722
设备平均等待时间/s	7646	9876	8675	12654
设备平均利用率/%	67	59	65	49

从表 8-2 可以看出，由 DLRA 算法制定的方案中性能指标中的任务完工时间、任务完工成本、设备平均等待时间都要低于其他几种方案，同时设备平均利用率得到了提升，因此 DLRA 算法制定的生产方案是最优的。

8.3 原型系统的开发

上述主要选取了部分产品的部分订单量进行了仿真实现，但是在实际生产中，产品的款式是多种多样的，订单量也是参差不齐的。因此为了方便服装生产过程中管理者与工人对生产过程及时便捷地管理，开发了相应的原型系统。这样管理者与工人只要在终端对相应的操作系统进行操作，便能精准地实现对生产过程的管控。接下来将介绍原型系统相应系统架构、硬件部署和服装定制生产管控平台的搭建。

（1）系统架构

本节提出的原型系统的核心功能就是能够实现服装生产过程中物理车间与虚拟知识库之间的交互，因此重点在于服装生产过程中多源异构的数据。本节开发的系统架构如图 8-8 所示，由图 8-8 可以看出，架构主要有数据获取模块、知识模块、认知处理模块和生产管控平台。数据获取模块主要是对西服生产线上各类设备产生的数据进行采集，从而及时获取西服生产物理车间的生产状况。知识模块主要是将从物理车间中采集到的多源异构的数据进行融合分析，形成相应的知识图谱，这样方便后续管理者或者工人对数据的检索与查询。认知处理模块主要由感知系统和认知系统双向交互，对系统的知识进行单元级与系统级的分析处理。生产管控平台主要是对整个西服生产过程进行高效准确的调整与调度。

（2）硬件部署

一个原型系统的运作需要相应的硬件支持，因此需要进行相应的硬件部署。本节提出的系统的硬件主要涉及数据采集与数据存储这两个方面。首先是采用各类传感器对相应的数据进行本地采集，然后再采用 OPC UA 协议将采集到的各类数据传输到相应的 Web 端。上传之后需要将数据存储到 MongoDB 数据库中。之所以选择 MongoDB 数据库，是因为该数据库是一个介于关系数据库和非关系数据库之间的产品，该数据库能够支持各类结构的数据，同时支持的数据结构也可以是非常离散的。因此，MongoDB 数据库非常适合用来存储西服生产过程中产生的多源异构的复杂数据。本节将多源异构的数据转换成的知识图谱存储在 Neo4j 图数据库中，这样便于人员进行相应的检索和运维。整个原型系统涉及的浏览器环境是 Chrome73 及以上，具体的相关硬件信息如表 8-3 所示。

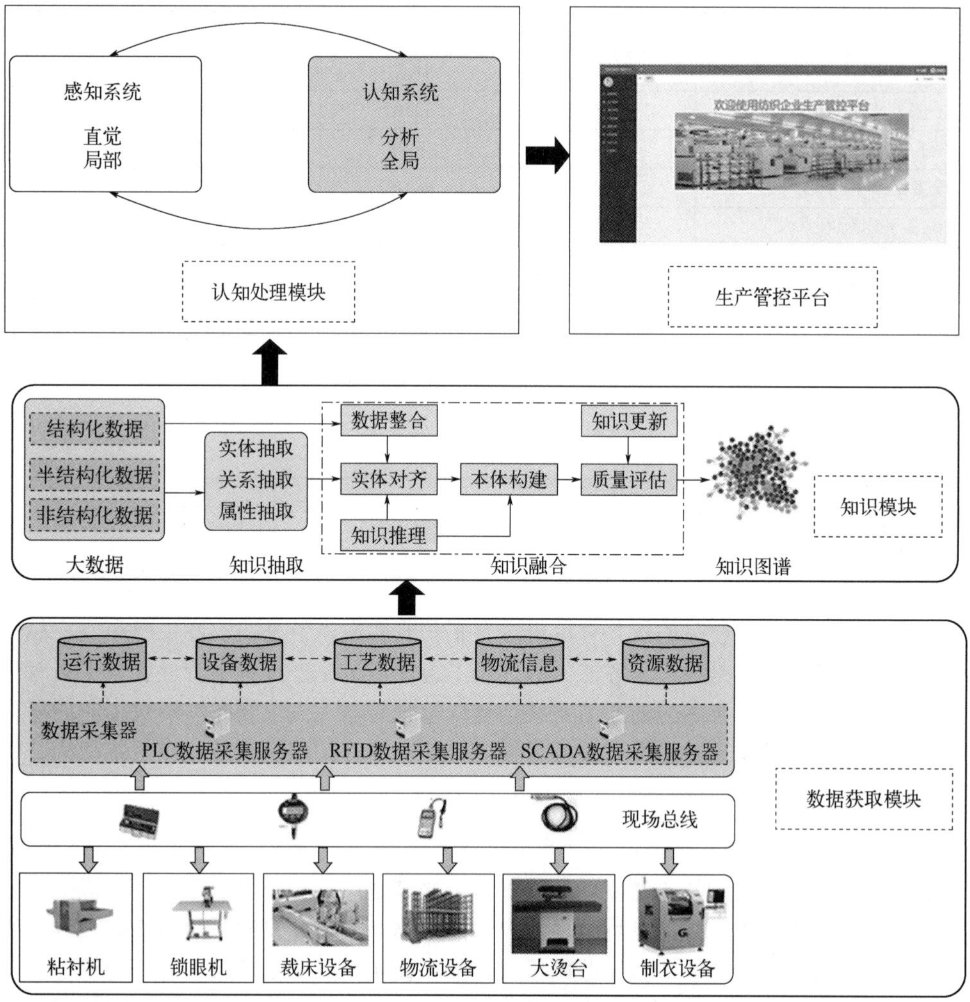

图 8-8 西服定制系统架构

表 8-3 相关硬件信息

硬件类型	CPU	内存	硬盘	操作系统
Web/MongoDB 服务器	Xeon E5-2620 v3×2	64GB	1TB	Ubuntu 18.04 LTS
Neo4j 数据服务器	Xeon E5-2620 v4×2	64GB	6TB×8	Ubuntu 18.04 LTS

（3）服装定制生产管控平台的搭建

本节采用基于 B/S（浏览器/服务器）架构和面向服务的思想来构建服装定制生产管控平台。管控平台采用 Window10 系统，编程语言采用 Visual Studio Code，数据库采用 Neo4j 和 MongoDB,可视化采用 Node、Vue、D3 和 Echart 等技术实现。最终形成的管控平台的示意图如图 8-9 所示。

由图 8-9 可得，这个管控平台主要由主页、监控界面、知识管理和生产管理四大模块组成。其中监控界面主要是对生产中资源以及生产线进行实时监控，方便操作者获得相应的车间资源存储情况与生产线的运行情况。知识管理界面主要是在相关系统中建立的知识图谱，便于操作者进行查询与检索。管控平台中最主要的是生产管理界面，各类生产管理模块形成一个生产工作台。生产管理主要由相应的生产计划、生产订单、生产派工和任务执行等组成，实现对生产线上的生产过程进行管控与调整。本节将对生产工作台中部分模块进行介绍，如生产计划、工序汇报以及任务执行，这三个模块可以实现一个产品的正常生产。

图 8-9　服装定制生产管控平台

由图 8-10 可知，生产计划模块可以针对不同产品发起相应的生产计划，并可以查询当前计划的进展流程、创建时间、交付日期以及发起人的具体信息。在该模块，操作者可以快速准确地获取某个产品的生产计划，方便后续工作的高效展开。

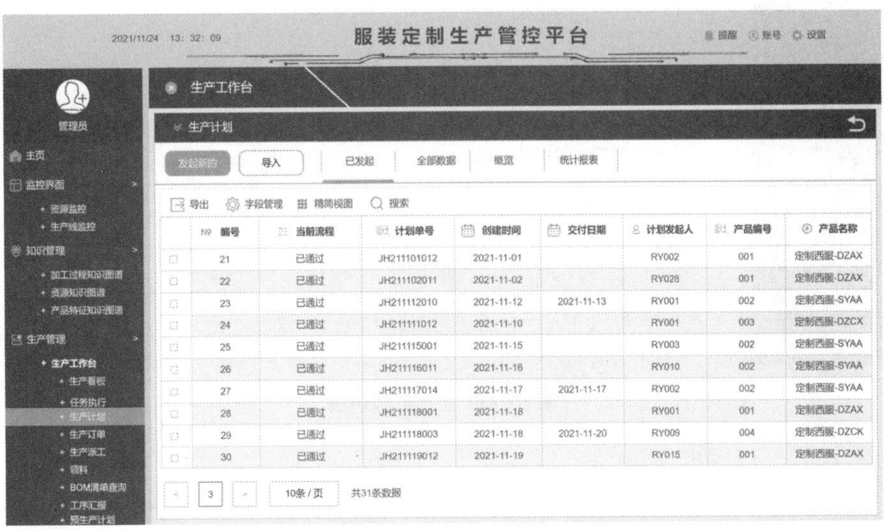

图 8-10　生产计划模块

生产计划确定之后，生产车间需要根据相应的计划完成相应的生产任务，这一过程称为任务执行。如图 8-11 所示，在任务执行模块，操作者可以获取到当前流程、发布人、发布时间、任务编号、任务类型、任务背景以及任务的名称，根据任务的相关信息可以实现精准执行。

图 8-11　任务执行模块

在任务执行过程中，需要获取生产过程中的工序完成情况，因此需要进行工序汇报，如图 8-12 所示。工序汇报模块不仅为车间工人提供上报信息的接口，同时也给管理者提供查看产品工序进行情况的端口，消除了信息孤岛带来的一系列问题。

图 8-12　工序汇报模块

8.4 本章小结

本章以纺织行业西服生产系统为案例，解析了智能制造系统在离散制造场景中的调度应用，主要内容如下：

（1）案例背景与分析

针对西服生产的复杂性，分析了生产配置的核心要素，包括设备、工序、人员等资源的协同的关系，揭示了传统生产中调度效率低、响应速度慢等痛点。

（2）原型系统开发与应用

通过构建智能调度原型系统，整合生产数据与优化算法，实现了生产任务的动态分配、设备负荷的均衡调度及订单交付的精准管控，提升了西服生产的柔性化与高效性，为纺织行业的智能化转型提供了可复用的调度范式。

（3）案例价值

案例展示了智能制造技术如何解决离散制造中多品种、小批量生产的调度难题，验证了智能调度在提升生产效率、缩短交付周期方面的实际成效，为同类行业提供了参考范例。

思考题

8-1　G 公司生产的西服主要经历哪些流程？

8-2　服装定制生产管控平台主要由哪些模块组成？

第9章

复杂薄壁结构虚拟装配样机及其构建分析案例

【本章内容思维导图】

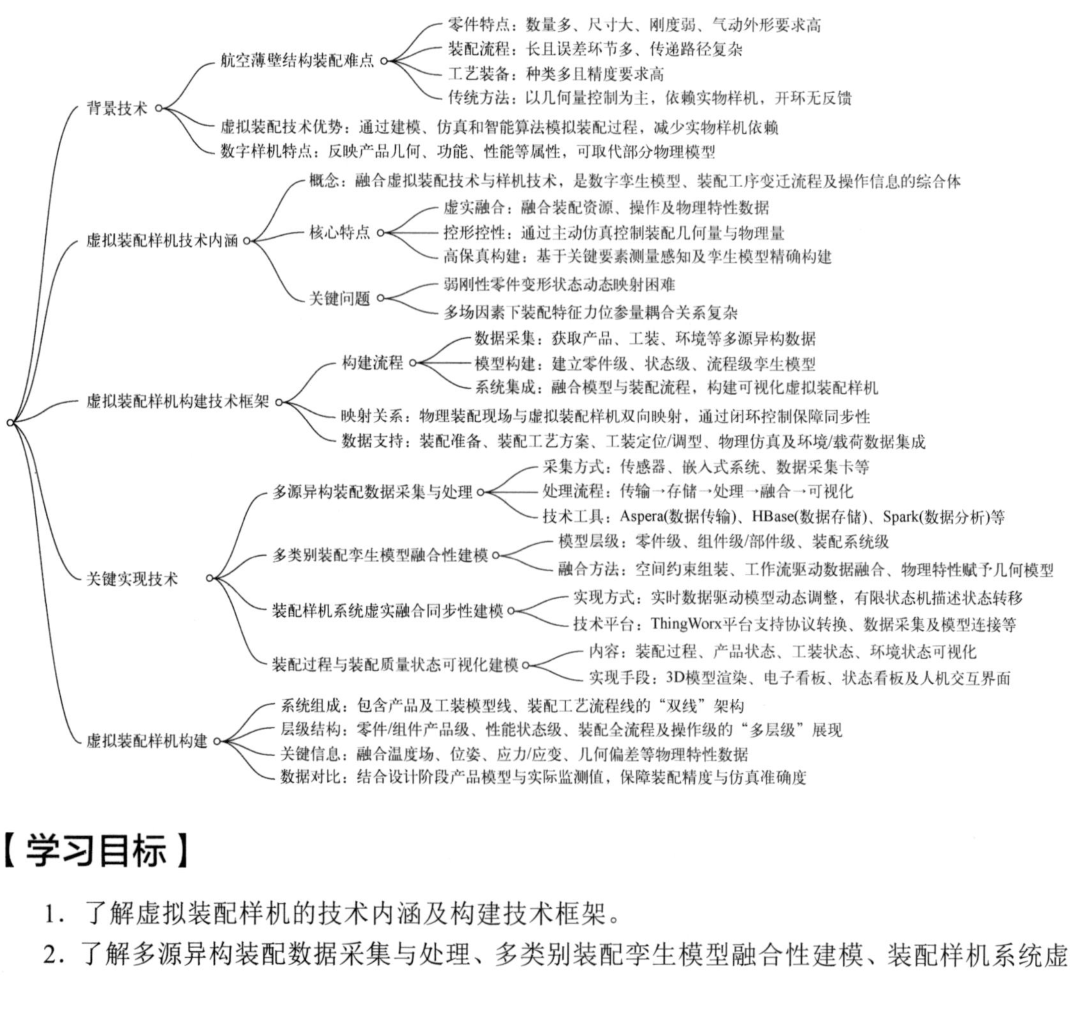

【学习目标】

1. 了解虚拟装配样机的技术内涵及构建技术框架。
2. 了解多源异构装配数据采集与处理、多类别装配孪生模型融合性建模、装配样机系统虚实融合同步性建模、装配过程与装配质量状态可视化建模等技术。

3．熟悉虚拟装配样机高保真动态构建及其实现技术。

9.1 背景技术

航空薄壁结构（图9-1）的装配过程，涉及设计、零部件制造、装配工艺规划、工装定位、制孔连接、测量与检验等复杂工序环节，在型号研制中占据约50%以上的工作量。其装配质量控制面临以下难点：零件数量多、尺寸大、刚度弱、气动外形要求高（需光顺流线）；装配流程长，误差环节多且传递路径复杂；相配套的装配工艺装备种类多，且工装精度通常是产品零部件精度的3～5倍；无法简单地采用公差配合制度保证装配要求，需要复杂而完善的互换协调理论支持。传统及现行以几何量控制为主的装配理论与方法，具有以下典型特点：

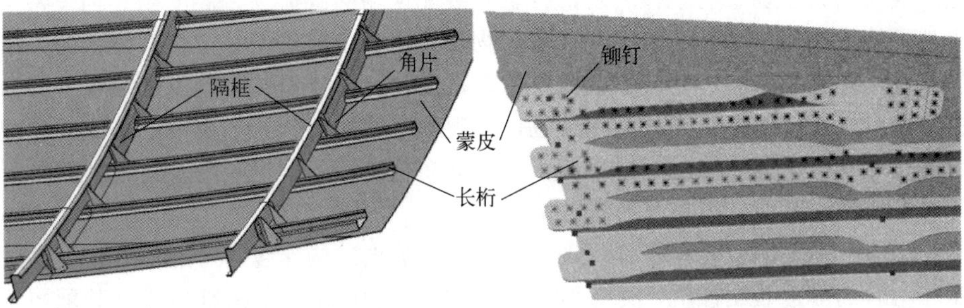

(a) 机身壁板(局部)　　(b) 机翼壁板(局部)

图9-1　典型航空薄壁结构

① 强调“控形”，以装配体几何尺寸精度控制为核心；

② 需要预先制造出大量的实物样机来辅助装配，在物理模型的基础上对产品的装配工艺进行分析与评测，装配验证环境复杂且验证次数多；

③ 属于开环无反馈的装配系统，装配质量保障靠工艺补偿措施及操作者能力。

美国国防部仿真办公室指出，虚拟装配样机是与物理原型系统具有相似功能的系统，可替代物理样机，对候选设计方案进行仿真测试与评估。为减少采用实物样机辅助装配时存在的“被动修配控形”装配质量控制难题，虚拟装配技术与数字样机技术在装配工艺设计及装配质量保障方面得到了发展应用。虚拟装配技术主要采用计算机建模、仿真和智能算法等手段对产品装配过程进行模拟设计，在建立的虚拟环境中对装配工艺过程进行调整、测试与评价，从而得出满意的装配方案。数字样机是对机械产品整机或具有独立功能的子系统的数字化描述，这种描述不仅反映了产品对象的几何属性，还至少在某一领域反映了产品对象的功能和性能。在装配工艺的评估与优化中，数字样机技术以产品CAX/DFX[1]技术为基础，从计算机图形学角度出发，在虚拟环境中，建立描述产品各种设计属性的数字模型，可对产品模型制造、使用、维护等过程进行分析，进而对其进行设计优化。产品的数字样机设计模型通常包含详细的产品零部件细节特征和准确的尺寸参数，并且定义了完整的装配关系和运动副关系，甚至还会包含零件材料

[1] DFX是一组面向产品全生命周期优化的设计方法论统称。

属性、制造工艺参数等内容。这种产品数字化研发技术在一定程度上可以取代设计过程中的物理模型，且同物理样机一样可以展示产品的外观、结构、功能、性能、行为等特性。

针对实现低刚度航空薄壁结构组件/部件高性能装配缺少现场物理特性数据与模型基础的问题，本章阐述了融合现场物理特性约束的航空薄壁结构虚拟装配样机构建及实现技术，为装配过程的拟实化仿真及装配质量的精准控制提供数字及模型依据。

9.2 虚拟装配样机的技术内涵

为实现航空薄壁结构的高质高效装配，本章提出融合现场物理特性约束的虚拟装配样机概念。虚拟装配样机是虚拟装配技术与样机技术的融合体，其本质是产品及工装的多层级数字孪生模型、装配工序变迁流程及装配操作信息的综合体，也就是一个高度拟实化的数字孪生装配系统。通过真实场景全要素的虚拟表示，并融合装配现场的载荷场、温度场等物理特性因素，可以在虚拟环境中进行多尺度的装配几何量与物理量仿真。即借助虚实仿真验证的手段，真实地反映装配现场的实际状态，并用于装配质量数据的预测分析及装配现场工装设备的力位协同调型控制，而且以此反作用于物理装配现场，实现装配性能的预先分析，并获取与装配现场相一致的装配精度与内应力等装配性能数值大小及分布状态。当虚拟装配质量达到要求后，即可开展实际装配工作，从而保障装配质量与成功率。

综上，融合装配资源、装配操作及现场物理特性数据，构建包含产品孪生模型与装配工艺流程数据相融合的虚拟装配样机，实现“虚实融合”，并使用虚拟装配样机进行装配质量的主动仿真以“控形控性”，这一过程具有以下典型特点：

① 以高保真虚拟装配样机为装配依据，可减少实物装配试验次数及简化试验环境；

② 借助建模仿真手段，在虚拟装配环境中，事先验证不同装配工艺方案及工艺参数对应的装配性能、修配区域及修配量，并进行闭环反馈修正，可精准控制装配过程。

如图 9-2 为洛•马公司在集成验证件上的虚实装配。

图 9-2 洛•马公司在集成验证件上的虚实装配

然而虚拟装配样机的高保真构建，是建立在装配关键要素的测量感知及孪生模型的精确构建基础上的。因此，需分析数字孪生模型构建过程所需的基础技术，首先需通过现场测量传感与虚实融合的方式，对装配现场物理特性数据进行在位测量及处理，提供虚拟装配样机构建所需的数据基础；此后，通过基于物理拓扑关系的几何重构，提取装配体配合协调状态的间隙与阶差几何特征、装配内应力状态的演变分布情况，动态高保真构建数字孪生模型，并以此分别构建装配零件级、零件间的装配精度/应力状态级、装配流程级的孪生模型，以及整个装配工装设备系统对应的虚拟装配样机。具体地，通过对装配现场物理特性的测量传感，研究装配孪生工艺模型及虚拟装配样机构建方法，通过对装配单元的“虚实融合”动态及高保真建模，进行装配现场监测、表征以及装配几何物理性能预测，为实现高性能装配的优化反馈控制奠定数据与模型基础。此后，在三维空间内构建装配场景，融合现场装配资源、装配操作步骤，实现面向装配全流程及现场操作的虚拟装配样机构建。即通过三级孪生（零件级、状态级、流程级）与双线孪生（产品线、工艺线）的协同构建，实现“虚实融合”，可用于装配几何物理性能的有效预测及装配作业的有效开展，如图 9-3 所示。

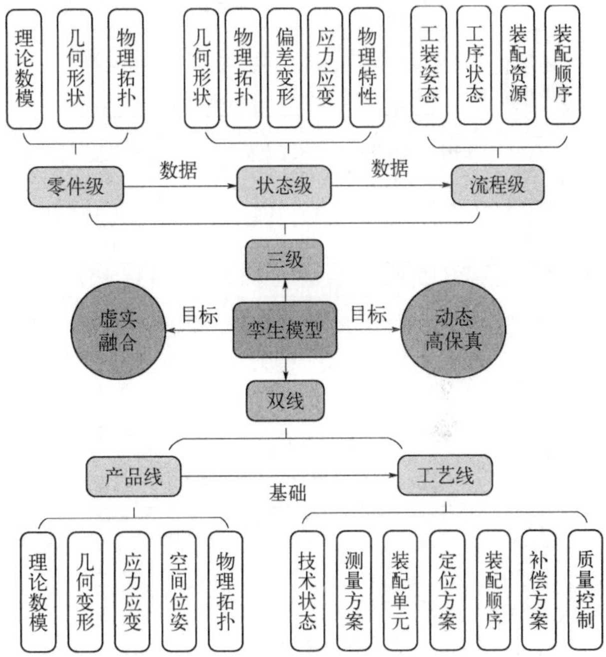

图 9-3　融合真实物理特性的动态数字孪生模型

构建融合现场物理特性的高保真孪生模型及虚拟装配样机，是准确预测装配现场的产品精度、变形、应力状态，以及装配工装系统工作状态适应性控制的基础。在上述技术内涵中，考虑物理拓扑关系的孪生工艺模型动态高保真构建与分析，是虚拟装配样机构建的关键。这是因为装配现场的环境复杂，带曲率的弱刚性零件受装配载荷作用，其变形状态随装配工序的进行会发生变迁，导致型面重构困难，无法在虚拟空间中高效精准地动态映射零件的实际状态；此外，受到装配过程温度场、重力场、外载荷场等“多场”因素影响，关键装配特征的力位参量具有复杂的动态耦合关系，导致难以准确计算与定义零件间的装配间隙/阶差协调状态、应力分布状态，以及根据装配进程变化进行的状态动态更新，导致装配过程物理信息难以作为孪生系统构建的基础。因此，通过对零件偏差状态、装配变形及应力状态的测量传感，动态重构融合装配现场物理特性的几何模型及装配性能参量间的拓扑关系，实现零件级、装配状态级的虚拟装配样机高保真构建，是实现数字孪生“虚实融合”建模及高性能装配验证分析的关键。

9.3 虚拟装配样机构建技术框架

根据采集到的多源异构数据与构建的多维度孪生模型，结合装配工艺流程与工艺节点，融合产品状态、装配工装设备状态及装配环境状态，通过装配数据处理、多层次模型组装等操作，构建具备反映装配单元作业过程及装配质量状态的可视化同步显示等特点的虚拟装配样机，实现基于工序状态变迁的真实装配场景映射，如图 9-4 所示。此后基于虚拟装配样机，可为装配工装设备的力位协同控制及装配过程质量的预测、分析与闭环控制提供数据与模型基础。

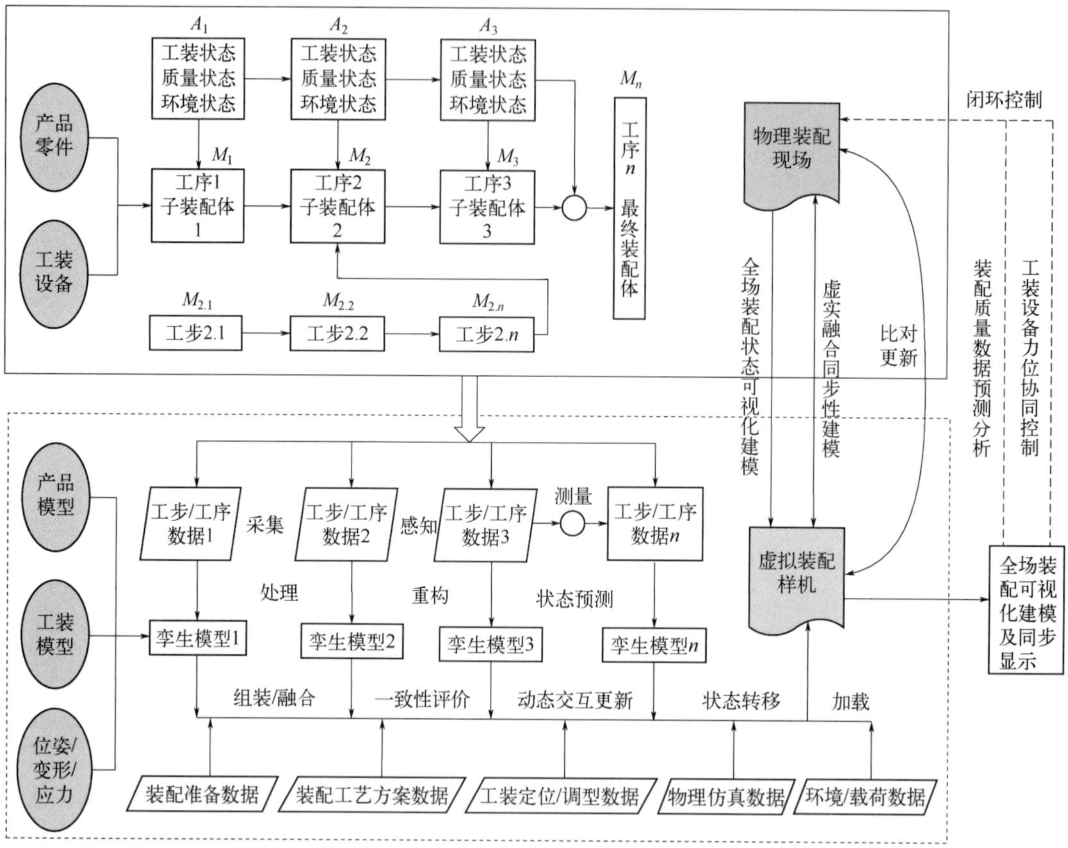

图 9-4 基于工序状态变迁的虚拟装配样机模型构建

在虚拟装配样机具体构建过程中，首先需明确物理装配现场（图 9-4 实线框所示）与虚拟装配样机（图 9-4 虚线框所示）之间的映射关系：借助物理装配现场的装配状态可视化建模与虚实融合同步性建模等手段，并通过两者的比对分析，构建虚拟装配样机以反映物理装配现场的真实情况。此外，通过虚拟装配样机的全场装配可视化建模及同步显示，借助闭环控制的手段，完成装配质量数据的预测分析及工装设备的力位协同控制，以此反作用于物理装配现场，保障虚实融合的同步性及以虚控实的准确性。具体地，在物理装配现场中，不同工步/工序对应的子装配体会随着装配工序的进行，在装配工序 n 上形成最终装配体。在每个装配工序对应的孪生模型构建中，均需要考虑产品零件制造误差状态、工装服役状态、产品的装配状态，以及装配环境状态等信息，这些数据及模型也是依据各工步/工序信息进行采集、感知或测量的对象。结合在装配过程中从不同工步/工序中采集到的产品位姿、装配变形及内应力分布状态等数据，通过对上述多源异构数据的处理、不可测部位的质量状态预测操作，以及模型的精确重构等预处理工作，建立多个与各工序相对应的孪生模型。此后，通过各层级孪生模型的组装/融合、与装配现场一致性的评价、工步/工序状态转移，以及随装配现场的动态交互更新等操作，将装配准备数据、装配工艺方案数据、工装定位/调型数据、物理仿真数据、环境/载荷数据等集成到一起，加载至完整的虚拟装配样机中。

9.4 虚拟装配样机构建关键实现技术

依据虚拟装配样机的定义及技术内涵，为实现虚拟装配样机所具备的功能，其涉及的关键实现技术主要包含四个方面，即多源异构装配数据采集与处理、多类别装配孪生模型融合性建模、装配样机系统虚实融合同步性建模、装配过程与装配质量状态可视化建模，具体的构建实现方式如下：

（1）多源异构装配数据采集与处理技术

数据不仅是装配场景实时可视化显示的驱动源，还为虚拟装配样机中的仿真计算模型提供数据支持。其采集一般通过人机交互的方式，借助测量感知硬件设备，建立基于多个装配工序流程节点的装配过程数据采集模型，将数据直接上传至计算机终端和软件系统中。对于装配现场操作前的数据类型，可在工艺流程节点上加载基本信息与执行装配工序所需的所有工艺设计信息，通过工艺系统采集上传至服务器。对于装配过程中涉及的质量与运行数据，通常基于当前装配单元的装配工作流程开展，比如工步/工序流程节点，通过硬件设备采集系统反映产品工艺状态和质量状态、装配工序状态（如工序是否稳定）、制造资源状态和环境状态等。在多源异构数据采集完成后，为构建后续的孪生模型及虚拟装配样机，还需进行复杂的数据处理等工作，具体流程如图 9-5 所示。

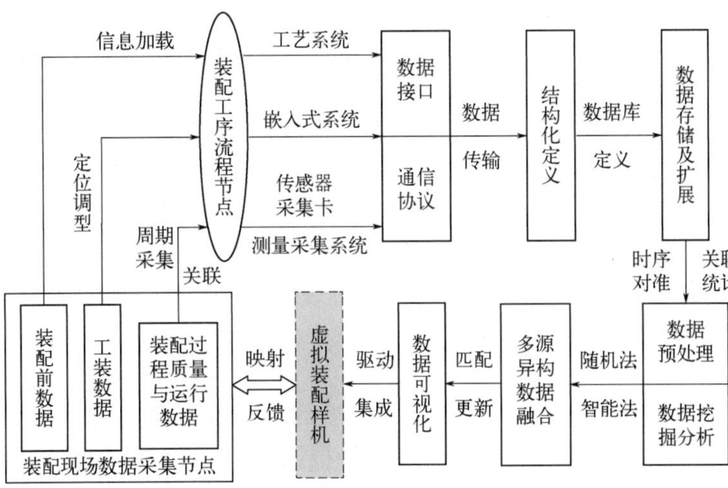

图 9-5　面向装配虚拟样机构建的多源异构装配数据采集与处理方法

① 数据采集：在各类装配工艺数据及产品质量数据采集节点上，基于各类传感器对应的信号采集和分析系统，可通过软件 API（应用程序接口）打开的数据库接口来收集软件数据，并与 MES、ERP 等系统关联。除装配前数据与装配过程质量与运行数据类型外，对于装配流程数据，可由装配节点组成的串并联链表进行表示，在进入下一个装配工艺节点或装配工艺状态变更时，建立数据周期性采集更新模板，用于驱动模型运转与后期装配作业过程追溯。对于装配工装设备，采集的物理设备实时动作数据，还包括设备各子节点的调型动作数据，可借助嵌入式系统、各类位移传感器、力传感器实现装配设备的数据采集。

② 数据传输：通过配置多源异构的数据接口与标准通信协议，根据传输协议 FTP/HTTP、访问方法、多址方案、信道多路复用调制和编码以及多用户检测等技术，实现数据在不同系统间的传输，用于装配单元现场底层数据和上层生产装配计划信息的集成。其中 Aspera 数据传输工具可支持 Web 界面、客户端、命令行和 API 进行传输，以及计算机、移动设备间的传输，应用效果较好。

③ 数据存储：针对数据的多源异构属性，首先需定义通用的工程数据格式。通过配置 JDBC、ODBC 等数据库接口与通信协议，将采集的孪生模型仿真分析等数据实时结构化存储到数据库中，不同的数据类型以不同的存储结构、存取路径和存取方式进行存储。大数据存储技术，如具体的分布式文件存储（DFS）、MySQL 数据库、NoSQL 数据库、NewSQL 数据库、HBase 数据库，对在装配现场产生的多类型多源异构数据的存储适用性较强。其中，DFS 使多个主机通过网络同时访问共享文件和目录；NoSQL 能够水平扩展以应对海量数据；NewSQL 数据库是一种新的可扩展的高性能数据库，不仅具有海量数据的存储和管理功能，还支持传统 SQL 数据库；此外，HBase 是一个高度可靠、高性能的实时速写分布式数据库，可支持半结构化和非结构化数据的存储，以及独立索引和大量瞬时写入。

④ 数据处理：其目的是提取原始数据中对孪生建模以及装配质量优化改进的有用信息，主要包括以下步骤：

a．数据的归一化处理及数据特征提取：通过数据的归一化处理，可将多源异构数据转换为无量纲数据，一般采用 Z-score、Min-Max、[−1, 1]等归一化方法；数据的特征提取用于降低后续学习训练的难度，短时傅里叶变换和小波包分解等方法可提取信号的时频特性，可用于模型的训练与评估、孪生模型的调试与优化等工作。

b．数据预处理与清洗：各阶段装配过程数据、装配质量数据与工装设备数据易产生空值、重复、异常等错误，在装配过程中，需通过时序对准，建立以时空为索引的时空数据模型。

c．数据分析：采用统计方法（如描述性统计、假设检验、相关性分析、回归分析、聚类分析、判别分析、降维、时间序列分析等）、神经网络方法，分析数据间的关联性，以及对数据进行聚类、挖掘、演化与融合。比如 Spark 软件支持多种语言编写数据分析的应用程序。

⑤ 数据融合：通过合成、过滤、关联和集成应对多源异构数据，包括原始数据级、特征级和决策级融合。采用的融合方法主要包括两类：随机方法和人工智能方法。此外，根据数据采集方式、数据类型及存储方式的不同，可分为实时数据/在线数据/离线数据融合、物理数据与模拟数据融合、结构化数据与非结构化数据融合。Spyder 软件可支持 Python 转换的常用数据融合工具。

⑥ 数据可视化：以直接、直观和交互的方式呈现数据分析结果，用于实时监控和快速捕获目标信息，并使用实时数据流周期性地更新数据。根据可视化原理，通过从数据库中匹配多层次协同可视化所对应的数据，将其作为装配作业过程转换和状态展示更新的驱动数据源，具体可采用基于几何的技术、像素导入技术、基于图标的技术、基于层的技术、基于图像的技术等方法实现。开源软件 Echarts 可为大量动态数据提供直观、生动和自定义的数据可视化方式。

综上，利用各种传感器、嵌入式系统、数据采集卡等对装配现场的数据进行实时采集，通过 MTConnect、OPC UA、MQTT 等协议规范传输至虚拟装配样机数据库中。相应地，实时读取数据库中的融合数据、关联数据等驱动动态仿真，以事件触发为启停信号，驱动虚拟设备模型动态映射，从而转化为控制指令。此后孪生数据库中经处理的数据或指令可通过 OPC UA、MQTT 等协议规范传输并下达至装配现场执行器，反馈给物理装配现场。此外，还可通过 Socket、RPC、MQSeries 等软件接口实现孪生模型与装配单元系统的通信，基于孪生模型所产生的操作指导、专业分析、决策优化等结果以应用软件的形式提供给装配工艺人员，通过人机交互操作实现对装配现场的控制。

（2）多类别装配孪生模型融合性建模技术

由虚拟装配样机的内涵可知，其具备多维度属性与多尺度属性。产品自身状态、装配现场工装运行及调整状态、物理环境状态、装配工序变迁状态，再加上设计数模，共同组成虚拟装配样机，样机的表现形式分为多个层级并包含产品和装配流程及操作。具体地，根据以上描述，多维度属性是指虚拟装配样机包含的物理、模型、数据属性。物理属性反映装配现场的装配状态；样机包含的模型，主要包括可视化模型、计算模型、数据模型三种类型。其中，可视化模型主要用于实现装配过程状态的同步映射，包含装配体的几何与物理模型；计算模型主要用于中间装配状态、装配质量的预测分析；数据模型主要包括基于工作流的装配过程数据，通常基于 BOM 实现装配过程数据的层次化管理。多尺度属性是指虚拟装配样机包含产品零件级、组件级/部件级孪生模型，以及由产品装配模型与装配工装设备组成的整套虚拟装配样机系统。为实现产品零件级与组件级孪生模型随装配流程的融合，需以装配工作流为基础进行建模，建立各尺度模型间的关联关系，以及多维度模型间的集成关系。此后还需对融合后的模型进行验证与校正，在模型精度不符合真实装配场景时，需采取措施对融合后的模型进行更新，从而实现虚拟装配样机的高保真构建，真实地展现装配现场物理实体的装配性能状态，具体流程如图 9-6 所示。

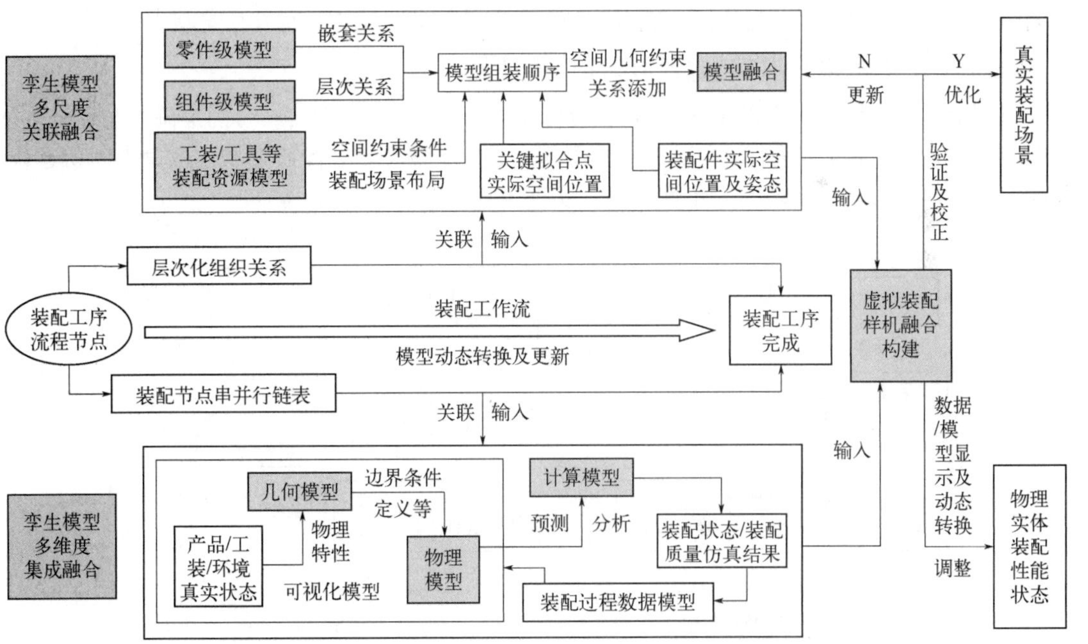

图 9-6 多类别装配孪生模型融合性建模方法

为实现虚拟装配样机的融合性构建，需在第一步完成各类尺度零/组件孪生模型与装配工装模型的组装，即从空间维度出发，建立多级别孪生模型间的空间位置、空间姿态等关联综合关系。在实现方式上，首先，采用层次化的结构形式组织装配资源模型，建立模型间的父子嵌套关系，并描述子节点模型在父节点坐标系中的几何位置，对叶节点进行三维建模，依据层次组合模型最终建立与实际装配场景相一致的虚拟装配场景。具体地，根据所需构建模型的层级关系与模型的组装顺序，在组装过程中添加合适的空间约束条件，比如零部件之间的角度约束、接触约束、偏移约束等约束关系，以及装配工装设备与产品之间的空间布局关系，从而基于构建的各类别模型的约束关系与模型组装顺序实现模型的组装。由于虚拟装配样机中需反映产品与工装的真实状态，考虑到薄壁结构装配具有易变形的特质，其相对于理论数模中的位置与姿态会有一定的偏差，因此需要依据关键拟合点在装配坐标系中的实际空间位置，修正并确定模型间彼此的空间位置及姿态关系。

在模拟组装的基础上，需结合具体的装配工况与现场物理特性实现各类模型更深层次的融合，即采用基于工作流的数据管理思想，对产品线与工艺线间所涉及的可视化模型、计算模型和数据模型进行有机融合，形成面向装配过程的虚拟装配样机。在具体的实现方式上，首先，将工艺流程节点、数据采集节点与装配工序相关联，构建出由装配节点组成的串并行链表；其次，结合具体的装配场景与装配工序过程，根据所感知获取的产品状态、装配工装状态与环境状态，将装配现场物理实体的真实物理特性赋予几何模型，以此构建装配物理模型，比如装配过程几何量与物理量对应的传感器数据可用于定义几何模型的实时边界条件；然后通过该物理模型在虚拟装配环境中分析物理实体的装配几何精度与内应力性能状态；随后，通过流程节点相关信息的加载，如装配工艺基本信息、工艺卡、BOM、质检信息、三维装配动画等，体现执行当前工序所需的所有装配信息，并将产品的可视化模型关联到该产品的装配工艺流程、装配工序完成情况、目前所属状态等具体信息，从而在产品和工装模型上直观显示真实感知数据及虚拟仿真结果，实现可视化模型、计算模型和数据模型在虚拟装配样机系统内的融合；最后可通过薄壁结构装配模型随装配现场及产品实物装配的动态转换，综合反映物理实体的装配工作过程及质量状态。

（3）装配样机系统虚实融合同步性建模技术

以薄壁结构装配过程中采集的实时几何/物理数据为驱动，在虚实结合的准确性与逼真性基础上，使可视化模型同步进行，实现三维模型的动态装配调整及装配质量状态的动态映射过程，即虚拟装配样机与装配现场的同步性建模，实现流程如图 9-7 所示。

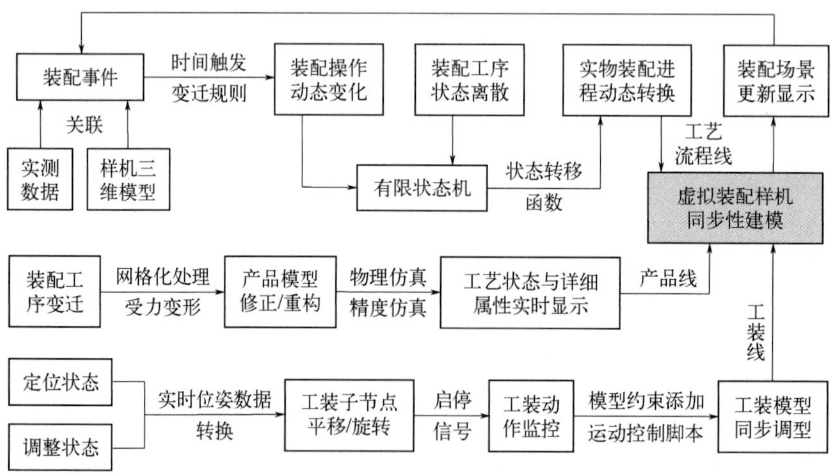

图 9-7　装配样机系统虚实融合同步性建模方法

具体地，在工艺流程的顺序基础上，构建装配工序与产品的可视化模型，对产品工艺状态变化、工装设备定位和运行调整状态进行虚实同步映射，形成装配过程的数字化镜像。在实现方式上，首先，建立装配事件，并将其关联到对应的实时采集（实测）数据及虚拟装配样机三维模型中，随后引入时间触发及变迁规则，展现虚拟装配样机对应装配操作的动态变化过程；其次，根据工艺流程确定正在进行的工序，依据实测数据，并考虑航空薄壁结构的物理属性和装配受力变形等因素，将修正或重构后的产品三维模型转化为相应工艺阶段的模型，对工艺状态与详细属性进行实时显示，保障构建的虚拟样机装配系统具有较高的拟实性，直观地反映装配工序变迁后的真实现场情况；再次，基于所建立的装配现场测量感知系统、定位器运动控制系统和建模软件系统之间的网络连接，根据工装设备末端的实际工作状态，即工装定位位置误差以及受力变形，以及在定位调姿过程中的运行调整状态（比如，各运动方向上的调整位移、顺序等运行参数），通过数据驱动指令控制的手段，选取合适的带自动更新功能的运动控制脚本，并用实时位姿数据对其进行赋值；最后将工装调型动作转化为工装各运动轴子节点的平移与旋转变换，以工装启停信号启动与结束设备的动作监控，并在三维模型上添加相应约束使真实位置与联动机构的运动保持一致，以实时位姿数据为驱动实现装配定位的虚实同步调型映射。

此外，针对虚拟装配样机的动态性构建问题，按照不同的装配工步/工序，首先将其离散为多个状态，并采用有限状态机描述装配状态转移机制，将完工后的当前工序作为状态转移的条件；随后定义状态转移函数，来判断装配状态是否发生转移。状态转移的过程反映了产品工装模型及装配操作随着实物装配进程发生的动态转换，反映了虚拟装配样机的逐步建模过程，从而精准动态地形成装配过程的数字化镜像。

在虚拟装配样机系统同步性建模的具体实现介质上，ThingWorx 平台可提供工业协议转换、数据采集、设备管理、大数据分析等服务，充当传感器与数字模型之间的网关，并可将数字孪生模型连接到正在运行的产品，以显示各类传感器数据，并通过 Web 应用程序分析建模结果。因此，此平台在实际工程中的应用范围较广。

（4）装配过程与装配质量状态可视化建模技术

在各层级装配孪生模型和实时数据的支持下，以各装配工步/工序流程为节点，建立产品的可视化模型，以此关联该产品的装配工艺流程、装配作业完成情况、目前质量状态等具体信息，从而对动态的装配过程、产品中间/最终装配状态与工装设备的详细属性和状态信息、装配环境状态进行虚实同步映射，并生成关键数据及装配状态监控看板，实现装配过程质量可视化，具体流程如图 9-8 所示。

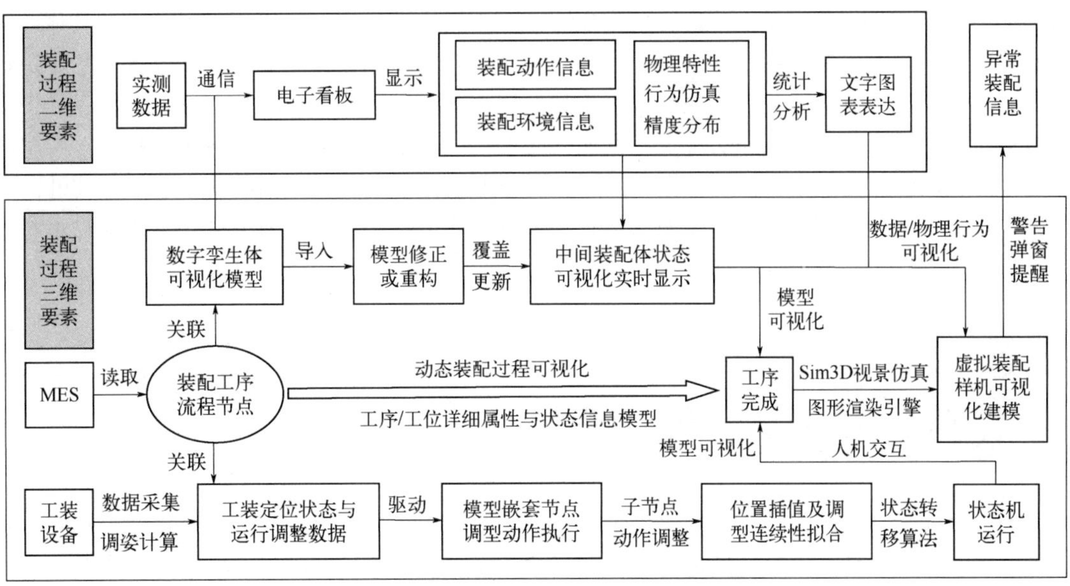

图 9-8　装配过程与装配质量状态可视化建模方法

在可视化建模的总体实现思路上，以几何、物理、行为、规则等层面的实时（实测）数据为基础，建立装配数据与对应装配事件间的关系，对离散装配状态的变迁进行集成演示，进而转化为三维模型多层面的逼真动态显示。此后即可驱动可视化模型的同步运行，实时映射工装设备的装配作业过程与产品质量的实时状态信息，并借助现场状态看板对装配执行过程进行可视化实时监控。

在可视化建模的具体实现方式方面，首先，对于装配进度及状态的可视化，结合 PDM 系统中三维 AO（装配指令）包含的工艺指导信息，读取 MES 中的工艺流程与工序节点、装配过程状态和完工状态所涉及的动态装配操作与装配过程数据采集信息；其次，采用基于 Sim3D 视景仿真的图形渲染引擎，通过 3D 装配模型可视化和 UI（用户界面）数据可视化对当前装配场景进行建模，进行模型的导入和实时生产数据的通信，建立起实时数据和孪生模型间的映射关系；最后，设计状态看板和开发各模型的 C#脚本组件，通过脚本控制装配作业逻辑以及人机交互的方式，综合反映装配单元的工作状态与装配过程可视化同步运行状况。此外，还可通过进度条空间显示、不同工序对应装配状态的切换查看、显示窗口的交互操作进行产品结构及装配细节方面的展示。

对于装配过程中二维要素的监控，主要借助电子看板及三维标注手段，在实时数据驱动下，按照装配工艺流程更新相关数据和生产统计信息，如装配工步/工序进度、工序完成情况、环境状态等，通过文字、图表等方式详细展示装配现场数据。其中，当前工步/工序下的详细质量数据可视化，主要包括所属薄壁结构产品、质量数据上下限值、质量数据采集时间、质量数据历史采集数值和质量数据预测数值，在可视化界面上还可观察到质量数据的统计信息，如均值、标准差、统计量等。

为实现装配过程中的三维监控，首先，基于装配单元数字孪生体可视化模型，根据采集的监测数据和工艺过程质量数据，通过在不同装配工艺阶段的工步/工序几何状态与物理状态更新，对产品各级孪生模型进行修正或重构，实现装配质量状态、工艺状态、装配动作的可视化及实时动态显示；其次，将装配工装设备的定位状态数据及运行数据与相对应的几何模型相关联，即将采集的设备运行参数映射到设备的三维模型上；再次，在工装设备动作数据驱动下各嵌套子节点联合执行动作命令，进行关键实时工序中关键三维模型的变化，结合工装具体的装配平移、旋转等位姿调整动作，也就是各级运动轴节点的动作数据，实时更新位置信息并进行插值处理，拟合出连续的装配调型过程；然后，根据状态转移算法驱动状态机运行，保证工装设备运行状态的同步性，以此实现在不同工位之间的状态转换；最后，使用实时数据对装配环境数据和装配动作进行虚实同步映射，并以人机交互的方式进行多视图的动态展示。此外，对于装配过程中的异常数据消息，可通过警告弹窗进行提醒，还可通过人机交互方式来显示和隐藏各设备和关键的状态信息看板。

9.5 虚拟装配样机综合构建

综上，通过对多源异构装配数据采集与处理、多类别装配孪生模型融合性建模、装配样机系统虚实融合同步性建模、装配过程与装配质量状态可视化建模等操作，结合飞机薄壁结构件典型装配环节及装配全过程场景，建立具有装配场景虚实融合特点的虚拟装配样机系统，如

图 9-9 所示。在虚拟装配样机中，体现了“双线”（产品及工装模型线、多工序装配工艺流程线）、“多层级”（零件/组件产品级、装配精度及内应力等性能状态级、装配全流程及装配操作级）的组织及展现方式；同时，也反映了随装配工序的进行，装配质量在时间与空间维度上的动态更新过程，具体包括产品零组件上架前、上架后、紧固前、紧固后、完成时等装配操作阶段。此外，在虚拟装配样机系统中，通过实测数据虚拟交互及虚拟仿真验证的手段，融合了薄壁结构真实的装配几何与物理特性，包含了温度场、装配件的空间位姿、装配件内部的应力及应变状态、装配几何偏差等信息。与数字孪生模型不同的是，虚拟装配样机包含了装配场景资源信息与设计输入信息，比如装配工装上的载荷/变形/精度的监测数据、使用几何/物理传感测量设备获取的产品几何及变形测量信息、温湿度等装配环境信息。此外，设计阶段的产品模型信息也是虚拟装配模型中不可缺少的关键部分，其一方面作为在虚拟装配样机中进行精度与性能仿真的基础，另一方面其还可与实际监测值作对比分析，作为反映装配性能虚拟仿真准确度的依据，从而切实保障装配工装的高效精确定位与薄壁结构的精准装配。

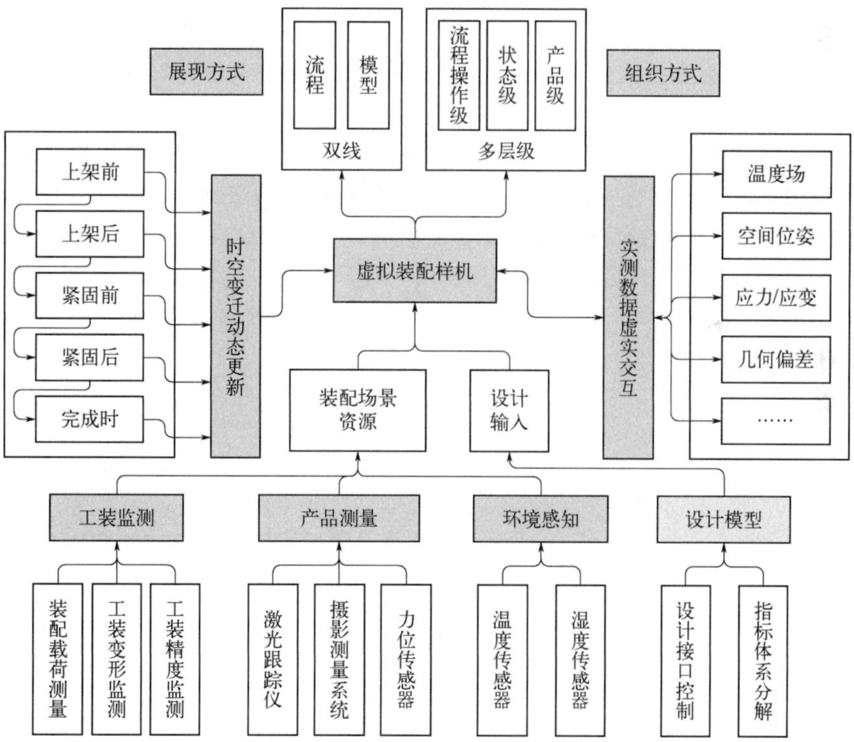

图 9-9　融合动态装配流程、装配操作及现场物理特性的虚拟装配样机综合构建

9.6 本章小结

本章以复杂薄壁结构虚拟装配为案例，探讨了虚拟装配技术在精密制造中的应用，核心内容如下：

（1）背景技术与技术内涵

针对复杂薄壁结构（如航空航天部件）装配精度要求高、物理装配难度大等问题，阐述了虚拟装配样机的技术内涵，即通过数字化建模与仿真，在虚拟空间中模拟装配过程，提前发现装配干涉与误差。

（2）构建技术框架与关键实现技术

构建了包括虚拟装配建模、精度分析、过程仿真等环节的技术框架，关键技术涵盖三维建模、碰撞检测、精度补偿等，实现了虚拟装配样机的精准构建与优化。

（3）案例价值

通过虚拟装配技术的应用，减少了物理样机的制作次数，降低了装配成本，提升了复杂结构的装配精度与效率，为精密制造领域的虚拟装配技术落地提供了实践参考。

思考题

9-1　航空薄壁结构虚拟装配样机的核心技术内涵是什么？与传统数字样机相比，其在融合现场物理特性上有何独特优势？

9-2　多源异构装配数据的采集方式、传输协议及处理步骤有哪些？这些数据如何支撑孪生模型构建？

9-3　虚拟装配样机“双线”“分级”构建措施具体指什么？多类别装配孪生模型融合中，如何实现零件级、组件级模型与装配工装模型的空间关联及动态融合？

9-4　装配样机系统通过哪些技术保证虚实融合同步性？这些技术在应对航空薄壁结构易变形、装配状态动态变化等问题时如何发挥作用？

第 10 章

面向直升机装配生产线虚拟运行的多源数据感知与融合应用案例

【本章内容思维导图】

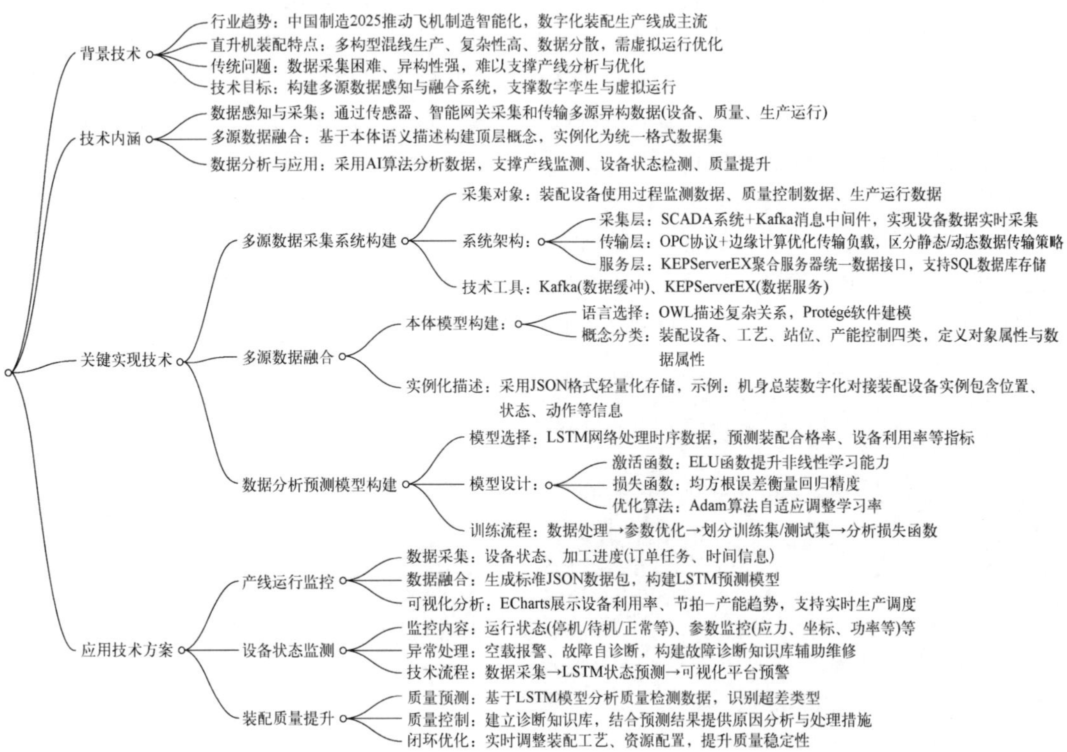

【学习目标】

1. 了解装配生产线中存在的数据来源繁多、描述形式不统一、利用率低等工程问题。
2. 熟悉生产线运行中的多源数据感知与融合技术内涵及其整体框架。
3. 熟悉标准化的生产物联、基于本体的语义描述与基于多源数据的质量映射等方法。

4. 熟悉数据感知与融合技术在生产线虚拟运行状态分析、设备使用状态监测和装配质量提升等方面的应用措施。

10.1 背景技术

随着中国制造 2025 的推动，以及工业 4.0、智能制造的持续发展，飞机制造过程正朝着智能化、信息化的模式不断转型。装配生产线作为飞机制造系统的关键环节，其依据装配工艺流程以一定顺序通过各个工位，其间各类零部件逐步完成安装，通过全部工位后形成完整的产品。在传统的飞机装配生产线中，大量使用了固定工装型架，这种方法在一定程度上保证了装配的稳定性和准确性。但是，随着市场对直升机需求的增大，企业面临提高装配生产效率的迫切需求。为满足市场需求，先进的飞机数字化装配生产线逐渐成为主流，大量采用数字化、柔性化的硬件工艺装备与数字控制系统，如工业机器人、数控定位器以及自动钻铆机等，大幅度提高了飞机的装配质量和效率。如图 10-1 为 F-35 飞机装配生产线。

直升机（图 10-2）具备可垂直起降、低空飞行、无需起飞跑道等特点，在工业生产、抢险救灾、军事行动等方面发挥着重要作用。为满足不同任务的需求，同一直升机产品通常采用多构型设计，虽然产品的具体配置与尺寸大小不同，但却呈现出相似的机体结构，其生产具有多类型、小批量的特点。因此，相较于固定翼飞机，直升机的制造通常具有研产协同、多构型混线生产等特点，其装配生产线往往具有更高的复杂性与紧凑性，相应地，在装配现场配备的不同类型装配执行设备与检测设备往往也需具有更强的产品适用性。同时，直升机的型号众多，难以形成线性制造模式，使装配生产现场的设备采集数据分布相对较为分散，亟需一套能集中管理数据的生产线管控系统。随着信息物理系统与数字孪生理念在制造业的推广应用，现阶段可通过在虚拟空间中构建直升机装配生产线的信息模型，模拟真实的生产线作业过程，为直升机装配生产中的生产线运行优化、设备状态管理和装配质量提升等方面提供有效的解决方案。

图 10-1　F-35 飞机装配生产线

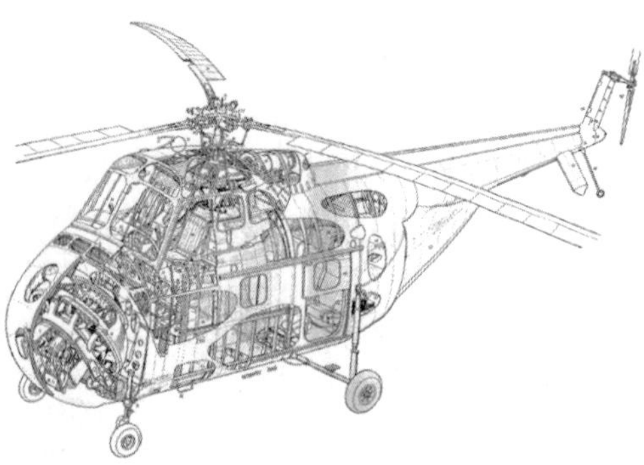

图 10-2　（旋翼）直升机结构

生产线（产线）虚拟运行是一种通过计算机模拟和仿真，在实际生产开始之前对生产线进行测试、优化和验证的技术，其能在虚拟环境中实时模拟装配生产现场的信息状态，可提前发现潜在的安全隐患和生产瓶颈，降低实际生产过程中设备故障和各工序装配不协调的风险。在直升机装配生产线的运行过程中，涉及众多不同类型的装配执行设备与检测设备，以及生产管控数据、装配排产调度结果、物流配送信息、零部件质量参数、工装设备使用参数、质量检测结果等多源异构数据。对于上述不同硬件设备与生产执行数据，存在着采集困难且不充分、结构多样、描述形式不统一等问题，导致数据融合效率低且难以形成符合统一语法描述的信息集合，在实际装配生产中的利用率较低，难以对多装配阶段的产线状态分析与持续优化提供全面而有效的数据支持。因此，为提前发现与预判产线运行过程中存在的问题，以及满足装配产线的虚拟运行要求，需对上述多源异构数据的感知和融合技术进行研究。

本实例解析了直升机装配生产线多源数据感知与融合应用技术的内涵及其构建技术框架，从装配生产线多源数据采集系统构建、多源数据融合技术与多源数据分析预测模型等方面出发，阐述了上述技术在虚拟运行过程中产线运行状态分析、设备使用状态监测和装配质量提升等方面的应用措施，为后续数据驱动的直升机装配生产线数字孪生构建与虚拟高效运行提供优质的数据基础。

10.2 装配生产线多源数据感知与融合应用技术内涵

装配生产线的多源数据感知与融合应用技术是指利用装配生产线上的各种感知元件和安装于装配执行设备上的传感器，从多个装配工位、工序中收集数据，通过语义融合技术，将这些数据整合为一个符合一定描述规则的信息集，并以此为单一数据源，借助数据分析、挖掘技术，实现产线运行监控、设备状态监测和装配质量提升等方面的应用，以提高生产效率与质量。具体来说，该技术内涵包括以下三个方面：

① 数据感知与采集：通过产线中装配执行设备、装配检测单元上的数据接口，对直升机装配生产过程中涉及的生产管控数据、工装设备使用参数、质量管理数据等多源异构数据进行感知和采集。利用智能网关通信协议，将数据传送至数据库进行存储，以便后续的数据处理和融合。

② 多源数据融合：通过本体的语义描述方法，对从不同数据源中采集到的数据进行分析，构建覆盖直升机装配生产线多源数据的顶层概念本体。根据装配设备和装配工艺的相关数据，对本体进行实例化，形成一个综合的数据集，以供后续产线分析或优化使用。

③ 数据分析与应用：对整合后的数据集进行深入分析和应用，涵盖了设备使用状态和产线质量状态监控、产线设备利用率以及产线节拍统计分析等方面。运用人工智能算法等技术手段，从融合得到的数据集中提取有价值的信息和知识，为装配过程的优化决策提供支撑。

在直升机装配生产线虚拟运作中，产生的数据规模庞大、多样化。为充分利用这些数据资源，确保数据采集、存储的完整性和处理的高效性，需执行以下任务：首先，根据直升机装配生产线的特点，从工况、质量和产线运行状态的角度，分析装配现场的信息采集需求，通过选择、部署互联感知设备和数据库，建立面向直升机总装生产线的物联感知网络，并对感知的数据进行存储，完成直升机装配生产线多源数据采集系统的构建；其次，综合分析采集的多源数据，以本体为支撑技术，构建覆盖直升机装配生产线多源数据的顶层概念本体，实现对产线多源数据统一语法格式的语义描述；最后，考虑到直升机装配过程数据具有时序性特征，构建以长短期记忆网络为基础的多源数据分析预测模型框架，通过各项模型参数和采集的数据对模型进行训练与验证，实现对装配产线中多源数据的分析预测。上述过程如图 10-3 所示。

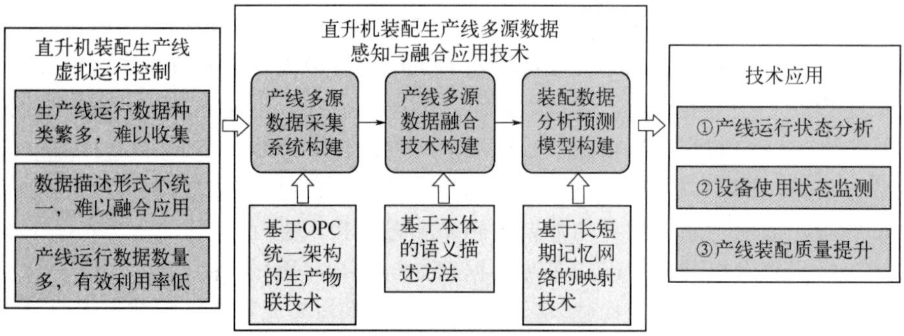

图 10-3　直升机装配生产线多源数据感知与融合应用技术框架

10.3 直升机装配生产线多源数据感知与融合应用关键实现技术

依据直升机装配生产线多源数据感知与融合应用技术的定义及技术内涵，为实现产线多源数据感知与融合应用，结合图 10-3 所展示的技术应用框架，归纳出以下三个关键实现技术：直升机装配生产线多源数据采集系统构建、直升机装配生产线多源数据融合、直升机装配数据分析预测模型构建。

（1）直升机装配生产线多源数据采集系统构建

在直升机装配生产线的运行过程中，获取产线多源数据是进行产线状态分析的基础步骤，数据的质量对分析结果具有决定性的影响。为充分和高效地采集直升机装配产线过程的实时数据，借助统一架构的 OPC 生产物联技术，从数据采集层、数据传输层、数据服务层三个方面，构建了多源数据采集系统。数据采集系统架构如图 10-4 所示。

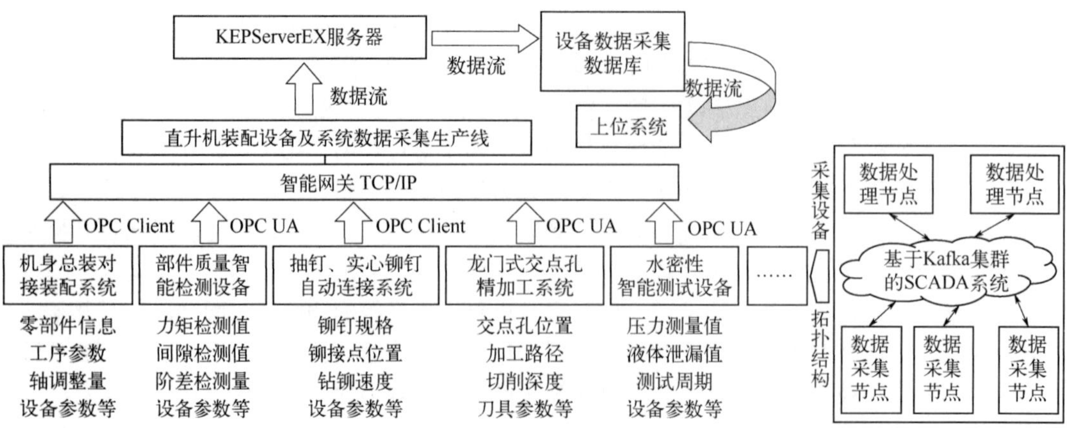

图 10-4　生产线多源数据采集系统架构

① 数据采集对象。直升机装配生产线分为三个主要部分，包括部件组装、机身铆装以及全

机总装。在直升机具体装配过程中，首先，按照设计图纸和工艺要求，借助产线上的工装设备，对旋翼、尾梁、机身框架等部件进行精准装配，以确保各个部件组装的装配精度；接下来，进行直升机的前机身、中机身以及尾部结构的铆装，在组装前机身和中机身时，操作人员通常采用框梁铆接方式，而尾部结构与中机身则采用法兰螺接方式，进而组装出完整的机身结构；最后，借助工装设备，将已完成部件组配和机身铆装的各个部分进行整合，形成一个完整的直升机。该产线包含多个生产环节，每个环节都涉及大量的工装执行设备和检测设备，需对直升机各个设备进行调试和测试，确保其正常运行。根据对直升机装配过程的分析，其产线采集的数据主要是装配设备使用过程监测数据、质量控制数据和生产运行数据三类：

- 装配设备使用过程监测数据：针对生产线中的对接、精加工、钻铆与抽铆等设备的使用过程，进行装配过程的数据监测记录，如设备的工艺参数、设备站位、故障和异常数据等信息。
- 质量控制数据：获取部件质量智能检测、水密性智能测试等设备的质量检测结果，明确生产线运行过程中的产品装配过程质量信息，如检测设备参数、设备运行状态、装配质量检测结果，以及装配质量检测的具体时间与周期等相关数据。
- 生产运行数据：针对产线中各执行设备、检测设备的执行情况，详细记录生产线上每一工序的执行信息，如工序的启动时间、结束时间、执行时长、工序状态，以及工序之间的衔接情况。

结合生产实际，本实例中直升机装配生产线中所涉及的装配执行设备与质量检测设备，主要包括6类，其中几种设备及其相关数据的属性描述如图10-4所示。生产线运行过程中需采集的设备信息主要包含：设备运行状态类信息（如龙门式交点孔精加工系统中的启停状态、各轴转速等）、生产工艺参数实际值（如机身总装对接装配系统中的各运动轴调整量与调姿轨迹等）、报警类信息（如设备的故障和异常数据）、设备工作模式等。

② 数据采集系统。针对直升机结构智能装配生产线中异构异质网络的数据源多样等问题，对于上述多源异构数据的通信接口的规定，通过采集接口的设计、通信规约的制定以及服务器架构的规划，运用基于物联网的数据研究方法和理论，包括数据采集、数据存储等，打通各专业类设备和数据的互联互通，实现数据的可视化展示。直升机装配生产线包含了大量装配设备、钻铆设备、智能检测设备等，为实现产线数据的信息集成，本实例将采用统一的工业控制系统通信接口标准OPC，从数据采集层、数据传输层和服务层，构建直升机数据采集系统。

a. 在数据采集层，主要通过产线中装配执行设备、装配检测单元上的数据接口，进行各设备的数据采集。直升机装配生产线中涉及的机身总装对接装配系统、实心铆钉自动连接系统、部件质量智能检测设备、水密性智能测试设备、龙门式交点孔精加工系统等工位配备的智能化设备均自带SCADA系统，可将产线中设备加工的数据按照设定的方式自动采集到系统内部，并最终留有设备接口（如以太网口、串口）以供生产数据读取。此外，考虑到SCADA系统在多源异构数据采集时的可扩展性、通用性存在不足，引入Kafka消息分发模型作为SCADA系统的数据传输和缓冲的中间件，可同时运行多个针对不同数据协议的数据处理节点，在一个数据处理节点崩溃以后，相关的数据会由其他数据处理节点进行处理。在实际采集过程中，首先根据产线采集数据的不同类型，在Kafka中创建数据的集群分类，比如在某时间点上机身总装数字化对接装配系统的工序数据或者操作日志等。通过数据采集节点将从产线工装设备终端中采集到的数据封装成消息，发布到相应的Kafka集群，并将数据转发到数据处理节点进行处理，最后加载到SCADA系统。

b. 在数据传输层，采集层中不同的待测设备进行通信并获取的相关数据，采用读取服务与订阅服务，以数据包的形式，将数据传输到监控系统或其他应用程序中，实现数据在不同设备及系统间的传输。当采用OPC协议进行数据传输时，除了数据本体外，还需传递数据的语义信息，会使传输负载增加新的压力。考虑到数据传输负载取决于数据包的大小及单位时间内收发的数量，可从数据包大小及数据包产生频率两个方向进行优化以减少传输负载。

在数据包大小方面，从设备传输到服务端庞大的数据量会导致传递网络时延增加。因此，为保证传输的高效可靠，对体积大的数据采用边缘计算技术，在边缘端对数据进行分析处理后进行传输，避免对传输线路的巨大负载。

在数据包产生频率方面，可适当动态增大订阅的时间间隔，以牺牲一定实时性的代价来降低传输负载；反之，在少量设备工作时可提高发布频率以获得更好的实时性，但传输负载较大。具体地，为实现传输流量的压缩，需把获得语义的数据进行分类。根据数据的更改频率将其分为静态数据和动态数据，其中，在工作过程中不更新或者更新频率极低的数据为静态数据，如龙门式交点孔精加工系统的识别号、刀具规格与机床工艺参数等；在工作过程中频繁变更的数据即为动态数据，如龙门式交点孔精加工系统中的各运动轴调整量与调姿轨迹等。对于静态数据，仅需在采集设备系统与服务器建立连接后传输一次即可，采用有效信息占比更高的读取服务；对于动态数据，需在采集设备系统与服务器之间不断地传输数据，如果采用读取服务，服务器需不断发送读取请求，而采集设备系统将对每个请求进行回应。无论采集设备系统内的数据有无发生改变，都将持续地将服务器询问的信息封装入读取应答报文中，并传递给服务器。当设备数据没有发生改变时，将会多次重复传递相同的数据，导致传输资源的浪费，因此在解决方式上采用订阅服务以降低对传输线路的负载。

c．在数据服务层，针对直升机装配生产线的特性，采用 KEPServerEX 系统作为数据采集 OPC 服务器连接各类设备，如机身总装对接装配系统、部件质量智能检测设备等，并采用标准的 OPC UA、OPC Client 等通信协议将采集到的数据进行格式转换；此后，载入 OPC 信息库对外发布数据后，外部应用可通过 OPC 协议访问设备信息后获取数据，便于其他软件进行数据处理和监控。但在服务端连接设备获取数据时，由于直升机产线中设备众多，服务端需与多个设备相连接以采集信息（整体连接情况如图 10-4 所示）。在这种连接模式下，需在服务端手动连接所有的设备，整体工作量非常庞大。为降低连接复杂度，采用 KEPServerEX 系统中的聚合服务器，在其地址空间内创建与设备服务器数量对应的节点后，配置若干个客户端连接设备服务器，将其中的信息映射到聚合服务器对应的设备节点下，再由 KEPServerEX 系统统一向外提供产线的硬件设备运行信息。此外，KEPServerEX 系统还自带数据存储插件（DataLogger），不仅可供用户自定义装配产线数据采集的变量与采集周期等参数，还提供了访问 SQL 数据库的接口，自动实现采集数据的批量写入数据库，便于上位系统后续的读取和分析统计。

KEPServerEX 系统在直升机装配产线中的具体应用过程如下：在总控机中运行聚合服务器，并通过聚合服务器的多个客户端访问产线中各个设备的服务器，将所访问的节点映射在总控机聚合服务器的地址节点中；当客户端需获取产线数据时，通过访问聚合服务器获取的设备数据节点标识符，定位所需节点并获取其中的数据，此时仅需配置一次与聚合服务器的连接，即可获取产线中各设备的数据。

综上，通过对直升机智能装配生产线中多源动态数据信息进行分析，综合运用工业物联网等技术，实现对产品装配过程中作业状态、设备状态等相关信息的全方位获取及建模，后续通过数据语义化描述技术对数据进行表征，以实现产线数据融合。

（2）直升机装配生产线多源数据融合

为解决直升机装配产线涉及的大量不同来源、不同类型数据所带来的异构性问题，本节对直升机装配生产线中涉及的装配设备、装配工艺、站位及产能控制数据进行本体模型构建，从实体的位置信息类、状态信息类、时间信息类、行为信息类、事件信息类、历史信息类六个方面对直升机产线多源数据实体进行描述。然后通过 Protégé 软件构建本体模型，实现多源数据的融合，并根据实际生产场景完成实例化后处理为 JSON 格式文件并输出，为直升机装配生产线的数字孪生构建与虚拟运行提供充分的数据基础，具体流程如图 10-5 所示。

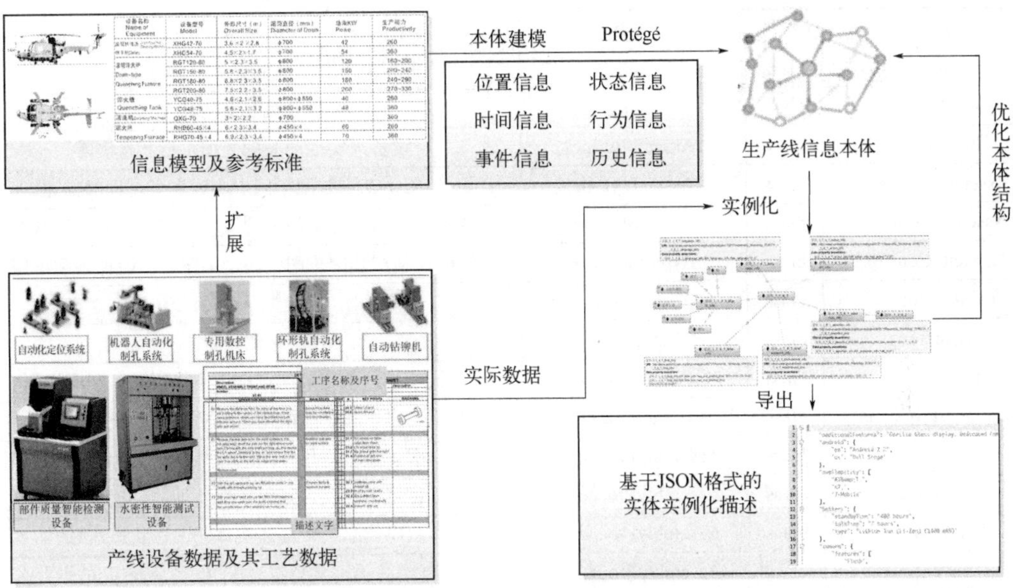

图 10-5　直升机装配生产线多源数据融合流程

① 本体模型构建过程。直升机装配生产线中的信息包含大量的逻辑关系，且有丰富的属性描述，为保证装配车间中的多源异构信息在建模、交互、存储等过程中保持准确性和可解释性，本实例选用本体语言对直升机装配产线数据进行语义描述，并定义其属性，对产线中装配车间信息进行建模。制造业常用到的语义化建模语言主要有 XML 和 OWL。XML 可在不兼容系统间交换信息，以纯文本统一格式储存，能通过文本标记实现语义化标注，但其无法很好地描述对象之间的关系属性，且解析方式不统一。而 OWL 具备较强的扩展性，能够描绘各领域对象及属性，包括复杂的关系描述性词汇，适合对具有复杂的对象、属性和关系的系统进行建模。此外，其通过构建层次结构，可描述直升机装配生产线中可能存在的多源异构信息及复杂关系，使得知识表达更加清晰，便于知识的扩展、推理和复用。

在直升机装配生产线本体模型构建过程中，首先列举出本体模型中的概念类，并定义其类之间的关系。直升机装配生产线本体模型主要分为装配设备、装配工艺、站位及产能控制四类，装配设备主要包括装配执行设备、质量检测设备，装配工艺信息通常包括装配任务、装配工序。通过对直升机产线上各设备的作用、采集数据以及装配工艺信息的分析，得到本体模型描述的对象是实体，主要指的是产线中用到或涉及的装配设备。由于装配工艺信息中的装配工序承载了大部分的信息描述任务，包括对装配设备、各工序装配任务、装配动作等要素的建模，本案例以装配工序信息的建模为主要研究对象，进行后续对象属性定义和数据属性定义，辅以装配任务和装配设备的各项描述属性建模及各类的关联关系，实现装配工艺本体模型的构建。其中，位置信息类用来描述设备实体在产线中所在位置，包括在装配车间中的相对站位和绝对坐标；状态信息类用来描述产线中设备实体的工作状态，包括待机状态、正常运行状态等各个方面；动作（行为）信息类用于描述实体中执行设备在装配过程中的操作内容，该操作信息可控制执行设备的运行；事件信息类在设备实体的装配过程中用于收集和传递相关事件的通知；历史信息类在装配过程中用于记录设备实体的具体使用时间和所执行的操作。直升机装配生产线本体模型中的概念类汇总如表 10-1 所示。

表 10-1　直升机装配生产线本体模型中的概念类

名称	类型	父类	注释
Thing	class	无	模型中所有个体的集合、所有类的父类
AssemblyLine	class	Thing	直升机装配生产线
Equipment	class	AssemblyLine	设备，实现产品的装配执行和检测等
AssemblyProcess	class	AssemblyLine	装配工艺，装配车间中实际生产过程的描述
AssemblyStation	class	AssemblyLine	装配站位，装配车间中的设备工作位置和工序次序
CapacityControl	class	AssemblyLine	产能控制，装配车间中各个工序的产能计划和调整
Actuator	class	Equipment	执行设备
Detector	class	Equipment	检测设备
AssemblyTask	class	AssemblyProcess	装配任务，整个装配过程中需执行的工作或操作
AssemblyProcedure	class	AssemblyProcess	装配工序，在一个装配工位所执行的一系列操作
Entity	class	AssemblyProcedure	实体类，产线中用到或涉及的装配设备
Location	class	AssemblyProcedure	位置信息类，描述实体所处的位置信息
Status	class	AssemblyProcedure	状态信息类，描述实体的工作状态信息
Event	class	AssemblyProcedure	事件信息类，实体在装配过程中所涉及的事件
Time	class	AssemblyProcedure	时间信息类，描述实体工作过程的时间信息
Action	class	AssemblyProcedure	动作信息类，描述实体在装配过程中的操作内容
History	class	AssemblyProcedure	历史信息类，实体装配过程中记录的时间和动作等
RelativePosition	class	Location	在装配产线车间的相对站位
GeographicLocation	class	Location	在产线中的绝对坐标位置
AircraftDigitalAE	class	Actuator	机身总装数字化对接装配设备（即机身总装对接装配系统）
IntersectHoleGME	class	Actuator	交点孔龙门精加工设备（即龙门式交点孔精加工系统）
AutomaticRDE	class	Actuator	自动化钻铆设备
AutomatedREE	class	Actuator	自动化抽铆设备
PartQualityIDUE	class	Detector	部件质量智能检测设备
WaterIntegrityTDE	class	Detector	水密性智能测试设备

注：自动化钻铆、抽铆设备即抽钉、实心铆钉自动连接系统。

其次，定义概念类的属性，包括对象属性和数据属性。在本体模型构建过程中，对象属性是一个关键概念，用于描述不同概念类实例间的关系。在直升机装配生产线本体模型中存在的对象属性如表 10-2 所示。

表 10-2　直升机装配生产线本体模型中的对象属性

名称	定义域	值域	注释
hasEquipment	Entity	Equipment	实体包括产线中所涉及的装配对接、钻铆、检测等执行设备
hasStation	Entity	AssemblyStation	设备实体的装配站位和次序信息
hasCapacityControl	Entity	CapacityControl	设备实体的产能控制信息

续表

名称	定义域	值域	注释
hasLocation	Entity	Location	设备实体的位置信息类
hasStatus	Entity	Status	设备实体的状态信息类
hasTime	Entity	Time	设备实体的时间信息类
hasAction	Entity	Action	设备实体的动作信息类
hasEvent	Entity	Event	设备实体的事件信息类
hasHistory	Entity	History	设备实体的历史信息类
observe	History	Action or Event	设备使用历史信息类观察并记录事件和动作信息类
hasAssemblyProcedure	AssemblyTask	AssemblyProcedure	装配任务，包括装配工序

在本体模型构建中，数据属性用来描述概念类或个体的位置、日期等具体性质，通常涉及数值、文本或日期等数据类型。直升机装配生产线本体模型中装配工序的部分数据属性如表 10-3 所示。

表 10-3　直升机装配生产线本体模型中装配工序的数据属性

名称	定义域	值域	注释
entity_id	Entity	xsd:anyURI	产线中各设备实体的唯一编号
entity_name	Entity	xsd:string	产线中设备实体的名称
entity_type	Entity	xsd:string	产线中设备实体的类型
entity_describe	Entity	xsd:string	产线中设备实体的概述
Status_id	Status	xsd:anyURI	设备运行过程中设备测量的状态编号
Status_working	Status	(0，1)	工作状态，(0 为停止工作，1 为正常工作)
Status_describe	Status	xsd:string	设备工作运行状态的概述
Status_unit	Status	xsd:string	设备检测结果单位
Status_value	Status	xsd:float	设备检测结果值
Relative_position	Location	xsd:string	实体在生产车间里的站位
coordinate	Location	xsd:float	实体在产线布局中的坐标位置
Action_id	Action	xsd:anyURI	工装设备执行操作的编号
Action_describe	Action	xsd:string	工装执行设备操作的概述
Action_input	Action	xsd:string	工装执行设备输入调整参数
Action_output	Action	xsd:string	工装执行设备输出调整参数

根据表 10-1～表 10-3 列出的直升机装配生产线本体模型中的概念类、对象属性和数据属性，采用 Protégé 软件创建各本体项目，分别在 Classe Entities、Object Properties、Data Properties 选项里创建类、对象和属性，并通过运行 Onto_Graf 展示出构建的直升机装配生产线本体模型。产线本体模型的概念类层次结构如图 10-6 所示，图中，实线表示概念类之间的继承关系，虚线代表概念类之间的对象属性。

综上，采用 Protégé 软件构建的直升机装配生产线本体模型，具有良好的层次结构和清晰的逻辑关系，为后续的数据分析、推理和应用提供坚实的基础。在实际应用中，还可根据需求对本体模型进行扩展和调整，以适应不断变化的装配线环境和需求。

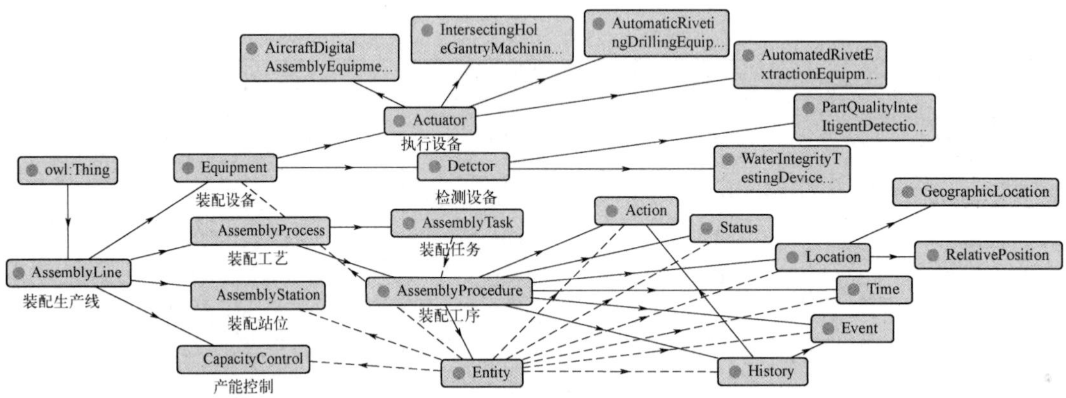

图 10-6　使用 Protégé 软件构建的直升机装配生产线本体模型

② 实体实例化描述。为确保在后续过程中能够便捷地交换和存储本体模型中的实体描述信息，描述应采用统一的格式化语言。XML 与 JSON 作为当前广泛应用的资源描述语言，各自具备独特优势。在直升机装配生产线中，涉及装配数据繁多，鉴于 JSON 相较于 XML 具有更轻量化的特点，所占存储空间较小，且网络传输效率更高，能够按照直升机装配生产线本体模型阐述产线实体信息，故本实例采纳 JSON 格式对产线本体模型进行实例化阐述。产线中机身总装数字化对接装配设备的实例化描述如图 10-7 所示。

```
public class daima {
    {
        "Entity":{
        "entity_id":/Onto/Actuator/AircraftDigitalAssemblyEquipment/Entity/0001,
                "entity_name":"机身总装数字化对接装配设备 0001",
                "entity_type":"AircraftDigitalAssemblyEquipment",
                "entity_desc":"机身总装数字化对接装配设备,用于控制机身的装配调整"     },
        "Location":{
        GeographicLocation:{
            "longitude":117.4,
                    "latitude" : 41.6         },
        RelativePosition:{
            "relative_position":"1号机身位"         }       },
        "Status":{
        "working_status":1,
                "status_id" :/Onto/Actuator/AircraftDigitalAssemblyEquipment//Status/0001,
        "status_value":0,
                "status_unit" : null,
                "status_desc": "机身总装数字化对接装配设备0001处于关闭状态"     },
        "Action":{
        "action_id" :/Onto/Actuator/AircraftDigitalAssemblyEquipment/Action/0001,
                "action_input":"{'id':/IoA_Onto/Actuator/AircraftDigitalAssemblyEquipment/Entity/0001, 'order':'open'}",
                "action_output" : null,
                "action_desc":"打开机身总装数字化对接装配设备0001"},
        {
            "action_id" :/Onto/Actuator/AircraftDigitalAssemblyEquipment/Action/0002,
                "action_input":"{'id':/Onto/Actuator/AircraftDigitalAssemblyEquipment/Entity/0001, 'order':'close'}",
                "action_output": null
            "action_desc":"关闭机身总装数字化对接装配设备0001"          },
        "Event":{
        "event_id":/Onto/Actuator/AircraftDigitalAssemblyEquipment/Event/0001,
                "event_desc":"机身总装数字化对接装配设备打开了，正在被调整"     },
        "History":{
        "history_id":/Onto/Actuator/AircraftDigitalAssemblyEquipment/History/0001,
                "history_time":2023-11-07 09:00:00,
                "history_desc":"打开机身总装数字化对接装配设备0001"},
        {
            "history_id" : /Onto/Actuator/AircraftDigitalAssemblyEquipment/History/0002,
                "history_time":2023-11-07 09:01:00,
                "history_desc":"机身总装数字化对接装配设备0001打开了，正在被调整"          },
    }
}
```

图 10-7　直升机装配生产线本体模型中的实例化描述示例

通过上述描述可得知，机身总装数字化对接装配设备的 JSON 数据包内含设备位置和用途简要描述、当前工作状态、设备操作（如开启和关闭），以及正在进行的事件等信息。

（3）直升机装配数据分析预测模型构建

直升机装配过程涉及众多复杂的装配执行设备，每个设备都有大量的参数需监控和调整。

这些数据不仅数量庞大，而且相互关联，任何一个参数的变化都可能影响到整条产线的装配效率与装配质量。为实现直升机装配过程数据的分析预测，构建了直升机装配数据分析预测模型，并通过网络训练方法对模型进行训练与合理性验证，为直升机装配过程数据分析预测提供了有力依据，其构建流程如图 10-8 所示。

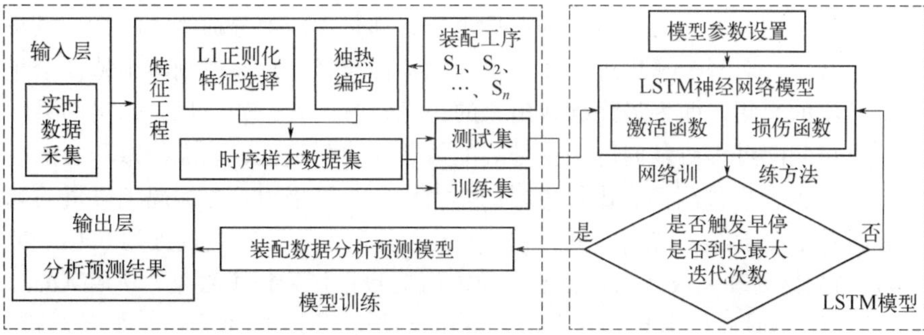

图 10-8　直升机装配数据分析预测模型构建

① 模型选择和设计。针对实时采集的运行数据，分析装配产线运行过程中质量超差、设备停机、操作不当等扰动因素，通过对装配实测数据和装配工序分析获取时序样本数据集，建立装配数据分析预测模型。其根据直升机装配生产线的装配过程信息，预测出当前装配工序能达到的最优性能指标，包括装配合格率、工序执行率、设备利用率等，并结合装配现场当前的状态信息，预测装配过程下一阶段的状态。

在构建预测模型时，首先根据直升机装配过程数据的时序性特征，收集直升机装配相关的数据，包括装配时间、装配工序、装配设备信息等。将数据按照一个时间窗口的大小，划分为多个序列样本，每个样本包含一段时间内的连续数据。通过序列化的数据构建以长短期记忆（Long Short-Term Memory, LSTM）网络为基础的直升机装配数据分析预测模型，从激活函数、损失函数、网络训练方法三个方面对 LSTM 模型进行设计。激活函数作为神经网络最重要的组成部分之一，其主要作用是激活或者抑制神经元状态的组件，提高神经网络的非线性学习能力。由于装配生产线数据较复杂，选择综合性能更好的 ELU（指数线性单元）函数作为 LSTM 质量预测模型的激活函数。使用模型进行预测时，其预测值与真实值之间肯定存在着一定的误差，也就是损失值，而用来衡量这种误差的函数就是损失函数。损失函数的值是非负的，损失值越小，表示该模型越稳定。本实例研究的是装配生产线装配数据分析预测问题，属于回归类问题，因此选择均方根误差作为后续模型损失函数的构建基础。神经网络模型的训练过程核心在于对模型内部的参数进行优化，其参数好坏的衡量标准是损失函数的大小，损失函数越小表示参数越优，当参数经过不断的迭代，使得损失函数的值达到模型允许的误差范围时完成参数的选择。在模型中寻找最优参数的方法一般都是使用梯度下降算法，梯度下降的质量决定着损失函数是否可达到尽可能小，以及是否能尽快地找到合适的参数。本实例采用梯度下降参数优化过程中的 Adam（Adaptive Moment Estimation，自适应矩估计）算法，其具有自适应学习率的特性，并可自动调整每个参数的学习率。对于直升机装配生产线这样的复杂系统，不同参数可能具有不同的梯度，采用自适应学习率可更有效地调整每个参数的更新步长，从而提高训练的效率。

② 模型训练流程。在开始模型训练之前，需明确模型输入和输出，并进行必要的数据处理，以确保模型能够有效地学习数据。本实例中模型输入是装配时间、装配工序、装配设备信息等实测数据，输出层是当前装配产线运行的装配合格率、工序执行率、设备利用率等性能指标预

测结果。在模型输入方面，直升机装配过程中有大量数据影响着装配质量，但是这些数据针对不同的预测结果的数据影响因素的权重不同。如果权重较小的影响因素太多，会使算法模型的准确率受到影响，同时还可能出现“维度灾难”问题。因此，需从众多影响因素中找出权重较大的因素。使用 L1 正则化来选择权重较大的影响因素，即确定模型特征数量。选择影响因素时，首先，从采集得到的数据里面获取各工序执行时间下的时序样本数据集，并分为训练集和测试集，从训练集中抽取不同的子集，其中每个子集都包含一部分训练集特征，且每个子集中的特征可重复。其次，对每个子集进行 L1 正则化特征选择，从而得到多个特征子集。最后，求出这些特征子集的交集，即为最终选择出来的关键影响因素。如在模型输出的装配质量问题预测方面，直升机装配过程质量问题主要是装配体之间装配阶差、装配间隙和装配应力值过大等。为使 LSTM 数据分析预测模型进行更好的学习训练，可采用独热编码把质量问题按照其种类转换成计算机易于处理的二进制向量形式，如装配体间的装配阶差过大为 0001、装配间隙过大为 0010 等。当数据处理完成之后，需把处理之后的数据作为样本数据，使用 Adam 算法对参数进行优化。进而，将时序样本数据分为训练集和测试集，用于产线数据分析预测模型的训练。若该模型的损失函数呈现快速下降并趋于收敛的趋势，同时测试集和训练集的数据变化趋势相近，可判定 LSTM 预测模型构建得较合理。通过对构建的产线数据分析预测模型进行训练，为后文中的多源数据应用奠定基础。

综上，通过装配数据分析预测模型，基于当前装配工序最后时刻的装配执行状态信息，预测装配过程下一阶段可能出现的状态以及装配性能指标值，包括装配合格率、工序执行率、设备利用率等。通过对装配工艺方法、测量方法、资源配置和布局、内部规则和外部环境的调整，改善装配过程的性能指标。

10.4 直升机装配生产线多源数据融合应用技术方案

根据直升机装配生产线的各采集设备的实测数据及装配过程的特点，通过对装配生产线多源数据采集系统构建、多源数据融合、装配数据分析预测模型构建等操作，可实现直升机装配生产线在产线运行监控、设备状态监测和装配质量提升方面的应用。

（1）直升机装配生产线的产线运行监控应用

根据直升机装配生产线的多源数据采集系统，感知并获取各个节点下装配生产线上各设备的实测数据。这些数据包括交点孔龙门精加工设备的启停状态和各轴转速，以及机身总装数字化对接装配设备中各运动轴的调整量和调姿轨迹等。此外，为确保生产进度的实时监控，还需对生产线上的加工进度信息进行实时采集，一方面需采集订单任务编号、装配零件编号、装配零件名称和计划产量等信息；另一方面需采集加工开始时间、计划完成时间和实际加工时间等时间信息，方便生产管理者实时监控生产现场的加工进度情况。

为有效整合不同数据源的信息，采用直升机装配生产线的多源数据融合技术，确保各类数据的有机融合。在此基础上，对融合后的数据进行分析预测，准确获得各时间段的装配进度相关数据。同时，应用统计过程分析（SPC）方法，为直升机装配生产线建立一套设备利用率和节拍-产能的分析机制。该机制能够准确反映设备状态，并将分析结果以直观的方式呈现出来，以实现直升机装配生产线运行监控。

具体来说，首先，在多源数据采集系统支持下，感知并获取机身总装数字化对接装配、交点孔龙门精加工和部件质量智能检测等设备的实测数据。通过多源数据融合技术，对多源数据进行融合处理，生成关于装配执行设备数据和质量检测设备数据的标准 JSON 数据包。其次，以产线中各设备处理后的数据为输入、产线某时间段加工进度数据为输出，构建基于 LSTM 的产线运行状态分析预测模型，实现对产线各时间段的加工进度数据的获取。同时，通过统计过程分析法，计算设备利用率和生产线的节拍-产能。节拍可通过每小时工序完成数量来计算，产能可通过每小时产量与工作时间进行计算。最后，对各时间段内的设备利用率和生产线的节拍-产能进行分析，并据此汇总形成生产线运行状态的演化趋势。为更直观地展示这些数据，采用 ECharts 插件创建设备利用率和生产线节拍-产能等方面的柱状图和折线图进行可视化展示。通过这一系列的操作，用户可实现对直升机装配生产线上生产进度的实时监控，并根据监控结果进行灵活的生产任务制定和更改。基于对直升机装配生产线运营可视化的分析，可建立直升机装配生产线的产线运行监控应用框架，如图 10-9 所示。

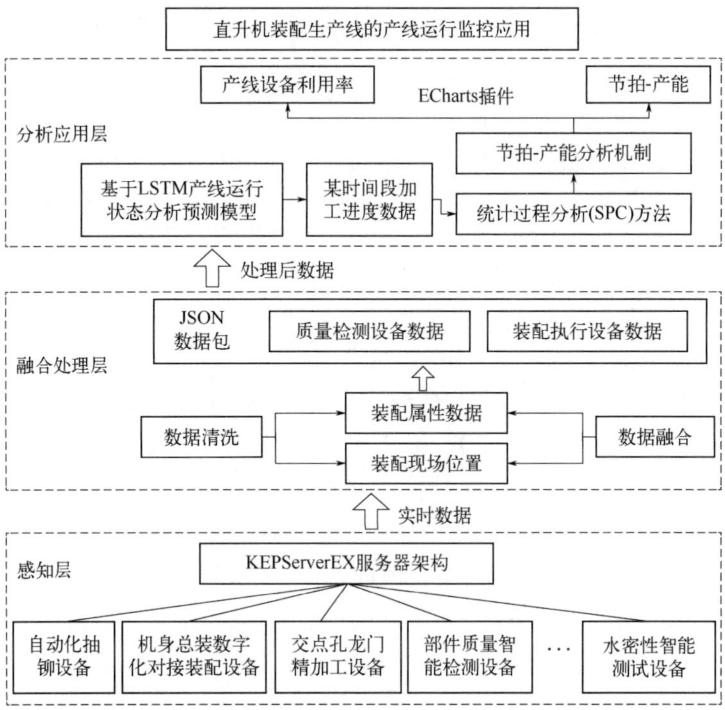

图 10-9　直升机装配生产线的产线运行监控应用

（2）直升机装配生产线的设备状态监测应用

在直升机装配生产线的运作过程中，确保各装配设备能够稳定工作是生产线正常运行的关键。直升机装配生产线的设备状态监测主要涵盖运行状态监控、运行参数监控以及加工时间信息监控等方面。生产线设备的运行状态监控主要关注生产线上各设备的运行状况，包括停机、待机、空载以及正常运行等状态。首先，监控系统通过多样化的通信方式与生产线上的设备进行信息交互，借助构建的数据采集系统，采集产线中各执行设备的数据。其次，以设备实时运行参数、设备加工时间参数为输入，设备运行状态为输出，构建基于 LSTM 的设备使用状态分析预测模型，获取各设备的运行状态信息，这些信息包括设备当前状态、运行时间、程序信息、装配应力、工装坐标、功率等。最后将分析得到的数据传输至可视化监控平台，使生产管理人员能够及时、准确地了解现场设备运行状况。当监控系统发现工装部件长时间空载时，会发出空载报警并触发关机指令，有效减少加工资源的浪费。直升机装配生产线的设备状态监测流程图如图 10-10 所示。

在设备出现异常时，系统将激活异常警报，通知操作人员及时处置，以确保生产线持续安全运行，避免设备异常导致的严重损失。此外，系统还具备设备故障诊断功能，主要用于记录和分析设备故障。随着工装系统日益智能化，其自身具备故障自诊断功能。当工装系统出现故障时，会发出故障警报，以便操作人员据此采取相应措施。鉴于直升机装配生产线上的工装设备种类繁多，且运行异常各有差异，不便于操作人员迅速定位故障原因并采取有效解决措施。因此，后续可通过直升机装配生产线的设备状态检测的结果，整理常见故障及解决方法，构建故障诊断知识库，以协助维修人员迅速处理故障，提升加工效率。

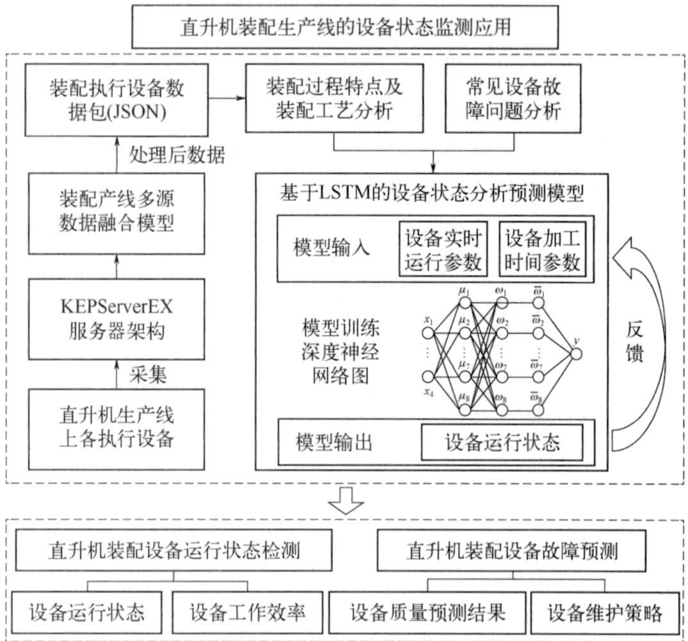

图 10-10　直升机装配生产线的设备状态监测流程

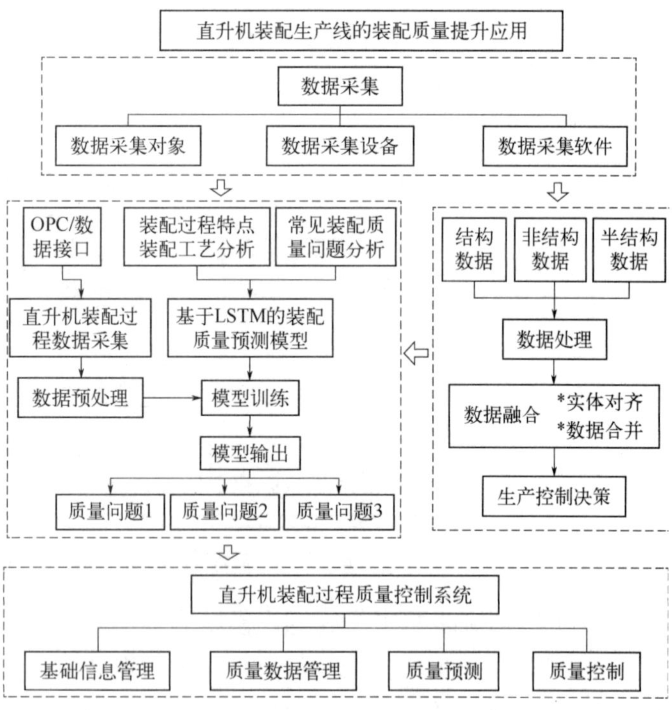

图 10-11　直升机装配生产线的装配质量提升应用流程

(3)直升机装配生产线的装配质量提升应用

如图 10-11 所示，为实现对直升机装配生产线装配质量的有效提升，需做以下操作。首先，针对直升机装配质量数据的时序性以及直升机多阶段装配的特点，分析直升机装配过程并总结其相关特点，同时对直升机装配过程中常见的装配质量问题进行分析，明确预测模型的输入与输出，并构建基于 LSTM 的直升机装配过程质量数据分析预测模型。其次，以直升机装配过程中采集的大量质量检测数据为基础，对模型进行训练。同时结合直升机装配质量数据、专家经验和大数据分析方法，建立装配质量问题诊断知识库。最后，依据质量预测模型的输出结果和装配质量问题诊断知识库的生产控制决策，对直升机的装配过程进行控制，确保装配质量的稳定性与一致性。

具体而言，直升机装配质量提升的核心可分为装配质量预测与控制两个方面。针对直升机装配质量预测，其主要以直升机装配过程中产生的大量质量检测数据为基础，判断质量是否达标，以及确定不合格的类型。首先，采集系统对收集到的直升机装配质量数据进行预处理，然后选取关键质量特性的样本数据，利用 Adam 算法寻找最优参数。其次，构建完整的直升机装配质量预测模型，对新收集到的关键质量特性样本数据进行分析，并输出产线装配质量的预测结果，为后续质量提升提供依据。

在直升机装配质量控制方面，主要根据装配质量预测结果，对装配质量异常的情况，采取相应的措施进行改进和优化。当预测出直升机装配过程存在质量问题时，分析各要素数据对装配质量的影响程度，并形成质量问题数据以及问题数据对应的各类清单数据。结合直升机装配质量数据、专家经验和大数据分析方法，建立一个直升机装配质量问题诊断知识库，其中包括质量问题的具体原因、应急解决方案以及针对性的处理措施。直升机装配过程质量控制系统将以装配质量预测系统预测结果和装配质量问题诊断知识库为输入，清晰地呈现与该问题相关的因素和处理措施，为相关人员提供可视化界面和较强的可解释性。同时，这将有助于在后续的直升机装配过程中提升装配质量。

10.5 本章小结

本章以直升机装配生产线为案例，聚焦多源数据感知与融合技术在复杂系统集成中的应用，主要内容如下：

（1）背景技术与技术内涵

针对直升机装配生产线工序复杂、数据来源多样（如设备状态、工艺参数、环境数据等）的特点，阐述了多源数据感知与融合的技术内涵，即通过整合异构数据，实现对生产过程的全面监控与优化。

（2）关键实现技术与应用方案

关键实现技术包括多源数据采集系统构建、多源数据融合、数据分析预测模型构建等，通过构建数据融合应用技术方案，实现了装配过程的动态监测、质量追溯与异常预警。

（3）案例价值

案例展示了多源数据融合技术如何破解复杂装备生产线的协同难题，提升了装配过程的透明度与可控性，为大型复杂产品的智能化装配提供了技术范式与实践经验。

思考题

10-1　基于 OPC 统一架构的多源数据采集系统如何解决装配生产线的“数据异构性”和“实时性与传输负载平衡”问题？

10-2　与 XML 相比，用 JSON 进行实体实例化描述有何优势？

10-3　为何基于 LSTM 的数据分析预测模型适用于直升机装配过程？

10-4　多源数据融合后的分析结果如何支撑直升机装配生产线数字孪生的“虚拟运行模拟”与“物理实体优化”闭环互动？该技术实际落地可能面临哪些挑战？

参考文献

[1] 刘强. 智能制造概论[M]. 北京: 机械工业出版社, 2021.

[2] 刘伊玲. 浅谈第一次工业革命对中国的启示[J]. 中学政史地(教学指导版), 2016(7):84-85.

[3] 杜洁. 第一次工业革命的历史真相[J]. 黑龙江史志, 2011(13):2.

[4] 殷海锋, 王雪胜. 计算机技术在机械设计制造和自动化中的应用[J]. 科技创新导报, 2016, 13(4):2.

[5] 刘建丽, 黄骏玮, 金亮. 美国先进制造产业政策: 演化特征与内在逻辑[J]. 国际经济合作, 2024,40(1):46-58.

[6] 孙毅, 罗穆雄. 美国智能制造的发展及启示[J]. 中国科学院院刊, 2021, 036(011):1316-1325.

[7] Dai H N, Wang H, Xu G, et al.Big data analytics for manufacturing internet of things: opportunities, challenges and enabling technologies[J]. Taylor & Francis, 2020,14(9/10):1279-1303.

[8] Meindl B, Mendona J.Mapping Industry 4.0 Technologies: From Cyber-Physical Systems to Artificial Intelligence[J]. arXiv e-prints, 2021.

[9] 宁振波. 智能制造的本质[M]. 北京: 机械工业出版社，2021.

[10] 中国智能制造发展研究报告[R]. 北京: 国家智能制造标准化总体组, 2023.

[11] 邓朝晖, 万林林, 邓辉, 等. 智能制造技术基础[M]. 武汉: 华中科技大学出版社, 2020.

[12] 赵茂翔. 数据驱动的低碳制造工艺规划方法研究[D].天津: 天津大学, 2023.

[13] 张国政, 周元枝, 杨磊. 多工序制造系统的装夹工艺规划研究综述[J]. 机床与液压, 2022,50(16):160-168.

[14] 李翔, 李颖. 制造企业创新路径[M]. 北京: 机械工业出版社, 2022.

[15] 江志刚, 朱硕, 张华. 再制造生产系统规划理论与技术[M]. 北京: 机械工业出版社, 2021.

[16] 赵世英, 王朝华, 武淑琴, 等. 智能制造车间与调度[M]. 北京: 化学工业出版社, 2023.

[17] 毕娜. 考虑 AGV 路径规划的智能制造流水线车间布局研究[J]. 浙江工业大学学报, 2022,50(05):568-573.

[18] 周华. 智能工厂建设及典型案例[M]. 北京: 化学工业出版社，2023.

[19] 陆剑峰, 张浩, 杨海超, 等. 智能工厂数字化规划方法与应用[M]. 北京: 机械工业出版社, 2020.

[20] 王亚良, 柯雪, 潘立. 基于文献计量的车间调度研究进展与趋势分析[J/OL]. 计算机集成制造系统, 2025:1-25 [2025-05-19].https://doi.org/10.13196/j.cims.2024.0414.

[21] 顾幸生, 徐震浩. 工业混杂系统智能调度[M]. 北京: 化学工业出版社, 2023.

[22] 周俊. 智能制造系统建模与仿真[M]. 北京: 化学工业出版社, 2024.

[23] 陆剑峰, 张浩, 赵荣泳. 数字孪生技术与工程实践[M]. 北京: 机械工业出版社, 2022.

[24] 赵付青, 宋厚彬. 智能制造关键使能技术[M]. 北京: 电子工业出版社, 2017.

[25] 陈承欢. UML 软件建模任务驱动教程[M]. 北京: 人民邮电出版社, 2022.

[26] 孙伟, 汪博. 机械系统结合部数字化建模与分析[M]. 武汉: 武汉理工大学出版社, 2016.